转型期社会生活与文化变迁研究丛书

丛书主编：忻 平

上海卫星城规划

（二）

吴 静 周升起 李如璐 王雪冰 闫艺平

许 欢 夏 萱 包树芳 何兰蔚 潘 婷 编

赵凤欣 陆世莘 陶雪松 娄 健 刘 洁

上海大学出版社

图书在版编目(CIP)数据

上海卫星城规划/吴静编. —上海：上海大学出
版社,2016.1
（转型期社会文化生活丛书/忻平主编）
ISBN 978-7-5671-2094-5

Ⅰ.①上… Ⅱ.①吴… Ⅲ.①卫星城镇−城市规划−
研究−上海市 Ⅳ.①TU984.17

中国版本图书馆 CIP 数据核字(2016)第 018165 号

责任编辑　焦贵萍　王雪梅
封面设计　张天志
技术编辑　金　鑫　章　斐

上海卫星城规划

吴静　等编

上海大学出版社出版发行

（上海市上大路 99 号　邮政编码 200444）

（http://www. press. shu. edu. cn　发行热线 021—66135112）

出版人：郭纯生

＊

南京展望文化发展有限公司排版

江苏句容市排印厂印刷　　各地新华书店经销

开本 787×960　1/16　印张 42.75　字数 742 千字

2016 年 5 月第 1 版　2016 年 5 月第 1 次印刷

ISBN 978-7-5671-2094-5/TU・003　定价：120.00 元(两本合定价)

总　序

　　在上海大学"211 工程"第三期项目"转型期中国民间的文化生态"研究中,我们推出了一套"转型期中国(上海)文化生态研究丛书"。如今"211 工程"第三期项目已经结项,研究团队对于"转型期中国民间的文化生态"课题继续开展深入的研究,在原来的基础上有了一些新的发现。其研究成果的视角与表现形式也有所不同,故在原来"转型期中国(上海)文化生态研究丛书"的基础上,我们再推出一套"转型期社会生活与文化变迁研究丛书"。后者是前者的延续和升华。

　　随着社会时代的变化,社会生活内容也随之变化,新的社会生活内容的出现、旧的社会生活的消失以及贯穿社会的恒常内容,都成为社会生活研究需要关注和深入研究的方面。正如有学者指出,人类存在并活动于社会生活之中,从某种意义上说,人类历史就是一部社会生活史,因而社会生活具有独特的、不可替代的研究价值和意义。① 社会生活史是学术界近年来广泛关注的研究领域,并出现了诸多优秀成果。但学界对于社会生活史的一些基本问题的认识还存在分歧,这也意味着社会生活史的研究还有相当多的薄弱之处,需要我们投入更多研究精力。

　　1840 年以来,在中国现代化过程中,中国社会和社会生活发生了巨大变化。这一变化体现在各个领域,与传统社会迥异,开始了近代社会的转型和文化变迁。"西力东侵"和"西学东渐"对近代中国的社会变迁和文化转型的影响很大,东南沿海和沿江地区的社会变迁与文化转型的启动及发展最早、最快,中部和北部地区的启动及发展其次,西北和西南地区的启动及发展最晚、最慢。整个社会变迁和文化转型呈现出从东向西、从南向北逐渐递减的趋势。一般而言,城市的社会变迁和文

---

① 　梁景和:《社会生活:社会文化史研究中的一个重要概念》,《河北学刊》2009 年第 3 期。

化转型要早于和快于乡村的社会变迁和文化转型,大城市的社会变迁和文化转型要早于和快于中小城市的社会变迁和文化转型。[①]

本丛书共有六本专著,分三大模块从不同时间、不同角度与不同区域诠释社会生活和文化的变迁。

一、社会行为与文化

近代中国社会秩序出现了激烈的变动,在这一过程中无论是个人、组织还是国家在表现形式上及文化塑造上亦随之变化。近代中国,由于内忧外患的加深,整个社会弥漫着愤怒的情绪,面对异常耻辱的外侮,一些爱国者愤而自杀。爱国运动中的自杀行为经过了一些社会建构的环节,被赋予并放大了社会意义。刘长林在《社会转型过程中一种极端行为研究——1919-1928爱国运动中的自杀与社会意义》一书,以1919-1928年社会运动中的自杀事件为例,深入研究自杀社会意义所赋予的问题。

"五四运动"是改变近代中国思想气候的重大事件,《新青年》对"五四时代"时期的社会和文化有着巨大的影响,这种影响是通过阅读实现的。作为"新文化元典"的《新青年》,历来是学术界的重要研究对象。以往对《新青年》的研究,基本从思想史、报刊史、社团史以及文学史四个角度展开,但邓金明的专著《社会生活变迁与青年人阅读生活——以〈新青年〉杂志研究为中心》另辟蹊径,从阅读生活的角度来研究《新青年》。重点研究《新青年》杂志的阅读和传播活动,揭示近现代中国文学生活的深刻变迁。

二、当代文化转型与人文素养

在当代社会变动中,文化也面临着转型问题;如何认识当代中国的文化矛盾,必须认真思考当代中国所处的社会文化转型的根本特点。曾军的《城视时代——

---

① 郑大华、胡峰:《近代中国社会变迁与文化转型的特点》,《光明日报》2010年12月14日。

社会文化转型中的当代中国文学与文化》，重点讨论视觉文化影响下的文学新变、都市化进程中的文化冲突以及审美现代性与现时代中国的精神状况。

王天思的《历史的逻辑：主流信仰的理伦培养》，一书，对当前主流意识形态、主流信仰的培养进行了阐述。在当前构建和谐社会的历史新时期，公民作为社会的主体，其人文社会科学知识及素养是国民综合素质的一个重要方面，是直接影响社会和谐程度的一个重要因素之一。欧阳光明的《新时期的都市人文素养——一项基于上海市人文社会科学知识与素养的调查和研究》一书，在抽样调查和系统数据分析的基础上，全面考察上海市民群体掌握社会科学知识、应用社会科学方法以及弘扬人文精神的现状，分析上海市民的人文社会科学知识和素养的特点及存在的问题等。

三、社会变迁与城乡文化

在中国现代化过程中，城市与乡村均发生了巨大的变化，并对社会生活产生重大影响。在现代化进程中，城乡之间人口流动，促进了城乡发生巨大变化。当然城乡发展不平衡，总体而言，城市保持了引领乡村的发展态势。城乡发展不平衡，主要还在于乡村虽然也保持了发展，但其发展速度远远逊于城市。

吴静等编写的《上海卫星城规划》（一、二）一书展现了新中国成立以来上海卫星城的规划历程。李缄的《社会变迁、城乡流动与组织转型——〈宁波旅沪同乡会会刊文论选〉》，通过对资料的详尽搜集，展示宁波旅沪同乡会是联系宁波和上海以及进一步影响宁波、浙江、上海乃至其他地区的。王光东在《社会中的文学与文学中的社会——新世纪以来城乡流动与文学关系研究》中，重点分析城乡流动在文学的表现，以及如何影响了文学。中国乡村教育在现代化进程中出现了重大变化，同时也显现出特别突出的问题。

本丛书没有统一的结论，而是从专题静态研究出发，通过以上不同专题的研究，从历史、文学、哲学等不同学科和视角，重点分析社会生活与文化变迁，以期探求中国民间文化生态在动态时间上的多姿状貌。

各作者希望从各自专题出发，对一些问题、现象或群体进行深入的研究，为当

前社会生活研究提供一份详尽的研究样本。当然,由于时间、精力以及学识等各种原因,缺点和问题难免存在,敬请方家批评指正!

本丛书得到中央财政项目"城市社会生活与文化变迁"的资助,得到第三届文汇·彭心潮优秀图书出版基金资助出版,特致谢意!

丛书编委会

目　录

序　言

一

卫星城是城市发展到一定阶段的产物。18 世纪欧洲工业革命启动了近代城市化进程,但因城市人口和工业的过度集中,其集聚效应和规模效应也带来了诸多的"大城市病"。为了"生活更美好",近代以来作为现代化的核心和驱动力,城市不断扩大规模,不断拓展成为一个必然过程。其结果是,城市规划者的目光投向大城市的郊区和边缘地带。于是,人类的城市化路径发生了重大转向:城市向郊区发展!卫星城由此兴起。

卫星城理论最早源于 1898 年英国社会学家霍华德提出的"田园城市",其主要目的是解决工业化过程中人口集聚所带来的城市缺陷,如城市空间拥挤、社会和政府管理弊端等。20 世纪初芬兰学者萨里宁针对大城市的过度膨胀所带来的诸多社会弊病提出"有机疏散理论",进一步发展了卫星城理论。1924 年荷兰阿姆斯特丹国际城市会议上提出建设卫星城市,得到各国响应。第二次世界大战之后,英、美、苏、法、日等国普遍展开新城建设。

与西方世界卫星城发展历程迥异的是,我国卫星城的建设是伴随着本国工业的发展而展开。因此,新中国卫星城最初的作用主要是为工业建设发展提供空间,这是由近代以来的中国国情决定的。

近代中国的半殖民地半封建社会性质,决定了我国的工业化是走外生型道路,这也决定了近代中国工业是以轻工业为主的特征。1949 年新中国成立以后,其独立自主的发展方针决定了我们必须大力发展工业。国家的工业建设方针主导了城市建设的方向,因此,新中国之初,以工业建设为主要特征的城市建设带动了我国卫星城的建设发展。

新中国卫星城建设发端于 20 世纪 50 年代末 60 年代初,先后在上海、北京、天津、西安、成都等城市进行规划建设,至今已历经近 60 年,大致可分成四个阶段:

(1) 20 世纪 50 年代末至 60 年代中期是卫星城兴起时期,其中尤以上海五大卫星城的建设最为典型。(2) 60 年代中期至 70 年代末是卫星城建设的挫折发展时期,受文化大革命和复杂国际局势的影响,全国各城市的卫星城建设趋缓乃至中止。(3) 20 世纪 80 年代初至 90 年代末是卫星城进一步发展时期。"文革"结束后,随着改革开放的不断深化,人口不断向城市集聚,在工业化和城市化的推动下,卫星城建设再次在全国各大城市普遍展开。(4) 21 世纪以来,在城市化和城镇化的时代冲击下,中国卫星城建设则以新城镇、城市群的新形态继续在全国深入。尤其十八大以后,卫星城建设被纳入了中国城镇化健康发展体制,进入一个和谐健康发展时期。

二

我国的卫星城建设从建国之初一直持续到当今,其建设的持续性和多元化,布局优化和区域差异性,城乡统筹合理化和高效性,成为当代中国城镇化的有益探索。

目前学界对我国卫星城的研究,主要集中在以下方面:

第一,卫星城理论研究。在西方卫星城理论和实践基础上,结合新世纪以来我国新城建设的展开,张捷、赵民(2005、2009),仇保兴(2006),段进、殷铭(2011)等国内学者对新城规划和建设有一定的思考。

第二,卫星城规划研究。这类研究主要集中在城市规划建设方面的通史类著作,如同济大学城市规划教研室(1982)、曹洪涛、储传亨(1990)、李一彬(2007)、上海市城市规划设计研究院编著(2007)等介绍了我国卫星城建设的相关信息。当然,关于卫星城规划建设内容,更多集中在各城市的方志和专业志中,如《上海城市规划志》、《南京城市规划志》等,介绍了上海、南京等城市的卫星城规划建设史。

第三,卫星城建设研究。目前学界的研究主要集中在改革开放后北京、上海、西安、广州等大城市。如李嘉岩(2003),孔祥智、陈炎(2005)、周文斌(2008)等研究北京卫星城建设的人口规划和产业规划;后奕斋(1980)、陈贵铺(1985)、黄文忠(2003)、苏莎莎(2008)王同旦(2009)、黄坚(2010)、包树芳(2015)等对上海卫星城进行了较为深入的探讨;张桂花(2005)、李宏志(2008)、付倩(2011)等对西安卫星城的研究;房庆方(1987)、赵科亮(2008)等对广州卫星城的研究。

总体而言,目前我国学界关于卫星城的研究,主要集中在 20 世纪 80 年代后,缺乏对建国以来卫星城建设的长时段综合性研究;研究的理论和方法单一,未反映不同时期各地卫星城建设多样化、区域性特征,对新中国卫星城建设的实相和特点、城市化建设规律等研究不足;多侧重于卫星城的理论和城市规划领域,对于丰富多彩的经济、社会、文化、生活等诸多生动鲜活的历史内容远未涉及。

迄今尚无全面系统的卫星城相关资料的收集和整理,是上述问题存在的重要原因。有鉴于此,收集和整理新中国卫星城建设资料,显得十分重要了。

三

上海城市发展的特殊性,以及建国之初其卫星城规划建设的典型性,使得上海卫星城的研究具有重要意义。

我们团队研究卫星城建设已经数年,但尚属刚刚起步阶段。首先从资料积累开始,我们从档案资料、公开报道、发表的文章和口述资料等材料选取相关资料达数百万字。分类编辑资料出版,以为研究者使用。本卷以"规划"为主,是为第一卷。

本卷聚焦上海卫星城的规划。所录资料,按编年体例,以时间为经(1927—1999年),以上海卫星城规划为纬,主要以《申报》、《民国日报》、《人民日报》、《解放日报》、《文汇报》、《新民晚报》等报纸为主,同时根据主题需要,从相关期刊、网络等摘取相关资料。

20世纪50年代末至60年代中期,是新中国上海卫星城建设的初步发展时期,但根据近现代上海城市规划建设的历史传承与延续性,本书将其时间追溯到"大上海计划"时期。

本书共分为四部分。

第一部分是上海卫星城萌芽阶段(1927—1955年)。主要阐述"大上海计划"、"大都市计划"和"上海市总图规划",这些规划为新中国上海卫星城方案的提出奠定了基础。

第二部分是上海卫星城的初步发展阶段(1956—1966)。这一时期上海工业目标朝着高级、大型、精密、尖端方向发展,在"大跃进"的推动下,上海开始规划建设闵行、吴泾、嘉定、安亭、松江五大卫星城。

第三部分是上海卫星城的曲折发展阶段(1967—1978)。在"文革"背景下,国家缩短重工业战线、压缩城镇人口支援农业生产等政策实践,使得这一时期上海卫星城的建设发展进入"减速"发展阶段。1971年国务院决定引进国外先进的成套石油化工化纤设备,在金山建设上海石油化工总厂;1977年冶金工业部决定建设一个大型钢铁基地,在宝山建设上海宝山钢铁总厂。这两个大型企业的规划建设,预示着金山卫、吴淞-宝山两个卫星城的崛起。

第四部分是上海卫星城深入发展阶段(1979—1998)。文革"结束后,随着改革开放的不断深化,人口不断向城市集聚,在工业化和城市化的推动下,明确了中心城、卫星城、郊县小城镇、农村城镇4个层次分明、协调发展的城镇体系,上海卫星城建设再次深入展开。

20世纪50年代后期,上海城市工业布局呈现出近郊工业区和卫星城同步规划情况,其中工业布局是以近郊工业区为主的特征。1958年嘉定、上海、宝山、松江等10线先后划归上海市,使得有些工业区转为卫星城,如吴泾在确定为工业区展开建设不久,就被定为第二个卫星城。鉴于此,本书将工业区的规划亦收录其中。

此外,上海工业布局中还有不少工业区的布局和建设,在日后发展中,有些拓展为卫星城,有些发展缓慢甚至没有发展起来。鉴于内容分散和资料庞杂,将另行编辑。

21世纪以来,在城市化和城镇化的时代冲击下,上海卫星城建设则以新城镇、城市群的新形态继续深入。按照课题研究计划,该部分内容将另卷专题展开,因此,本书未将其收录在内。

四、上海卫星城深入发展
（1979 年—1999 年）

改革开放以后，为了适应新的经济形势，市政府确立了上海的城市性质是"中国的经济中心之一，是重要的国际港口城市"；对城市发展方向进行了调整，提出：建设和改造中心城，充实和发展卫星城，有步骤地开发"两翼"（长江口南岸和杭州湾北岸），有计划地建设郊县小城镇。

在工业化和城市化的推动下，明确了中心城、卫星城、郊县小城镇、农村城镇 4 个层次构成的层次分明、协调发展的城镇体系。根据上海城市总规划，上海各卫星城迎来了新的发展时期，其建设再次深入展开。

浦东新区是上海中心城的重要组成部分。1990 年浦东开放，在时代新战略、新特征下，浦东成为上海现代化建设的缩影，中国改革开放的象征。通过浦东新区的开发，带动浦西的改造和发展，为把上海建设成为国际经济中心、金融中心和贸易中心奠定基础。上海城市通过浦东的开发开放，成功实现了改革开放的"后卫"向"前锋"的转变。

1984 年《上海市城市总体规划方案》

1982 年上海市人民政府审定《上海市城市总体规划纲要》，1984 年上报《上海市城市总体规划方案》，1986 年 10 月 13 日国务院批复原则同意，这是上海历史上第一个经国家批准具有法律效力的城市总规划方案。

该规划确定上海市的城市性质是：我国的经济、科技和文化中心之一，是重要的国际港口城市。城市的发展方向是：建设和改造中心城，充实和发展卫星城，有步骤地开发"两翼"，有计划地建设郊县小城镇。

按照城市合理布局、功能平衡、结构多心开敞、有机疏散、有利生产、方便生活的有机协调规划思想,上海将中心城的旧区和近郊区划分为 11 个分区,在市域范围内进一步完善了郊区城镇的规划。

(《上海都市规划演进》,同上,第 84—87 页。)

浦东总体规划

1987 年上海市人民政府决定成立开发浦东联合咨询研究小组,并有市规划局负责汇总编制浦东新区规划方案,同年 8 月编制完成了《浦东新区规划纲要》(草案)和相应的初步方案。

1989 年 10 月,编制完成《浦东新区总体规划初步方案》,规划用地从 1986 年《上海市城市总体规划》确定的 63 平方公里扩大至 150 平方公里,人口规模也从 90 万人增加至 150 万人。

该方案是一个战略规划,用以抓住机遇,迎接挑战,指导建设和有效使用资源。规划的目标是经过数十年的努力,把浦东建设成为布局合理,交通便捷,信息灵敏,设施完备的符合现代化国际大城市功能要求的新区,并结合浦西的振兴改造,把上海建设成为太平洋西岸最大的经济贸易中心之一。为了实现上述目标,在统一规划前提下,分三步实施:开发起步阶段(1991—1995),着重建设城市基础设施以及相应的重点地区的开发;1996—2000 年为重点开发阶段,基本形成浦东新区形象和道路交通等城市基础设施的骨干工程,并实行重点地区的综合开发;2000 年以后为全面建设阶段。经过二三十年或更长一些时间,逐步实现新区建设的总体目标。

初步规划的空间布局主要采用多轴多核的形态。南北开发轴:主要沿黄浦江和杨高路形成南北开发轴,将高桥—外高桥、庆宁寺—金桥、陆家嘴—花木及周家渡—六里等综合分区联系起来;东西开发轴:从浦西外滩至陆家嘴再向东经张杨路商业中心以至花木、张江、北蔡和第二国际机场。这条东西开发轴也是上海东西发展轴的延伸部分(从虹桥国际机场至浦东国际机场),使浦东、浦西在建筑形态上也有整体构思。为了使城市符合生态环境优化的需要,采用多心开敞的布局结构,即将浦东新区划分为 5 个综合分区,各个综合分区都有各自的生产就业地区、居住区、公共服务设施、体育、文化设施等,使各综合分区居民能就近工作,就近生活,各综合分区之间有绿化旷地隔离,以形成良好的生态环境。

　　1991 年 7 月,市规划院编制完成了《浦东新区总体规划》及规划图。

　　总体规划目标是:按照"面向 21 世纪、面向现代化"和建设社会主义现代化国际城市的战略思想,借鉴国内外新区开发的经验,设想经过几十年的努力,把浦东新区建设成为有合理的发展布局结构,先进的综合交通网络,完善的城市基础设施,现代的信息系统以及良好的生态环境的现代化新区。通过新区开发,带动浦西的改造和发展,恢复和再造上海作为全国经济中心城市的功能,建设成为国际经济、金融、贸易中心之一奠定基础。

　　各具特色、相对独立的五个综合分区沿黄浦江和杨高路南北发展轴呈轴向开发,组团布局,远近结合、滚动发展的城市模式。(1) 陆家嘴—花木分区:规划面积调整为 30 平方公里,人口调整为 50 万人,是浦东的核心地区,其中陆家嘴部分 1.7 平方公里的金融贸易中心,是上海中央商务区的重要组成部分。花木地区是新区的市政管理中心,并发展博览等高层次的第三产业,形成繁荣的文化商业中心。(2) 外高桥—高桥分区:规划面积调整为 62 平方公里,人口调整为 30 万人,是开放度最大的保税区,出口加工区,同时建设有大型港区、电厂、修造船基地等综合工业区,有控制地适度发展已有的石油化工工业,预留东海油气田早期开发的天然气接运收制设施。(3) 庆宁寺—金桥分区:规划面积调整为 33 平方公里,人口调整为 45 万人,规划为出口加工区,以吸收外资为主,发展技术先进的产品。(4) 周家渡—六里分区:规划面积调整为 35 平方公里,人口调整为 55 万人。在现有冶金、建材工业基础上,调整结构,治理"三废",形成综合工业区。(5) 北蔡—张江分区:规划面积调整为 17 平方公里,人口调整为 22 万人,是高科技园区,发展高技术产业和新兴工业以及相应的科学研究机构。各分区都规划有各自的中心和完善的居住区以及商业、文化、教育、卫生、体育设施。各分区之间有以文化休息公园、体育公园和隔离绿地以及旅游游憩、城郊型、观光型农田、果园相隔,为城市创造良好的生态环境和多心开敞的城市构架。在长江滨海,保留大规模的城市发展用地,远景作为滨海开发区。

　　按照城乡协调发展原则规划的城镇体系,由城市化地区(中心城)、川沙镇以及集镇三个层次组成。城市化地区约 200 平方公里,规划 200 万人。川沙镇规划 10—15 万人,集镇一般在 5 000—10 000 人左右。

　　　　　　　　　　　　　　(《上海城市规划志》,同上,第 118—119 页。)

闵行卫星城

1979 年 10 月,市规划局组织编制完成《闵行总体规划和近期建设规划》,着重对近期城市建设项目作了安排,规划住宅建筑面积 40 万平方米,完善市政基础设施,新建 5 个雨水排水系统。1981 年为引进外资开办工业,利用闵行卫星城原有的市政基础设施,开辟闵行经济技术开发区。1982 年 11 月,市人民政府批复原则同意,规划范围内土地一次征用,并进行土地细分规划,市政公用设施配套齐全,以吸引外资。

1981 年,为引进外资开办工业,利用闵行卫星城原有的市政基础设施,开辟闵行经济技术开发区。开发区规划由市规划院编制。规划范围为卫星城西部高压供电走廊以东、剑川路以南、沙港以西、江川路及水泵厂以北,占地约 2.13 平方公里(以后范围向南扩大至黄浦江边)。

经 1979—1987 年的规划实施,建成区用地扩大至 13.75 平方公里,是卫星城建设之初的 6.2 倍,人口 11.5 万,住宅建筑总面积 234.6 万平方米(包括农村住宅)。

（《上海城市规划志》,同上,第 183—186 页。）

吴泾卫星城

1982 年,上海市规划局编制了《吴泾总体规划图》。

1984 年 4 月,上海市规划局根据市人民政府关于治理工业"三废",解决工厂与居民矛盾的要求,在上海电碳厂北面安排了活性碳厂用地。

1984 年,配合国务院 30 万吨乙烯工程,将氯乙烯、聚氯乙烯及配建的烧碱装置安排在吴泾。据此,烧碱装置在上海电化厂原址扩建,氯乙烯、聚氯乙烯在景东路西的新厂区建设,辅助设施布置在生产装置南面,以红线宽 60 米的东西主干道和管廊通道隔开;生产装置北面为全厂仓库区(化学品仓库另外安排在新厂区的西南角);空分装置在元江路南;二级污水处理厂在景洪路以东;利用石英玻璃厂的黄浦江岸线建设专用盐码头。

1985 年 8 月,市规划院编制了吴泾居住小区,以配合 30 万吨乙烯工程的生产。

规划范围是,吴泾二村东侧,北至塘泗泾,南到剑川路,东濒黄浦江,总用地 30.76 公顷,建筑总面积 27.5 万平方米,可居住 1.5 万人。

1987 年 5 月,市建委、市计委批准吴泾卫星城的布局调整方案。输送乙烯原料的金山—吴泾管道由市城市规划设计院具体选线,并经上海市城乡建设规划委员会(简称市规委)批复同意。

(《上海城市规划志》,同上,第 188—190 页。)

1989—1990 年闵行—吴泾卫星城综合规划

随着闵行经济技术开发区和大专科研园区的建设,吴泾地区化工、港区的发展,突破了原有城市规模,改变了城市布局,市政公用设施已不敷使用。市规划院于 1989 年 12 月编制了《上海市闵行区总体规划修正方案》及《闵行区总体规划(1989)》。规划结构为两头工业区、中间居住区。修正方案将吴泾、闵行整体规划为拥有 60 平方公里、50 万人口的中等城市,其性质为设立机电、化工、出口加工工业为主,与发展航天、科研、大专院校相结合,具有综合功能的城市。

1990 年 6 月 4 日,市建委批复原则同意修正方案提出的规划范围和人口规模,同时提出局部调整意见:吴泾、闵行两个卫星城要在各自完善配套的基础上发展,逐步调整生活生产用地比例,有计划地形成沪闵路两侧、江川路中段—东川路中段的卫星城中心区。闵行西部为工业区,东部为生活区;吴泾北部为工业区,南部为生活区。

(《上海城市规划志》,同上,第 186—188 页。)

嘉定卫星城

1979 年城中路率先建成上海各卫星城中第一幢高层住宅建筑,显著改变了卫星城面貌。1982 年市规划院和嘉定建设局联合编报《嘉定总体规划》及《嘉定总体规划图(1982 年)》,根据上海市城市总体规划纲要要求,提出嘉定镇要在已有基础上,创造条件,进一步发展科学研究事业。主要安排科研单位和电子、纺织工业,是"科研、生产、教育"相结合,以科研为主的市郊卫星城,又是全县的政治、经济、文化中心。规划 1985 年人口 7—8 万,2000 年增至 15—20 万人。1983 年 5 月,市人民政府批复原则同意《嘉定总体规划》和技术鉴定意见。1984 年 9 月,市建委认为这是"规模适当,布局合理,留有余地,是比较切合实际的较好的规划方案",推荐为评奖项目。

1980—1987 年按规划建设住宅建筑面积 56.52 万平方米,年均建造住宅面积是嘉定前 30 年年均面积的 8.4 倍。梅园新村、桃园新村在建筑风格上,突破了"行列式"布局和"火柴盒"型建筑模式,采用"蝴蝶型"、"宝塔型"、"彩带型"、"曲尺型",风格各异,千姿百态。

1988 年 10 月,沪嘉高速公路正式通车。

1989 年 3 月,为发挥城市综合功能,改善投资环境,市规划院编制完成《嘉定总体规划调整方案》及《嘉定城总体规划(1989 年)》。用地规模扩大至 21.37 平方公里,人口增加到 20—25 万。布局以环城路内老城为中心区,外围划分西北、东北、东南、西南 4 个综合区,各区生产、生活用地相对平衡。1990 年《嘉定总体规划调整方案》上报上海市人民政府,1991 年 1 月,市建委批复原则同意。

(《上海城市规划志》,同上,第 193—195 页。)

安亭卫星城

1982 年,为配合汽车工业的发展,同年市规划院再次编制了《安亭总体规划》及《安亭总体规划图》。规划突出了以汽车工业为主的卫星城性质。基本布局是:昌吉路以北、于田路以西、洛浦路以东地区布置汽车、电器、仪表工业,于田路以东、蕰藻浜西岸为汽车总装用地,并引入铁路专用线;装卸区布置在吴淞江、蕰藻浜交汇处;与汽车工业配套的工厂,安排在顾浦以西、居住区以北;居住区布置在昌吉路以南;昌吉路与米泉路、墨玉路两个交叉口,布置公共活动中心,在两个中心之间安排公园、绿化和体育设施。

1984 年,上海汽车厂与德国大众汽车公司合营后,市规划局又对用地作局部调整,在吴淞江和蕰藻浜交汇处建日处理污水 5 万吨的污水厂。

1990 年,为适应汽车工业年产轿车及变形车 30 万辆、发动机 50 万台的目标,市规划院编制了《安亭卫星城总体规划纲要》及《安亭总体规划图(1990 年)》,纲要将卫星城范围扩大至 16 平方公里,东界推移至嘉黄公路,西、南、北维持原状。规划人口近期 10 万,远期 15 万。

1990 年 11 月,市建委批复:安亭卫星城规划范围限定在沪宁铁路以南、吴淞江以北、蕰藻浜运河以西、市界以东范围内,面积仍为 10 平方公里,人口 10 万。

(《上海城市规划志》,同上,第 197—201 页。)

松 江 卫 星 城

1979 年,松江卫星城建设初见成效,道路方格网布局基本形成。但住宅不足,市政公用设施跟不上发展需要,制约了卫星城的发展,文物古迹也年久失修。为更科学合理地指导卫星城建设,松江县建设局和市规划院,于 1982 年 1 月编制完成了《松江总体规划》及《松江总体规划图(1982 年)》,规划提出松江卫星城是全县政治、经济和文化中心,是上海市郊卫星城,也是历史古城。至 2000 年,规划人口 15 万,用地 12 平方公里。为避免城市规模过大,铁路按现状线路改建成复线,全城向北发展为主。基本布局是:市属工业企业布置在卫星城两翼,即通波塘以东以轻工业和仪表工业为主,其中环城路以北为轻工业备用地;沈泾塘以西为机床及其配套工业和发展备用地,沿黄浦江的横潦泾工业区维持现状;城中部通波塘至沈泾塘之间为居住区,原有工厂加以限制发展或逐步外迁。中山路通波塘西岸为行政中心,商业中心设在中山中路的谷阳路至人民路段,商业分中心分别设在中山路、方塔路口和中山路、玉树路口;以谷阳南路东侧体育场为基础,建设体育馆和少体校,形成体育中心。

1982 年 1 月,为更科学合理地指导卫星城建设,松江县建设局和市规划院,编制完成了《松江总体规划》及《松江总体规划图(1982 年)》。规划提出松江卫星城是全县政治、经济和文化中心,是上海市郊卫星城,也是历史古城。至 2000 年,规划人口 15 万,用地 12 平方公里。为避免城市规模过大,铁路按现状线路改建成复线,全城向北发展为主。

1990 年,为适应形势发展需要,进一步指导城市建设,市规划院与松江县建设局于 1990 年绘制《松江总体规划图(1990 年)》,并于 1991 年 1 月编制完成《松江总体规划调整方案》。调整方案将卫星城性质调整为以轻纺、机械工业为主的综合卫星城,县的政治、经济、文化中心,市郊历史古城和以历史文物为主要景观的浏览城。

1994 年 5 月,市人民政府批准松江卫星城以东开辟市级工业区。其范围东自车新公路、西至沪松公路、南起北松公路、北迄莘松公路。规划面积 20.56 平方公里,以机械、机电、生物、医学、食品等工业为产业导向,至 1996 年底已开发 8 平方公里。

(《上海城市规划志》,同上,第 201—205 页。)

金山卫卫星城

金山卫星城的建设,从 1972 年起到 1995 年止,历时 23 年。

1988 年 9 月,市规划院根据城市总体规划方案提出的向杭州湾北岸和长江南岸发展,将金山卫开发建设为上海新港区之一的总体设想,充分利用金山卫地处上海、舟山、宁波、杭州四地中心以及杭州湾深水域的地理优势,结合石油化工业特点,编制了《金山卫城市总体规划纲要》。

1994 年 10 月,市规划院根据纲要编制完成了《金山卫城市总体规划》,翌年又编制了《金山卫城市总体规划(1995 年)》。规划金山卫城市的性质为:以石油化工、港口为主体的开放型、综合性、多功能的现代化新城,是金山县的政治、经济、文化中心。规划人口近期(2000 年)为 17 万,远期(2010 年)为 30 万,远景为 45—50 万,规划范围西起上海与浙江省分界线,东至漕泾东海港,北起卫新河,南至杭州湾沿线,陆域面积 81.5 平方公里。

1995 年 3 月,市规划局批复原则同意《金山卫城市总体规划》所确定的曾是性质、规模、用地结构布局,并要求作详细规划时,对城市基础设施、道路系统、环境保护等进一步完善。

(《上海城市规划志》,同上,第 205—210 页。)

吴淞—宝山卫星城

吴淞—宝山卫星城位于黄浦江口长江南岸,是上海市北翼的水上大门。吴淞镇和宝钢厂分别距市中心的人民广场 18 和 26 公里。

1982 年上海城市总体规划纲要,把吴淞列为卫星城之一。1983 年,原吴淞——蕴藻浜工业区和宝山钢铁总厂整体规划为吴淞卫星城。

1983年11月，吴淞区人民政府城市建设办公室在市规划院的具体协助下，编制了《吴淞区城市总体规划》及《吴淞总体规划图（1983年）》。规划提出吴淞区是以钢铁和外贸港口为主的卫星城，至2000年，规划人口35万，用地60.64平方公里。以生产和生活相对集中、就近生产、方便生活为布局原则，全区划分北、中、南三大片工业区和相应的3个居住区、1个区中心。

1985年7月，吴淞区人民政府根据经济发展对城市建设的要求，组织编报了《吴淞区城市总体规划补充报告》，将卫星城性质修改为：以钢铁、港口为重点的上海北翼工业基地，逐步建成现代化海滨卫星城。

总体布局根据如下原则作部分调整：确保宝钢、大型市政公用骨干工程和改造上海冶金工业的建设用地；积极安排改造市区传统工业的迁建用地和发展轻纺、手工、机电、出口加工等用地，妥善安排地区经济及乡镇企业发展用地。调整的内容有：宝杨路以北到月浦、盛桥为宝钢生产区和生活区，石洞口以北作为大型市政公用骨干工程用地，适当保留地区经济发展用地；中、南片，除保留上钢五厂及配套加工工业发展用地、上钢一厂发展用地、市区有色金属冶炼厂和钢铁加工厂迁建用地外，其余土地均作发展轻纺、手工、机电和出口加工业用地，统一规划，综合开发，为吸收外贸、引进技术、扩大出口加工和市属工厂迁入创造条件。

1988年1月，经国务院批准撤销宝山县和吴淞区，组建城乡结合的宝山区。1989年10月，在吴淞卫星城规划基础上，市规划院编制《宝山城市总体规划纲要》，1992年编制完成《宝山城市总体规划》及《宝山城市总体规划图（1992）》。根据上海城市总体规划和上海经济发展战略要求，规划提出宝山是以钢铁冶炼、港口能源为主导，具有多种产业、环境良好的新市区，是中心城工业和人口疏散的主要基地之一，是地区行政、经济、文化中心。宝山是南北长24公里的带形城市，到2000年规划人口35—40万，2010年增至50—55万。

（《上海城市规划志》，同上，第212—220页。）

从南京路的断垣残壁谈起——在调整中
前进迫切需要搞好城市规划

天 佐 嘉 生

南京东路福建路口的一片房屋拆除将近一年了，可是至今仍然留着一段残墙断壁,既无续拆的迹象,又无新建的样子。人们路过此地,总是议论纷纷。

据城市建设管理部门反映,造成这种局面的原因,是由于南京路的改造和建设的规划还没有确定下来。这块小小的土地该怎么利用? 婆有婆理,公有公理。商业部门意见,旧房拆除后仍搞商业建筑;房地部门要求造住宅;也有人感到南京路周围太拥挤了,想利用这块土地搞点街头绿地和造个停车场。众说纷云,拖延不决。

没有规矩,不成方圆。一个城市的改造和建设,不能没总体规划。不少建筑专家都认为城市建设应当是规划第一,建筑第二。这概括地说明了城市建设中规划工作的重要性。规划,是城市各项建设工程的设计和管理的依据,只有制订了先进的科学的城市规划,并认真实施,才能把城市建设得更加合理、美观,有利生产,方便生活。未来的工业和科学技术现代化也需要城市的现代化与之相适应,否则,将会阻碍现代化工业和科学技术的发展。可是,道理尽管大家都懂得一些,做起来却并非如此。上海是一个老城市,在旧中国,由于列强的租界分割,市政公用事业设施标准各异,口径不一,自成体系,混乱不堪。解放以后,党和政府曾作了巨大努力,加以整顿。五十年代末,为适应社会主义建设发展的需要,上海市委又提出了逐步改造旧市区,严格控制近郊工业区的规模,有计划地辟建卫星城镇的建设方针。在这一方针指引下,先后建设了六个卫星城镇和十个近郊工业区(其中有四个已划入市区)。这对进一步发展上海工业生产和城市改造、城市建设起了良好的作用。但是,十多年来,由于林彪、"四人帮"的干扰破坏,城市规划废弛,建筑管理放松,"长官意志"盛行,城市建筑无政府主义泛滥。"四人帮"及其余党还擅自挪用国家明文规定专款专用的城市维护费十亿多元,破坏城市建设。加上我们工作上的缺点,基本建设方面"骨头"和"肉"的比例严重失调,以致城市建设和管理上问题成堆。这集中表现为一个"乱"字。

所谓"乱",主要是城市布局混乱。由于没有一个总体规划,确定某些工程项目的设置,往往只从本部门、本企业局部利益出发,单纯地从靠近城市、交通干线、基建方便考虑,只想见缝插针,缺乏长远打算。久而久之,市中心区越来越挤,郊区城镇得不到合理发展。据统计,目前市区一百四十平方公里范围内,已集中了八千多家工厂;人口平均密度也高达每平方公里三万八千余人,为北京三倍。市区的人口和工厂愈来愈集中,造成了用地用水紧张,交通干线和枢纽运量饱和,城市污染严重,给城市建设和改造带来了沉重的负担和障碍。城市布局混乱,在市区还表现为工业布局和地区公用设施各自为政;工厂与生活区混杂。如闸北和田地区四十九家工厂的生产区内,就混有二千多户居民。市区二千七百多家全民所有制工厂分设有二万多处生产点，也绝大部分与居民杂处。

由于总体规划长期没有定下来，大家缺乏统一的思想和统盘的考虑，新建改建的工厂企业、住宅在具体定点时，往往导致各有关方面意见不统一，徘徊于几个方案之间。即使由综合部门召集会议审定，也常常是各执己见，争执不下，上上下下多次反复，长期拖延不决，拖了基本建设的后腿。

要改变上述情况，当务之急是必须把上海的城市建设的总体规划抓紧搞好。在城市建设和改造方面，毛泽东同志曾经说过："城市太大了不好"，要"多搞小城镇"。我们上海在总体上，就必须严格控制市区的规模，积极发展卫星城镇，把上海改造和建设成为一个布局科学合理，环境不受污染，居住显著改善，公用设施齐全，街坊多样，建筑新颖，道路畅通，交通便捷，市容整洁，绿树成荫，有利生产，方便生活，适应四个现代化需要的社会主义现代化城市。要实现这一宏伟设想，首先要把工业布局搞好，合理配置生产力。要做到这一点，必须解放思想，有所作为，要打破现有行政区划的观念，不能局限于现有市区一百四十平方公里的范围，而要在包括十个郊区县在内的六千二百平方公里的大范围内做文章。要在这个大范围内，根据地理条件和工业发展的需要，规划和建设一批新型的卫星城镇。卫星城镇必须按现代化工业生产的要求，吸收国外某些小城镇建设的成功经验，配备比较齐全的住宅、文教、卫生、娱乐场所和市政公用设施，而且要基本上做到供应标准与市区统一。每一个新型卫星城镇都要比老城市好，使大家乐意去。老市区控制发展规模，主要是控制其人口和用地，并应结合工业改组和行业调整，有计划有步骤地进行改造，原则上似应多拆少建，尽可能多留点绿化和舒展交通的备用地。污染严重的工厂企业，应当结合工业布局的调整，逐步并迁于与其生产性质相适应的远郊工业城镇，并在迁建中解决好环境污染问题。

上海城市的改造和建设是一千万上海人民共同的事业。规划的制定应当冲破那些不必要的保密限制，让群众知道，让群众充分发表意见。据了解，国外有个大城市制定一个交通发展规划时，走访了五万户家庭，征询了十万个司机的意见，调查了三万七千辆汽车，掌握了大量资料和民意后，再进行综合分析。我们是社会主义国家，人民是城市的主人，也应当这样做，有些规划方案似可在报上公开讨论，有的可在一定范围内讨论。只有充分发扬民主，认真听取群众的意见，才能制定出比较切合实际，受群众拥护的总体规划。实行起来，也能得到群众的支持，大家都能从大局出发，看到美好的远景，体谅国家当前的困难。而且，规划一经订出，并经有关领导机关批准后，应当让它具有某种权威和一定的法律效力，以便迅速地贯彻执行,付诸实现。

(《解放日报》1979 年 4 月 10 日)

努力建设好中小城镇——城市建设问题调查之一

多年来我国存在着这么一种趋势:农村的人想进城市,中小城镇的人想到大城市去;在城市建设上也是小城市向中等城市发展,中等城市向大城市发展,结果大城市越来越多,越来越大。世界上一百万人口以上的大城市,苏联有十一个,日本十个,美国六个,西德三个,法国才一个,而我国有十三个。这些大城市的人口和面积还在不断增加。以上海为例,现在城区、郊区共有一千多万人,今后二十年,如果除去外地调入这个因素,仅仅城市人口的自然增长,以每年递增千分之五计算,就要增加一百万人,需要增建相当于一个百万人口大城市的生活和工作的设施。

现在我国农村有八亿多人口,随着农业机械化程度的不断提高,农业所需要的劳动力会相应减少。如果三分之一的农村现有人口转到大城市,全国就要新建二百几十个一百万人口的大城市。谁都知道,一个城市,人口上了百万,许多事情都不好办。住房紧张,交通拥挤,空气污染,以及生活供应,文化福利设施的建设等问题就会相继而米。这么多人都挤在城市里,就业问题也不好安排。

现在,许多国家都努力把大城市的人口分散到中小城镇去。我国的一些大城市从五十年代末起,也在试验建设大城市的卫星城,以控制大城市的发展。但是,效果并不显著。据有关部门分析,主要有这样几个原因:

一、有些人以为,大城市的条件好,有现成的水、电、道路和下水道,在大城市建设新的工厂企业,投资省,收效快。这个道理在解放初期是合乎实际情况的。因为那时我国大部分大城市还是消费城市,有不少现成的公用设施可以利用。但随着建设的发展,现在几乎所有大城市的公用设施都不够用了,新扩建的设施也赶不上生产发展的需要。不少城市是三十年代的马路、下水道,七十年代的人口和运输量。要新建一个项目,就不得不拓宽马路,翻建下水道,增建供水、供电设施和住宅、商店等生活设施,不仅使原来城市建设的不合理现象更加严重,而且造成很大浪费。这些同志没有看到,在中小城镇建设工厂尽管一时条件差一些,但速度不一定慢,花钱不一定多。有时从一个企业来看,可能花的钱多些,但是从长远看,从全局看,是合算的。

二、有些政策规定,不符合发展中小城镇和卫星城的方针。我国现有的工资地区差别是根据解放初期各地经济情况制订的,经过多年来的经济发展,情况已经发生很大变化。现在已出现了中小城市职工实际生活费用高于大城市的状况。但目前从大城市调到中小城市的职工,工资标准仍要降低。如南宁市每月四十元工资的职工,调到县城河池,就要减少六元,而生活费用不一定减少。在供应标准上,大城市和小城市也有不少差别。如同一工种的职工的粮食定量,武汉市和附近的县城相比每月要差三、四斤,油相差一两。大城市和中小城市职工福利也有不少差别。比如财政部规定,人口五十万以上城市的职工才可以发自行车补助费。这些都是鼓励人们到大城市就业。

三、国家给小城镇建设资金很少,使小城镇的市政建设、生活设施不全。如广州市黄埔离市区才二十多公里,是广州的一个卫星城镇。那里有华南最大的港口,也兴建了一批工厂,但因为生活设施不配套,副食店、医院、学校、书店、影视剧院等很少,许多职工仍然住在市区,宁愿起早摸黑来回跑,也不愿搬迁到那里。

有关部门的同志认为,我国今后不宜再走无限扩建大城市的道路。应当从国民经济发展的需要出发,全面规划,统筹安排,积极发展中小城镇,鼓励人们到中小城镇就业。我国二十万到五十万人的城市有五十九个,二十万人以下的城市九十多个,还有三千二百多个小城镇,大多具有发展经济的良好条件。今后新建的大、中型工厂企业,要尽可能摆到中小城镇去,不要往大城市里挤。对大城市的人口和用地要严格控制。大城市的工业要通过挖潜、革新、改造,做到在不增人或者减人的情况下持续增产。上海市的纺织工业,解放初期有四五千家,职工五六十万人,年产值只有十八亿元。去年产值已达九十八亿元,比解放初期增长了四倍多,而工厂减少到四百九十家,职工人数减少到了三十九万人。这个经验应该推广。

国家对中小城镇建设要有专项投资,要生产、生活一起抓。建设生产设施首先要把水电、交通搞好,同时要相应地建设住宅和其他一整套生活设施。在可能的情况下,中小城镇的市政服务设施的建设,要走在生产设施建设的前面。同时,要制订具体政策,鼓励企业事业单位到中小城镇定点,职工到中小城镇安家落户。企业事业单位按计划由大城市迁到中小城镇,职工实际生活水平一般不应降低,粮、油、肉的定量,文化福利待遇也不要随便变更。要在广大农村办好农、林、牧、渔场,办好农工商联合企业,逐步把一些人口集中的地方建成城乡结合、工农结合、工农商业全面发展的小城镇。农村社队除全面发展农业生产外,要发展原料和动力有保证、产品有销路的工业,或者生产城市扩散的工业产品,使农村物尽其用,人尽其

力,生活福利水平逐渐接近或超过城市,以便从根本上改变人口不断拥向城市的趋向。(新华社记者 鲍光前)

(《解放日报》1979年9月6日)

中共中央关于加快农业发展若干问题的决定

(一九七九年九月二十八日党的十一届四中全会通过)

……(上略)

三、实现农业现代化的部署

全面实现农业现代化,彻底改变农村面貌,这是我国历史上一场空前的大革命。为了实现这样的目标,必须从我国人口多、耕地少、底子薄、科学文化水平低,但幅员广阔、自然资源比较丰富、有众多的劳动力等特点出发,认真总结我国自己的经验,虚心学习外国的先进经验,尽可能避免技术先进国家曾经出现的弊病,走出一条适合我国情况的农业现代化的道路。我们在抓紧落实上述二十五项政策和措施的同时,必须继续调查研究,精心地作好分阶段逐步实现农业现代化的规划,已经看准了的问题,要果断地作出部署,组织好各方面的力量,扎扎实实地做好工作,保证其胜利完成。

……(中略)

(七)有计划地发展小城镇建设和加强城市对农村的支援,这是加快实现农业现代化,实现四个现代化,逐步缩小城乡差别、工农差别的必由之路。我国农村现在有八亿人口,有三亿劳动力,随着农业现代化的进展,必将有大量农业劳动力可以逐步节省下来,这些劳动力不可能也不必要都进入现有的大、中城市,工业和其他各项建设事业也不可能和不必要都放在这些城市。我们一定要十分注意加强小城镇的建设,逐步用现代工业交通业、现代商业服务业、现代教育科学文化卫生事业把它们武装起来,作为改变全国农村面貌的前进基地。全国现有两千多个县的县城,县以下经济比较发达的集镇或公社所在地,首先要加强规划,根据经济发展的需要和可能,逐步加强建设。还可以运用现有大城市的力量,在它们的周围农村中,逐步建设一些卫星城镇,加强对农业的支援。北京、上海、天津、沈阳、武汉和其他一切有力量这样做的城市,要在当地党委的统一领导下,负责带好几个县的农业现代化。

……（下略）

（《解放日报》1979 年 10 月 6 日）

彭冲同志在政府工作报告中
谈充分发挥上海有利条件
建设三个基地要搞好五项工作

本报讯 市革命委员会主任彭冲同志二十四日在《政府工作报告》中，详尽地谈到如何积极利用和充分发挥上海的有利条件，尽快地把上海建设成为我国先进的工业、科学技术和外贸基地的问题。彭冲同志提出这方面要解决的几个问题：

第一，要立足挖潜、革新、改造，逐步使本市现有企业接近和达到现代化水平。

彭冲同志说，三十年来，上海工业总产值增长了二十三倍，除了新建少数骨干企业外，主要是依靠老企业的挖潜、革新、改造，今后还必须继续坚持走这条道路。广泛采用新技术，改造老设备，是挖潜、革新、改造的一项重要内容。今后我们要进一步发挥广大职工和科技人员的积极性、创造性，虚心学习国内外的先进技术，大力开展技术革新和技术革命，大搞群众性的小改小革，努力搞好现有企业的革新改造。要继续有计划有重点有选择地引进一些我们迫切需要的关键设备和技术专利，以改造一个或几个工厂带动一个行业的办法，使一批老企业加速现代化。要通过企业整顿，在加强管理上下功夫，把经营和管理统一起来，努力提高劳动生产率。

彭冲同志说，搞好现有企业的挖潜、革新、改造，要根据社会需要，改组工业，合理调整生产组织，调整产品结构和产品方向。为了搞好挖潜、革新、改造，还要有计划、有重点地把更新改造资金使用好。全市每年现有的十几个亿折旧基金、大修理基金和其他各项技术措施资金可以捆起来使用，主要用于投资少、收效快、盈利多、创汇高的项目上，用于设备更新、工艺改革上，用于改造危险厂房、环境保护等项目上，逐步改善生产条件，提高技术水平。

第二，要把发展科学技术与经济建设密切结合起来，使科学技术尽快地转化为直接的生产力。

彭冲同志说，在科学技术发展中的一个重要问题，就是要进一步把基础理论、应用科学和发展研究结合起来，把科研单位、大专院校和生产部门结合起来，把自己的发明创造和学习外国的先进技术结合起来,努力推广科研成果,增加经济效益。各专业公司和工厂企业要根据自己的需要和现实条件,逐步健全本行业、本部门的科学技术中心,加强对应用科技的研究工作,逐步把先进技术运用到本行业、本单位的生产实际中去。

彭冲同志提出,各级领导干部要努力学科学、用科学,重视调整科研与生产的关系,改革那些对发展科学技术不利的上层建筑,认真贯彻扶植推广科研成果的各项政策。要充分认识知识分子在四化建设中的重要地位和作用。要组织各种"智囊团",发动各种有专长的人为经济建设当好参谋。

彭冲同志说,要把科学技术搞上去,教育是基础,四化建设需要大批具有现代科学文化知识的建设人才。教育工作要从中小学抓起,切实加强基础知识和基本技能的训练。高等院校要办成适合四化建设需要的教学中心,同时搞好科学研究,不断提高教学质量,培养出一大批专门人才和一批出类拔萃的、第一流的专家。还要办好职工业余教育,提高广大群众的科学文化水平。

第三,要大力发展对外贸易,以外贸促生产、促内贸、促科研。

彭冲同志说,把我们的产品引向国际市场接受检验,就能使我们面向国际,开阔视野,更好地发现生产技术上的薄弱环节,从中找到差距,博采各国之长,进行技术改造,革新产品设计,把生产、技术和管理水平大大提高一步;就能打开许多新的生产领域和科技领域,使产品进一步向高、精、尖、新的方向发展,给整个经济面貌带来一个大的改观。同时,还可以为国家创造更多的外汇,向国外引进迫切需要的先进技术,增强我国独立自主、自力更生搞四个现代化的能力。

彭冲同志提出,目前全市一千七百多家生产出口商品的企业,要努力提高产品质量,增加花色品种,改进包装装潢,并促使老产品升级换代。要在进一步挖掘这些企业的增产潜力的同时,不断扩大生产出口商品的专厂、专车间。要逐步改变出口商品的结构,继续发挥轻纺产品在出口中的主力军作用,努力提高机械、电子、冶金、化工等重工业产品的出口比重,适当增加郊区农副产品的出口品类和数量,创出一批在国际上有稳定市场的重点商品。还要采用国际上通用的各种合理形式,疏通对外贸易的各种渠道,把外贸工作搞活。外贸部门要关心生产、扶持生产,帮助生产部门用好外汇贷款、工业贷款和技术措施费用,迅速形成新的生产能力。要坚持技贸结合、工贸结合、进出口结合,经常了解和研究国际市场的动向,千方百计增加出口。交通运输部门要努力扩大上海口岸的综合运输能力,加强调度,适应对外贸易的需要。各行各业都要按照自己的特点,从多方面想办法,扩大贸易外汇和非贸易外汇收入。要关心和支持旅游事业,积极为它创造条件,使之更快地发展起来。要加速改建、扩建和新建各种旅游设备,改善经营管理,提高服务质量。同时,要多搞一些具有上海特色的旅游纪念品和特种工艺品,努力做好旅游商品的推销工作。

第四,要积极进行经济管理体制改革,认真按照客观经济规律办事,努力把经济工作做活。

彭冲同志说,扩大企业自主权,让企业能够按照社会需要安排生产经营活动,把经济责任、经济效果、经济利益直接联系起来,使国家、企业和职工个人三者利益更好地结合起来,是整个经济管理体制改革的核心,也是把经济工作搞活的关键。今年以来,根据国务院颁布的有关扩大企业自主权的五个文件的精神,本市已经在四千四百十七个工商企业实行以利润留成为重点的体制改革试点,同时还进行了基本建设由国家拨款改为银行贷款等的试点。我们既要有敢于打破旧的传统观念和习惯势力的革命精神,又要有实事求是的科学态度,积极而又慎重地进行改革。

彭冲同志还提出,要在国家计划指导下,重视和利用价值规律的作用,实行计划调节与市场调节相结合。今年以来,不少工业部门在保证完成国家生产计划和收购任务的前提下,根据市场变化的需要,组织生产适销产品,设立经理部、门市部,举办展销会,试行厂店挂钩,自行销售国家不收购的产品和试销新产品,发展经济技术合作;并有计划地开展工商、工贸结合的"一条鞭"经营试点,使产销直接见面,及时了解市场动态,直接听取消费者的意见,开辟新的产销渠道。物资部门打破生产资料不是商品的思想束缚,开辟生产资料市场。把一部分多年积压的呆滞物资变活,调剂了余缺,促进了生产。商业部门采取发料加工组织生产市场产品,开展工商联合展销活动,实行部分农副土特产品的议购议销,扩大日用小商品交易市场,开辟集市贸易,畅通购销渠道,活跃城乡市场。这些,都有利于发展和繁荣社会主义经济,要继续努力实践和探索,使生产和流通活动更加符合客观经济规律的要求。

第五,严格控制城市人口,合理调整工业布局。

彭冲同志说,现在,在市区一百四十多平方公里的狭小范围内,居住了五百多万人,人口密度高达每平方公里四万人;集中了全市工厂企业的百分之六十七,工业建筑密度很高,占用地面积的百分之六十五。厂房住宅,犬牙交错,矛盾重重。这给城市建设、工业布局和生活安排等方面造成了一系列的困难。

彭冲同志提出,今后上海的城市规划,要在全市(包括郊区)六千一百多平方公里土地上做文章,采取合理布局、逐步扩散的方针,有计划有步骤地把部分工厂企业和市区人口扩散到郊区去。第一,要严格控制市区人口,力争少进多出,逐年减少。第二,每年要挤出一部分财力,分期分批逐步搞好已经初步形成的十几个郊区卫星城镇的配套建设,包括职工住宅、公用事业、商业服务和文教卫生等设施,从政策上措施上鼓励市区工厂企业和职工家属向这些地方搬迁扩散。今后工业的新建项目和较大的扩建项目,原则上都要安排到郊区的卫星城镇和国营农场去。有些不适合在市区发展的工厂企业,也要有计划有步骤地搬迁到这些地方去。第三,在市区范围内,合理调整工业布局,改善居民居住条件。要积极改善过江交通,逐步发展浦东地区。要组织各方面的力量,抓紧制定上海国民经济发展的长远规划和城市的总体规划,使今后城市的改造更合理,更适合生产和人民生活的需要。

(《解放日报》1979 年 12 月 26 日)

关于上海市国民经济计划的报告(摘要)

上海市计划委员会副主任　韦　明

本报讯　十二月二十六日上午,上海市计划委员会副主任韦明,在市七届二次人代会全体会议上作了《关于上海市国民经济计划的报告》。

报告在回顾一九七九年本市国民经济计划执行情况时说,上海同全国一样,总的形势很好。各条战线坚决贯彻党的十一届三中全会、四中全会和五届人大二次会议精神,发展安定团结、生动活泼的政治局面,各级领导的主要精力逐步转移到经济工作上来;广大干部和群众通过真理标准问题的讨论,解放思想,开动机器,积极探索把经济工作搞活、搞好,在许多方面有了一个良好的起步;经济调整工作逐步展开,按照农轻重方针,加强农业和轻工业,积极扩大出口,注意充实薄弱环节,在发展生产的基础上人民生活有所改善,国民经济在调整中继续前进。

工业生产方面,全市工业总产值预计比去年增长百分之八。特别是轻纺手工业和民用电子产品发展较快,增长速度超过了重工业。随着工业生产的发展,内外贸都有新的增长。全年出口商品收购总值预计比去年增长百分之三十以上。铁路、海运、长航、港口和市内运输都超额完成了计划。

农业生产方面,认真贯彻执行中央关于农业的两个文件精神,落实各项政策,进一步调动了广大干部和社员的积极性,取得较好收成。粮食总产量保持去年水平,其中夏粮、油菜籽的产量超过了历史最高的一九七八年水平,早稻亩产八百多斤,第一次实现一季上纲要,棉花由于台风等影响比去年减产。副食品生产情况良好,生猪上市量预计比去年增长百分之三十八点八,家禽、鲜蛋的上市量都比去年增长百分之五十以上。

基本建设方面,缩短了战线,调整了投资方向,提高了投资效果。今年认真清理了在建项目,已经停、缓建了一百九十二个项目,调整后的基本建设计划,除国家安排的宝钢单独计算以外,工业投资占总投资的比重由一九七八年的二分之一下降到三分之一,农业、市政公用、住宅建设、文教卫生等部门投资占总投资的比重由二分之一上升到三分之二。工业内部的投资也作了较大调整,增加了轻工业、电力和建材工业的投资。

财政收入方面,预计可以超额完成,按可比口径计算,约比去年增长百分之七点六。

人民生活方面,由于就业人数的增加,农副产品收购价格的提高,职工奖励制度的推行,有了一定程度的改善。一九七九年全民和集体单位职工工资总额预计比去年增长百分之八。郊区农民按人口平均分配收入,在一九七八年二百三十元的基础上,将继续有所增加。市场供应情况比去年更好,社会商品零售额比去年增长百分之二十以上。

科学、教育、文化、卫生、体育等方面,都在调整中有了新的进展。

报告说,上海一九七九年国民经济计划是完成得比较好的,这是全市广大干部和群众在市委和市革命委员会的领导下,团结一致,同心同德搞四化,认真贯彻执行党和国家制定的路线、方针、政策的结果。

报告在谈到一九八〇年国民经济的主要任务时说,一九八〇年要坚决贯彻执行调整、改革、整顿、提高的方针,广泛深入开展增产节约运动,打好社会主义现代化建设的第一个战役。要争取国民经济有一个较快的、实实在在的、持续发展的速度。要正确处理生产和生活、积累和消费的关系,贯彻按劳分配的原则,大力提倡艰苦奋斗,坚持自力更生的方针。同时,要利用外资,引进我们需要的先进技术。要千方百计广开生产门路,把经济搞活。

报告说,根据全国国民经济调整的目标和上海贯彻"八字方针"的总要求,一九八〇年上海国民经济的主要任务:

(一)工业生产,坚持挖潜、革新、改造的方针,提高科学技术和经营管理水平,把品种质量放在第一位,使工业生产在调整中保持一定的增长速度。全市工业总产值,计划安排比一九七九年增长百分之六,其中轻纺工业要达到百分之八以上。要采取有力措施,把轻纺手和电子工业的产品搞上去,支援市场,扩大出口。要继续大搞新品种、新花色,特别是中高档的手表、台钟、自行车、缝纫机、电视机、录音机、收音机、电唱机、照相机、电风扇、电冰箱、洗衣机、摩托车、家具等产品,要有较大幅度的增长。冶金、化工和建材等原材料工业,要积极发展国家急需的短线品种,提高质量,更好地为农业、轻工业和出口服务。军工生产要在调整中,积极贯彻"军民结合,平战结合,以军为主,以民养军"的方针,大搞民用产品,支援市场,扩大出口。

(二)农业生产,要继续贯彻中央关于农业的两个文件的精神,落实各项政策,进一步调动广大干部和社员的积极性,促进农林牧副渔有一个全面的发展。农业总产值要比一九七九年增长百分之四。按照郊区农业更好为城市服务的方针,合理安排农、林、牧、副、渔五业生产,走农工商综合发展的道路,为城镇居民提供更多更好的副食品。

(三)采取多种形式,积极扩大出口。出口商品,我们要在完成国家计划的基础上,力争多搞一些。开展来料加工和补偿贸易,已经签订的合同,要安排落实,力争早投产、早还款,还要结合上海工业改造和发展出口的需要,争取继续签订一些投资少、见效快的新项目。

(四)继续缩短基本建设战线,调整投资方向,提高投资效果。要按照国家统一的计划,集中力量保证重点工程的建设,加快发展轻纺手工业和电子工业,加强能源、建材等薄弱环节。地方自筹资金和原材料,主要用于住宅建设、"三废"治理、市政公用设施、农田水利、财贸、教育、科技等方面,以逐步协调比例关系。

住宅建设、环境保护和城市公用事业,投资比重由一九七九年计划的百分之三十五,提高到百分之三十九。

科技、文教卫生,投资比重由一九七九年计划的百分之七点七提高到百分之十。重点安排大学、医院和科研机构的建设。

以上安排,一九八〇年用于工业投资的比重由一九七九年的百分之三十四点七下降为百分之二十七,非工业投资的比重由百分之六十五点三上升到百分之七十三。国民经济各部门之间的比例关系将得到进一步调整。

(五)进一步调整"骨头"和"肉"的关系,切实安排好住宅建设、环境保护和城市公用事业。

住宅建设,要在统一规划下,实行住宅建设和城市改造相结合、国家统建和企业自建相结合、新建和挖潜相结合的方针。初步安排全年住宅建设计划竣工交付使用二百五十万平方米。企业自建住宅是解决职工居住困难的一个重要途径，在建设基地、建筑材料、公用配套等方面，有关部门要积极支持。

环境保护，要坚决贯彻人大常委会颁布的《环境保护法》。工作的重点，首先继续抓紧有毒物质和高浓度有机污水的处理。对黄浦江沿岸几十家工厂的近百个治理项目，限期在明后两年全部完成。城市公用和市政建设方面，着手筹建一座日产一百万立方米的大型煤气厂，抓紧长桥水厂的竣工投产，并在浦东地区筹建日产十万吨的水厂。抓紧对场中路、军工路、逸仙路等道路进行拓宽改造，并在车流集中的路口建设立体交叉。其中龙华路立交明年建成；中山北路、交通路立交着手进行准备。为了发展浦东，要积极做好第二条隧道的建设准备工作。还要抓紧大连西路、长白新村等二十多个地区的排水系统的建设工作，改变这些地区的积水状况。

根据国家要求，抓紧编制城市总体规划。要在加强市区改造的同时，特别注意搞好郊区卫星城镇的配套建设，切实贯彻执行市革命委员会关于市属工厂等单位搬迁郊区后职工户口、供应等处理办法的规定，鼓励市区企事业单位和职工迁郊。

（六）进一步加快科技和文教卫生事业的发展，加速技术人才的培养。

明后两年国家计划安排本市承担的新产品试制、中间试验和重大科研项目共一百一十项。除了国家计划以外，本市的有关部门也都要按国民经济调整的要求，制订科研和科技成果的推广规划。

在教育方面，我们要积极创造条件，努力做好工作，落实国家下达的招生任务。当前，教育的中心问题是提高质量，要集中力量办好一批各级各类重点学校，办好广播、电视等业余教育，加强中专、普通中小学的工作，要按照有利于青年就业的要求，研究中等教育的结构改革，多出人才，早出人才。

要继续做好计划生育工作，严格控制城市人口的增长，人口自然增长率严格控制在千分之七以内。

（七）在发展生产的基础上，逐步改善人民生活。

继续广开门路，妥善安排劳动力就业。明年全市有三十多万中学毕业生和按政策留城的待业青年，要按照"四个面向"的原则，统筹进行安排。

加强领导，切实搞好职工的工资调整工作。一九七九年的工资调整，目前正在试点，要在总结经验基础上，分期分批展开。

要进一步改进奖励制度，克服平均主义和滥发奖金的现象，在加强政治思想工作的基础上，把精神鼓励和物质奖励结合起来，把奖金的提取和企业的经营成果挂起钩来,把奖金的分配和职工贡献大小挂起钩来。同时,要管好、用好职工集体福利基金和公益金,认真办好食堂、托儿所、浴室等集体福利事业。

坚持稳定物价的方针,加强市场管理,进一步搞好市场供应。

报告最后说,一九八〇年要继续广泛深入地开展增产节约运动,扎扎实实把国民经济搞上去。要根据社会需要进一步改组工业,积极增产适销对路的紧缺短线产品;要厉行节约,千方百计降低能源和各种物资消耗,讲究经济效果;要把计划调节和市场调节结合起来,更好发挥市场调节的作用;要以积极的态度和稳妥的步骤,继续进行经济管理体制改革的试点;要加强干部和职工的教育培训,提高科学管理和业务技术水平。在新的一年里,我们一定要响应党中央和国务院的号召,同心同德,群策群力,进一步发扬艰苦奋斗的革命精神和实事求是的工作作风,努力学会按照客观经济规律办事,全面完成和超额完成一九八〇年国民经济计划任务,为加快上海"三个基地"的建设和国家四个现代化的步伐而奋勇前进!

(《解放日报》1979 年 12 月 28 日)

政府工作报告
——一九七九年十二月二十四日在上海市
第七届人民代表大会第二次会议上
彭　冲

各位代表:

现在,我代表上海市革命委员会向大会报告政府工作。报告分四个部分:一、继续拨乱反正的两年,取得巨大胜利的两年;二、认真搞好三年调整,打好四化第一战役;三、积极利用上海有利条件,加快"三个基地"的建设;四、各项工作围绕四化这个中心,为这个中心服务。

一、继续拨乱反正的两年,取得巨大胜利的两年

各位代表:

从上海市第七届人民代表大会第一次会议召开至今,已经两年了。这两年,是紧张工作的两年,继续拨乱反正的两年,取得巨大胜利的两年,发生深刻变化的两

年。在这段时间里,我们先后召开了七次革命委员会全体会议和扩大会议,传达学习全国五届人大、五届政协等历次重要会议的精神,贯彻执行党中央、国务院制订的路线和一系列方针政策,讨论确定全市的年度经济计划、财政预决算和开展增产节约运动、加强社会治安、推行计划生育等重大问题,动员全市人民促进工作着重点的转移,为安定团结地进行现代化建设作不懈的努力。

我们这次会议,是在国内外一片大好形势下召开的,是在即将胜利地跨进八十年代的时刻举行的。在粉碎"四人帮"以来的三年中,以华国锋同志为首的党中央代表人民的意志,采取了紧急而稳妥的措施,拨乱反正,使国家转危为安,初步实现了安定团结的局面,各项工作走上了正确的轨道。党的十一届三中全会和全国五届人大二次会议,坚持辩证唯物主义的思想路线,高度评价了关于真理标准问题讨论的重大意义,提出了把全党和全国工作着重点及时转移到现代化建设上来的伟大决策。不久前召开的党的四中全会和叶剑英同志在庆祝中华人民共和国成立三十周年大会上的讲话,是党的三中全会精神的继续和发展,进一步增强了全国人民排除万难去夺取新的胜利的信心。

林彪、"四人帮"造成的十年动乱,给上海人民带来了深重的灾难。到粉碎"四人帮"的前夕,上海的工业生产发展速度已经降到百分之二,财政收入连续三年没有完成国家计划。经济上被拖到了崩溃的边缘,政治上、文化上受到了极大的破坏和摧残,使各个方面千疮百孔,问题成堆。粉碎"四人帮"后,我们就是在这样的基础上,进行恢复和发展工作的。近两年来,我们在党中央、国务院的坚强领导下,在各兄弟省、市、区的大力支持下,在全市人民的共同努力下,着重做了以下几个方面的工作:

第一,继续认真进行清查工作,摧毁"四人帮"的反革命帮派体系。上海是"四人帮"篡党夺权的策源地,反革命帮派势力盘根错节,牵连的人多,情况极其复杂。粉碎"四人帮"以来,我们开展了大规模的揭批查运动,认真清查了与"四人帮"篡党夺权阴谋活动有牵连的人和事,清查了罪行严重的打砸抢分子,夺回了被"四人帮"及其帮派体系夺去的权力。近年来,又通过群众性的检查验收,核实材料,定性定案,进一步巩固和发展了清查的成果。现在,揭批林彪、"四人帮"的群众运动已经结束,正在抓紧做好清查对象的定性处理工作。实践证明,这次清查工作比较彻底,政策掌握比较稳当,运动发展比较健康。

第二,抓紧平反冤假错案,逐步落实党的各项政策。据不完全的统计,十年间,林彪、"四人帮"反革命阴谋集团及其在上海的主要成员制造了大量的冤假错案,使冤狱遍于各个角落。两年来,我们集中了很大力量,花了很大精力,在复查平反方面做了大量的工作;通过实践是检验真理的唯一标准的讨论和贯彻党的三中全会精神,我们经过党中央批准,明确地宣布了"一月革命风暴"是反革命风暴,进一步加快了复查平反工作的步伐。到目前为止,文化大革命中受迫害的干部和群众应予复查的案件,已经复查了百分之九十以上,使冤案、假案得到平反,错案得到纠正,被迫害致死的同志得到昭雪。长期受诬陷、迫害的同志重新走上工作岗位,被迫害致死的同志的亲属按照党的政策得到安排和照顾,调动了大干四化的积极性。党的干部政策、知识分子政策、对原工商业者的政策、对原国民党起义投诚人员的政策等,也逐步加以落实。摘掉右派分子帽子的工作已经全部完成,属于错划的已经改正。改变长期劳动守法的地主、富农成份的工作,亦已完成。过去社会主义民主和法制遭到严重的践踏,现在民主生活正在活跃起来,法制工作正在逐步加强。社会秩序经过整顿,治安情况逐渐好转。

第三,恢复被严重破坏的国民经济,使工农业生产走上持续增长的轨道。全市广大工人、农民和知识分子,在想四化、议四化、干四化的口号鼓舞下,广泛深入地开展增产节约运动,战胜重重困难,从节约中求增产,从节约中求速度,不断取得新的成绩。全市工业总产值,一九七七年比一九七六年增长百分之八点七,一九七八年比一九七七年增长百分之十二点一,今年预计又将比去年增长百分之八以上。二年中,净增加的产值将近一百四十亿元,超过了一九六三年全市的工业总产值。节约能源取得比较明显的效果。三年来,每亿元工业产值的平均燃料消耗下降了百分之十二点七,电力消耗下降了百分之五点五。产品质量有了较快的提高。全市考核的六百八十三种主要产品的质量,绝大多数恢复到历史最好水平,还发展了一批新产品,创造了一批优质产品。今年有二十五项工业产品获得国务院颁发的金质和银质奖章,有一百零一项工业产品被评为市里的优质产品。轻纺手工业在工业总产值中所占的比重逐年增长,一九七六年为百分之四十六点六,今年预计可达到百分之五十上下。冶金、机械、仪表、化工等重工业部门在发展短线产品,为轻纺手工业服务方面作出了新成绩。军工部门在支援对越自卫还击战和加强国防科研等方面作出了新贡献。街道工业产值每年平均增长百分之二十。铁路、水运和市内汽车运输的客运量和货运量以及港口吞吐量,连年有较大幅度的增长,邮电和市政、公用事业也有新的发展。基本建设缩短了战线,保重点,保竣工投产,保职工住宅,提高了工程质量,取得了较好的经济效果。这两年,全部和部分建成投产的项目有七百四十多个。上海石油化工总厂一期工程已经建成投产,上缴国家的利润和税收已占投资总数的一半以上；宝山钢铁总厂正在紧张施工，进展较快。

郊区农村，由于贯彻执行了《中共中央关于加快农业发展若干问题的决定》和《农村人民公社工作条例（试行草案）》，充分调动了广大农民的积极性，使农林牧副渔获得全面发展。一九七八年，扭转了十年徘徊的局面，与一九七六年相比，粮食总产量增长百分之三点五，棉花总产量增长百分之七十九点九，油菜籽总产量增长百分之五十九点七，生猪年末圈存量增长百分之九点七，都是历史上的最高水平。今年，夏熟、早秋作物全面丰收，晚秋作物也战胜了台风、低温等灾灾了较好的收成。三年来，郊区农田水利所挖的土方，相当于一九五〇年到一九七六年所挖土方总和的百分之四十五，改善了生产条件，增强了抗灾能力。市属农场和县社队工业在整顿中继续前进，总产值超过一九四九年全市工业生产的水平。

财政贸易完成情况良好。在"发展经济，保障供给"总方针的指导下，财政部门密切配合生产部门按照市场需要，调整生产方向，积极组织货源，加强地区协作，扩大内外交流，促使购销两旺。今年，社会商品零售额预计比去年增长百分之二十一点七；出口商品收购总值预计比去年增长百分之三十以上；上海口岸出口总额预计比去年增长百分之二十四；非贸易外汇收入预计比去年增长百分之三十三。财政部门大力推动各部门增收节支、扭亏增盈，为国家积累了更多的资金。近三年，财政收入连续超额完成国家交给我们的任务。按同口径比较，今年预计比去年增长百分之七点六。整个经济战线的这种蒸蒸日上的形势，是许多年来所没有过的。尽管我们在经济方面还有不少困难，但是与刚刚粉碎"四人帮"时的严重局势相比，我们经济的恢复和发展确实已经取得很大的成效。

第四，整顿和加强科学教育文化事业，促使多出成果、早出人才。这两年，通过推倒"两个估计"，肯定"知识分子是工人阶级的一部分"，明确"科学技术是生产力"，贯彻"百花齐放、百家争鸣"的方针，使全市科学教育文化事业初步繁荣了起来。

在科学技术方面，迈开了新的步伐。全市科研机构由一九七六年的一百二十三所，恢复、发展到现在的二百十七所，先后提升了助理研究员、讲师、工程师、主治医师以上的科技人员二万一千多人，并调整了用非所学的科技人员一万七千多人。两年来，广大科技人员争分夺秒地紧张工作，取得了九百多项重要科技成果。研制成功了我国第一条光纤通讯的实验性线路和每秒钟运算五百万次的电子计算机，发展了一百五十五个品种的中、大规模集成电路，晶种法生长人工合成云母大单晶获得国家二等发明奖，丙氨酸转移核糖核酸半分子人工合成取得了初步成功。群众性的科学普及和技术革新活动蓬勃开展，远红外线、激光等新技术的广泛推广应用,取得了显著的经济效果。国内外科学技术交流活动日益增多,进一步开阔了眼界,解放了思想。

在社会科学方面,百家争鸣,空前活跃。社科院、社联和各学会的广大理论工作者,在实践是检验真理的唯一标准的讨论中起了积极作用;并同实际工作者相结合,展开了经济工作的调查和经济理论的研究,探讨四化建设过程中的新情况新问题。

在教育方面,出现了新的面貌。大专院校已从一九七六年的十六所,恢复、发展到四十八所,在校学生超过了历史最高水平。高等院校招收研究生二千三百余人,超过了文化大革命前历届研究生的总和。几乎全部被砍掉的中等专业学校,恢复到七十六所。各类技工学校恢复到五百多所。大、中学校改革了招生制度,恢复了升学考试和择优录取的原则,调动了广大学生的学习积极性,初步改变了教育事业的面貌。中小学的学制和结构改革,正在认真进行试点。工农业余教育有了恢复和发展。各级各类学校积极整顿教学秩序,加强基础课的教学,提高了教学质量。

群众性爱国卫生和除害灭病运动广泛开展,妇幼保健工作进一步加强,医疗卫生机构在整顿中得到提高,医治烧伤、断肢再植和肝癌的早期诊断有了新的进展,内脏移植的探索获得了可喜的成果。市革委会《关于推行计划生育的若干规定》下达以后,晚婚、晚育和一对夫妇只生一个孩子的人数进一步增加。群众性体育活动蓬勃开展,人民体质有所增强,体育水平有了提高,在第四届全运会上获得了比较好的成绩。

在文化艺术方面,开始复苏和前进。文联及各协会相继恢复活动,创作逐步繁荣;重建了二十六个区、县剧团,举办了音乐、舞蹈、话剧、戏剧、曲艺等汇演,陆续上演了许多新创作剧目和优秀传统剧目;故事片、美术片、科教片的摄制和翻译片的译制,超额完成了国家计划,并不断提高了质量;举办了美术、摄影等展览,活跃了美术、摄影的创作活动;群众文艺蓬勃发展,文化生活日益丰富。新闻、广播、电视事业进一步发展,各种出版物的种类和发行量大大增加,质量也有提高。建国以来最大的一部工具书《辞海》,在全国通力协作下已正式出版。

第五,努力改善人民生活,切实解决衣食住行等方面的突出困难。粉碎"四人帮"以后,我们始终坚持一手抓生产,一手抓生活,在改善人民生活方面采取了许多措施,做了大量工作。首先抓住解决吃、用方面的问题,把人民群众的日常生活安排好。除了努力增产日用工业品,增加花色品种以外,着重改善了副食品的供应状况。这两年,郊区副食品生产有了迅速发展。以今年的预计数同一九七六年相比,郊区给市区提供的猪肉增加百分之四十七,家禽增加一点六倍,鲜蛋增加四倍,水产品增加百分之四十一。加上从外地调入的数量大幅度增加,供应状况有了改善。今年一到十月份蔬菜供应富足有余,近来因病虫害严重,供应偏紧。这是暂时现象,经过采取各种措施,能够较快地恢复正常。

广大职工和农民的收入水平有了提高。尽管国家在经济上还有不少困难,党和政府还是从各个方面不断提高职工和农民的收入。这两年,全市全民所有制单位有一百二十七万多人,集体所有制单位有五十七万多人,增加了工资。今年又决定从十一月份起给百分之四十的职工升级。从去年下半年以来,工厂企业实行了奖励制度,并先后扩大了劳动保险和公费医疗的享受范围,提高了退休职工的待遇。由于农副业分农副产品的提价,郊区广大农民的收入有了较大的提高。一九七八年每个农业人口的集体分配收入平均达到二百三十元,比一九七六年增加五十六元;今年预计还将比去年继续有所增加。

对改善职工的居住条件,也作了很大的努力。三年来,全市共建造职工住宅和配套设施四百二十万平方米。通过新建、挖潜、合理调配等措施,解决了市区五万六千户困难户、结婚户的住房;通过维修和局部改造,使二十多万户居民的居住条件得到了不同程度的改善。

第六,广开生产门路,妥善安排大批劳动力就业。由于林彪、"四人帮"严重破坏了国民经济,又严重破坏了劳动力的正常安排,使待业知识青年越积越多。今年以来,我们把安排知识青年作为调整国民经济的一项重大任务,千方百计,广开门路,采取多种形式,对按政策批准回城的知识青年和一九七八年中学毕业生,作了统筹安排。到目前为止,通过发展集体所有制企事业以及全民所有制单位招工等办法,已经安排了四十万人。这的确是一件很不容易的事,广大人满意的、高兴的。

第七,在恢复和发展革命的爱国的统一战线方面,作了大量的工作。各民主党派组织和各爱国人民团体恢复活动后,在维护祖国统一、增强人民团结和促进现代化建设方面,发挥了重要作用。原工商业者组织的"上海市工商界爱国建设公司",已经筹集了部分资金,正在积极展开工作。民族政策、侨务政策、宗教政策的落实,增强了民族团结和人民群众的团结,调动了海外侨胞、归国华侨为祖国贡献力量的积极性。对台湾同胞的团结争取工作,取得新的进展。

第八,加强外事工作,增进同各国人民之间的友好交往。去年我们接待了来自近百个国家和地区的外宾、外国旅游者、外商、华侨和港澳同胞十二万六千人,今年预计将达到十九万五千人。同国外的经济、科技、文化交流日益发展,出国进行友好访问、学习考察、文艺演出、体育比赛、贸易谈判等活动大量增加。仅据今年的不完全统计,上海组团出访的就有四十九批,访问了十三个国家和地区。我们除与日本的横滨、大阪结成友好城市外,今年又与苏丹的恩图曼、多哥的拉马卡拉、南斯拉夫的萨格勒布、美国的旧金山、意大利的米兰、荷兰的鹿特丹等六个城市结成友好城市。通过这些友好交往,不仅加强了国际反霸统一战线,而且在经济、文化、科学技术交流等方面,都取得了积极的成果。

粉碎"四人帮"三年来所取得的成绩,使我们对党、对人民、对社会主义事业更加充满信心。事实充分证明:我们的党,我们的国家,我们的人民,完全有能力医治林彪、"四人帮"给我们造成的严重创伤,乘风破浪,继续前进;完全有能力从过去的错误中吸取教训,适应新的情况,实行正确的政策,战胜一切艰难险阻,进行新的长征。

"人民,只有人民,才是创造世界历史的动力。"我们上海人民,是富有光荣革命传统的人民。党中央、国务院曾经多次赞扬上海人民具有高度的政治觉悟。事实正是如此。我们之所以能及时粉碎"四人帮"反革命阴谋集团在上海的主要成员妄图发动反革命武装叛乱的阴谋,迅速稳定上海的局势,靠的是上海广大人民群众;我们之所以能战胜林彪、"四人帮"带来的重重困难,使各项工作迅速得到恢复和发展,靠的是上海广大人民群众;今后要把上海建设成为先进的工业、科学技术和外贸基地,为我国实现四个现代化作出更大贡献,仍然要靠上海广大人民群众靠上海广大人民群众的智慧和力量。

两年来,我们做了不少工作,在政治上、思想上、理论上和经济上都取得了很大的胜利,许多方面的情况比预期的要好。但是,我们也要看到,林彪、"四人帮"极左路线的流毒和所造成的严重恶果,不是短时期内所能完全消除的;加上我们在工作指导上还有一些缺点,错误,对林彪、"四人帮"极左路线联系实际批得不够深透,对经济工作、人民生活方面的严重困难和解决这些问题的艰巨性、复杂性估计不足,对社会治安方面出现的问题一度抓得不够果断有力,使有些本来可以解决得更好一些的问题,还解决得不够好。任重而道远。摆在我们面前的任务是十分繁重而艰巨的,我们需要更加兢兢业业,扎扎实实,加倍努力地工作。我们坚信,有马列主义、毛泽东思想的指引,有三十年正反两面的丰富经验,有党中央、国务院的坚强领导,有兄弟省、市、区的大力支持,有全市一千多万人民的同心同德,艰苦奋斗,我们一定能够巩固和发展已经取得的成果,把今后的工作搞得更好,为全国作出应有的贡献。

二、认真搞好三年调整，打好四化第一战役

各位代表：

华国锋同志在全国五届人大二次会议上所作的《政府工作报告》中指出："从今年起集中三年的时间，认真搞好国民经济的调整、改革、整顿、提高，把它逐步纳入持久的按比例的高速度发展的轨道。这是我们把工作着重点转移到社会主义现代化建设上来之后，实现四个现代化的第一个战役，必须努力打好。"

林彪、"四人帮"的十年浩劫以及我们工作指导上的某些错误，给农业和工业之间、轻工业和重工业之间、原材料和加工工业之间、生产和基本建设之间以及积累和消费之间，造成了严重的比例失调。比例失调问题不解决，生产建设以至整个国民经济就不能走上正常的轨道，四个现代化的建设只能是一句空话。所以贯彻八字方针，调整是关键。

上海同样存在着比例失调的严重状况，在生产、生活的各个方面都受到比例失调的重大影响。现在我们面临的主要问题是：（一）燃料、动力和部分原材料供应不足，同生产建设的需要不相适应。电力供应是一个突出的薄弱环节。现在，不仅一些革新改造成功的项目要求增加供电不能解决，就是许多老企业也基本上处于限电状态，影响生产能力的充分发挥。（二）轻纺手工业的发展，同提高人民生活和扩大出口的需要不相适应。建国以来，轻纺手工业充分利用原有基础，不断挖潜、革新、改造，发展了生产，积累了资金，作出了显著成绩。但是，从国内外市场的需要来看，这些部门还是比较突出的短线。（三）许多老企业的设备条件比较差，同生产的进一步发展不相适应。十多年来，基本建设战线过长，力量分散，浪费严重，既影响把有限的财力物力集中用于领先的工业部门和领先技术，又影响老企业生产条件的改善。现在有不少企业厂房场地拥挤，工艺流程混乱，设备陈旧落后，危险厂房数量较大；有些"三废"没有得到治理的工厂，同居民之间的矛盾相当突出。（四）交通运输、邮电通讯条件的改善速度慢，同经济发展的需要不相适应。港口吞吐量和水陆转运的综合能力严重不足；车站、码头客运设备简陋，市内公共交通拥挤；邮电发展不快，电话通讯不畅。（五）科学教育文化事业的发展，同经济建设的需要不相适应。技术人才和管理人才严重不足，科学技术落后于经济建设的需要，文化教育也远不能适应四化的要求，不能满足人民群众的需要。（六）"骨头"和"肉"的关系严重失调，影响人民生活的改善和提高。林彪、"四人帮"捣乱的十年，

严重破坏了积累和消费的正常比例关系,用于城市建设、住宅建设、公用事业、环境保护的投资很少,欠账很多。职工住宅紧张,"三废"污染严重;生产人口多,服务人口少,社会服务很不完善。还存在许多弊病,束缚了各方面的积极性,限制了生产的发展。

为了全面贯彻执行调整、改革、整顿、提高的八字方针,我们提出的总要求是:全面规划,综合平衡,边调整边前进,在调整中改革,在调整中整顿,在调整中提高,既要逐步改变比例关系失调的状况,又要保持一定的生产增长速度,逐步改善人民生活,在技术水平和管理水平上求得新的提高,在经济效果上达到更高的要求,为把上海建设成先进的工业、科学技术和外贸基地,为支援全国胜利进行四个现代化建设打下扎实的基础。

今年以来,我们的调整工作已经起步,取得了初步成效。我们缩短了基本建设战线,已经停建、缓建了一百九十二个项目。调整了轻重工业的比例,压缩了长线,拉长了短线。积极扩大了对外贸易,增加了出口商品。扩大了城市建设的投资,加快了住宅建设的步伐。进行了体制改革的调查研究和试点工作,调整了部分行业的生产组织、产品结构和产品方向,在国家计划指导下,初步发挥了市场调节的作用。

一年来的实践证明,经济调整是十分必要的,经济建设也是能够在调整中继续前进的。要搞好经济调整工作:第一,要有一个安定团结的政治前提。没有一个正常的社会秩序、生产秩序、工作秩序、教学科研秩序、人民群众生活秩序,就不可能把经济调整工作搞好。我国有句古语:"同德则同心,同心则同志。"只有同心同德,齐心协力,才能在不再折腾的条件下,确保调整工作的顺利进行,加快经济的发展速度。第二,要有全局观念。上海的经济调整不能孤立地考虑上海的需要,行业企业的调整不能孤立地考虑本单位的需要,一定要自觉地同全国全市的经济调整紧密结合起来考虑,坚决服从全局的需要,该上则上,该下则下。只有这样,才能真正压缩长线,加强短线,截长补短,填平补齐,使各方面的比例逐步协调起来。第三,要坚定不移地执行党的各项经济政策。近两年来,在经济方面,党中央、国务院不仅恢复了过去许多行之有效的政策,而且制定了不少适合当前实际情况的新政策,促进了经济建设的迅速发展。要坚定地执行这一系列经济政策,就要认真加强政治思想工作,坚决肃清极左路线的流毒,不断地划清正确的东西同错误的东西的界限,划清社会主义同资本主义的界限,排除"左"右干扰。第四,要有解放思想、勇于改革的精神。我们长期来形成的高度集中的管理体制,必须切实加以改革,做到该集中的集中,该分散的分散。这就需要解放思想,勇于改革,不断创新,打破过去那些束缚生产力发展的框框,把我们的潜力充分挖掘出来,使社会生产力得到迅速发展。目前我们有些单位之所以比较有生气,就是因为有一种勇于探索创新的革新精神。

现在,总的说来,经济调整工作还刚刚起步,明后两年的任务还是很重的。认识调整方针要有一个过程,贯彻这个方针更要有一个过程。我们一定要认真总结经验,切实解决存在问题,进一步统一认识、统一政策、统一计划、统一指挥、统一行动,齐心协力,坚定不移地加快调整步伐,打好四化第一战役。

第一,坚决缩短基本建设战线,进一步调整投资方向,努力提高经济效果。

缩短基本建设战线,是当前经济调整的关键。今年以来,我们虽然已经停建、缓建了一批项目,但总的说来战线仍然过长。要继续清理在建项目,计划外项目要清理,计划内项目也要清理;特别是对大中型项目要一个个审查,坚决把那些目前国家不急需、建设条件不具备的项目压缩下来,以便集中力量打歼灭战,缩短建设周期,降低工程造价,及时发挥投资效果。要根据先生产后基建、先挖潜后新建的原则,以及发展生产与改善生活通盘考虑的精神,进一步调整投资方向。明后两年,要按照国家的统一计划,集中力量保证重点工程的建设,加快发展轻纺手工业和电子工业,加强能源、建材等薄弱环节。地方自筹资金和原材料,主要用于住宅建设、"三废"治理、市政公用设施、农田水利、财贸、教育、科技等方面,以逐步协调比例关系。今后新建项目,要严格按基本建设程序办事,做到投资、材料设备、规划设计、征地拆迁和施工力量"五落实",决不能盲目施工。

第二,努力挖掘生产潜力,使工农业生产在调整中保持一定的增长速度。

明后两年生产的增长速度,一定要是实实在在的速度,持续发展的速度。既不能提那些不切实际的高指标,勉强去做那些实际办不到的事情,又不能对本来可以做到的事情而不努力去做。一定要鼓足干劲,力争上游,避免瞎指挥、瞎呼隆,保证政治上、经济上不再折腾,通过企业整顿,大搞增产节约,充分挖掘现有的潜力,把长线调短,短线调长,品种调多,质量调高,消耗调低,出口调大,保持生产的一定增长速度,为国家作出应有的贡献。

要保持生产一定的增长速度,关键在能源。我们必须从开源节流两个方面来着手缓和能源的紧张状况。要加快电厂和输变电工程的建设,积极发展农村沼气;同时要采取有力的措施,加强能源的管理,强化能源的节约和综合利用,提高能源的利用效率。这是解决能源问题的最重要、最可靠的办法。各部门、各单位都要把节约能源作为一件大事来抓,力争在不增加或少增加能源供应的条件下,努力增加生产。

要努力把轻工市场产品搞上去,这是广大人民群众的要求,也是扩大出口的需要,加速积累的需要。明后两年,对轻纺手工业实行六个"优先",即:原材料、燃料、电力供应优先,挖潜革新改造措施优先,基本建设优先,银行贷款优先,外汇和引进新技术优先,交通运输优先,以充分发挥这些部门投资少、收效快、利润高、创汇多的经济效果。轻纺手工业部门,要充分挖掘现有企业的生产潜力,积极采用新技术、新工艺、新材料、新设备,从提高质量、增加品种、降低能源消耗和节约原材料中求得更高的生产增长速度。重工业部门要把调整的重点放在增加短线品种,提高产品质量,更好地为农业、轻工业和出口服务上,给轻纺手工业和日用电子工业提供急需的原材料和先进的技术装备。重工业部门包括军工部门,还要充分利用自己比较宽裕的生产能力,积极生产工艺相近、在国内外市场适销对路的日用工业品。

要继续努力把郊区建设成为高产稳产的粮、棉、油基地和为城市提供大量副食品的基地。今冬明春,要对党中央关于农业的两个文件的贯彻执行情况,普遍进行检查,进一步落实党在农村的各项政策。同时,要在国家计划指导下,发动群众由下而上、因地制宜地制订农业发展和农村建设的全面规划。要努力提高科学种田水平,继续搞好农田基本建设,积极围海造田、围海养鱼。要有计划地发展副食品生产,搞好多种经营,为城市人民生活和轻纺手工业、出口贸易服务。要认真搞好现有农机具的维修、管理和改革,逐步提高农业机械化水平,研究和探索农业现代化的途径。要继续整顿和发展县社队和农场工业,使郊区逐步成为农工商综合发展的富裕的农村。要认真办好国营农场,改善经营管理,充分发挥农场的示范作用。

第三,努力解决城市建设和人民生活方面的一些突出问题,逐步协调"骨头"和"肉"的关系。

在发展生产的基础上,不断改善人民的生活,是我们党和国家的一贯方针。在国民经济调整中,我们一定要正确处理生产和生活、积累和消费的关系。但是,人民生活的提高要同生产的增长相适应。我们只有继续发扬艰苦奋斗的精神,千方百计把生产搞上去,才有利于人民生活的逐步改善。明后两年要根据财力物力的可能,分别轻重缓急,着重解决城市建设和人民生活方面的突出问题。

妥善安排劳动力就业。明后两年有几十万中学毕业生和按政策留城待业的青年需要安排,任务仍然十分艰巨。我们要继续广开门路,妥善安置。对中学毕业生的安排,要按照全国知青工作会议的精神,坚持进学校、上山下乡、支援边疆和城市安排四个去向。要教育青年志在四方,服从国家安排,到最需要的地方去,支援本市卫星城镇建设,支援全国各地建设。需要在城镇安排的,除参军、升学、招工和职业学校招生外,主要是靠发展集体所有制的企事业来解决。

加快职工住宅建设。明后两年,除充分挖掘现有房屋的潜力外,每年新建住宅二百万平方米以上。要在统一规划下,实行住宅建设和城市改造相结合、国家统建和企业自建相结合、新建和挖潜相结合的方针。欢迎侨胞、各界爱国人士筹集资金和建筑材料建造住宅。对不属于统建的住宅建设,有关部门要在建设基地、配套设施和建筑材料等方面给以支持。农村社员的住宅,要在节约用地的前提下,统一规划,逐步改善。

改善城市服务行业和公用设施。明后两年,要重点改善供水供气不足、市内交通拥挤和邮电通讯不畅的问题。要积极发展为居民服务的行业,增设商业、服务业网点,增设服务项目,扩大服务范围,改善经营管理,提高服务质量,把更多的家务劳动社会化。要适应市场的变化,努力搞好日用工业品和副食品的供应。

抓紧"三废"的治理。各部门、各单位都要坚决贯彻执行《中华人民共和国环境保护法(试行)》,使环境保护工作法律化、制度化,积极地有步骤地采取综合治理措施,努力把有毒有害物质的排放控制在国家规定的标准范围内,逐步消灭在生产过程中。今后几年内,要把改善黄浦江水质作为治理的重点。对工厂企业实行计划用水,促进循环用水、节约用水,逐步推行排污收费,以管促治,加紧新建、改建污水的排放和处理设施。同时,还要加强消烟除尘、改造汽车喇叭等措施,逐步改善空气污染和城市噪音,搞好城市环境保护。部分有"三废"污染、严重影响居民的工厂企业,有关主管部门要积极帮助他们有步骤地逐个加以解决。新建项目的"三废"处理工程必须与主体工程同时设计、同时施工、同时投产。发动机关、学校、企事业单位、街道居民,植树种草,保护绿化,改善生态平衡。

继续加强计划生育的工作。要较快地改善生活、增加积累,一个很重要的问题,就是要严格控制人口的增长。这几年,由于进入结婚、生育年龄的青年人数比较集中,人口增长率有回升趋势。我们必须继续大力提倡晚婚、晚育和鼓励一对夫妇只生一个孩子,落实有关政策措施,努力控制人口的增长。

第四,瞻前顾后,统筹安排,为调整以后有一个较快的发展速度打好基础。

在抓好当前各项调整工作的同时,一定要把眼光放得远一点,为以后的经济发展和城市改造作必要的准备。有些事情是要花几年准备时间才能够搞起来的,现在不着手，到时候就来不及。特别是花钱不多的准备工作，一定要抓紧抓好。

要继续抓好宝山钢铁厂的建设。这个现代化工程建成以后，将进一步改变上海加工工业的原材料结构，加快产品的升级换代，促进一大批配套工厂的技术改造；并将对促进全国冶金工业的改造和发展，产生积极的影响。各行各业要从人力、物力等各个方面继续给以大力支援。机械、仪表、冶金、化工等基础工业部门，要重点抓好一批尖端技术的攻关和大型成套设备的完善化、定型和批量生产，为煤、电、油、运等薄弱环节提供先进的技术装备和新型材料。

通过三年经济调整，要使我们上海的经济工作有一个新的面貌，走上一个各方面比例关系逐步协调，生产能够持续地均衡地高速度发展的新起点，走上一个内贸外贸相互促进，产品进一步向高、精、尖、新方向发展的新起点，走上一个科学教育文化事业迅速发展，全市人民科学文化水平迅速提高的新起点，走上一个城市建设不断改善，人民生活不断提高的新起点，在各个方面迈开更大的步伐。

明年是三年经济调整的关键一年。我们一定要把各级领导的精力迅速集中到四化建设上来，集中到经济工作上来，把经济工作抓得更细、更具体，搞得更活、更有实效。为了考虑全市经济调整的需要，明年我们对生产指标的要求是，工业总产值增长百分之六，农业总产值增长百分之四，出口商品收购金额增长百分之二十。各部门、各企业都要制订具体计划，采取有力措施，深入地、持久地、大规模地开展增产节约运动和社会主义劳动竞赛，发扬自力更生、艰苦奋斗的精神，千方百计地边调整边前进，在明年一季度就打开新局面，力争全面超额完成明年国家交给我们上海的各项任务。

三、积极利用上海有利条件，加快"三个基地"的建设

各位代表：

认真搞好三年经济调整工作，尽快地把上海建设成为我国先进的工业、科学技术和外贸基地，是全国四个现代化建设对上海的要求，也是上海一千多万人民的共同愿望。我们已经有了一个较好的基础，又有全国各地的有力支援和配合，具备不少有利条件。

上海有三千三百多个全民所有制的工厂企业，四千六百多个集体所有制的工厂企业，生产门类比较齐全，配套协作条件较好，具有多样性、灵活性、适应性强的特点。

上海有四百多万人的职工队伍,有一大批技术熟练的工人和工程技术人员,有在长期实践中积累起来的老企业挖潜、革新、改造的经验,有较快吸取国内外先进技术、不断提高生产水平的条件。

上海有比较强的科学技术力量,有二百多个科研机构和四十八所高等院校,还有一批工厂企业办的科研所和数量众多的群众性科研组织,拥有一些比较先进的实验手段,并在某些科研领域已经接近和达到了国际先进水平。

上海是重要的港口和交通枢纽,发展对外贸易的潜力很大,目前产品已远销一百五十多个国家和地区。

上海还有一个自然条件比较好的郊区,有利于工农结合和城乡结合。

毛泽东同志在《论十大关系》中曾经指出:"好好地利用和发展沿海的工业老底子,可以使我们更有力量来发展和支持内地工业。"在向四个现代化的伟大进军中,我们应该积极利用和充分发挥上海的有利条件,为全国提供更多的先进技术装备和新型材料,生产更多国内外市场需要的优质产品,积累更多的资金和外汇,培养和输送更多的人才。我们要解放思想,开动机器,实事求是,认真总结过去经济建设正反两个方面的经验,努力探索最有利于发展社会生产力、最有利于调动广大企业和职工积极性的措施,闯出多快好省地加快发展的路子。

第一,要立足于挖潜、革新、改造,逐步使现有企业接近或达到现代化水平。

华国锋同志在全国五届人大二次会议上所作的《政府工作报告》中指出:"我们要实现四个现代化,当然要建设一批必要的新企业,但是主要必须依靠对大量的现有企业实行挖潜、革新、改造,使它们逐步接近或达到现代化的水平。对于这一点不能有任何动摇。"三十年来,上海工业总产值增长约二十三倍。取得这个成果,除了新建少数骨干企业外,主要是依靠老企业的挖潜、革新、改造。今后我们还必须继续坚持走这个路子,来不断提高生产水平、技术水平和管理水平。

广泛采用新技术,改造老设备,是挖潜、革新、改造的一项重要内容。挖潜、革新、改造的过程,实质上也就是使老企业向现代化过渡的过程。上海许多工厂建厂比较早,技术装备一般比较陈旧。但是,由于不断进行挖潜、革新、改造,生产工艺、技术装备多数比初建时有了很大的改变。今后我们要进一步发挥广大职工和科技人员的积极性、创造性,虚心学习国内外的先进技术,大力开展技术革新和技术革命,大搞群众性的小改小革,努力搞好现有企业的革新改造。要继续有计划有重点有选择地引进一些我们迫切需要的关键设备和技术专利,通过填平补齐,配套成龙,以改造一个或几个工厂带动一个行业的办法,使一批老企业加速现代化。

进一步挖掘现有企业的潜力,也取决于提高经营管理水平。没有科学化的管理,就没有生产的现代化。近两年来,不少工厂企业在现有设备条件下,通过改善经营管理,使产量、质量不断提高,消耗逐步下降,取得了不少好的经验。但是,总的说来,我们的经营管理水平还比较低,不少产品质量差,能源和原材料消耗大,盈利水平低。各行各业都要通过企业整顿,在加强管理方面下功夫,并且把经营和管理统一起来,加强供产销的全面管理,健全各项规章制度,加强经济核算,建立起合理的、有效率的、文明的生产秩序和工作秩序,努力提高劳动生产率。这样,即使暂时不更新设备,也能使生产能力得到进一步提高。要整顿和改进奖励制度,制止滥发奖金的现象,克服平均主义倾向。

搞好现有企业的挖潜、革新、改造,还要根据社会需要,改组工业,合理调整生产组织,调整产品结构和产品方向。今年以来,不少工业局和公司,特别是轻纺手工业部门的一些公司,打破行业界限、地区界限,打破军工和民用产品界限,按照经济合理的原则,组织两种所有制的"合营",地区之间的"联营"和"补偿贸易"等,进一步发展专业化协作和地区之间的协作,改变"小而全"、"大而全"的状况,大大提高了短线产品的增产能力。不少机械工厂还走出厂门,向社会调查,广开增产门路。他们根据兄弟省市发展轻工业机械和五小工业技术改造的需要,主动承接了一批老设备的改造任务,既把自己的增产路子搞宽了,又能为其他企业的改造服务。各主管部门要在总结经验的基础上,制订本行业企业调整、改组的规划,采取强有力的行政手段和经济手段保证规划的实施。同时,我们还要制定鼓励工业调整、改组的政策。

为了搞好挖潜、革新、改造,要有计划、有重点地把更新改造资金使用好,主要用于投资少、收效快、盈利多、创汇高的项目上,用于设备更新、工艺改革上,用于改造危险厂房、环境保护等项目上,逐步改善生产条件,提高技术水平。

第二,要把发展科学技术与经济建设密切结合起来,使科学技术尽快地转化为直接的生产力。

在科学技术日新月异发展的今天,科学技术作为生产力愈来愈显示出它的巨大作用。实践证明,只有依靠科学技术,才能搞好企业的挖潜、革新、改造,大幅度提高劳动生产率;只有依靠科学技术,才能更好地提高产品质量,丰富花色品种,降低原材料和燃料的消耗,消除环境污染,从而多快好省地发展生产。我们要加快四化建设,就要把科学技术搞上去,真正使它走在生产建设的前面,靠干劲加科学来解决生产建设中的各种难题,把干劲用到掌握和利用自然规律上来,不断促使生产从低级向高级发展，向深度和广度进军。

在科学技术发展中的一个重要问题，就是要进一步把基础理论、应用科学和发展研究结合起来，把科研单位、大专院校和生产部门结合起来，把自己的发明创造和学习外国的先进技术结合起来，努力推广科研成果，增加经济效益。两年多来，全市推广了七百多项比较成熟的应用科技成果，产生了很大的经济效果。棉纺行业把研制成功的高速棉纺细纱机的关键部件"锥面钢领"，推广应用到占全行业四分之一的纱锭上，每年可为国家增产棉纱一万多件。远红外节电新技术，在二十余万千瓦容量的电加热设备上广泛应用，一般都能取得节电百分之三十左右的效果。

科学研究的课题应当同发展国民经济紧密联系。科研工作要处理好近期与远期的关系，攻克当前生产技术中的关键问题，主动向生产部门推荐先进的科研成果，并做好中间试验，为生产部门的工业试验和批量投产创造条件。科技人员要经常深入到经济工作第一线，帮助生产单位推广和应用新技术。生产部门要主动与科研单位密切配合，组织有关科研项目的协作会战，争取早出成果、多出成果。

生产部门的科研机构和群众性的科研活动，处在生产第一线，是研究、应用和推广先进科技成果的基本力量。各专业公司和工厂企业要根据自己的需要和现实条件，逐步健全本行业、本部门的科学技术中心，加强对应用科技的研究工作，逐步把先进技术运用到本行业、本单位的生产实际中去。每一个生产部门都要有一个科学技术发展的规划，每一个企业都要制订科学技术研究的项目，每一个科技人员都要提出个人的科研目标，每一个职工都要有学科学、钻技术的奋斗方向，人人争当推广科学技术的促进派。

在依靠自己力量发展科学技术的基础上，我们还要加强同国外的科学技术交流，引进一些国外的先进技术。各科研部门要积极抓好领先技术的研究和发展，围绕能源技术、新型材料、大规模集成电路、计算技术、激光技术、环境保护、肿瘤防治、良种选育等方面，集中力量，攻关突破，同时加强基础理论研究，做到既能解决当前生产发展中的技术关键，又能为长远的发展做好技术准备，努力在科学技术的主要领域赶上和超过世界先进水平。

各级领导干部要努力学科学、用科学，重视调整科研与生产的关系，改革那些对发展科学技术不利的上层建筑，认真贯彻扶植推广科研成果的各项政策，抓好研究所扩大自主权的试点。知识分子是工人阶级的重要组成部分，是最先掌握先进科学文化知识的一翼。要充分认识知识分子在四化建设中的重要地位和作用，彻底消除当前还存在的鄙薄科学技术、歧视知识分子的种种现象，充分调动广大科技人员的积极性,使他们专心致志地研究和发展科学技术,为四化建设贡献力量。要组织各种"智囊团",发动各种有专长的人为经济建设当好参谋。

要把科学技术搞上去,教育是基础。四化建设需要大批具有现代科学文化知识的建设人才。十年树木,百年树人。如果现在不及早抓好教育,即使将来有了先进的生产手段,也会由于缺乏具有一定文化水平的劳动者而形不成新的生产力。教育工作要从中小学抓起,面向全体学生,切实加强基础知识和基本技能的训练,既要为高一级学校输送优秀的学生,又要直接为各条战线培养合格的建设人才。高等院校要办成适合四化建设需要的教学中心,同时加强科学研究,立足于赶超国际先进水平,不断提高教学质量,培养出一大批专门人才和一批出类拔萃的、第一流的专家。要加强教师队伍的培养和提高,积极创造进修、深造的条件,不断提高师资水平。要坚持党委领导下的校长分工负责制,积极探索扩大学校自主权的经验,制订一个好的发展规划。要办好业余大学、电视大学、电视中学和各种夜校、训练班,加强工农业余教育,提高广大群众的科学文化水平,力争在几年内把青年职工提高到中等专业学校的程度。

第三,要大力发展对外贸易,以外贸促生产、促内贸、促科研。

努力把我们的产品引向国际市场接受检验,就能使我们面向国际,开阔视野,更好地发现生产技术上的薄弱环节,从中找到差距,博采各国之长,进行技术改造,革新产品设计,把生产、技术和管理水平大大提高一步;就能打开许多新的生产领域和科技领域,使产品进一步向高、精、尖、新的方向发展,给整个经济面貌带来一个大的改观。

要扩大出口,最根本的办法是大力发展出口商品的生产。目前全市已有一千多家企业生产出口商品,特别是部分轻纺工业和手工艺产品出口历史悠久,有一批国际市场公认的名牌畅销商品。但是,总的说来,出口商品的数量还不大,还有相当大的一部分商品在国际市场上缺乏竞争能力。生产出口商品的工厂,要努力提高产品质量,增加花色品种,改进包装装潢,并促使老产品升级换代,更好地发展换汇率高、适销对路的高档产品。在进一步挖掘这些企业增产潜力的同时,不断扩大生产出口商品的专厂、专车间。要逐步改变出口商品的结构,继续发挥轻纺产品在出口中的主力军作用,努力提高机械、电子、冶金、化工等重工业产品的出口比重,适当增加郊区农副产品的出口品类和数量,创出一批在国际上有稳定市场的重点商品。担负出口商品生产任务的工厂企业,都要订出赶名牌、超名牌、创名牌的奋斗目标和具体措施,为扩大出口作出新的贡献。

要采用国际上通用的各种合理形式,疏通对外贸易的各种渠道,把外贸工作搞活。要根据我国政府颁布的《中外合资经营企业法》,有计划地利用外资试办合资企业,积极开辟利用外资的新途径。要发挥上海对外贸易促进会和投资信托公司的作用,促进对外贸易的发展。

党中央、国务院对上海发展对外贸易十分重视,从方针、政策、管理体制等各个方面为我们创造了加快发展的条件。各有关部门要相互支持,密切配合。外贸部门要关心生产、扶持生产,帮助生产部门用好外汇贷款、工业贷款和技术措施费用,迅速形成新的生产能力。要坚持技贸结合、工贸结合、进出口结合,经常了解和研究国际市场的动向,千方百计增加出口。交通运输部门要努力扩大上海口岸的综合运输能力,加强调度,适应对外贸易的需要。各行各业都要按照自己的特点,从多方面想办法,扩大贸易外汇和非贸易外汇收入。要关心和支持旅游事业,积极为它创造条件,使之更快地发展起来。要加速改建、扩建和新建各种旅游设备,改善经营管理,提高服务质量。同时,要多搞一些具有上海特色的旅游纪念品和特种工艺品,努力做好旅游商品的推销工作。

第四,积极进行经济管理体制改革,认真按照客观经济规律办事,努力把经济工作做活。

现行经济管理体制弊病很多,我们要按照党中央、国务院制定的方针,采取坚决的态度和积极稳妥的步骤,加快经济管理体制改革的步伐,使社会主义制度的优越性能够比较有效地发挥出来。

扩大企业自主权,让企业能够按照社会需要安排生产经营活动,把经济责任、经济效果、经济利益直接联系起来,使国家、企业和职工个人三者利益更好地结合起来,是整个经济管理体制改革的核心,也是把经济工作搞活的关键。今年以来,我们根据国务院颁布的有关扩大企业自主权的五个文件的精神,已经在全市四千多个工商企业实行以利润留成为重点的体制改革试点,其中工业交通系统的试点单位有七百多个,包括纺织、冶金两个局和五个专业公司在全行业范围内进行试点,同时还进行了基本建设由国家拨款改为银行贷款等的试点。对这些不同类型的体制改革的试点,都要认真抓下去,在实践中不断总结经验,切实解决存在问题,使之不断完善,积极加以推广。

在国家计划指导下,重视和利用价值规律的作用,实行计划调节与市场调节相结合,是改革经济管理体制的一项重要内容,也是运用经济措施加快生产发展的一个重要手段。今年以来,不少单位在这方面作了一些尝试。工业部门在保证完成国家生产计划和收购任务的前提下，根据市场变化的需要，组织生产适销产品，设立经理部、门市部，举办展销会，试行厂店挂钩，自行销售国家不收购的产品和试销新产品，并有计划地开展工商、工贸结合的"一条鞭"经营试点，使产销直接见面，及时了解市场动态，直接听取消费者的意见，开辟新的产销渠道。物资部门打破生产资料不是商品的思想束缚，开辟生产资料市场，把一部分多年积压的呆滞物资变活，调剂了余缺，促进了生产。商业部门采取发料加工组织生产市场产品，开展工商联合展销活动，实行部分农副土特产品的议购议销，扩大日用小商品交易市场，开辟集市贸易，畅通购销渠道，活跃城乡市场。这些，都有利于发展和繁荣社会主义经济，要继续努力实践和探索，使生产和流通活动更加符合客观经济规律的要求。

正确利用价格、信贷、利息、税收等经济杠杆，来调节各方面的经济利益关系，是促进各生产单位采用新技术，生产更多更好产品的一项重要经济手段。要合理调整工业生产内部交换和协作过程中某些不合理的价格和税收，改革财政银行工作中不适应调整要求的规章制度，促进工厂企业开源节流，增收节支。各部门要紧密配合，共同搞好清仓利库、清产核资、扭亏增盈。财政、银行部门要对一切经济活动进行有效的监督和调节，同贪污盗窃、损失浪费以及一切违反财政纪律的行为作坚决的斗争。

在改革经济管理体制中，既要有敢于打破旧的传统观念和习惯势力的革命精神，又要有实事求是的科学态度，积极而又慎重地进行改革。各级领导干部要深入实际，调查研究，热情支持经济改革中出现的新事物。通过改革，正确处理统一领导与扩大自主权的关系，计划调节与市场调节的关系，经济办法与行政办法的关系等，推动技术进步，提高经济效益，发展社会生产。

第五，严格控制城市人口，合理调整工业布局。

旧上海是一个畸形发展、布局极不合理的城市。建国以来，我们在城市的建设和改造方面做了大量工作，出现了一些新的面貌。但是，近十多年由于林彪、"四人帮"的严重干扰破坏，不但使许多老问题没有解决，而且增加了若干新的矛盾。现在，在市区一百四十多平方公里的狭小范围内，居住了五百多万人，人口密度高达每平方公里四万人；集中了全市工厂企业的百分之六十七，工业建筑密度很高，已占用地面积的百分之六十五。这给城市建设、工业布局和生活安排等方面造成了一系列的困难。

今后上海的城市规划，一定不能光在市区一百四十多平方公里土地上打主意，而要在全市(包括郊区)六千一百多平方公里土地上做文章,采取合理布局、逐步扩散的方针,有计划有步骤地把部分工厂企业和市区人口扩散到郊区去。从现在起,第一,要严格控制市区人口,力争少进多出,逐年减少。发展经济要有长远规划,控制人口也要有长远规划。第二,要加强卫星城镇的建设。每年要挤出一部分财力,分期分批逐步搞好已经初步形成的十几个郊区卫星城镇的配套建设,包括职工住宅、公用事业、商业服务和文教卫生等设施。要大力做好宣传工作,并从政策上措施上鼓励市区工厂企业和职工家属向这些地方搬迁扩散。今后工业的新建项目和较大的扩建项目,原则上都要安排到郊区的卫星城镇和国营农场去。有些不适合在市区发展的工厂企业,也要有计划有步骤地搬迁到这些地方去。第三,在市区范围内,进一步贯彻充分利用,加强维修,逐步改造的方针,合理调整工业布局,改善居民居住条件。要积极改善过江交通,逐步发展浦东地区。要组织各方面的力量,抓紧制定上海国民经济发展的长远规划和城市的总体规划,使今后城市的改造更合理,更适合生产和人民生活发展的需要。

实现四个现代化是一项崭新的事业,有许多新情况和新问题有待我们去研究和解决。我们一定要把进一步发挥主观能动性与掌握客观经济规律有机地结合起来,积极利用上海的原有基础,在更高的水平上保持和发挥生产技术上的优势,尽快把上海建设成为先进的工业、科学技术和外贸基地。我们热切希望全市广大干部、工人、农民、知识分子和爱国民主人士,踊跃献计献策,促进上海经济建设和各项事业的蓬勃发展。

四、各项工作围绕四化这个中心，为这个中心服务

各位代表:

四个现代化的建设,是今后一个相当长的时期内全国人民的中心任务,是决定我国人民前途和命运的千秋大业。

叶剑英同志在庆祝中华人民共和国成立三十周年大会上的讲话中指出:"现在我们的任务,就是团结全国各族人民,调动一切积极因素,同心同德,鼓足干劲,力争上游,多快好省地建设现代化的社会主义强国。"并指出:"四个现代化的建设是当前最大的政治。国家的巩固,社会的安定,人民物质文化生活的改善,最终都取决于现代化建设的成功,取决于生产的发展。我们的一切工作,都要围绕现代化建设这个中心,为这个中心服务。全国每个地区、每个部门、每个单位以至个人,他们

工作的评价和应得的荣誉,都要以对现代化建设直接间接所作的贡献如何,作为衡量的标准。全体干部和全国人民,一定要全力以赴、聚精会神、专心致志、争分夺秒地投身到这个伟大的建设事业中来。"我们一定要进一步提高对工作着重点转移的认识,抓紧当前的有利时机,努力把工作着重点更好地转移过来,使我们的各项工作都围绕四化建设这个中心,适应这个中心,服从这个中心,服务于这个中心,保证这个中心任务的顺利实现。

第一,实行地方政权体制和选举制度的改革,发扬社会主义民主和健全社会主义法制。

五届人大二次会议制定的《中华人民共和国地方各级人民代表大会和地方各级人民政府组织法》和《中华人民共和国全国人民代表大会和地方各级人民代表大会选举法》,是发扬社会主义民主,健全民主集中制的重大改革。这次市人民代表大会就要选举自己的常务委员会,并把市革命委员会改为市人民政府。各区、县要通过试点,按照选举法的规定,选好人民代表,在明年年内分别开好区、县人民代表大会,建立区、县人大常委会,并把区、县革委会改为区、县人民政府。各级人民政府要严格按照组织法规定的职权,在党的统一领导下,积极主动地、独立负责地开展工作,在四化建设中更好地发挥作用。要根据工作需要和精干的原则,在调查研究的基础上,对行政机构的设置、体制分工和干部配备等问题,有计划、有步骤地进行调整和改革,坚决改变机构臃肿、层次重叠、人浮于事、职责不清、办事效率低的问题,努力把我们的各级政府和所属的工作部门建设成为坚决执行党的路线、方针、政策和国家法律、法令,密切联系群众,办事效率高,为人民所拥护的坚强职能机关。

发扬社会主义民主和健全社会主义法制,就是既要保障民主,又要保障集中,既要保障自由,又要保障纪律,既要保障个人心情舒畅,又要保障统一意志。要正确地认识民主与专政、民主与集中、自由与纪律等方面的辩证关系,正确地运用民主权利,提高遵纪守法的自觉性。

最近全国人大常委会作出决议,重申建国以来颁布的法律、法令、条例,除了与五届人大通过的宪法、法律和五届人大常委会制定、批准的法令相抵触的以外,一律继续有效。我们要加强司法战线的建设,依靠人民群众,以事实为根据,以法律为准绳,做到有法必依,执法必严,违法必究,有效地打击敌人,保护人民。全体公安司法人员要学习法律,熟悉法律,正确运用法律武器同一切违法犯罪行为作斗争。政府工作人员,特别是各级领导干部,要带头遵守法律,尊重和保护人民的民主权利,并切实保证人民检察院独立行使检察权,人民法院独立行使审判权。

第二,切实加强政治思想工作,坚决执行党的路线和方针政策。

思想路线是政治路线的基础。正确的政治路线,就是在辩证唯物主义思想路线的基础上制订出来的。我们绝大多数干部群众是拥护党的思想路线和政治路线的。但是,当前也确实存在着从"左"的或右的方面怀疑党的路线和方针政策的错误思潮。我们决不能低估林彪、"四人帮"的流毒和影响,无论是政权建设、经济建设、思想建设和文化建设,都有个进一步解放思想,肃清极左路线流毒的问题。在清除极左路线流毒的同时,也要反对来自右的方面的干扰。目前有少数人打着"反官僚"、"反特权"、"争民主"、"争自由"的旗号,煽风点火,蓄意闹事,搞无政府主义,搞极端个人主义,搞资产阶级自由化,破坏社会主义法制,破坏正常的社会秩序,我们也决不能让它蔓延开来。无论是"左"的东西还是右的东西,都是背离和破坏四项基本原则,不利于安定团结地进行现代化建设的。

对于具有上述错误思想倾向的人,要作具体分析。他们当中,别有用心的坏人是极少数。绝大多数人是思想认识问题,是再学习、再教育的问题。我们要切实地加强政治思想工作,提倡遵纪守法,提倡艰苦奋斗,提倡好的道德风尚,提倡热爱党、热爱祖国、热爱人民,帮助他们提高认识,端正态度,一心一意搞四化。

林彪、"四人帮"煽动搞打砸抢,对部分青少年的毒害特别严重。我们要动员各方面的力量,运用多种形式,以四项基本原则为中心内容,加强对青少年的教育,满腔热情地关怀他们,耐心细致地帮助他们,使他们成为具有远大理想的人,遵纪守法的人,有共产主义道德品质的人,德、智、体全面发展的人,为四化贡献自己的青春和力量。

为了排除来自"左"和右的方面的干扰,搞好工作着重点的转移,我们要继续进行辩证唯物主义思想路线的教育,团结全市人民,脚踏实地地去搞四个现代化。各级政府工作部门,从领导机关到各个基层,都要从自己的具体情况出发,在马列主义、毛泽东思想指导下,以实践作为检验真理的唯一标准,认真总结自己的工作。看看哪些作法是对的,哪些是错的;哪些机构体制规章制度是适应四化建设要求的,哪些是不适应的;应当坚持什么,改革什么。只有这样,才能肃清林彪、"四人帮"的流毒,扫除一切影响四化建设的障碍,有的放矢地研究四化建设中出现的新情况,解决新问题,真正把真理标准的讨论落到实处,落到四化建设上来。

组织路线是执行政治路线和思想路线的保证。粉碎"四人帮"以来,我们各级政府工作部门的领导班子,经过不断调整和充实,绝大多数是好的和比较好的。许多老干部重新工作以后,焕发青春,努力工作,挑起繁重的工作担子,为国家为人民作出了新的贡献。但是,我们目前的领导班子,一是年富力强的干部比较少,二是懂得现代科学技术和管理的干部比较少。发现和培养人才,充实和加强领导班子,是摆在我们面前的一项十分迫切的任务。

我们要克服"求全责备"思想,破除"论资排辈"观念,排除派性干扰,坚决按照叶剑英、邓小平同志提出的三个条件,在三年内抓紧选拔一大批年富力强、德才兼备的干部,充实和加强到各级领导班子中去。特别要注意选拔和培养妇女干部。要大胆提拔使用那些具有各种专长的党内外知识分子,充分发挥专业人才在四化建设中的作用。同时,要警惕那些属于"四人帮"思想体系、派性十足、坚持错误、屡教不改的人,不能让他们混进领导班子。老同志有丰富的实践经验和一定的专业知识,是我们事业的骨干力量。我们要继续发挥他们在工作中的骨干作用,依靠他们选拔和培养接班人,搞好传帮带。老同志要有战略眼光,深刻理解解决接班人问题的重要性,自觉地把这项工作担当起来。选拔到各级领导岗位上来的年轻同志,也要严格要求自己,虚心向老同志学习,在群众的监督下加强锻炼,在实践中不断增长才干。

我们要紧密围绕四化建设的需要,在三、五年内,有计划地通过各级干部学校、中等专业学校、高等院校和各种形式的训练班,对现有干部进行轮训,以提高干部的政治水平、科学文化水平和业务技能。我们必须掌握马列主义、毛泽东思想这门科学,还必须努力学习和掌握自然科学、技术科学、管理科学和各门具体的社会科学。列宁说过:"任何管理工作都需要有特殊的本领。有的人可以当一个最有能力的革命家和鼓动家,但完全不适合作一个管理人员,凡是熟悉实际生活、阅历丰富的人都知道:要管理就要内行,就要精通生产的一切条件,就要懂得现代高度的生产技术,就要有一定的科学修养。这就是我们无论如何都应当具备的条件。"甘居外行,是决不可能领导好现代化建设的。我们要说服那些愿意做好工作,但又不那么熟悉业务的同志,下决心老老实实地、恭恭敬敬地向一切内行的人们学习,变外行为内行,为四化建设多作贡献。

第三,认真改进干部作风,提高工作效率,密切同广大群众的联系。

政府工作人员,特别是各级领导干部,要十分珍惜人民赋予自己的权力,做人民的公仆,全心全意地为人民服务。

要发扬实事求是的作风。实事求是,是无产阶级世界观的根本点,是正确执行党的路线、方针、政策的保证。要提倡调查研究,一切从实际出发,实事求是,理论联系实际,通过"全面、比较、反复",弄清"实事",找出解决问题的正确方法;要提倡说老实话,办老实事。做老实人,反对讲假话、大话和空话,力戒浮夸,反对瞎指挥;要提倡勤勤恳恳,踏踏实实,按科学态度办事,按客观规律办事。

要发扬联系群众的作风。联系群众,依靠群众,是我们人民政府的显著特点之一。要深入基层,深入群众,加强人民来信来访工作,通过各种渠道,听取群众的意见,了解群众的要求,关心群众的疾苦;要反对"衙门作风",反对"做官当老爷",反对高高在上、脱离实际、办事拖沓、效率不高等官僚主义作风。

要发扬民主协商的作风。对有关全市性的各项重大问题,要广泛听取各界人士的意见,做到集思广益,多谋善断;要坚定不移地发扬社会主义民主,广开言路,自觉地接受人民群众的监督,充分调动人民群众的积极性。

要发扬艰苦奋斗的作风。干部要带头艰苦奋斗,这是我们国家的无产阶级性质所决定的。干部搞特殊化,必然会脱离群众,必然会腐蚀自己,腐蚀自己的子女和家庭,把风气搞坏。我们各级政府工作人员,特别是领导干部,一定要自觉地反对特殊化,严格遵守国家规定的各项生活制度,吃苦在前,享受在后,"先天下之忧而忧,后天下之乐而乐"。

要发扬团结战斗的作风。各级人民政府,是在民主集中制基础上建立起来的统一的战斗集体。要坚持在马克思主义原则基础上的团结,反对资产阶级派性,反对搞小圈子;在部门之间、同志之间,要以实现四化的大局为重,讲团结,讲友谊,相互支持,相互谅解,相互帮助;要经常开展批评与自我批评,严于责己,宽以待人;要任劳任怨,勇于负责,不能相互责怪,相互推诿,对工作中产生的一些缺点和错误,要认真总结经验教训,努力加以克服和改进。

第四,顾全大局,增强团结,鼓舞信心,振作精神,一心一意地为四化服务,努力把各项工作搞得更好。

粉碎"四人帮"后,总的说来,我们的工作是不断改进的,是在不断克服困难中前进的。我们应该对实行经济调整,加快四化步伐,充满必胜的信心。我们一定要鼓干劲,树信心,团结一切可以团结的力量,调动一切积极因素,珍惜来之不易的安定团结的政治局面,和衷共济,聚精会神搞四化。

全市各条战线的广大职工、农民和知识分子,要以高度的政治责任感和紧迫感,争分夺秒地紧张行动起来,发扬发愤图强、勤劳勇敢、艰苦奋斗、舍己为公、为实现四化贡献一切力量的社会风尚,广泛深入地开展增产节约运动,完成和超额完成国家交给上海的各项任务,夺取工农业生产的新胜利,顺利实现经济调整任务,打好四化第一战役。

宣传教育战线的广大新闻、文艺、教育、理论工作者和其他有关同志,要更加关心经济工作,更好地为实现四化服务,在意识形态领域中,同各种妨害四个现代化的思想习惯进行长期的、有效的斗争,引导全市人民沿着党的路线,推动社会主义事业不断前进。要批判剥削阶级思想和小生产守旧狭隘心理的影响,批判无政府主义、极端个人主义,克服官僚主义,恢复和发扬我们党和人民的革命传统,培养和树立优良的道德风尚,为建设高度发展的社会主义精神文明,作出积极的贡献。

公安司法战线的广大干警,要依靠全社会的力量,特别是街道里弄干部和治保积极分子,维护社会主义民主,加强社会主义法制,严肃、谨慎、准确地运用法律武器,坚持专门机关与群众相结合、教育与惩办相结合的原则,严惩现行反革命分子,严惩杀人犯、抢劫犯、强奸犯、放火犯和其他严重破坏社会秩序的现行犯罪分子,特别是成群结伙的犯罪集团的头子、教唆犯,制止以各种形式搞动乱,以巩固无产阶级专政,发展安定团结的政治局面,保障四化建设的顺利进行。

外事战线的广大干部和一切参加外事工作的优良传统,谦虚谨慎,严守纪律。要加强对广大干部群众进行爱国主义、国际主义的宣传教育,坚持执行集中统一的外事政策,为增进同各国人民之间的友谊,加强国际反霸统一战线,作出应有的贡献。

我们要依靠工会、共青团、妇联和民兵等群众组织,进一步发挥他们富有生气的首创精神,动员和组织工人、青年、妇女和民兵群众积极参加四化建设,努力学习政治、军事、技术、文化,坚决维护国家利益和集体利益,广泛深入地开展社会主义劳动竞赛,培养出更多的英雄模范人物、新长征突击手和三八红旗手。

我们要进一步加强军政军民团结。驻沪三军的广大指战员,在支援地方建设、维护社会治安等方面,作出了很大贡献。我们要发扬拥军优属的光荣传统,树立爱护军队、关心军队、帮助军队的思想,认真学习解放军的革命精神;要热情欢迎复员退伍和转业军人到地方参加工农业生产和其他工作,分别不同情况,给予妥善安置;要热情关怀烈军属、革命残废军人等优抚对象的生产和生活。要在一九八〇年新年和春节期间,广泛深入地开展一次拥军优属活动。

我们还希望全市各级人民政协和各民主党派、各爱国人民团体,继续加强自己的工作,在维护祖国统一、增强人民团结和促进四化建设中,发挥更大的作用。我们一定要进一步发展和壮大全体社会主义劳动者、拥护社会主义的爱国者和拥护祖国统一的爱国者的最广泛的统一战线,去夺取新的更大的胜利。

各位代表：

七十年代即将过去，八十年代即将来临。在前进道路上，我们尽管还有这样那样的困难有待我们去克服，但是，任何艰难险阻，都不能阻挡我们胜利前进。让我们全市一千多万人民，更紧密地团结在马列主义、毛泽东思想的旗帜下，在党中央、国务院的领导下，人人争做解放思想的促进派，做安定团结的促进派，做四个现代化的促进派，做维护祖国统一的促进派，为建设现代化的社会主义强国作出更大的贡献！

以上报告，请大会审议。

（《解放日报》1979 年 12 月 30 日）

关于建设卫星城镇的几点设想

梁志高　高柳根　厉　璠

一九五五年以来，上海市郊陆续建立了十二个工业区。在这些工业区里，厂房和高楼宿舍林立。一个工业区实际上就是一个相当规模的新型城镇。因为它们遍布在上海市区周围，人们就称它们为卫星城镇。

在这些卫星城镇的工厂企业里工作的职工，绝大部分是从上海市区去的。建设好卫星城镇，让在职职工及其家属安心在那里工作、学习、生活，并将待业人员引向市郊卫星城镇就业，这对疏散市区人口，解决市区人口过分集中而产生的一系列问题，无疑有很大的作用。

目前在上海市区一百四十多平方公里的土地上，居住着五百九十多万人口，每平方公里平均居住四万二千人，其密度远远超过国内其他城市，在世界各大城市中也属罕见。由于人口密度越来越大，市区居民的住房、交通、就业和商业服务等问题越来越严重。充分利用和发展上海市郊的卫星城镇，疏散密集的市区人口，已经成了我们的当务之急。然而，一段时期以来，许多卫星城镇的职工中普遍存在着人在郊县，心在市区的现象。在卫星城镇就业的四十万职工中，带家属在郊区落户的很少。大部分职工原来每星期回市区一次，后来增为二次、三次，现在很多职工索性天天赶回市区，这对职工的生产、学习、休息都不利，对公共交通的压力也很大。近些年来，待业青年普遍不愿到郊区就业。有些同志把这些现象称为"人心向市"。由于"人心向市"，虽有卫星城镇，也不能达到疏散市区人口、广开就业门路的目的。

造成"人心向市"的状况，主要有以下几个原因：一是在户口、工资福利、住房、子女升学就业、油粮和副食品供应标准等与群众切身利益有关的一些问题上，未能制订鼓励市区居民向郊区迁居的政策；二是在物质生活和文化娱乐生活上与市区差别太大；三是卫星城镇的规模太小，工业门类单一，青年男女找对象和家属就业比较困难。为了扫除向郊区扩散人口的障碍，变"人心向市"为"人心向郊"，我们认为在加强政治思想工作，提倡发扬艰苦创业精神的同时，可以采取以下措施：

一、制定鼓励市区居民向卫星城镇迁居的政策

最近上海市人民政府已经作出决定，原在郊区的市属单位三十多万职工以及部分家属常住在市郊的，其户口可登记为市区户口；油粮等供应标准、子女升学就业，与市区居民同样待遇。这些政策对鼓励人们在市郊安家落户是很有作用的。我们认为还可以再在工资福利上作一些改革，比如让卫星城镇职工的工资略高于市区。如果工资问题比较复杂，一时难以改变，可否在奖励制度上采取比较灵活的办法，使卫星城镇职工的实际收入比原来高一些；使郊区新就业的职工的收入比在市区新就业的高一些。在今后评级评薪增加工资时，让卫星城镇职工的升级面比市区宽一些。在住房方面，卫星城镇职工的居住面积可以比市区大一些，房租可以比市区低一些。在商品供应上，副食品供应价格可以便宜一些；紧张、热门商品和廉价处理商品应当多分配一些。这样的政策就能起到鼓励市区居民向市郊卫星城镇迁移、定居的作用。

二、切实改善卫星城镇职工的物质生活

上海已经建立的卫星城镇有一个共同缺点，就是商业、服务业配套不够，给卫星城镇居民的日常生活带来困难。为了改善卫星城镇居民的物质生活，必须改变过去那种米、粮、油、煤、棉布、百货、饮食等商店各一家的单纯刻板的商业网点设置方法，多开设一些综合经营的商店，应该做到花色多样、大小俱有、服务齐全，使居民生活方便。可以让集体经济承担居民的后勤服务工作，这样既能解决卫星城镇所需的各项生活设施，又为安排青年就业提供了广阔场所。这些工作做好了，卫星城镇职工的物质生活就可望有一个较大的改善。

三、丰富卫星城镇职工的文化娱乐生活

建设富有吸引力的卫星城镇,还必须保证人们有丰富多彩的文化、体育、娱乐生活。一向居住市区的人们,已经有一种定型的精神生活方式,尤其是知识青年对精神生活较之物质生活的需求更为重视,要求也更高。如果要他们在卫星城镇就业,就必须在这方面作较大的努力。现有的卫星城镇恰恰对此注意太少。例如安亭、吴泾等卫星城镇既无剧场,也无影院,更不用说其他的文化体育设施了。即使是一些较大的卫星城镇,也不过是聊胜于无,单调得很。应当因地制宜地改建和新建必要的影院、剧场、公园、运动场、文化宫和图书馆等。这些项目有的需要国家来办,有的也可以由集体经济来办。另外对于人民群众喜爱的影剧节目可以在卫星城镇先映、先演;著名的各种剧种的艺术家可经常到卫星城镇演出,精彩的体育表演和比赛可安排一些在卫星城镇举行。同时还要多开辟一些绿化地带,美化生活环境。

四、解决卫星城镇工业门类单一的问题

现有的卫星城镇,工业门类单一,如果全家迁居,家属就业很难安排,男女青年找对象也比较困难。要解决这些问题,一方面可以考虑从市区迁移一些其他工业。如机电工厂比较集中的,可迁些轻纺工厂去;另一方面可以在卫星城镇大力发展集体经济。对于已建成卫星城镇的补缺配套工作,目前也不可能全面开花,是否可以考虑以闵行、松江、金山三个市郊工业区为重点,结合工业生产的发展,先把这三处的面貌作一番大的改变。这是一项涉及到许多部门的比较复杂艰巨的任务,市里有关部门要作统筹规划。

五、开辟和建立新的卫星城镇

已建立的卫星城由于基本上已定型,过多的扩大和全面改造已经受到限制,从结合上海市区改造远景目标来考虑,我们设想是否可以另起炉灶,从现在起着手筹建一座新的卫星城市。地址可选择在杭州湾海边,以现有农场改建最为有利,这样做,一是可以避免向公社征地;二是便于发展对外贸易,因为发展对外贸易,需要建筑港口,选择沿海地区,为今后建筑港口提供了条件;三是有利于解决工业"三废"

对市区的污染；卫星城镇建在沿海，远离市区，将市区"三废"严重的工厂迁入，可改善市区环境。卫星城的规模，不宜过小，人口在四、五十万左右比较理想。要建成工业门类较齐、商业服务以及文化教育科研等其他企业、事业单位配套的综合城市，使男女老幼都能各得其所。这个卫星城还不仅是一个工商业城市，而且还要是一个文化艺术体育中心。

我们认为，只要采取切实有效措施，"人心向市"的状况，可以转变，人们会从不愿到郊区就业变为争着要到郊区去就业。卫星城镇的职工会从不愿带家属去郊区落户变为争着带家属到郊区落户。到那时，市区人口密度就会大大降低，工业布局就会更加合理。

（《解放日报》1980 年 5 月 21 日）

怎样发挥上海这个工业城市的作用？
经济结构小组上海调查组

建国以来，上海已经建设成为全国最大的综合性的工业城市。工业门类比较齐全，原材料工业有相当基础，加工工业比较发达，协作配套比较好，产品品种、规格比较多，技术水平也比较高。郊区已初步建设成为城市服务的副食品基地。猪肉和蛋、禽自给率分别达到百分之六十和七十以上，食油和蔬菜全部自给。

上海在全国经济中居于十分突出的地位。它的工业产值占全国工业总产值的八分之一，出口总值占全国出口总值的六分之一，财政收入占六分之一。全国各省市之间调拨的工业消费品中，从上海调出的几乎占一半。

这样一个对全国经济有举足轻重作用的大工业城市，今后朝什么方向发展，怎样更合理地发挥它的作用，是一个应该周密研究的重要问题。中共上海市委提出，要尽快地把上海建设成为先进的工业基地、科学技术基地和外贸基地。这是积极的设想。为了更好地发挥上海这个老工业城市的作用，我们建议，上海的经济工作要抓紧做好五件事。

(一) 迅速制订长期规划，科学地规定上海经济的战略发展方向

一百多年来，上海就是我国重要的工业基地，有良好的工业基础，有一大批有

觉悟又有技术的老工人,有一支比较强的科学技术力量,有比较高的经济管理水平,又是我国最大的港口城市,与国内外都有广泛的经济联系。这是发展上海经济的有利条件。但是,上海市的土地面积很小,人口密度很高,工业过分集中,缺乏原料燃料,这是不利条件。六十年代以后,中央有些部门看到了在上海搞生产、搞建设,花钱少,见效快,收效大等有利的一面,从部门的要求和当时的需要出发,纷纷向上海安排生产任务,安排建设项目,使上海承担了占全国经济很大比重的各项任务,压力是不小的。据有关部门同志反映,年年希望喘一口气,腾出一部分力量来进行调整,偿还一部分生产上、生活上的欠帐,并按照上海的特长发展经济,但是,除了军工系统设备大量闲置、技术人员任务不饱满之外,上海各行各业年年只是背了任务回来,为完成当年任务,疲于奔命。他们认为,利用老城市、老基地的有利条件,搞生产,搞建设,可收事半功倍之效,问题在于怎样利用。目前那种忽视上海的不利条件,缺乏综合平衡,没有长远考虑,几乎是只求收获,不问耕耘的做法,虽然一时能够奏效,但决非长久之计。它不利于上海经济长期稳定的发展,也不符合全国地区经济合理布局的要求。我们认为,这种意见是反映了上海市的实际情况的,是正确的。

为了更合理地发挥上海老工业基地的作用,我们建议国家计委、国家建委、国家经委考虑,帮助上海市计委及有关部门根据国家的总体要求和上海的特点,共同制订出长期规划,明确规定上海经济的战略发展方向。

(二)逐步调整工业结构,改变齐头并进、全面铺开的局面,有重点地发展适合上海特点的工业

解放后,上海经济是按照优先发展重工业,建立完整的地方工业体系的方向发展的。除采伐、采掘工业外,工业门类几乎都齐全了,是一种既"大"又"全"的工业结构。这种结构对形成地区生产能力是有好处的,但势必影响上海特点的发挥,不利于全国的布局。上海一无原料、二无燃料,却重点建设了冶金工业。上海钢的冶炼能力现已达五百万吨,每年需调进矿石、生铁、炼焦煤等近三千万吨,生产的钢材有三分之二要外调。冶金和石油化工工业耗用的能源几乎占全市用量的一半,从而加剧了交通运输和燃料、动力的紧张。宝钢建成后,上海钢的冶炼能力将近一千二百万吨(但对原有市区钢铁工业迫切要求解决的生铁供应缺口问题,仍未解决),运输、电力缺乏的状况将更为突出。上海市有些同志认为,上海钢铁工业大幅度上

升是大好事,但是,对这一地区的运输和能源供应的压力将更大,这一方面的平衡工作做得不够。不但如此,还使得上海传统的、国内外市场大量需要的轻工业产品的生产,得不到应有的扶植,在前进中遇到了很大的困难。

上海市有些同志主张,按照上海的特点,原则上还是多发展用原材料少、消耗能源少、占用场地少、不污染或少污染、技术要求高的工业。具体说,加强加工工业时,特别要发展精加工工业;加强新兴工业时,特别要多发展电子工业;加强轻工业时,特别要多发展传统出口产品的生产。对原材料工业,特别是冶金、化工原料工业的规模还是有个限制为好;对污染严重,特别是带有放射性元素和剧毒性物质的工业更要有个限制。这些意见很值得重视。

在调整工业部门结构的同时,还应逐步调整产品结构。比如说,有重点有步骤地进行产品升级换代,向新型、高级、精密、尖端、多品种的方向发展。一般产品的生产可分期分批地转给兄弟省市承担。重工业部门还要扩大为轻工业、农业服务的产品的生产。军工部门则要积极安排与军工工艺相近的民用产品生产。力争有更多的加工产品进入国际市场。

中央各有关部门在上海安排工业的生产和建设时,要在国家计委综合平衡的指导下,全面考虑上海的特点,力争求得最优的经济效果。

此外,上海市要运用自己的工业、科技力量,很好为郊区县的农林牧副渔业生产服务,使上海十个郊区县领先实现农业现代化,为全国起示范作用。

(三)努力加强对现有企业的改造,使上海经济的发展建立在技术装备不断更新的基础上

逐步提高现有企业的现代化水平,是上海经济能否继续发展的关键,这也是一条投资省、建设快、效果好的道路。上海的工业企业,百分之七十集中在市区一百四十一平方公里土地上,建筑密度很高,很难有发展的余地。不少企业,尤其是轻工企业,长期以来依靠"挖潜"增产。生产迅速增长,但生产场地、厂房未能相应扩大和改造。轻工、纺织、手工三局的危险厂房有将近一百万平方米,占厂房总面积的百分之十一。很多工厂技术装备陈旧落后。如轻工业局系统,拥有各种设备八万七千台,其中三十、四十年代的占百分之四十;五十年代的占百分之五十;五十年代以后的只占百分之十。很多设备带病运转,维修费用很高,而且耽误生产,影响产品质量。上海市不少同志认为,这种情况如不迅速改变,不仅产品升级换代,向

新、高、精、尖发展难以做到,而且能否维持一定的增长速度,也令人担忧。这种看法是有道理的。

我们认为,对上海原有企业,要有计划有步骤地进行改造,要多搞新设备、新技术、新工艺。把更新改造同提高专业化协作水平,同提高质量,发展新、高、精、尖产品,同消除"三废"污染、改善劳动条件结合起来。

一九七九年,上海的更新改造资金超过了基本建设的投资。随着企业自主权的扩大和基本折旧率的提高,更新改造资金还会有所增加。但这些资金来自二十三条渠道,有三十多种,没有一个单位进行综合平衡。使用这些资金时,审批手续又繁琐,特别是更新改造所需的物资、设备没有保证,以致很大一部分资金用不出去,没能发挥应有的作用。我们建议,现有陈旧设备的维修费用,凡是大于购置新设备的,要有计划地首先进行更新。今后用于上海市所属企业的更新改造资金,最好由上海市计委或工交办统一管起来,按照长期规划,统筹安排。更新改造所需的主要物资设备,最好能优先供应。凡是能够利用现有企业更新改造的,就不要再开新的基本建设项目。更新改造要列入各级计划。

(四) 积极改造老城市,抓紧治理环境污染,把上海建设成文明的清洁的现代化大城市

三十年来,上海市区人口增加了百分之四十,工业生产增长了十几倍。目前平均每平方公里土地上有工厂三、四十家,有人口四万多,有的区竟高达十万人以上,工厂与居民住宅犬牙交错。这些都是世界上少有的。在人口和工业这样高度密集的地区,住宅、市政建设、文教卫生事业等,多年来没能相应跟上,远远落后于生产建设。因此,从公共交通、自来水、煤气、下水道、电话,一直到商业、饮食业、服务业、旅馆、浴室、医院等无不紧张。当前,迫切需要解决的问题,一是住宅,二是"三废"污染。据调查,住房困难的有六万五千户,还有四百六十四万平方米的棚户简屋亟需改造。"三废"污染方面,最突出的是污水。全市每天排入黄浦江的未经处理的工业废水约有四百万吨,市区降尘量,居民点的噪音,都超过卫生标准。同时,还造成了极大的社会问题。

现在,上海市城市建设和改造已到了非搞不可的时候了。为了做好这一工作,

(1) 要有一个可行的总体规划。要利用和发展现有十二个卫星城镇,把它们的

配套设施建设好,有计划地把市区部分工厂、居民搬迁到郊区去。

(2) 要调动各方面的积极性,建设更多的住宅。可试行民建公助或分期付款购置住房等办法。要制订出合理的住房分配标准,调整现有住房,并按质量好坏、使用面积多少,实行累进收费制度。

(3) 要下决心治理"三废",特别是流入黄浦江的污水。要坚决实行"谁污染谁治理"的原则,限期治理。不符合排放标准的,要累进收费或罚款,必要时,可勒令停产。要赋予环境保护部门处理污染问题的应有的权力。

(4) 城市的建设和改造,宜采取"以城养城,以城建城"的方针,把权力和责任都交给地方。上海市公用事业收入和劳改企业收入应该留给上海市。同时,也有必要从工商业利润中提取一定的比例,作为城市建设、改造资金。

(五) 大力推动兄弟省区发展各具特色的工业,为实现四个现代化起带头作用

同全国各省区比较,上海的工业基础比较好,科技力量比较强,管理水平比较高。它的全民所有制工业企业的劳动生产率比全国平均水平高出一倍半,每百元固定资产实现的利润高出三倍。上海有责任、有能力"输出技术","输出管理"。它可以采用经济办法,为兄弟省区提供科技成果、管理经验,提供技术装备,帮助技术改造,进行技术服务。这是一条利用本国比较先进地区的技术、管理经验,帮助后进地区迅速提高经济水平的路子。这条路子不用外汇,收效快,很值得摸索经验,并加以推广。如果全国工业生产都达到上海的水平,用现有的固定资产就能增加产值一倍半,很多产品就会大大增产,很可能有不少产品就会满足国内市场需要而有余。

上海的机械工业产品有一万八千个品种,单机成套水平达到百分之九十以上,大型设备成套水平也达到百分之八十左右。它曾先后提供了年产六十万吨铁、一百五十万吨钢、三十万吨合成氨的成套设备,三十万千瓦火力发电设备,以及年产一百万吨煤的综合机械化采煤装置。这是一支相当重要的力量,应该积极扶植,努力帮助攻克制造某些大型成套设备技术上的难关,提高产品质量,以促进上海工业的进一步提高。

为了更好地发挥上海在实现四个现代化中的带头作用,上海的工业水平当然也要加快提高。为此,要努力加强国外科学技术情报工作和经济情报工作,迅速掌

握国际上的先进管理经验和科学技术成果,努力吸收、消化、运用,发展适合于我国具体情况的新技术、新设备、新工艺,进一步为提高整个国家工业水平、科技水平、管理水平作出更大的贡献。

(原载4月14日《人民日报》,《解放日报》1980年4月16日)

单位自建住宅实行"四统一"见效快
嘉定城厢镇千户居民分到新居

本报讯 市郊"卫星城"——嘉定县城厢镇对自建住宅的单位实行统一征地、统一安排市政配套设施、统一调剂建筑材料、统一施工,大大加快了住宅建设。近两年来,国家统建公房和单位自建公房开工面积每年达十万平方米,去年底,竣工交付使用面积五万多平方米,今年已有一千零九十二户居民高高兴兴地迁入新居。新住宅房间向阳,独门独户,都有阳台和抽水马桶,还装了水表、电表和煤气管道。预计今年底的竣工面积比去年还有较多的增加。

嘉定县城厢镇自一九五九年辟为"卫星城"以来,已有三十二个中央部属和市属单位从市区迁来嘉定,全镇人口由近三万人增加到七万八千多人。十年动乱期间,住宅建设处于停顿状态,住房困难户和要求改善居住条件户达五千多户,约占总户数的百分之五十。粉碎"四人帮"以后,要求自建住宅的就有二十五个单位,但建房单位提出建房计划,要多头奔走,往返曲折,往往一拖就是一年半载;有时即使项目批准了,又碰到选址与总体规划的矛盾,也有些单位选址时遇到拆迁户过多、负担过重的困难;也有的碰到供应的建筑材料规格和品种不对路,以及在埋设地下管道时出现各行其是、互不衔接等弊病。为了解决好这些矛盾,这个县除了抓好国家统建住宅外,还由县建设局出面,对申请建房单位实行"四统一":统一征地、选址、规划、设计和拆迁,统一安排市政配套工程设施,统一组织建筑材料的调剂,统一组织施工和指挥。这样,使建设新住宅与改造旧城镇结合起来,形成了一个个整齐得体的住宅小区,改变了过去分散建房造成的布局零乱、进展缓慢、浪费人力物力等弊病,施工进度大大加快。

为了尽可能合理地分配新房,各单位都建立了分房小组,广泛倾听群众意见,特别对那些住房确有困难的科技、教卫和工程技术人员,结婚多年无房以及要求将市区户口迁往郊区的职工作了适当照顾。今年分到新房的一千余户职工,约占全镇要房户的百分之二十,平均每人居住面积从原来三点七平方米增加到六点七平方米。户口在市区的一百十四户职工分到新房后,很快把户口迁来嘉定。上海原子核研究所有一位助理研究员,全家四口原住房不到九平方米,这次分到二十八平方米住宅一套;另一名助理研究员长期住在市区岳母家里,两家八口人只住十一平方米,这次他一家四口也分到二十八平方米住宅一套。硅酸盐研究所实验工厂的五位工程技术人员,原来都是住房困难户。这次他们迁入新居后,不仅居住面积增加一倍左右,而且环境安静舒适。

根据嘉定城厢地区科技单位较多的特点,目前正在加紧建造六千平方米标准较高的住宅,重点照顾副教授、副研究员以上的知识分子。为了开辟多种住宅投资渠道,他们还打算从今年竣工的住房中拿出二十八套新住宅向私人出售,摸索住宅商品化的经验,使住宅建设的步子迈得更快。(本报通讯员　陈善祥)

（《解放日报》1980 年 11 月 9 日）

十个第一和五个倒数第一说明了什么?
——关于上海发展方向的探讨

编者按:《十个第一和五个倒数第一说明了什么? ——关于上海发展方向的探讨》这个专栏开辟以来,受到了广大读者的普遍关注。到目前为止,我们已收到来稿三百篇左右,并从中选刊了一部分,先后发表了九期。这些文章,从不同的侧面,联系实际,揭露了本市国民经济各部门比例严重失调的状况,分析了造成这种状况的原因,批判了经济领域的左倾思想,并提出了不少有益的建议。人们在这场讨论中所反映出来的热烈情绪,和要求改变上海面貌的迫切愿望,充分表明关于上海发展方向的探讨是十分必要的,是有利于搞好经济调整、同心同德奔四化的。

为了把这一讨论引向深入,进一步做到各抒己见,集思广益,从下期起,我们将以《关于上海发展方向的探讨》为题,继续进行讨论,欢迎大家踊跃来稿,积极提出建议。

"带形发展"是建设上海的好方式

——访全国政协委员、同济大学教授吴景祥

朱玉龙

"带形发展，是规划上海城市建设的好方式。"这是全国政协委员、同济大学建筑设计院院长吴景祥教授就上海发展方向问题提出的建议。

现已七十五岁高龄的吴景祥教授是我国建筑界的老前辈，长年从事建筑学教学和设计工作。他对本报正在开展的关于上海发展方向问题的讨论很关心。最近，他刚从北京参加了全国建筑学年会返回上海，听说记者要去访问他，请他就这个问题发表意见，他顾不得休息，于二十七日下午在自己的寓所接待了记者。

谈话一开始，吴老就拿出一本前不久法国建筑界同行访沪时送给他的书——《巴黎的规划》给记者看，并说，根据这本书的观点，规划一个城市，首先要对该城市进行一次"诊断"，看看这个城市的密度和近十年来人口移动情况如何。所谓密度，就是指城市人口的用地指标。在这方面我们上海的情况怎样呢？据一九七九年的统计，上海市区人口有五百七十三万，面积一百四十一平方公里，平均每人的城市用地为二十四点六平方米。这个指标不要说在国内大城市中是最低的（北京是每人七十六平方米，天津每人五十一点八平方米），就是在世界大中城市中，也是最低的了（拥挤的巴黎市区每人也有六、七十平方米），城市人口用地指标越低，意味着城市越挤。上海城市拥挤的状况必须改变。

如何改变呢？吴老认为办法只有一条，就是疏散城市人口。他说，目前上海这样拥挤，要在不变动城市人口的情况下改善城市建设是不可能的。但是，疏散城市人口大有学问。上海建国三十年来，实际上是在采用几种方式疏散城市人口，一种是一圈一圈向市郊自然扩散，好比北方人摊饼一样。这种方式有一个至关重要的问题：城市人口不断地向外自然扩散，而城市中心仍然不变，人们买东西，仍要涌到南京路一带闹市来。还有，城市的半径加大了，郊区的农副产品供应线也相应拉长，就使农民入城更加频繁，这也增加了城市的拥挤。因此，趋势是，城市越大，市中心就越挤。可见，向外自然扩散的方式并不能从根本上解决城市拥挤的问题，在世界上已属陈旧的方式，正在淘汰之中。

另一种方式是搞多中心城市，就是在同一个城市的外围搞几个中心。就是说，

有一个总的中心,还有若干个小中心。但这样仍不能改变旧的中心的地位,人们还是要向这个总的中心涌去。上海有了如静安寺、徐家汇、四川北路、提篮桥等小中心,人们还是不满足,还要到南京路去。在世界上,这也是一种较老的方式。

再有,是搞卫星城,即在远离城市二、三十公里的地方建立卫星城镇。因为卫星城还是要与母城发生联系,就必须建设一条高速干道把母城与卫星城连接起来,这样做联系不方便,又不经济(要占用大量农田,又要加重交通能源负担),仍不是较好的方式。

现今世界上公认为较好的方式,是带形发展。吴老说,所谓带形发展,就是在城市的一边,沿着一条干道,逐步向前延伸。干道两侧,建设工厂、商店、住宅、道路和其他文化卫生设施,两边外侧是农副产品供应点,形成一个在经济上有其特点,在生活上可自成体系的单元。人们在这个单元里工作和生活,可以不必到别的单元里去。

单元建成后,接着建设下一个单元,使城市象一条带子一样向前发展。这种带形发展理论,早在十九世纪末,在巴塞隆耶和哥本哈根就实践过,但并未得到应有的重视。经过一个世纪之后,才被重新认识。吴老认为,上海的城市建设,要从根本上解决拥挤问题,如果搞长远规划的话,以带形发展为好。把过分拥挤的城市旧区远引开去,形成生活与工作独立的新细胞,并不断地向前发展。具体来说,可先在上海至闵行之间,沿着沪闵路搞带形发展,直到将两个城市连接起来。(本报记者　朱玉龙)

限制近郊扩展　应建卫星城市

何敬业

如何彻底改变目前上海城市建设中存在的不利情况? 我以为出路在于建立若干个规模较大的卫星城市。现在上海四郊已有的几个新工业区规模都还不够大,生产和生活比例不当,因而达不到较理想地疏散市区工厂企业和人口的目的。有些同志提出开发浦东建设新市区的设想,由于它和老市区虽有一江之隔,但基本上仍是相连的,因此,这实际上是一种扩大城市本身的设想。这样做虽然有不少方便之处,可是对减轻市区的各种压力(污染、交通、绿化地少、活动场所缺乏等等)效果不一定很好。这种缺点是所有从市中心向外以辐射型发展的大都市所共有的通病。

在解决这个问题的方法上，我以为法国首都巴黎的城市整治规划可供借鉴。

在为城市不断自身向外辐射型膨胀所苦的时候，巴黎当局于1965年提出了一个整治指导方案（1969年作了修订）。此方案规定到二〇〇〇年，大巴黎人口限制在一千四百万之内；考虑到城市辐射型向外扩展的各种弊病，决定规划的基点是建设新城市。在距市中心三十公里处的东南、东北、西北、西南新建五个城市（东南方两个，其余方向各一个）。这些城市分成同流经巴黎市区的塞纳河相平行的切线而连的两组。新城市同市区密切联系，但又可以不经过市区而相互直接联系。市政当局把住房建设重点放在这些新建城市中。一九七五年，整个巴黎地区的新住宅中的三分之一（约三万套）即建在新城。同时，在地价昂贵的首都，施行优先扩大新城环境绿化及活动场所的政策。一九七五年底，五个新建城市已获得一万公顷森林和八百三十公顷绿化地。另外，政府还大量拨款帮助新城建设文化娱乐和露天体育活动场所。为了达到居住和就业单位相近的目的，政府以减税方法鼓励在新城市多设新企业和文化娱乐设施，一面限制在市区和近郊设立新企业。

上海目前虽有不少企业迁往市郊，但因居住和就业地点不同，交通拥挤问题仍得不到妥善解决。在这方面，巴黎在七十年代初期也有类似情况：它每年以2%的速度增加乘客人数，每天达一千三百万人次。在三百万乘客中有相当一部分人每天要在上下班路上花去二个多小时，虽然有关当局采取了一系列缓解措施，但终因城市不断扩大而无济于事。现在由于采取了另外新建城市的办法，同时注重大力发展市区同新城市、特别是新城市之间的交通网，这种情况大为改善。为了进一步便于市区同郊区的交通，市政建设中加强了环城大马路的建设，这一措施也起到了辅助作用。

总之，既然上海已确定了限制城市人口的决策，那么采取以发展近郊的办法来疏散目前过于集中的市区人口，恐怕难以奏效。如果在远郊择地建设既可同上海保持密切联系，而又相对独立的、其规模比目前几个工业区要大得多的新卫星城市，其结果将会比较符合疏散市区人口的目的。（华东师范大学外语系教师　何敬业）

（《解放日报》1980年11月11日）

可否实行"三叉式带状"城建规划

上海经济学会会员　赵德麟

关于上海城市建设远景规划问题，不少同志提出了"离心式"、"扩散式"和开发浦东三种方案。这三种方案，我认为都有值得研究的地方。比如，"离心式"，沿市区四周边缘全面膨胀，难以改变市区"乱、脏"的局面；"扩散式"，搞"卫星城"，东南西北，各占一方，不利于社会化大生产；创建浦东新城，工程浩大，特别是建造浦江大桥或江底隧道，谈何容易！

那末，怎样规划得既能相对集中，又比较经济呢？我的意见，是否可以以现市区为轴心，重点向三个方向发展，形成一个"三叉式带状"新城带（见右下图）：

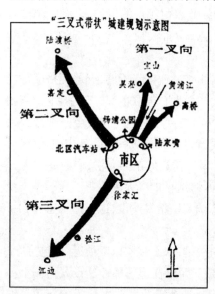

第一叉：浦江带。黄浦江出口左岸有宝山、吴淞两镇，那里有宝钢和上钢一、五等厂，是上海的钢铁中心；沿江又是上海对外通商码头集中的地方。黄浦江出口右岸，有高桥化工厂等。因此，我建议，浦江左岸自杨浦公园经吴淞至宝山，修一条宽阔马路。这一带可成为冶金、港务城带，凡冶金、港务、造船系统的工厂、职工住宅等，今后逐步向这一城带集中，尤其应把市区的其它钢铁厂，分期分批地往那一带搬迁。浦江岸，自陆家嘴沿江向北，改建一条阔马路，直通高桥至东海右边。这一带，主要集中化工（包括制药厂）和造纸行业，把废气废水最多的两大行业的工厂，尽量移往浦江口和东海边缘，成为上海的化工、造纸中心。这两大行业的工厂和职工住宅，尽快往这一城带搬迁。

第二叉：北嘉带。北郊嘉定系文化古城，一九五八年以来，城关建造了上海科技大学，设立了许多科研单位，还建了许多工厂（如纺织、印染、电子、仪表等）。这一带离市区不远，又是通向江苏省的门户。因此，从北区汽车站向西北改建一条高速公路，经南翔、嘉定，直达浏河边上的陆渡桥（共约三十五公里），水陆交通比较方便。在这一城带上，可逐步集中本市的科研、高等教育、电子、仪表、纺织等行业，成为上海的科技教育城带。

第三叉：徐松带。松江是上海的西南重镇，通向浙江省的要冲，地域宽广，水质较好，风景也宜人，如利用淀山湖的水，对于发展食品、酿造等工业十分有利。可以从徐家汇经泗泾、佘山、松江至江边，扩建一条宽阔马路，将市区的食品、酿造等工业，以及疗养、旅游设施，逐步向这一城带集中，成为上海的食品、酿造工业城带。

以上"三叉式带状"城建规划如能成立，我认为有以下四个有利因素：

第一，有利于调整上海工业布局。以目前国家财力，要彻底改变历史形成的杂乱的市区工业布局是不可能的。如在浦东搞新城或扩展"卫星城"，搬迁大批工厂，这在十年左右的时间内也不可能。因此，以现有工业点为基础，逐步向三叉方向集中一部分工业系统，牵动面可小一些，比较符合于量力而行的精神，对正常工业生产影响不大。行业相对集中，也有利于社会化大生产。

第二，有利于减少市区的"三废"污染。钢铁、化工、造纸行业，经常排出大量废碴、废气、废水，是严重污染市区的主要部门。这三大行业，如果相对集中到浦江口两岸或东海之滨，离市区较远，处理后的"三废"易于排放，也有利于行业内部的协作，如上钢五厂生产的大量钢锭，就不需运往市区来轧了。

第三，有利于减轻市区交通、住房的压力。实行"三叉式"城带规划，几大行业的职工及其家属相对集中居住，离厂区较近，这样，预计市区可减少七十至一百万人口，交通、住房极度拥挤的局面可有所缓和。有了这个回旋余地，方能进一步改善、整顿市内的交通和住房设施。

第四，三条城带之间，都有较广阔的农村为后盾，农副产品丰富，只要相应地解决好商业服务网点和文化娱乐设施，并组织郊县社队多搞一些农副产品加工厂，市场供应问题不难解决。而且，第一叉向和第三叉向改建两条宽阔马路，第二叉向新建一条高速公路，并利用浏河、黄浦江、淀山湖等，组织水运联运，交通也是比较方便的。

（《解放日报》1980年11月25日）

疏散旧市区　建设新市区
——全国政协委员、城建局总工程师徐以枋对记者的谈话

"《上海十个第一和五个倒数第一说明了什么》一文在解放日报上发表以后，引

起了各方面强烈的反响。十个第一说明了上海人民在党的领导和兄弟省市的支持下,在经济上取得了很大成绩,五个倒数第一反映了上海在骨头与肉、生产与生活上,比例大大失调,形成了人挤、房挤、车挤,污染严重,这是左倾思想在经济建设上造成的结果。"

日前,全国政协委员、市政协常委、市城建局总工程师、市政设计院院长、七十三岁的徐以枋就上海城市建设问题,对记者发表了谈话。他说:"上海城市发展方向如何?既然上海市区的主要病症之一是一个'挤'字,那么,发展方向就要考虑疏散旧市区,建设新市区。记得以前改造上海蕃瓜弄棚户,有过这样一个过程:开始,规划将这个棚户区的棚屋拆除后,改造为五层楼的工房,但原有的拆迁户在新建工房中还容纳不下;后来缩小了房屋的间距,总算基本上安排下去了。现在,市中心翻造旧房也是这种情况,有的住宅翻造后,可以插入新户很少,有的甚至还要把安排不下的拆迁户另行配房。再以治理交通来说,目前住房已经非常紧张,如再要整线拆屋加宽马路,势难做到。就是在拆迁沿路'瓶颈'房屋上,有时也不能达到预期效果。例如,我们花了九牛二虎之力把北京东路'瓶颈'房屋分批拆除了,可是,死的'瓶颈'没有了,却增加了活的'瓶颈':几家五金等商行门口,整天停着装卸物资的卡车,交通没有多大的改善。这些情况说明,不疏散,要改造上海城市就比较困难。"

"疏散到那里去?"徐以枋接着说:"浦东是一块很好的可开发的地方。世界上那有一个城市沿江只建设一边而放弃另一边的?浦东有广阔的腹地,滨临长江和东海,可以逐步有条件进行围海造地。浦东与现市区仅黄浦江一江之隔,只要建设几条隧道和桥梁,两地交通就很便利。除了浦东,还可以疏散到卫星城镇去。吸取过去的经验,建设卫星城镇要在生产和生活上配套,使之成为二十万人口左右的综合性的独立社会单元,使人口能整家地迁入,安顿下来。要集中力量地建成一个,再来建设一个。新市区建设起来了,市区的部分人口、工厂、仓库等迁出去了,再大规模地进行老市区改造就有了可能。也就能向着一个布局合理的现代化的新上海前进。"

"要建设新市区,必须考虑静的平衡和动的平衡问题。静的平衡,首先要把规划搞好。工业区、居民区、商业区、文化教育娱乐设施以及公用事业、市政工程等都要全面安排配套,要创造好一个人民乐于迁入的环境和条件。在改造过程中,要在财力、人力、物力等方面求得平衡,以免出现基建计划铺得过大而不能完成,或者住房造好后,由于公用市政设施跟不上而无法住人的状况。动的平衡,就是规划确定以后,不论是住房或厂房,在征地、拆迁、设计、施工等方面都要互相配合。如果那一个环节的配合时间上出了毛病,就要影响其它环节,整个计划就要落空。"

"改造上海,要采取远近结合、标本兼治的办法,也就是既要疏散旧市区,又要建设新市区,这是上海现代化城市的发展方向。但也要考虑对老市区作必要的改造。例如旧市区有许多建造很久的危险房屋已一拖再拖,修理不上算,必须及早翻建,以免坍屋伤人。在改善交通方面,可以继续拆迁'瓶颈'房屋,建一点道路立交工程,在交通管理上,让车辆分道行驶等。在条件成熟时再考虑开辟南北交通路线和改善蜂腰地段交通。另外,陆续建立排水系统,以改善市区积水问题。"

徐以枋最后说:"上海城市建设缺口很大,长期积累和遗留的问题成堆。真是百废待兴。这必须通盘规划,按照需要与可能,分别轻重缓急,有计划有步骤地排队进行。现在住宅建设是重点,要用住宅建设来带动城市建设。欲有所得,必然有所失。我们应该在充分论证的基础上敢作敢为。各有关部门要克服本位主义,顾全大局,同心协力,为把上海建设成为社会主义的现代化城市而努力。"(本报记者李文祺)

（《解放日报》1980 年 11 月 25 日）

全面规划　因地制宜　保持特点
合理改造　嘉定古城展新貌

陈善祥　贺宛男

本报讯　文化古城嘉定正作为科研、教育和生产相结合的卫星城镇,在上海西北郊崛起。登上城中心的十层楼职工住宅鸟瞰全城,金沙塔、孔庙等古建筑同一排排整齐的新建住宅区交相辉映,直通十二条公交线路的来往车辆和外城河上的机帆船川流不息。这里集中了原子核研究所、光机所、电子计算技术研究所和上海科技大学等一批科研教育单位,兴办了以纺织、轻工、电子仪表行业为主的大小工厂五十多家,有近一半的城镇居民住进了新建公房。

嘉定镇自一九五九年辟为上海市卫星城以来,城镇建设经历了曲折的过程。一九五九年到一九六一年,在上海市委领导下,确定了嘉定城镇建设的总体规划,建设发展很快。后来,国民经济的严重困难使城镇建设不得不暂时停顿了。十年浩劫不但谈不上建设,许多文物古迹反遭破坏糟蹋。粉碎"四人帮"以后,城镇建设才重新提上议事日程。嘉定县委和县革委会在市规划等部门的指导下,借鉴国内外经验,认真研究城市发展的客观趋势,从三个方面加深了城镇建设功能作用的理解:(1)上海市区产业集中、人口集中的膨胀病日趋严重,继续扩大大城市规模只能造成恶性循环,积极的办法是向郊区扩散,发展中小城镇。(2)随着农业机械化的发展,农村劳动力过剩,转移到大城市的道路几十年也走不通,只有发展中小城镇从事工副业、商业、服务业,就地消化。(3)农村经济政策的松动,农工商的综合经营,带来了商品经济的繁荣,城镇作为商品集散的基地和城乡物资交流场所,其地位越来越重要。

一九七九年,县有关部门重新审查了五十年代的城建规划,原则上以城河为界,城外为生产区,城内为生活区。城外东、南部地处上风头,环境比较好,大体上为科研、教育单位;西北部下风头发展工厂。城内建设连片的居民区和各类配套设施。实践证明,这样布局是合理的。在实施中,本着量力而行的精神,确定了"先道路,后建筑;先住宅,后配套;先地下,后地上"的"三先三后"原则。先搞道路,住宅小区基本定型,防止了乱拆乱建,特别是把干道搞起来,城市走向、建筑物朝向都有了依托。现在,嘉定城中,三十米宽的南北干道城中路,东西干道清河路、塔城路已基本形成。先住宅,是因为住房紧张已成为刻不容缓的突出矛盾,在资金物资有限的条件下,只能先保证住宅;但规划中同时留有各种配套设施的空地,以便住宅落成后相应跟上。先地下,是吸取了过去"投资分批下,马路不断挖"的教训,新建的塔城路先埋好了污水、雨水、自来水、煤气、电话、电缆等六种管线,再搞各类建筑。同时,城建中还确定,道路、管线、绿化、各类公用设施由市、县统一投资,住房则可以有市统建、县组建、单位自建等各种形式。

在建设中,这个城镇还十分注意保留文化古城和江南水乡的特色。嘉定城建于南宋嘉定十年(公元一二一七年),距今已有七百多年历史。这里有着抗金、抗倭、抗清斗争的光荣历史,出现过许多著名的学者和艺术家,被确定为国家文物保护的单位现尚存十三处。现在,金沙塔四周的嘉定老城,已作为园林古迹区加以特别保护和修缮,两侧不搞高大建筑,街道都是石子路,桥梁都为石拱桥,房屋大都沿河而建,拾级而上。这里有县级孔庙中保存较完整的嘉定孔庙,宋代的七层方塔——金沙塔,正在修复的明代园林秋霞圃,城内的庙、楼、亭、台、碑、坊,也大都集中在此,编号保存。近两年来,每年有上万名归国华侨、港澳同胞和外国朋友来此旅游观光。

正是这样一个因地制宜、切实可行的总体规划,保证了嘉定镇建设的顺利进行。现在，这个镇已建成职工住宅近四十万平方米，其中粉碎"四人帮"后建成的为二十万平方米，正在开工的尚有五、六万平方米。近两年设计的住宅均为独门独户，煤卫齐全，房间向阳，分别为一室半户、二室户、二室半户几种，与此同时，配有冷气设备、地下书场和地下餐厅的影剧院，装有电梯的十层楼住宅和大型的嘉定汽车站等相继落成；陈列着历代文物的孔庙，新辟的汇龙潭公园也先后开放。这一切，正在吸引着越来越多的人们。现在，下迁的中央部属、市属单位已有三十二个，人口从一九五九年的二万八千人，发展到七万八千人。估计一九八一年还将有五、六百户市区职工迁来嘉定定居。

（《解放日报》1981年3月17日）

汪道涵在谈到城市建设和改造时说
以住宅建设为重点调整基建投资方向
今后市区不再安排生产性的基本建设

本报讯 合理规划、统筹安排城市建设和改造，是本市经济调整中的一个重要内容。当前要调整基本建设的投资方向，着手解决上海城市建设方面存在的一些突出问题，逐步协调生产和生活的比例关系。近期内，以住宅建设为重点，同时抓好市政、公用设施配套和环境保护。这是汪道涵代市长在《政府工作报告》中提到的一个重要问题。

近四年来，上海共建造住宅八百二十八万平方米，相当于建国三十一年来上海建造住宅总数的三分之一以上。但是，住房紧张的状况还不可能在短期内解决。汪道涵说，今后将继续采取国家统建和企业自建相结合、新建和挖潜相结合、住宅建设和城市改造相结合的方针，若干年内都把住宅建设作为城市建设的重点来安排。今年计划建造住宅和附属设施的任务不低于去年的计划数，确保完成二百五十万平方米，力争更多一些。还要重视农村的住房建设，从材料供应等方面支持农民盖建新房。

汪道涵指出，上海城市的环境污染十分严重。近年来由于各方面共同努力，危害较大的汞、镉等重金属污染物的排放量已基本得到控制，市区降尘量有所减少，交通噪声也有改善。但是，城市的环境状况还没有显著改变。近期的环境保护工作,要以防为主,以管促治,标本兼治,首先是控制住污染的发展。分期分批治理严重影响周围居民生活的三百零六个污染点,今年先解决其中近一百个污染点,其余的在三、五年内逐步解决。

汪道涵还谈到了统筹上海城市的建设和改造问题。他说,今后,城市一百四十一平方公里的范围内不再安排生产性的基本建设,确需在上海建设的工业项目和从城市内迁出的工厂,将主要安排在卫星城镇。

(《解放日报》1981年4月13日)

政府工作报告——一九八一年四月十日在上海市第七届人民代表大会第三次会议上

汪道涵

各位代表:

我受上海市人民政府的委托,向市人民代表大会报告政府工作,请审议。关于国民经济计划和财政预决算草案,分别由陈锦华、裴先白副市长报请大会审议。

一、一年来的工作情况

上海市第七届人民代表大会第二次会议以来,在中共中央、国务院和中共上海市委的领导下,市人民政府依靠全市人民的共同努力,各项工作都取得了成绩。

一年来,上海和全国一样,政治、经济形势很好。各条战线积极贯彻执行中国共产党十一届三中全会以来的路线、方针、政策,广泛进行坚持四项基本原则的教育,继续解放思想,纠正"左"的错误,发扬实事求是的作风,不断研究解决前进中出现的新问题,进一步处理历史遗留的许多政治问题和社会问题,加强社会主义民主与法制,巩固和发展了安定团结的政治局面。政治的安定,人民的团结,保证了上海国民经济在调整、改革、整顿、提高的方针指引下稳步前进。

工业生产继续发展。一九八〇年在能源消耗总量没有增加的情况下,完成工业总产值六百二十六亿元,比一九七九年增长百分之六点一,达到了市七届人大二次会议确定的要求。工业产品结构开始调整,轻工业增长百分之十一点九,大大高于重工业增长百分之零点三的速度;重工业也逐步转向为农业、轻工业和市场服务,为老厂的技术改造服务。郊区农业受到严重自然灾害,粮食比上年减产十四亿斤,棉花减产三十万担,油菜籽减产五十八万担,蔬菜减产四百六十一万担,但猪、禽、蛋、鱼等副食品的上市量都完成和超额完成了国家计划。去冬以来,各社队加强了田间管理,秋播越冬作物长势较好。基本建设全部或部分竣工的有三百九十七个项目,主要是新增了电力、建材、轻工、电子行业的生产能力,以及市政、学校、医院等方面的设施。交通运输全面超额完成计划,港口货物吞吐量八千四百多万吨,铁路货运量四千四百多万吨。

市场供应丰富,流通活跃。一九八〇年社会商品零售额八十七亿元,比一九七九年增长百分之十五点七;完成对全国各地日用工业品的调拨计划一百零六亿八千万元,增长百分之五点八;本市出口商品收购七十三亿六千万元,增长百分之二十四点一,上海口岸商品出口增长百分之十六点一。全年地方财政收入一百七十二亿零六百万元,比一九七九年增长百分之一点一,如按同口径相比,则增长百分之六点四。

经济管理体制改革的试点继续进行。全市已有一千二百四十二个地方国营工业企业扩大了经营管理自主权;还有四十二个工业企业进行了"国家征税、独立核算、自负盈亏"的试点;国营商业、物资、建筑企业和国营农场,也分别实行了利润留成、财务包干等办法。与此同时,推动企业之间的社会主义竞争和经济联合,实行在计划指导下对一部分产品的市场调节,发挥信贷、税收、价格等经济杠杆对生产和流通的调节作用,组织多种流通渠道,以及发展城镇集体事业和个体经济等,这些改革促进了生产发展,繁荣了城乡经济。

随着生产的发展,城乡人民生活继续有所改善。去年全市有近二百万职工增加了工资。各部门广开生产门路,安排了二十三万城镇待业人员就业。为稳定人民生活必需品的价格,财政上作了大量补贴。住宅建筑竣工面积三百零四万三千平方米(其中包括集体宿舍和建在矿山基地的住房四十万一千平方米),除去附属设施、归还动迁用房以及落实政策房屋外,解决了约四万个居住困难户和结婚户的住房。郊区社员分配虽遭到农业歉收的影响,但由于工副业生产的发展,平均每人分配收入仍保持上年水平,加上发展家庭副业,不少社员的实际收入还有所增加。全市城乡居民的储蓄存款年末达三十亿五千万元,比上年同期增长百分之二十二点八。

科学技术与经济建设进一步结合,在促进农业生产、发展轻纺新产品、开拓新型基础材料和节约能源等方面,取得了重要科技成果六百多项,不少成果已在实际中得到应用。社会科学研究,对经济结构调整、管理体制改革、城市建设规划、世界经济趋势、民主与法制、哲学和历史等课题,进行了积极的探索。各级各类学校的教育质量有了提高,中小学开始逐步恢复为十二年学制,中等教育结构改革正在试点。高等教育调整了部分大学分校和专业,并试办了自费走读。全市城乡业余学校已有四千五百多所,入学人数达八十二万三千多人。共青团、学校、街道等各方面配合加强了对青少年的教育,商业、服务业等部门开展了"最佳商店、最佳营业员"和优良服务活动,整个社会风气有了新的变化。新闻、广播、戏剧、电影和文化、出版部门,积极宣传党的路线、方针、政策,促进了思想解放,繁荣了创作,丰富了人民的精神生活。卫生、体育事业经过整顿和发展,对保障人民健康,增强人民体质,提高运动水平,起了积极作用。计划生育继续取得成绩,去年全市人口自然增长率为千分之五点三,比上年下降千分之零点九。

一年来,本市接待了来自一百五十一个国家和地区的外宾、旅游者、商人、海员,以及华侨和港澳同胞三十一万人,是解放以来最多的一年。在对外交往中,各部门举办了三千五百多次科技交流活动,组织了各种经济、文化展览会、文艺演出和体育比赛。上海已同国外八市一府建立了友好城市的关系。这些活动的广泛开展,增进了同各国人民的友谊,扩大了对外经济合作和文化科技交流。

在过去的一年里,我们先后对本市国民经济计划、财政收支、市场物价、住宅建设、环境卫生、社会治安和经济调整等事项,向市人大常务委员会作了报告,各项工作都得到了各界人民的支持。市人民政府颁布了对优质产品奖励、市场管理、文物保护、环境保护、水产资源保护和房屋租赁等暂行条例,还试行了征用土地、拆迁房屋、建筑管理等办法,使这些工作有章可循。这些管理办法待试行修订后,按立法程序报市人大常务委员会审批。为适应城市发展需要,报经国务院批准,对本市行政区划进行了适当调整,恢复吴淞、闵行两个区的建制。

去年十二月份,市人民政府根据中央工作会议和全国省长、市长、自治区主席会议精神,部署了今年第一季度工作,组织了工农业生产,控制了物价,安排了春节市场,整顿了交通秩序,加强了治安管理。经过各方面的积极努力,全市人民过了一个安定团结、健康愉快的春节。目前,工农业生产和城乡市场供应情况都是好的,物价基本稳定,社会是安定的。

但是,在前进中还存在不少需要解决的问题。今年本市社会购买力与商品可供量之间还有一定差额,安排市场的任务还很繁重。发展消费品生产所需要的能源、原材料供应不足,交通运输仍很紧张。工农产业结构需要继续调整,各经济部门之间的关系需要继续协调。物价控制后的许多问题有待进一步清理整顿。劳动就业、住宅建设、市政公用以及环境保护等还存在不少矛盾。在落实政策方面,也有不少历史遗留问题要继续解决。这些问题,主要是长期以来"左"的影响,特别是林彪、"四人帮"及其在上海的余党的破坏所造成的。近年来,在贯彻国民经济调整的方针过程中,新情况、新问题不断出现,而我们对有些问题还认识不够充分,调查研究不够深入,措施不够妥贴。市人民政府和所属各部门工作中,也不同程度地存在着官僚主义作风,办事效率不高,人民群众有不少意见和批评,我们一定要认真对待,努力改进。

二、从上海实际情况出发,坚决贯彻执行经济调整和政治安定的重大方针

各位代表:一九八一年,市人民政府要遵循去年十二月中央工作会议决定的在经济上实行进一步的调整、在政治上实现进一步的安定的重大方针,部署本市的各项工作。党中央的这一重大决策,具有迫切的现实意义和深远的历史意义。就今年来说,调整的中心是压缩基本建设,发展消费品生产,实现财政、信贷、物资基本平衡,稳定经济,稳定物价,消除潜在危险。而其更深刻的意义,就是要求通过全面调整经济结构,进行与之相适应的经济体制改革,真正从实际情况出发,量力而行,循序前进,讲求实效,使经济的发展同逐步改善人民生活密切结合,使社会主义现代化建设走上协调的稳定的健康发展的轨道。这一经济建设发展方针上的大转变,是党的十一届三中全会坚持实践是检验真理的标准,实事求是,纠正"左"的指导思想的继续和发展,是合乎国情、顺乎民心的正确方针。

认真贯彻执行党中央的重大决策,我们要从上海的实际情况出发,清理"左"的影响,提高调整的自觉性。建国以来,在中共中央、国务院领导下,全市人民发扬艰苦创业的革命精神,以极大的积极性和创造性劳动,把半殖民地半封建的旧上海改造成为社会主义的新上海,使这个重要的港口城市在经济建设、科学技术、文化教育等方面都取得了很大成就,在我国社会主义建设事业中发挥了积极的作用。但是,较长时期以来,领导工作中受"左"的思想影响,对生产关系的变革和生产力的发展,不同程度地都有不切实际、急于求成的偏向。例如:工业经济,没有很好地从上海的实际情况出发,求全、贪大、图快,忽视改善原有企业的生产条件,影响了经济效果。农业经济,对生产队在国家计划指导下的自主权尊重不够,以及在耕作制

度和水利建设上的"一刀切"，在分配上的平均主义，挫伤了农民的积极性。流通领域，许多生产资料不能作为商品进入市场，有些生活资料的商品收购也统得多了一些，对自负盈亏的合作经济急于过渡为大集体经济，不少经营灵活的特色消失，给人民生活带来许多不便。基本建设，重生产、轻生活，重主体工程、轻配套设施，建设规模超过了财力、物力的可能，有的建设项目未经充分的科学论证和效益分析，造成浪费；工业建设挤了城市住宅、市政、公用等设施的建设，安排工业项目又占用了一些空地和住房，加剧了城市的"膨胀病"，致使经济发展与城市建设不协调的矛盾越来越突出。

以上提到的上海经济建设和人民生活中长期积累下来的许多问题，说明了"左"的错误的危害性。然而，应当肯定，我们三十一年来取得了很大成绩，如果没有工作上的失误，没有林彪、"四人帮"的破坏，毫无疑问，我们是可以取得更大成就的。今天，我们认识了"左"的危害，肃清它的影响，摆脱它的束缚，今后就能够走上健康发展的道路。尽管解决这些问题还需要有一个较长的过程，但是现在已经有了良好的开端。我们要继续联系实际，总结经验教训，从我国的国情和上海的市情出发，逐步解决国民经济比例失调的问题。

今年本市的工作，要遵照中央工作会议确定的方针，有计划地、切实地进行经济调整和改革，努力提高工作效率，提高经济效益，推进上海的经济建设、市政建设、社会建设，为全国的经济稳定多作贡献。经济调整的主要任务是：(一) 把基本建设规模控制在国家计划规定的范围内，继续调整投资方向，加强城市建设，以住宅建设为重点；(二) 安排工业总产值比去年增加百分之三，力争轻工、纺织、手工、民用电子工业等消费品产值比去年增加百分之八，以适应社会购买力大幅度增长的需要，更多地回笼货币，继续保持物价的基本稳定；(三) 广泛开展以调整为中心、以提高经济效果为目标的增产节约、增收节支活动，保证完成今年国家下达的一百七十九亿三千四百万元的财政收入任务；(四) 继续进行有利于调整的经济改革。

在实现今年经济调整任务的过程中，必须注意处理好以下五个关系。

第一，全局与局部的关系。上海的国民经济在全国具有重要地位，工业总产值、财政收入、调往各地的日用工业品、出口贸易等都占有较大比重。国务院提出"在轻纺工业的原料供应方面，全国要首先保证上海、天津、北京的需要"，这是国家对上海的大力支持和殷切期望。我们要从大局出发，最大限度地增加消费品生产，多挑重担。这是上海人民的光荣任务。各行各业、各单位都要服从国家建设和全国人民的需要，反对本位主义。

上海与兄弟地区在经济上相互依存，相互支持，也是全局与局部关系中的一个组成部分。上海工业生产的绝大部分原料和燃料，以及市场供应的许多主副食品、土特产、小商品，都依靠全国各地支持，上海是离不开全国支持的。我们要加强同各兄弟地区的经济联系，在互惠互利的原则下，组织多种形式的经济联合和技术协作，合理地发挥各自的优势，互相支援，以利于共同发展生产，扩大流通，取得较好的经济效果。

第二，调整与改革的关系。调整与改革是相辅相成的。当前的经济管理体制改革必须服从调整，有利于调整，促进调整。去年以来，本市经济管理体制改革的方向是正确的，取得了一定的成效。今年对有利于调整的改革要继续进行，不断总结经验，使之完善；并在计划管理体制、企业组织结构、财务管理制度、流通环节过程等方面进行一些新的改革试点。各级领导要积极支持企业和职工群众的首创精神，做改革的促进派。实行物质奖励制度是改革的一个内容，要切实贯彻按劳分配原则，克服奖金分配上的平均主义，坚决制止滥发奖金，使物质奖励同企业的生产经营成果和职工个人的劳动贡献密切结合，真正成为超额劳动所得。

第三，经济发展与科学教育发展的关系。科学和教育的发展，在现代化建设中有着十分重要的意义，科学技术的革新和革命，能够扩大资源利用范围，创造新材料、新设备和新工艺，极大地提高生产力。近年来，本市不少行业推广应用远红外、激光、电子及计算等新技术，促进了生产建设。我们要进一步贯彻科学技术首先要促进国民经济发展的方针，使科学技术与经济、社会协调发展。科研部门要稳定基础研究，加强应用研究、发展研究，注重中间试验和工业性试验；经济部门要加强生产技术的研究，选择合理的技术结构，积极推广应用科研成果，逐步扩大技术储备，使生产不断向新的深度和广度发展。各系统的科研力量要互相配合，密切协作，巩固和发展多种形式的科研、生产联合体，研究技术经济政策，保护发明，开展科技情报交流。认真学习国内外先进技术，在消化和吸收的基础上进行创新，这是上海科学技术发展的重要途径。

科学技术的发展，对劳动者的科学文化水平提出越来越高的要求，应当加强教育事业，提高智力投资的效果。上海的教育事业要在调整中整顿、提高，稳步发展，办好各级各类学校，做到人才培养与经济发展需要相适应。要继续进行中等教育结构改革，努力发展职业技术教育，为社会输送更多的有科学文化的劳动者。各行各业要把加强职工科学文化教育当作一项战略措施，有计划地开展全员培训，进一步提高劳动生产率。

第四,生产与生活的关系。近几年来,党和政府为改善人民生活,在安排就业、建造住宅、增加职工工资和福利、实行奖励制度,以及提高农民收入等方面,做了大量工作。四年中,全市职工工资和劳保福利费用总额增加了百分之六十三,郊区农民平均集体分配收入增加了百分之六十。同一时期,全市工农业总产值增长率为百分之三十九。由于多年来人民生活没有得到应有的改善,在一定时间内适当加快改善人民生活的步子是完全必要的。但是,我们国家人口多、底子薄,人民的生活只能随着生产的发展逐步改善。我们既要考虑需要,又要考虑可能,既要态度积极,又要量力而行。凡是有条件解决的,努力解决;暂时确实难以解决的,耐心地向群众说明情况,共同克服困难,努力发展生产,为今后逐步解决这些问题创造条件。

第五,当前任务与长远规划的关系。上海调整国民经济的任务,要按轻重缓急的要求,立足当前,规划长远。首先要不失时机地把今年的各项工作做好,为今后的全面调整打好基础。特别要按照市场需要组织生产,努力完成国家下达的各项任务。要保证完成对全国各地的日用工业品调拨计划,认真安排好本市市场供应,确保人民生活的基本需要,适应购买力增长的要求。要积极发展进出口贸易,在平等互利的原则下,有效地利用国外资金和引进急需的先进技术,提高产品在国际市场上的竞争能力,扩大出口贸易,增加外汇收入。

在落实今年任务的同时,我们要根据今后上海经济调整和发展的要求,依靠现有的基础,针对工农业的改组、改造、改革,交通、贸易、金融的发展,科学技术的提高,人才的培养,城市的建设,人口的控制,经济、文化、社会建设的协调等重大课题,广泛开展调查研究,着手拟订上海经济调整五年规划。我们还要在自力更生的基础上,扩大对外经济、文化和技术联系,借鉴各方面的有益经验,促进上海经济和社会各部门提高现代化水平,从而为国家提供更多的先进产品,创造更多的财富,培养更多的技术人才。

三、积极调整经济结构,发展工农业生产

国民经济的进一步调整,就是要建立合理的经济结构和经济体制,提高经济效益,发展社会主义商品经济,为社会主义统一市场提供更多的最终产品,适应人民群众日益增长的物质和文化生活的需要。过去安排生产计划,往往与市场需要脱节。一方面,市场需要的商品供不应求,相当一部分购买力得不到满足;另一方面,许多滞销产品却积压在仓库里,耗费了能源和原材料,实现不了商品价值和使用价

值。我们要积极地、稳妥地改变这种状况，通过对消费结构变化、市场需求和购买力的预测，拟订符合实际情况的经济调整计划和生产计划。

今年本市工业生产要面对国内外市场需要，把发展消费品生产放在首位，着重发展人民群众的衣、食、住、行、用和文化教育等方面所需要的新颖的中高档消费品，日常生活必不可少的小商品，以及各类适销对路的出口商品。实现这个任务，要立足于现有企业的改组、改造和改革，提高经济效益，不铺新摊子。调整工业结构、产品结构和生产组织结构，重点是调整机械制造工业，使之从主要为重工业和基本建设服务，转到主要为轻工业提供先进技术装备服务，为老企业的设备更新和技术改造服务，为扩大出口服务，并把一部分空余的生产能力转产轻工产品，直接为市场服务。先划出一些机械制造工厂转为轻工业，增产"凤凰"、"永久"自行车和"蝴蝶"、"飞人"缝纫机等名牌产品；同时要通过行业内部的改组和跨行业联合等措施，增产手表、家用电器等优质、名牌产品。机械工业在调整中，还要加强技术开发和技术储备，研制技术密集、耗能少、体积小、效能高的先进产品，为今后的发展作好准备。冶金、化学工业要按社会需要，压缩长线产品，发展短线产品，增产轻工业和城市建设急需的原材料。要适当减少钢铁产量，让出一部分燃料、动力和运力，支持轻工业发展。轻工、纺织、手工、民用电子和医药工业，要挖掘企业内部潜力，截长补短，有计划地组织产品升级换代，努力增产国内外市场欢迎的名牌产品和新产品。建材工业要积极发展传统的和新型的建筑材料。为了加快消费品生产的发展，必须按照专业化协作和经济合理的原则，采用协作生产、扩散产品、经济联合、划厂转产等多种形式，调整厂房、场地、设备和人员，形成新的生产能力。调整中不要随便中断原来的生产协作关系，并注意支持城镇街道集体工业的生产，使之与经济调整的步调一致。

郊区农业的经济结构也要进一步调整。正确处理好粮、棉、油和其他作物的比例关系，摆正农、副、工经营的位置，纠正一部分社队重工轻农的倾向。抓紧抓好粮食生产，逐步合理调整耕作制度和作物布局，因地因时制宜，加强科学种田，立足抗灾，夺取丰收。近郊菜区应坚持以菜为主的方针，一定要补足已被征用、挤占的一万七千亩菜田。生产队要合理安排生产茬口，使蔬菜生产和供应做到数量充足，品种多样，质量鲜嫩，上市均衡。积极发展社队的多种经营和社员的家庭副业，增产各种农副产品，增加收入。各社队要加强科学饲养和专业管理，大力推广社员家庭饲养家禽家畜等专业户，确保猪、禽、蛋、鱼、奶等商品的计划上市量。社队工业要进行整顿，与城市大工业统一规划，纠正盲目性；对重复建设、生产长线产品和产品质量低、成本高的企业实行并转关停,促进社队工业更好地为农业、为市场、为出口服务。国营农场要依靠农场职工,运用现有场地、设备等有利条件,逐步办成农、工、商经济联合体。进一步落实党在农村的各项经济政策,普遍推广专业承包、联产计酬责任制,充分调动广大社员和农场职工的社会主义积极性,发展农副业生产。

为了发展工农业生产,扩大城乡物资交流和对外贸易,还要逐步改善和加强交通运输这一薄弱环节。当前主要是通过挖潜、革新、改造,发挥交通运输现有设施的能力,加强统一管理,做好计划调度,协调各方力量,加速车船周转,提高装卸效率。并协助铁道部、交通部增建和扩建车站、码头,调整布局,相互配套,以扩大运输能力。

发展工农业生产,提高经济效益,必须进一步整顿企业,十分重视技术改造和经营管理。当前,工业的技术革新和改造,主要是围绕节约能源和原材料,改革工艺,设计新产品,研制基础材料和基础器件。农业科技活动,要针对郊区农业抗灾能力差、产量不稳定的情况,加强对种子、农药、肥料、土壤等科学研究。在经营管理上,要重视市场信息,善于把企业的经营与企业的管理两者统一起来,增强经营活力,提高管理水平。做好生产过程中的标准、计量、定额、统计等基础工作,健全责任制,逐步推行全面质量管理。同时,加强经济核算,完善和健全群众班组核算和专业核算,厉行节约,反对浪费。充分发挥会计和统计的作用,在经营活动中,及时进行资金、成本和利润等分析,提供数据,预测趋势,参与决策,努力做到以最小的劳动消耗,获得最大的经济效果。

四、合理规划,统筹安排城市的建设和改造

城市的规划、建设和管理,也是本市经济调整中的一个重要内容。当前,我们要调整基本建设的投资方向,着手解决上海城市建设方面存在的一些突出问题,逐步协调生产和生活的比例关系。近期内,以住宅建设为重点,同时抓好市政、公用设施配套和环境保护。

近四年来,上海共建造住宅八百二十八万平方米,相当于建国三十一年来上海建造住宅总数的三分之一以上。但是,住房紧张的状况还不可能在短期内解决。全市现有住房特别困难户和年大结婚无房户十一万多户,今后预计每年还会自然增加四万多户,另外还有一部分棚户、简屋和危险房屋急待拆迁改建。面对这一情

况，我们将继续采取国家统建和企业自建相结合、新建和挖潜相结合、住宅建设和城市改造相结合的方针，若干年内都把住宅建设作为城市建设的重点来安排。在市的统一规划下，动员和组织各方面的力量进行住宅建设，发挥各区建房的积极性，支持各单位自筹建房，鼓励部分居民在原址自力翻建私有房屋，还考虑向无力单独自建的单位和一部分有购房能力的居民出售住宅。结合住宅建设，逐年拆迁改建棚户和重要路段的旧屋。无论是改造旧区还是开辟新区，首先要安排好市政、公用基础工程，建设好商业服务、文教卫生、邮政电讯等配套设施。今年计划建造住宅和附属设施的任务不低于去年的计划数，确保完成二百五十万平方米，力争更多一些。这同人民群众的需要相比还是很不适应的，但限于目前的财力、物力，只能量力而行。我们相信，从多方面筹集资金和材料，逐年安排住宅建设，是可以使上海住房紧张的矛盾逐渐缓和下来的。还要重视农村的住房建设，从材料供应等方面支持农民盖建新房。

近年来，随着生产的发展，就业人数和各种车辆的增加，城市交通十分拥挤。在目前条件下，要进行大量的道路新建、改建工程来解决城市交通问题，是有困难的。重点是大力整顿，加强管理，严格维护交通秩序。调整公共交通的线路和站点，错开部分职工的上下班时间，清理马路上的堆物和违章建筑，组织货车夜间运输，在有条件的道路实行分道行驶，对严重影响交通的路段，特别是铁路道口、交叉路口和"瓶颈"地段进行适当改造，以提高现有车辆利用率和道路的通行能力。最近，市内几条主要干道经过整顿，加强管理，交通秩序有所好转，要继续巩固成绩，逐步推广。还要重视郊区的道路建设，改善公社、农场同城镇、市区之间的交通条件。

上海城市的环境污染十分严重。近年来由于各方面共同努力，危害较大的汞、镉等重金属污染物的排放量已基本得到控制，市区降尘量有所减少，交通噪声也有改善。但是，城市的环境状况还没有显著改变。近期的环境保护工作，要以防为主，以管促治，标本兼治，首先是控制住污染的发展。所有新建、改建、扩建工程和挖潜、革新、改造项目，都要严格实行主体工程和三废治理设施同时设计、同时施工、同时投产的规定，切实控制新污染的产生，分期分批治理严重影响周围居民生活的三百零六个污染点，今年通过调整生产、就地治理、动迁居民和少量的并厂撤点，先解决其中近一百个污染点，其余的在三、五年内逐步解决。上钢五厂的七个大烟囱的有害烟尘，要结合老设备的技术改造，争取今、明两年内全部消除。为从根本上解决上海水源污染的问题，市人民政府准备成立治理黄浦江规划委员会，着手拟订黄浦江、苏州河的综合治理方案。还要动员各方面的力量，大力植树绿化。经过长期努力，由控制污染的发展进而减轻污染，逐步改善上海的城市环境。

为了统筹上海城市的建设和改造，我们要结合拟订经济调整和社会发展规划，编制一个既有近期目标、又有长远设想的城市总体规划，作为一定时期内城市发展的蓝图。这是关系今后上海长远发展的大计，需要深入调查研究，根据科学性、综合性、系统性的要求，进行多种方案的科学论证。在编制上海城市总体规划时，要注意解决城市工业、人口和建筑过于密集的问题，提高城市的综合功能。今后，城市一百四十一平方公里的范围内不再安排生产性的基本建设，确需在上海建设的工业项目和从城市内迁出的工厂，将主要安排在卫星城镇。在那里，要重视各种生活、文化设施的建设，并制订一些相应的政策，鼓励企业、职工和家属迁去就地生产和生活，使卫星城镇成为吸引、容纳城市内工业和人口的后备基地，逐步达到经济建设和城市建设的合理发展。

五、巩固社会安定，发展社会文明

安定团结是经济建设健康发展的前提条件。为了保证今年经济调整任务的顺利完成，必须巩固社会安定，发展社会文明。只有妥善解决群众关心的经济问题和社会问题，社会安定了，各项工作才能不受干扰地进行。只有在建设社会主义物质文明的同时，重视和加强社会主义精神文明的建设，人们的思想、道德、文化、健康水平提高了，才能精神振奋、群策群力地献身社会主义现代化建设。

巩固社会安定，发展社会文明，必须深入进行坚持四项基本原则的教育，不断提高广大干部和群众的政治思想觉悟。坚持社会主义道路，坚持人民民主专政即无产阶级专政，坚持共产党的领导，坚持马列主义、毛泽东思想，是我们立国、兴国的根本。坚持四项基本原则，就是在共产党的领导下，把马克思主义的基本原理与中国革命的具体实践相结合，摆脱"左"的束缚，解放思想，实事求是，充分调动一切积极因素，走出一条中国式的社会主义现代化建设的道路。坚持四项基本原则，必须排除来自"左"的和其他方面的干扰。有些人把坚持四项基本原则看作是解放思想、发扬社会主义民主、贯彻百花齐放、百家争鸣方针的障碍，这种看法是错误的。对那些背离或反对四项基本原则的错误思潮，不能放任不管，要区别不同情况，进行必要的教育和批判，坚决纠正。

在坚持四项基本原则的教育中，特别要重视对青少年的引导。青少年是我们的未来和希望。他们中的大多数人思想活跃,努力探索政治、经济和社会生活中的各种问题,刻苦学习和钻研科学文化知识,这是应该充分肯定的。要采取正面教育和疏导的方针,发扬共产主义思想,反对资产阶级思想腐蚀,纠正极少数青年中存在的极端民主化、极端个人主义和无政府主义等错误倾向。要进行爱国主义的教育,使他们懂得中国的历史,懂得新中国是革命先烈和前辈前赴后继、艰苦奋斗得来的,懂得上海人民光荣的革命传统,更要使他们正确认识建国三十一年来社会主义革命和建设所取得的伟大成就,从而认清自己肩负的历史使命,增强为社会主义祖国的繁荣昌盛而奋斗的信念。要积极引导广大青年学习马列主义、毛泽东思想,学习科学文化知识,帮助他们尽快地成长起来,激发起高度的爱国热情,努力做好本职工作,积极参加民兵活动,踊跃应征入伍,为建设祖国和保卫祖国贡献力量。

巩固和发展安定团结的政治局面,必须进一步加强社会主义民主与法制,坚决地同反革命分子和各种刑事犯罪分子作斗争。对以推翻无产阶级专政的政权和社会主义制度为目的的反革命言论和行为,对严重危害社会秩序和破坏社会主义经济的刑事犯罪活动,必须依照法律规定,准确、及时地予以惩处,保障社会主义现代化建设的顺利进行。

巩固社会安定,发展社会文明,要在进行思想政治工作和加强社会主义民主与法制的同时,妥善解决各种社会问题,关心群众的物质文化生活。

粉碎"四人帮"后的四年来,上海共安排了一百零五万人就业,促进了社会安定、经济发展和人民生活的改善。今后几年,上海安排劳动就业的任务仍然十分繁重。今年,除应届中学毕业生十万余人在明年安排外,还需安排二十几万人。要继续实行在统筹规划下,劳动部门介绍就业、自愿组织起来就业和自谋职业相结合的方针,广开门路,积极发展各种自负盈亏的集体经济,组织待业青年从事家庭手工业和适当发展不剥削他人的个体经济。随着工农业生产的发展,大量的劳动力将逐步向"第三次产业"转移,这是经济发展的一般趋势。发展"第三次产业",例如为生产服务、为居民生活服务以及为旅游事业服务等行业,是大有可为的。可以多设立一些小型分散的商业和饮食服务网点,发展室内装修、服装裁制、用品修理、废品处理、环境清理、短途搬运等服务行业,既可多安排劳动就业,又能方便群众生活。服务性劳动与人民群众生活的关系极为密切,也是社会生产总过程中的必要劳动,是高尚的、光荣的,应当受到社会的尊重。要鼓励和支持一部分待业青年到郊县就业;国营农场,包括场办工业,每年也要吸收一批待业青年。还要加强对待业青年的管理和教育,组织他们学政治、学文化技术,为就业创造条件。

建国以来,上海先后有近二百万职工和青年,响应党和国家的号召,光荣地参加了祖国各地的建设,在各自的岗位上作出了贡献。近几年来,本市有好几批教师和机关干部支援西藏、宁夏的建设,还有到各地去的技术工人,都受到所在地区人民的欢迎和赞扬。今后,根据国家需要,上海还要有计划地选派各种人才支援各地建设。各方面都要尊重和关怀到各地工作的职工及其家属,积极配合当地组织妥善解决这些职工和青年在工作和生活中的各种实际问题,使他们安心工作,继续为建设内地和边疆贡献力量。

办好教育事业,不但是教育工作者的职责,也是全社会的责任。建设高度的物质文明,必须有高度思想觉悟和科学文化水平的劳动者。我们应当从儿童抓起,重视幼儿教育,加强少年教育,家庭、学校、社会都要关心少年儿童的健康成长。城乡各级各类学校都要提高教育质量,使学生在德、智、体、美诸方面得到全面发展,为国家培养各种建设人才。还要办好参加工作后的成人教育,使他们不断学习马列主义、毛泽东思想和新的科学文化知识,让每个人都处在接受教育的过程中。

医疗卫生和体育事业,关系到人民群众的健康,应引起我们的重视。各级医院要加强对医务人员的医德教育和业务培训,继续开展以岗位责任制为中心的整顿工作,提高医疗服务水平。关心和培养"赤脚医生",健全和巩固农村医疗卫生网。贯彻预防为主的方针,加强防疫工作,重视对常见病和多发病的研究和治疗。进一步开展群众性的体育活动,增强人民群众的体质,并加强优秀运动队的训练,不断提高体育运动水平。要控制人口的增长。预计本市一九八一年进入结婚年龄的青年将由去年的十五余万人增加到七十余万人,这几年可能出现新的生育高峰和人口增长高峰,对此应引起足够的重视。要继续加强计划生育的宣传教育,提倡晚婚、晚育、少生、优生,提倡一对夫妇只生一个孩子,并加强对独生子女的保健和教育。

文化艺术部门,要引导人民群众艰苦奋斗,奋发图强,献身现代化建设。各种文艺活动都要注意社会效果,不能迎合某些低级庸俗的趣味。要贯彻为人民服务、为社会主义服务的方针,努力创作出一批思想内容健康、表现形式新颖、反映各条战线进行现代化建设题材和儿童题材的新作品,鼓舞人民积极向上,陶冶人们的思想情操,繁荣社会主义文化,振奋民族精神。

发扬社会新风尚,提高人们的道德修养,是建设社会主义精神文明的一个重要内容。林彪、"四人帮"十年破坏,对社会道德风尚造成了严重的创伤。这几年虽然有了好转,但是要把良好的社会风气完全恢复过来,还必须做艰苦的努力。这就要求我们在人民群众中，继续进行共产主义道德教育，继承和发扬延安精神、解放初期的创业精神和雷锋精神。为此，我们要在全市持续地开展学雷锋、树新风、做好事活动，开展讲文明、讲礼貌、讲卫生、讲秩序、讲道德，提倡心灵美、语言美、行为美、环境美的"五讲"、"四美"活动。各行各业要联系本部门实际，开展"双佳"优良服务活动，以及"青年服务队"等各种助人为乐的活动，在全市造成一个人人参加社会主义精神文明建设，人人讲文明的良好社会风尚。

六、改进工作作风，为完成今年各项任务而努力

我们正处在一个新的历史时期，新的形势和新的任务对政府工作提出了更高的要求。改进政府工作，是全市人民对我们的希望，也是我们政府工作人员应尽的责任。我们各级干部必须增强责任感，充分认识中央工作会议重大决策的深刻意义，坚决在政治上与中央保持一致，坚定地执行党和国家规定的一系列方针、政策，认真改进工作作风，提高办事效率，依靠全市人民，同心同德，全力以赴，保证一九八一年任务的胜利完成。

第一，认真学习，培训干部。现在，有许多新情况、新问题需要我们去认识、探索和解决，这就向各级干部特别是领导干部提出了加强学习的任务。首要的是认真学习马列主义、毛泽东思想，学习中央工作会议文件，端正思想路线。二十多年来，"左"的影响不仅突出地表现在经济工作方面，也表现在其他各条战线的工作上。区、县、局以上领导干部要联系本部门、本单位和自己的思想实际，总结历史经验，自觉清理"左"的影响，加深对党的十一届三中全会以来的路线、方针、政策的认识，振奋革命精神，踏踏实实做好各项工作。各部门都要有计划地培训干部，以适应我们事业发展的需要。要培养一支坚持社会主义道路的、具有专业知识和管理能力的干部队伍，尤其要重视培养、选拔一批中青年干部。老干部要做好传帮带工作，这是革命赋予的光荣历史任务。

第二，发扬民主，建立咨询研究机构。发扬社会主义民主，是做好政府工作的重要保证。各级政府要充分尊重和保护人民行使管理国家的权利，经常听取人民代表和人民群众以及各民主党派的意见，接受人民对政府工作的检查和督促，努力改进自己的工作。我们欢迎各位代表随时对政府工作提出建议，共同商讨建设上海的大计。为了充分吸取各界人士对政府工作的意见和建议，把上海的工作做好，我们考虑陆续设立经济发展、科学技术、城市建设、环境保护等咨询研究机构，对市

人民政府和各有关部门的工作提出各种可供选择的建议和方案。上海有一大批水平较高的老一辈的和中青年的自然科学与社会科学专家,各级领导要充分发挥他们建设社会主义的积极性,向他们请教。我们更欢迎老工人、老农民和全市人民,针对时弊,献计献策,以利于集思广益。

第三,健全工作制度,提高办事效率。各级政府及其各部门都要建立和健全工作责任制,每一个干部都应各司其职,各尽其能,各负其责。凡是属于自己职责范围内的工作,应当勇于负责,认真做好。各部门之间要互相配合,互相支持,不能互相推诿。政府工作要有科学的决策,这是各项事业成功的一个关键。今后对于关系到全市性的重大问题,都要充分调查研究,通过效益分析、可行性分析和科学论证,然后作出正确的决策,坚决克服主观主义、官僚主义和瞎指挥。总之,要坚持从实际出发,实事求是,科学分工,发扬实干精神,建立起较高效率的政府工作秩序。

第四,加强基层工作,密切联系群众。重视基层组织建设,是做好政府各项工作的基础。我们准备抽调和选拔一批中青年干部,充实加强街道、公社、工厂企业等基层,通过扎实而有效的工作,使党和国家的方针、政策成为群众的自觉行动。各级领导机关要树立为基层服务的思想,领导干部要经常深入实际,了解下情,把问题解决在基层。要密切联系群众,关心群众,重视人民群众的来信来访,及时、妥善处理人民群众的各种要求以及对政府工作的各种意见和建议。

人民赋予我们一定的职权,是对我们的信任,我们只能运用这个职权为人民服务,对人民负责,决不能用来为个人谋私利。全体干部特别是各级领导干部,都要兢兢业业,忠于职责,遵纪守法,廉洁奉公,坚决克服一切不正之风。

各位代表:上海市第七届人民代表大会第三次会议,将为上海贯彻执行党中央确定的经济调整和政治安定的重大方针作出决议。会议以后,我们将根据大会的决议,列出若干专题,制订具体措施,一一落实。我们要坚决依靠工人、农民、知识分子和广大干部,充分发挥他们建设社会主义现代化的积极性。我们要支持工会、共青团、妇联等群众团体的活动,并且希望他们协助政府动员群众做好各项工作。我们要广泛开展拥军优属活动,加强军政、军民团结,支持驻沪部队完成战备、军训等各项任务,并取得他们对上海工作的大力支持。我们要加强各民族和各民主党派、各宗教界人士、各界爱国人士以及海外侨胞的团结,壮大革命的爱国的统一战线。我们要虚心学习各兄弟省市的宝贵经验,克服我们的不足之处,充分发挥有利条件,使上海的国民经济在调整中继续前进。

今年上海的各项任务是繁重而又艰巨的。我们全市人民要在中共中央、国务院和中共上海市委的领导下,团结一致,艰苦奋斗,以建设社会主义的主人翁态度,苦干实干,积极努力,发展大好形势,为国家作出更多的贡献。

(《解放日报》1981年4月18日)

依托市郊县属镇建设卫星城

——解决市区"臌胀病"的一种设想

黄 兴

要把上海建设成为现代化的城市,必须有效地解决市区的"臌胀病",把市区的工业、人口向郊县扩散。如何扩散? 我认为,依托郊县原有的县属大镇建设卫星城镇,使之成为市区向郊县扩散的前进基地,不失为一种比较有效、比较现实的做法。

有几方面的好处

市郊十县有三十四个县属大镇(包括已划归吴淞区的宝山镇),都是在长期的历史发展过程中形成的区域性的政治、经济、文化中心。水陆交通比较便利,适合居民集居。特别是各县人民政府驻地,基本具备了一个小型城市的雏形。因此,依托县属大镇建设卫星城镇,有几方面的好处:

第一,可以充分利用现有商业、服务业以及交通运输、供电供水、医院学校、邮电通讯、文化娱乐等公共生活设施。经过三十多年的建设和发展,市郊县属大镇的市政建设有不同程度的发展。据一九七九年调查,这些镇的常住人口六十一万三千余人,商业、服务业的营业员、服务员有二万六千三百余人,比重达百分之四点三,现有商业网点一千九百多个,潜力很大。大部分城镇服务行业比较齐全,形成商业一条街或商业中心区,建造了一批规模较大的商店、旅馆、饭店、浴室等设施,只需适当扩建,就可以形成卫星城镇的商业中心。

据国外资料,新辟卫星城镇的生产、生活用地比例约为六比四。从我国的条件出发,即使生活区占卫星城镇的百分之二十,建造一个二十万人口的卫星城镇估算生活区需六千多亩土地。如利用原有城镇的基础,可以少征一半土地。把节约下来的征地费用于生活设施的改造和扩建,已经是绰绰有余了。节省的基建投资,就更为可观。

第二,利用郊县城镇扩散市区工业,可以推动郊县经济的发展。在这些城镇,几乎集中了郊县所有县、镇两级全民和集体所有制的工业。农村社队工业潜力也很大。市区工业向郊县扩散,既可以利用这些工厂的原有厂房设备下放产品,形成配套能力,也可以根据国民经济调整的需要,对没有出路的工厂实行关、停、并、转,用联营或委托加工的形式,扶持其发展。

利用原有城镇建设卫星城镇,还有利于农业、商业、服务业的发展与繁荣。这样,一方面就能使郊县积聚更多的资金,进一步投资于城镇的建设;另方面,城镇的发展,又能加快郊县经济的发展,反过来促进整个城市建设的发展。这样就容易得到当地主管部门和企业真心实意的支持,从而有利于发挥市、县两级的积极性。

第三,依托县属大镇建设卫星城镇可以收到投资少、占地少、速度快的效果。如果方针确定,作为行动步骤,第一步,在目前市属工厂、企业比较集中的郊县城镇,如龙华、莘庄、漕河泾、北新泾、五角场、江湾、大场、高桥、洋泾、真如、南翔、松江等地,迅速建造一批职工住房,把目前已迁往市郊县属大镇周围的市属工厂、企业的职工安顿下来,减轻市区的压力。第二步,规划各城镇的建设,迁移新厂。如市郊城镇适当扩建,每个城镇都能吸收一定数量的市区人口,经过若干年的努力,上海市区的"臌胀病"就不难逐步得到解决。这样做,虽然有一定的困难,但是比之新辟一个"分城",或建立一块市区的"飞地",要容易得多。

依托市郊县属镇建设卫星城,迅速形成扩散市区工业、人口的能力,必须采取相应的政策措施。

采取相应的政策

首先要确定一个"背靠城市,面向农村"的政策。利用,郊县城镇建设卫星城,必须照顾到郊县人民的经济利益。要提高县属大镇的经济、文化水平。市区要选拔一部分有经验的教师到郊县学校任教;取消市郊城镇学生投考各类学校的限制;在市郊城镇建立首轮电影院;动员市区剧团到郊县演出,等等。从整体上出发,逐步解决市区与郊县城镇在经济生活、文化生活上的差异,而不是仅仅在市郊设立一个名义上的"市属户口。"

其次,确定"全面规划,分类实施"的方针。市郊县属大镇情况各不相同。建设卫星城要从长计议,但必须着眼于自前。要组织力量进行调查研究,在查清可资利用的土地、房屋,可供水源,排污能力,水陆交通所能承担的能力,商业、服务业的潜力等等基础上，研究近期扩散计划和远期城镇总人口的规划，分期分批实施。

市郊有一些城镇，如上海县的七宝与松江县的泗泾，青浦县的县城与朱家角，川沙县的洋泾与高桥等等，两城相距仅七、八公里，中间有公路、水路相通。两头的城镇扩建为生活区，在联结两地的河道或公路两测建立工厂，形成"哑铃"式布局。这样做，土地利用率高，交通方便，有利生产，方便生活。

第三、采用多种多样的投资形式，调动一切积极因素。（1）国家投资，主要用于交通、水电、文化设施和较大规模生活区的建设，以及一部分迁厂费用的补贴；（2）市、县联办。卫星城镇的生活区基建投资，由市、县两家联合投资，住宅按投资额市、县分成；公共生活设施交县管；市迁郊工厂的建设资金主要由主管局承担，县里也可参加投资，负责土建施工，实行经济联合，参加利润分成；（3）吸收人民公社的资金。近郊城镇周围的人民公社一般比较富裕，社、队有一定积累。建设卫星城镇可适当吸收人民公社的资金，市迁郊工厂用扩散产品的办法，扶持社队工业，进行补偿。

第四、建立一个集中统一的、有权威的办事机构。建立卫星城镇，扩散市区的工业、人口，是个难度很大的工作。矛盾多，工作量大。因此，必须建立一个集中统一的、有权威的领导班子，由市政府直接抓。要有一个强有力的办事机构，抓政策、抓规划、抓协调市、县关系。

依托市郊县属大镇建设卫星城镇，必须认真处理好市、县之间，工、农之间的矛盾。有两条是重要的，一是要给地方以看得见的好处，决不能增加郊县的经济负担。例如帮助县、社、镇办厂，扩建副食品基地，发展地方经济；由地方财政部门对卫星城镇范围内的所有工、商企业单位增提地方附加税，增提部分全部留给地方用于市政建设等，使卫星城镇能有力量逐步完善建设。二是动员市区工业、人口迁郊，除了适当提高经济待遇以及创造优越的生活环境外，也应当有一定的行政措施，作为政策确定下来。如无论是男方还是女方在郊县卫星城镇工作的，结婚一律在郊县安排房屋，把迁郊人口稳定下来，使之能够起到应有的扩散作用。

（《解放日报》1982 年 2 月 25 日）

建设中心城市与郊区城镇相联系的群体组合城市
上海城市发展方向已原则确定

市府下达的《上海市城市总体规划纲要》提出：

开发长江口南岸、杭州湾北岸的"两翼"；

中心城市将逐步改造成若干相对平衡的分区；

浦东陆家嘴一带将建设现代化的新市区；

近几年内集中力量建设吴淞、金山卫和闵行三个卫星城

对嘉定、吴泾、安亭、松江要逐步进行配套建设。

本报讯 合理利用现有城镇基础和经济地理优势，有计划地建设和改造中心城市，充实和发展现有卫星城镇，有计划有步骤地开发长江口南岸、杭州湾北岸的"两翼"，同时认真搞好小城镇建设，进一步把上海建成一个以中心城市为主体，郊区城镇相对独立，中心城市与郊区城镇相互联系的群体组合城市。这是上海市人民政府最近下达的《上海市城市总体规划纲要》提出的上海城市发展方向。这个《纲要》是上海解放以来由我们自己制定的、比较完整的综合部署城市发展规划和建设的一个指导性文件。它将为进一步编制上海城市总体规划提供依据。

解放以来，上海城市在各个时期计划指导下，已先后辟建了十多个工业卫星城镇和近郊工业区，新建了一百四十多个共二千多万平方米的职工住宅区和相应配套的公共建筑，改造了成片的棚户简屋，兴建了大量市政公用事业设施和公共服务设施，城市环境有了很大改善，城市的布局和面貌发生了深刻的变化。但是，由于历史上长期遗留下来的问题很多，我们又缺乏建设城市的经验，尤其是十年内乱的严重破坏，城市规划废弛，城市建设停滞，加剧了市区的臃肿和布局混乱，对城市经济的发展和人民的正常生活造成了不少困难和问题。

党的十一届三中全会以来，中共上海市委和上海市人民政府十分重视加强城市规划和建设，恢复和健全了城市规划管理的组织机构，城市规划和管理工作逐步得到恢复和发展。去年三月，市人民政府召开了城市规划工作会议，对开展上海城市规划工作作了具体部署。会上，市规划部门将经过调查研究、综合平衡的规划草案提请各委、办、局，各区和郊县讨论，同时又邀请各界人士和建筑协会、同济大学、

华东师大等各方面专家进行了数十次的座谈。在今年市七届四次人代会上，又把规划草案印发给每个代表讨论。此后，市规划部门根据各方意见，经过综合、修改，向国家城乡建设环境保护部的领导作了汇报，并听取意见。因此，这次市人民政府下达的《上海市城市总体规划纲要》，经过专业部门和各条战线通力协作，调查研究，综合论证，反复征求意见，多次修改后制定出来的。

这个《纲要》根据我国的国情和上海的地理环境、历史情况、资源条件、现状特点，综合国民经济长远规划和区域规划，概述了上海城市的性质、规模、发展方向、各个专业规划的基本原则和近期建设概要。《纲要》认为，上海是我国的经济中心之一，是华东地区面向全国的一个经济中心，是重要的国际港口城市。根据上海目前城市人口密集，用地十分紧张的现实状况，《纲要》提出今后必须严格控制中心城市人口与用地规模，坚持逐步疏散的方针和相应的措施。根据上海城市发展方向，中心城市将在现有的基础上，逐步改造成若干相对平衡的分区。浦东陆家嘴一带将建成为现代化的新市区。要充实和发展卫星城镇。近期要集中力量建设吴淞、金山卫和闵行三个卫星城镇；对嘉定、吴泾、安亭、松江，要逐步进行配套建设。《纲要》还进一步对城市的布局、工业的调整、商业网点的布局、农副业生产的发展，以及各项市政公用事业设施，完善和充实航运、铁路、公路，发展科学技术、教育卫生、文化体育事业，保护整修革命遗址和历史古迹，搞好城市住宅建设和园林绿化，公共活动中心和旅游涉外事业，加强环境保护和提高城市环境质量等各项专业规划的基本原则，以及近期建设的规划，分别作了概述。这份《纲要》基本反映了国家对上海经济、技术、文化和社会发展的要求，提出了进一步发挥上海城市综合功能的设想，为进一步编制一个既符合我国国情，又反映社会主义经济发展美好前景的《上海市城市总体规划》提供了依据。

《纲要》提出，在实施步骤上，以一九八一年到一九八五年为近期，要求初步缓和某些最突出的矛盾；到一九九○年为中期，要求取得较显著的改善；到二○○○年为远期，基本上实现城市现代化的目标。

市人民政府在下达这个《纲要》中，要求全市各部门和各地区结合本部门、本地区的实际情况和发展要求，抓紧制订各专业和各地区的初步规划，积极配合城市规划部门及早编制好上海城市总体规划，以适应经济发展和城市建设的需要。（郑承铭）

（《解放日报》1982年6月18日）

上海 2000 年将建成什么样子
市府原则审定《上海市城市总体规划纲要》

本报讯 据《文汇报》报道：《上海市城市总体规划纲要》，最近经市人民政府原则审定，它将作为编制上海城市总体规划以及建设和管理上海城市的依据。

《纲要》提出，上海的城市规划和建设要立足当前，放眼长远，采取工业合理布局与市政交通合理布局相结合、技术改造与城市改造相结合、改善生产条件与改善生活条件相结合的方针，全面规划，标本兼治，逐步实现城市建设和管理现代化的要求，使城市建设有利于生产，方便生活。在实施步骤上，以 1981 年到 1985 年为近期，要求初步缓和某些最突出的矛盾；到 1990 年为中期，要求取得较显著的改善；到 2000 年为远期，基本上实现城市现代化目标。

根据《纲要》的规划，2000 年的上海，将是一个以中心城市为主体、市郊城镇相对独立、中心城市与市郊城镇有机联系的，群体组合的现代化城市。将有步骤地开发长江口南岸地区(包括吴淞、宝山、月浦、盛桥、罗泾等城镇的工业点)和杭州湾北岸地区(包括金山卫、漕泾、柘林、星火农场等城镇工业点)，同时充实和发展卫星城镇，加强郊县小城镇的建设。

为了合理调整上海市的工业布局，对于盲目发展、重复布点的工厂，将逐步调整，实行关停并转；对于新建工厂和较大规模的扩建项目，今后一般安排在卫星城镇；对于三废污染严重，难以就地治理，以及生产易燃、易爆产品的工厂，要实行转产，或迁出中心城市。黄浦江上游和城市上风向的城镇，今后严禁建设三废污染严重的工厂。

《纲要》除明确提出上海城市性质、规模、发展方向外，还对上海工业、交通、邮电通讯、科教、卫生、体育、住宅、园林绿化、旅游设施、三废治理、郊县副食品基地等方面事业的发展，提出了规划设想。

（《人民日报》1982 年 6 月 20 日）

本市邀请中央和兄弟市有关领导和专家
评议上海城市总体规划

本报讯 应本市邀请,中央和兄弟市有关部门负责同志和专家与本市有关部门同志聚集一堂,从昨天(十日)起,举行上海市城市总体规划评议会,共同商议编制一个既符合我国国情和本市市情,又反映社会主义建设发展美好前景的《上海市城市总体规划》。邀请兄弟市有关部门和专家评议城市总体规划,这在上海解放以来还是第一次。

参加昨天会议的有国务院城乡建设环境保护部、水电部、铁道部、交通部、国家民航总局、北京市城市规划委员会和天津市人大常委会,北京、天津广州南京市城市规划主管部门,中国城市规划设计研究院、中国科学院地理研究所以及本市高等院校科研部门。规划交通市政工程、公用事业、地理、环保、绿化等部门的负责同志和著名教授、高级工程师、高级建筑师、学者近六十人。

党的三中全会以来,市委、市政府十分重视加强城市规划和建设。去年三月,市政府召开了城市规划工作会议,对开展上海规划工作作了具体部署。在今年市七届四次人代会上,又把规划纲要草案印发给代表们讨论。今年六月,市政府原则审定《上海市城市总体规划纲要》,并发出通知,要求各有关部门以此为依据编制专业规划和地区规划,市规划部门又在前几年工作的基础上,综合了各地区和各行业规划和意见,于最近编拟了上海市城市总体规划方案,提请各方面的专家、学者、专业部门领导以及各界人士进行讨论评议。这次召开评议会,是为了征求多方意见所采取的措施之一。市规划部门将根据各方面的意见,对总体规划作进一步的修改、充实和调整,然后报请市人代会、市府审定后上报国务院审批。

市委副书记、副市长陈锦华出席了会议并讲了话。他说,经济和社会发展的规划在很大程度上体现在城市发展规划上。能不能发挥城市各方面的功能,关系到城市宏观经济效益的好坏。城市建设,例如市政设施、社会服务设施搞得不好,往往会影响生产活动。因此,一定要花力量把它搞好。他说,要发挥城市的综合功能,目前困难不少。城市规划一定要从上海市情出发,从国家对上海的要求出发,从上海以后发展的方向出发。陈锦华同志还将工业布局、港口、住宅、市内交通、环境污染等难度较大的问题,请评议会讨论,提出合理化建议。他最后强调指出,城市总体规划经批准后,一定要保持它的权威性和稳定性,各方都要认真实施,不能随意更改。

会议期间,还将组织与会者阅读有关资料,参观人民广场、延安西路外事规划地段、肇嘉浜路、漕溪北路、打浦路地段、中山北路交通路、共和新路、新火车站地区、南市区旧城区、龙柏饭店、十六铺客运站、延安东路外滩人行桥、曲阳新村住宅小区等市区重点改造和建设地区;参观本市北翼吴淞、宝钢和本市南翼金山、漕泾及闵行等地区,松江嘉定等卫星城镇,以及浦东地区。(记者　薛佩毅)

(《解放日报》1982 年 12 月 11 日)

发展经济　疏散人口　对卫星城要采取特殊政策

评议会上,专家们对发展卫星城发表了许多中肯的意见。清华大学建筑系副教授朱畅中说,规划中卫星城的建设应集中财力、物力,先建设一个有几十万人口的大规模卫星城,形成样板。他特别赞赏首先开发金山卫一带,建设新港区,开辟高速公路,到达市区后钻入地下,使金山卫到市中心只需花半小时。他说金山卫和中心城之间有着广阔的腹地,发展前途好极了,那里建设得好,可以成为"第二个上海"。

赵师愈、朱畅中等专家都强调指出,领导部门对卫星城应该采取特殊政策和灵活措施,使卫星城在户口、工资、居住、商业、教育等方面得到优惠,这样才能鼓励人们迁到卫星城安家落户。上海石化总厂总工程师徐以俊说,卫星城性质不能太单一,要接受过去搞"女儿城"、"男子城"的教训,布置工业要考虑男女职工的平衡。

(《文汇报》1982 年 12 月 20 日)

描绘新上海的宏伟蓝图

——上海市城市总体规划汇报展览会参观记

上海,是我国的经济中心之一,是重要的国际港口城市,也是具有重要历史文化意义的城市。它的明天将是个什么样子呢?这个问题不仅我们上海人民十分关心,全国人民也十分关心。参观了设在上海工业展览馆东厅的《上海市城市总体规划汇报展览会》，我们可以从中得到令人鼓舞的回答。

新旧上海　沧海巨变

展览会的序馆展示了上海的自然地理条件、历史沿革以及解放以来上海经济、社会发展和城市建设的成就。解放前，上海是在半殖民地半封建的社会条件下，畸形发展起来的一个大城市，城市盲目发展、布局十分混乱，一面是高楼大厦、灯红酒绿，一面是简陋棚户、啼饥号寒。经过三十二年的改造和建设，上海起了翻天覆地的变化。这里列出了几个数字：一九八一年全市工业总产值比一九四九年增长了二十六倍多，占全国工业总产值的百分之十二多；港口吞吐量比一九四九年增加四十三倍，占全国沿海港口吞吐量的百分之四十；财政收入占全国的六分之一多；外贸额占全国五分之一。城市用地从解放初的八十六平方公里扩大到一百四十一平方公里。在改造和建设中心城的同时，全市开辟了五个近郊工业区和七个远郊卫星城，新建了一大批重点骨干企业，为上海的发展打下了雄厚的物质基础。解放以来，全市新建的建筑总面积相当于解放前整个上海建筑的总面积，相当于增加了一个上海。住宅建造了二千六百十万平方米，其中党的十一届三中全会以来建造的住宅占了百分之四十三。这是多么可喜的成就！一位年近七旬的老人看了序馆后感慨地说，"年纪大了，难得出门走走，总以为三十二年来上海没有多大变化，看了这里的图片和数字说明，不由得让人心服口服：上海确实在进步啊！"

当然，上海在发展中也存在一些问题。展览会把它概括为住房紧张、交通拥挤、环境污染等问题。这里有旧社会帝国主义租界分割遗留下来的一些极为复杂的困难因素；有"十年内乱"的破坏，也有长期来经济建设中"左"的思想影响造成城市工作中"骨头"与"肉"比例关系的严重失调。正确地总结这些经验教训，正是为了发扬长处，避免重犯过去的错误，使我们更好地前进。

众"星"拱"月"　"双翼"展翅

当站到两张三米高二米宽的上海城市总体规划图的面前，我们不由得热血沸腾，精神为之一振。这两幅图向参观者展示了上海城市的规模、结构、布局和到二〇〇〇年的宏伟发展前景。它的构思是，在现有的基础上，进一步把上海建设成为一个以中心城为中心，中心城与市郊卫星城镇相对独立、有机联系的群体组合的社会主义现代化城市。根据今年六月市政府原则通过的《上海市城市总体规划纲要》，上海发展的方向可概括为四句话：改造和建设中心城，充实和发展卫星城，有计划地开发长江口南岸和杭州湾北岸"两翼"，积极建设郊县集镇。具体说来，中心城将从现在的一百四十一平方公里扩大到二百六十平方公里，人口从现在的六百二十多万有控制地发展到六百五十万人，远郊卫星城和近郊工业区将由现在的五十多万人发展到一百三十万人。

现有的七个卫星城已经形成初步的物质技术基础，并且已具有一定的规模。今后将有计划有重点地充实和发展。闵行、吴泾将作为一个有隔断、又有联系的城市，它的规模将从现在的五万多人，发展到二三十万人。长江口南岸，随着宝钢的建设，从罗泾到吴淞，将发展成以冶金和钢铁加工工业为主的新兴工业城市。杭州湾北岸，东自星火农场，西至金山石化总厂，将发展成为以纺织、石油化工为主的工业城市。这两个地方的一些区段还有较好的筑港条件，是建设上海新港区的备用地。从规划图上看，这两个地方犹如雄鹰的两只强劲的翅膀。它们建成后，必将推动上海经济振翅高飞。

改变旧市容　新辟住宅区

城市总体规划是怎样考虑解决居住拥挤这个突出的经济社会问题的呢？我们怀着关切的心情，仔细地观看了关于住宅建设的规划设想。

讲解员向我们介绍说，住宅建设的一个重要环节是住宅基地规划。上海城市拥挤，建筑和人口密度高，因此规划考虑在改建旧区住房的同时，在市区的边缘新开辟一批住宅基地。讲解员指着一张住宅规划图上一些浅红颜色的块块说，这些就是在六五和七五计划期间，本市已经批准新开辟的二十个大型居住区。其中十二个基地已开始建造，有的已初具规模。另外八个居住区，市政府已批准征用土地。六五计划期间，上海将建造一千五百万平方米住宅。这些基地一般有二三万人到七八万人的规模。一个居住区就是一个小城镇。它们将按国家规定的规划指标配建市政公用和商业服务设施，以及中小学、幼儿园、托儿所、文化馆、医院、青少年和老年活动室、运动场等教育文化设施。同时，结合人民广场、南京路、肇嘉浜路——徐家汇沿线、铁路新客站等重点改造地区的建设，有计划地改建棚户简屋和危险房屋，使上海市容有一个显著的改变。展览会上展出的一些新辟大型居住区和各类改造地区住宅规划方案模型，十分吸引人。

市区多中心　数条"南京路"

南京路是上海最繁华的商业街道,但行人摩肩接踵,行走十分不便。人们多么希望上海多几条"南京路"。规划人员体察民意,设想了一个"多心敞开式"的结构布局,打破现有行政界限,按河流、铁路、干道等自然界线,根据市民居住、工作的分布状况、交通条件和合理的环境容量,把市区分成若干个分区。每个分区都有一个公共服务设施比较齐全的中心,形成一个"小南京路",人们不必都涌到南京路购物。有几个专家看了市区分片规划结构图后称赞说,这是我国城市规划工作的一种有益的尝试,是一个创举。

展览会上有一个徐家汇分中心区的规划模型,它是这种规划思想的具体体现。模型显示了从市区西南的肇嘉浜路,经徐家汇到漕溪北路,形成一个新的居住文化公共活动中心。这里有高低结合、错落有致的住宅群,有办公、旅馆、商业综合大楼,有图书馆、影剧院等文化活动中心,还有包括上海体育馆、游泳馆等在内的体育中心。

总体规划还考虑在浦东陆家嘴——张扬路地区建设一个分中心。现在的外滩已有几十年历史,建筑形式较丰富。陆家嘴正好与外滩隔江相望,地理位置很重要,它就像上海的面孔,从长江口进港,从十六铺码头出海,都要遇到它。因此,规划考虑这里将建设一批与老外滩相协调,又有新时代特点和社会主义气派的建筑群。

规划还设想把南京路改建成步行街,沿路两层商场将用天桥连通,路边还将建一些高层建筑。据悉,福建路口晒了多年太阳的一块空地将建造高层旅馆和住宅,楼下作商场之用。

虽然参观的人们对分片的分法以及对某些方案也有一些不同看法,但这毕竟是一个有益的尝试,希望在方案成熟之后能逐步试行。

沟通干道　根治污染

入冬以来,市内交通矛盾尤为突出。上海市政设施既先天不足,又后天失调,不能期望在短期内得到解决。展览会从实际出发,考虑了城市的经济和社会发展的要求,设想了一些逐步改善城市交通的方案。讲解员告诉我们,对上海市区主要道路系统的基本设想是,在市区周围建设两个环线,它和十条由内向外呈放射形的干线构成快速交通系统。市区内规划建设三条东西向和四条贯通南北的主干道。目前,北站至吴淞路一带有一个较大的"蜂腰"。规划考虑采取打通堵头、拓展和立交等工程设施,将天目路与海宁路、曲阜路与昌平路、共和新路与成都路、和田路与西藏路、吴淞路与中山东路连接起来,使之畅通,改变市内交通拥挤状况。浦东与浦西之间除已建和正在开工的越江隧道外,还规划了若干越江工程,还考虑在有的江段架设桥梁。

为了改善人们居住生活环境,展览会还展出了根治黄浦江、苏州河的规划方案,并对调整工业布局、搬迁污染严重的工厂、改变工厂与居民区犬牙交错的状况、提高城市绿化面积作了设想。

走出展览馆,心情很不平静。总体规划展览描绘的前景是宏伟的。尽管它还有某些不足,专家们和各方面的人士为此提出了许多很好的修改意见;尽管它处在讨论阶段,还未被正式批准,但是,它毕竟凝结了长时期来为之尽思殚虑的规划人员的心血,为人们提供了一个前进的方向。完全可以相信,在党的十二大精神的指引下,依靠全市人民的共同努力,我们一定能够建设起一个比今天更加美好的社会主义新上海。(本报通讯员 华元 本报记者 薛佩毅)

（《解放日报》1982 年 12 月 22 日）

陈国栋、胡立教、韩哲一、钟民同志
参观上海总体规划展览

本报讯 昨天(二十四日)上午,市委领导同志陈国栋、胡立教、韩哲一、钟民到工业展览会东厅参观了《上海市城市总体规划汇报展览会》。参观中,他们对城市布局、建筑形式以及应注意的一些问题谈了看法。

《上海市城市总体规划汇报展览会》在十一月二十九日正式开幕,到昨天为止,已接待了三万七千多人次。展出期间,各有关主管部门对总体规划以及结合本系统的规划举办了二十多个评议会。有关的专家、学者、专业部门的领导、科技人员以及各界人士都提出了许多很好的建议和修改意见。

图为市委领导同志正在听取介绍。　赵天佐摄

《解放日报》1982年12月25日第01版

汪市长昨在人代会小组讨论中宣布
市府决心解决交通拥挤问题
建议六五期间扩散市区人口七十万

　　本报讯　市人大代表、市长汪道涵昨天(二十八日)上午参加市人代会徐汇区小组讨论时说,上海要迫切解决交通拥挤的问题。

　　汪道涵说,现在上海市区人口有六百多万,加上非上海户口,约有七百二十万人。这么多人,都挤在市区一百四十平方公里的土地上,多挤啊。市区要向外扩散,建立卫星城镇。六五计划期间,市区能散开出去七十万人,以后如再散开出去七十万人,就可以缓和一些。建设的小城镇和居住区,要有剧场、图书馆等文化设施,菜场、饮食店、医院和交通等服务部门,都要配套建设。服务行业,不能都由国家包下来,要有合作商店和个体经营的商店。这样,人民生活可以得到方便。

　　汪道涵说,上海要办的事很多,去年和今年抓房子,今后还要抓。联系住宅建设,还必须解决交通问题。市区交通经常阻塞,职工上下班很困难。估计元旦、春节,交通更为拥挤。职工探亲回沪;农民富起来,要进城买东西;杭嘉湖地区的职工、农民也要来上海看看,交通不解决好,怎么得了?! 农民要进城,近邻地区的职工也要进城,总不能不让他们来吧,也不能叫人家等在家里看电视吧。这个问题市人民政府正在研究解决的措施。市政府还准备请一些专家、学者发表意见,解决交通拥挤的问题。上海国民经济要"翻两番",交通不解决,怎么翻? 我们要把交通问题放在重要的地位。上海是全国的重要口岸之一,一定要解决好市外、市区和市内的交通问题。

(《解放日报》1982 年 12 月 29 日)

为疏散市区人口创造条件
市府批准松江城总体规划
到二○○○年将建成十五万人口的卫星城

本报讯 最近,市人民政府正式批准了松江城总体规划,使松江城今后的各项建设有了可依据的蓝图。这是本市第一个较完整的县城总体规划,它将促进郊区其他县城总体规划的编制工作。

规划的指导思想是:松江城作为上海这个组合城市中的一个卫星城镇,要为控制市区规模,疏散市区人口,促进上海经济发展提供条件。人口规模将从现在的六万多人发展到二○○○年的十五万人,用地规模将从现在的六点三平方公里发展到二○○○年的十二平方公里,而近期建设用地主要通过挖潜解决。同时大力搞好市政公用设施建设,努力做到与城镇的发展相适应,以便对市区在松江工作的职工具有吸引力。

(《解放日报》1983 年 3 月 16 日)

本市重点发展的三个卫星城镇之一
吴淞镇着手大规模改造
淞滨路将建成综合性商业大街

本报讯 本市"百年老镇"吴淞镇正在着手进行大规模改造。在昨天(三十日)

闭幕的吴淞区三届三次人代会上，区人民代表对吴淞镇的改造现状和今后打算一致表示满意。

吴淞区既是本市重点发展的三个卫星城镇之一，又是上海钢铁工业、外贸港口等的集中地区。但吴淞镇长期未加改造，年年面貌依旧，同新的形势发展很不适应。去年召开的区人代会上，提出了组织有关单位投资为主，国家资助为辅，改造吴淞镇的规划。经过区人民政府和市有关部门的努力，去年已对李金、泰四、北新等大小三十一条道路进行了翻修，铺上了柏油，安排了下水道。今年又安排淞兴路等大小二十三条道路翻修和部分下水道的整修。这些项目完工以后，吴淞镇的街道路面的面貌即可改观。

改造淞滨路是改造吴淞镇的重点。淞滨路全长九百八十米，是从吴淞进入市区的主要干道，又是崇明、长兴、横沙三岛旅客往返的集散点。国际客运码头建成以后，这里是外国旅游者从海上进入市区的必经之路。这条路将建成以商业为主的综合性大街。现在淞滨路附近，住宅建设正在进行；吴淞电影院和区中心医院的扩建，计划年内动工；区文化体育中心也正在筹划中。淞滨路上规划新建商业网点五十多个。区政府最近决定，筹建组织淞滨路工地指挥部，由一位副区长主持，并配备精干得力的工作班子，以加快建设步伐。这条街建成后，吴淞老镇北移，将成为全区中心的繁华地段。

（《解放日报》1983年3月31日）

具有七百多年历史的江南名城
嘉定将建成上海科学卫星城
规划先建连接上海市中心的快速公路，
逐步发展城东科研区

本报讯　嘉定城将在本世纪末建成上海市名副其实的科学卫星城。这是本月七日至九日，市政府委托市规划局召集数十名专家对嘉定城总体规划进行技术鉴定后作出的结论。

一九五九年，上海市委就确定开辟嘉定城为市郊科学卫星城，制订了城市总体规划，当时一批科研单位迁往了嘉定，并新建了上海科技大学。十年动乱中断了这一规划的实施。一九八〇年起,嘉定县政府和市规划局、规划设计院一起,在原有规划的基础上,进一步拟订了嘉定城二〇〇〇年前的总体规划和近期建设的详细规划。专家们通过对规划的逐点技术鉴定,认为全国最大的经济中心和科技文化中心上海,应该有自己的科学卫星城,如日本东京郊区的筑波城,北京郊区的中关村那样;而嘉定城作为科学卫星城已有一定基础。嘉定城的性质应该既是上海市郊的一个以科研为主的卫星城,又是嘉定县的政治、经济、文化中心。嘉定城现有常住人口五万三千多人,近期将发展到七、八万人,本世纪末将建设成为有十五至二十万人口的中等城市。

作为以科研为主的市郊卫星城,嘉定城将主要规划安排科研单位和电子、轻纺等工业。在住宅建设上,嘉定城已建造了一万七千多平方米标准较高的知识分子住房,另有一万八千平方米的中年知识分子住宅今年三月底已经动工,预计年底可竣工。本世纪末还将规划发展较大规模的城东科研区。在配套设施上将建设供国内外学术交流的科研活动中心、科技会堂、俱乐部以及体育馆、文化馆、旅游旅馆和专业电影院等。嘉定城的绿化覆盖率将高于一般城市,并体现科学城的特有风格,创造宁静优美的工作和生活环境。同时,对科学城的蔬菜和副食品供应、给水、煤气、排污等方面也作了专题规划。为了更好地密切卫星城和中心城市的联系,总体规划拟投资六千五百万元,用五年时间建成上海至嘉定的快速公路二十一点九公里。

作为有七百多年历史和多处文化古迹的江南县城,规划还特别强调重视文物古迹和保护维修,结合城镇的园林绿化,发展旅游事业。其中以宋代金沙塔为中心的老街保留区,沿街建筑均按原有的民族风格修缮,并开设竹刻、草编、刺绣等嘉定传统手工艺品店铺和作坊,使该区充分反映嘉定悠久文化传统的独特风貌。

嘉定城的总体规划和对这个规划的技术鉴定意见,正报请市人民政府正式批准。(记者　贺宛男)

《解放日报》1983 年 4 月 10 日

基础工程形成系统　公用设施初具规模
市郊城镇建设日新月异
四年共建住宅三百九十五万平方米，
占全市总数近三分之一

本报讯　据市基本建设委员会最近披露：十一届三中全会以来的四年中，城镇建设有了较快的发展，本市用于郊县城镇建设的各类资金近一亿五千万元。目前，县属城镇的道路、排水管、污水处理等基础工程初步形成系统，住宅以及煤气、自来水、商店、学校、邮电、影剧院、体育场、园林等公用设施也已初具规模。这些工程的建成，促进了城镇经济的发展，为市区人口的扩散创造了条件。

日前，市建委主任张文韬、副主任罗白桦、曹淼以及有关部门负责人到嘉定、青浦、松江、上海、奉贤、南汇等县检查各项工程落实情况和建设进度，听取有关建设方面的意见。

本市郊县有三十三个县属城镇和二百多个集镇，原来市政公用设施很落后。粉碎"四人帮"后，特别是十一届三中全会以来，市委、市府坚决贯彻国务院关于严格控制大城市、合理建设中等城市、积极发展小城镇的方针，把郊县城镇建设作为整个城市建设的组成部分，从财力、物力上给予优先安排。各县也千方百计挤出资金用于城镇建设，同时发动城镇所在企业单位集资建设公用设施。四年来共建住宅三百九十五万平方米，占全市住宅建设总数的近三分之一。现在，县属城镇全部用上了自来水，有一百六十五个集镇也有了自来水厂。

松江城是本市郊区的一个重要工业卫星城，近年来城镇建设日新月异。刚竣工的中山东路宽三十六米，可以并行六辆汽车，路两边新住宅林立，配合以新建的谷阳路、方塔路等繁华的商业市场，呈现出一派欣欣向荣的景象。此外，县城还新建了中山西路、人民南路、永丰路，大部分工程实现了道路、排水、供水、电讯、电力同步配套建设；这个县城近几年还增加商业网点一百五十多个，建造了中小学四所，专业医院三所，提高了配套和服务水平。嘉定县城在建设中专门为高级知识分子以及中年知识分子建造了一批新住宅，标准分别为两室一房一厅（书房）和两室一房半厅，均装有纱门纱窗，受到知识分子赞扬。

郊县城镇建设还十分注意开辟、修复和保护名胜古迹,新建和扩建园林绿地。嘉定汇龙潭公园共投资一百二十万元,现在第二期工程也已基本完成。时值初春,从上海来园游玩的人群络绎不绝。明代古园秋霞圃的修复工作也已完成,现试行开放。松江城有宋代方塔、明代照壁、清代天后宫的观赏公园方塔园第一期工程已完成,另一座公园醉白池也已修饰一新。其他县城也正在新辟或修复一些公园绿地。(通讯员　崔广录　记者　薛佩毅)

(《解放日报》1983 年 4 月 3 日)

组织"智囊团"　开发科学城
嘉定县聘请首批经济技术开发顾问

本报讯　三十六位专家、教授和工程技术人员昨天(十二日)联合组成开发嘉定"智囊团",嘉定县县长逄树春代表县政府正式颁发聘书,聘请他们担任嘉定地区经济技术开发顾问。

正在建设中的科学卫星城嘉定,拥有三所大专院校,三家全国性的研究所,好几家较大规模的现代化企业,工程师以上的科技人员就有近千人。但是,他们有的是中央部管的,有的是市属的,有的还是军工单位,同饮嘉定水,彼此却很少来往。今年春节前,嘉定县邀请各单位专家科技人员参加的迎春座谈会上,光机所研究员邓锡铭倡议:冲破条条块块,联合起来,为开发建设嘉定出力! 此议当场得到十几位科技人员的响应。会后,专家们自荐的、引荐的、互荐的信件、电话接连飞向县政府。县政府乐了,指定县农工商联合企业一名副总经理筹建嘉定经济技术开发顾问委员会,同时要求各社、镇、局列出急需技术指导和技术服务的各类项目,报请有关顾问组织力量解决。

昨天受聘担任嘉定经济技术开发顾问的三十六名专家、教授和工程技术人员,来自光机所、原子核所、计算所、上海科大、上海合金厂等十四个单位,包括二十九个专业。顾问委员会的主要任务是:帮助和指导嘉定县农、副、工各业确定技术发展方向、技术改造目标和方案,并协助实施;通过对新兴领域的技术开发,发展一批技术密集产品;近期主要搞好科技成果的推广、转让、技术咨询、技术服务和经济技术的联合等。顾问委员会所有顾问将一年一届轮流担任正副主任,并将逐步扩大。发起人邓锡铭被推选为首届主任。为了便于工作,县政府专门为顾问委员会配备

了一个联络服务班子。(通讯员　陈善祥　记者　贺宛男)

（《解放日报》1983年4月13日）

汪道涵提出上海今后三年任务
六五期间实现年平均递增4%
一九八五年工农业总产值要达754亿元

本报讯　汪道涵市长在《政府工作报告》中指出,第六个五年计划的后三年,上海要在继续贯彻调整、改革、整顿、提高的方针中,紧紧围绕着以提高经济效益为中心,保证扎扎实实的生产增长速度,保证内外贸易的逐年增长,保证国家财政收入指标的实现,保证六五计划的全面完成。同时,要迅速打开外挤、内联、改造、开发的新局面,为七五计划期间的进一步发展创造条件。

在谈到生产与流通方面的任务时,汪道涵市长说,一九八五年的工农业总产值要求达到七百五十四亿元,整个六五计划期间实现年平均递增百分之四以至更多一些的增长速度。在流通体系的改革中,要加强生产与流通部门的协作与联合,改善经营,扩大市场。继续有计划有步骤地、分期分批地对企业进行全面整顿,提高企业的经营管理水平。对各个工商企业,要采取鼓励先进、鞭策落后的政策,以改革推动企业的整顿,把调整、整顿和改革密切结合起来。

在城市与交通方面,汪道涵市长说,今后三年,着重解决交通堵塞、住房紧张和环境污染等突出问题,并为七五计划期间更大规模的改造和开发,作好重点项目的前期准备工作。努力扩大港口吞吐能力、铁路运输能力和道路通行能力。到一九八五年,使上海港的年吞吐能力突破一亿吨,使上海铁路运输能力突破四千万吨;同时,抓紧铁路新客站的建设,争取在一九八六年完成主体工程。为了密切市区同卫星城的交通联系,决定拓宽改建市区到嘉定、到青浦、到松江的三条公路;市区到金山、到宝山的两条快速干道,也在今后三年内做好设计、论证和前期工作。市内交通,计划拓宽改建一批干道,建设三座铁路立交桥和十四座人行立交桥,加快延安东路过江隧道的建设。住宅建设仍然是近期城市建设的重点。到一九八五年,将有十二个居住区基本建成,达到居住七十五万人的规模。今后三年,先充实和完善一、两个卫星城,吸引市区更多的工厂和居民到那里安家落户。治理环境污染也是一项紧迫的任务。六五计划期间,要求冶金工业全部消除炼钢排放的浓烟;市区大部分烟囱不再冒黑烟。当前,要抓紧落实四十家有机废水排放大户的治理措施,新建和扩建十座日处理能力共三十二万吨的污水处理厂。还要因地制宜地绿化城市。

在科学与技术方面,汪道涵市长说,工农业生产、交通运输、城市建设等方面的发展,都必须依靠科学技术进步。今后三年,本市科学技术研究,要争取在电子和信息技术,生物工程,核能和辐照等新技术,基础技术,农作物的育种、防治病虫害和施肥等综合技术,恶性肿瘤和传染性肝炎的防治,和新型药物、医疗器械的研究,市政交通建设和社会科学等方面有新的突破。

在教育与文化方面,汪道涵市长说,加快教育、文化、卫生、体育等事业的发展,既是经济发展的必要条件,又是社会主义精神文明建设的重要内容。要扩大高校招生,到一九八五年,在校学生达到十万人,比一九八〇年增加百分之二十五。办好高等和中等师范学校,加强各级各类学校在职教师的进修工作,提高教师的业务水平。六五计划期间,逐步改造老医院,建设一批新医院。今后几年,本市仍处于生育高峰,必须毫不放松地抓好计划生育。文化、艺术、电影事业,要努力塑造开创社会主义现代化建设新局面的新人形象,创作更多思想内容好、艺术情趣高的作品。六五计划期间摄制故事片八十部,新建影剧院廿二座。建造一批农村和卫星城镇小型综合性的文化活动设施。

汪道涵市长强调指出,在社会主义精神文明建设中,必须注意加强思想政治工作,进一步促进社会风气的好转。继续抓紧社会治安和社会秩序的综合治理。创造一个健康、安定、文明的社会环境、工作环境,使全市人民能够心情舒畅地、专心致志地进行社会主义现代化建设。

（《解放日报》1983 年 4 月 23 日）

就看今后的积极行动了！——市人代会
小组讨论上海发展的新途径旁听记
在金山卫开发新市区最有条件

市人大代表、上海石油化工总厂代厂长李家镐在小组会上说,汪市长在《政府工作报告》中提出要建设上海的新市区,吸引市区更多的工厂和居民到那里安家落户。杭州湾畔的上海石化总厂和附近地区,前面是浩瀚的大海,背靠沪杭公路,地理条件优越。石化总厂地区现已建立了住宅、菜场、商店、医院、剧场、宾馆、文化宫、体育场和绿化地带,还有设计院、研究所和学校,生活设施日渐完备,是最有条件以此为基础开发成为上海新市区的地方。

上海石化总厂目前有职工四万三千多人,整个地区有七万多人。第二期工程在一九八六年建成以后,预计这个地区人口将还要增加。为了吸引更多的职工和市民到那里安家落户,他们改革了职工的车贴制度,使住到金山卫的职工,每月可以到市区探亲或游玩一次,车费由公家报销;此外,这个厂的石油化工专科学校和中专、技校等,已向市区招生。他们设想,根据上海市的城市发展规划,以上海石化总厂为基础,向东延伸,最终建成一个拥有六十万人口甚至更多人口的上海新市区的蓝图,是完全可以实现的。(本报记者　樊天益)

(《解放日报》1983 年 4 月 24 日)

张耀忠、王世豪代表认为
卫星城应综合开发配套建设

出席市八届人大一次会议的吴淞区区长张耀忠和闵行区区长王世豪说,加快卫星城的开发,必须统盘考虑,落实政策。

两位区长指出,上海开发卫星城已有多年,闵行、吴淞和嘉定等地区的建设已初具规模,但从总体来说,进展不快。闵行已开辟二十多年,现在全区工厂林立,新村成片,但由于文化、娱乐、教育和市政建设不配套,二十二年来,净增人口仅八百五十余人。全区六万余职工中,有近半数不愿在闵行定居。吴淞地区目前拥有十六万人口,但全区还没有一座公园、一个剧场、一个体育场和一个象样的俱乐部,职工也不愿在那里定居。

政策上不一视同仁,是影响卫星城开发的另一个原因。职工户口从市区迁往吴淞、闵行后,就难以再迁回市区;中学生毕业后报考大学走读生及中专、中技,也往往受到限制;在商品供应上,卫星城差于市中心;交通也不那么方便。这都使很多人产生了后顾之忧。

两位区长认为,只偏重工业布局,没有综合开发,难以建成真正的卫星城。随着宝钢二期工程的上马和闵行新工业区的筹建,确定吴淞、闵行两区综合开发的方针已刻不容缓。

对于愿意到卫星城工作的人员,在户口、子女就业、住房分配、商品供应和教育等方面,应该制定一些优惠政策。特别是对于开发地区急需的工程技术、医疗卫生、教育和科学研究方面的人才,更应给以适当照顾。

他们认为,由于卫星城的开发任务较重,投资较大,除设立专用开发基金外,地方多渠道集资也是一条出路。可以由地方政府和大企业联合投资,或采取投标方式。例如,吴淞区政府同当地大企业合资开发淞滨路一条街,这种做法就很可取。

(《文汇报》1983 年 4 月 29 日)

政社分设后的第一件要事
嘉定全面制订集镇建设规划
全国村镇建设学术会议专家昨参观马陆镇

本报讯 昨天(二十六日),记者随全国村镇建设学术讨论会的专家们来到马陆镇,发现这个一向很熟悉的小镇,一年时间变得快认不出了。

镇上凌乱破旧的店面正在变成"丁"字形的新型商业区,新建的东西横街上,农工商贸易公司大楼专门供应本地土特产和社队工业产品,公司楼层优先安排教师、医务人员等住宅;南北老街正在拓宽,规划全部翻建成三至五层的楼房。登上影剧院楼层鸟瞰,绿水荡漾的横沥河把小镇一分为二,西面为商业、生活区,东面为文化教育区,北面为社队工业区,一个仅占地二、三百亩的水乡集镇小巧玲珑,生意盎然。

嘉定县建设局规划室主任陈贵镛告诉记者,嘉定县共有县属镇、公社集镇十九个。目前,嘉定城总体规划已经市政府正式批准,除安亭、真如镇等需要市里统一规划以外,其他集镇的总体规划绝大部分已编制完毕。有的已经乡(公社)人民代表大会通过,有的已报经县政府批准。由于嘉定县多数公社已完成了"政社分开"的体制改革,乡政府的主要任务之一就是抓村镇建设。集镇建设速度大大加快。象马陆那样经济基础较好的集镇,一九八五年前后规划便可基本实现。

嘉定县的集镇，由于社队工业发展较快，多数有一定基础。但长期没有集镇规划，布局混乱，街道狭窄，不成市容。前几年农房建设发展较快，集镇建设却相形见绌。社队工业和商品经济的迅速发展，农村实行生产责任制以后大批"离土不离乡"的剩余劳动力的出现，迫切要求集镇作为城乡结合点和商品集散地，取得更快的发展。一九八一年，嘉定县政府着手制订第一个集镇发展规划——马陆镇规划，一九八二年起，这一工作在各集镇全面铺开。去年，县七届二次人代会要求，各公社从工业利润中拿出百分之十至十五用于集镇建设，并要求县属各系统各单位积极投资。今年三月，县政府成立了村镇规划建设管理委员会，体制改革后的乡政府则集中精力抓好村镇建设，并专设一名建设助理具体负责。

嘉定县在制订集镇规划时立足全县进行布局。除四个县属镇以外的十五个集镇分为中心集镇、公社集镇两档。中心集镇交通方便，规模较大，联系各小集镇，为几个乡服务。如北片的娄塘镇，西片的外冈镇，西南片的黄渡镇等，要求各种设施比较齐全，如商业部门设批发机构，邮电部门设支局和自动电话总机，政法部门设派出所、法庭，学校设住读部，以及有影剧院、医院、门类齐全的商店等。公社集镇主要为本社服务。

各集镇在制订规划时，注意从实际出发，尽量利用改造旧镇，节约农地。如娄塘镇，已有六百多年历史，集镇范围大，镇容陈旧，"娄塘街，条条歪"，最狭处不足三米，通过对现状的分析，发现街道歪斜是穿镇的两条河道形成的，街道因地制宜，反映江南水乡集镇的特色，不强求方格形布局。鉴于娄塘公社经济实力有限，近期为解决消防、救护，先打通几条主要街道，进行沿街改造。又如封浜镇，是一九五八年作为公社所在地逐步形成发展的。当时认为，建筑物沿公路布置，可以体现人民公社的兴旺发达，整个集镇沿公路两侧发展，影响交通，很不安全，对这样的集镇决定动大手术，另辟新街。（记者　贺宛男）

（《解放日报》1983 年 06 月 27 日）

上海市人大常委会部分委员
视察城市总体规划近期项目

本报讯　上海市人大常委会日前组织部分委员视察了《上海城市总体规划》的

近期建设规划项目。

市人大常委会副主任何以祥、狄景襄、王涛、李培南,市人大常委会各专门委员会主任、副主任关子展、周璧、万景亮、卢伯明、孙更舵、肖林、蔡北华、张文韬、后奕斋及委员等二十多人,参加了这次视察活动。副市长倪天增和市政府有关部门负责人陪同委员们视察。

这次视察的项目主要有:中心城的重点改造区、长江南岸和杭州湾北岸两翼地带;快速有轨交通方面的地下铁道试验段;金山嘴新港区备用地;能源建设方面的吴淞煤气厂扩建工程、石洞口电厂备用地以及为改善城市供水水质而规划建设的黄浦江上游取水口等。委员们认为,城市总体规划要确定今后二十年内上海城市发展的总的蓝图,这是一件关系全市人民以至子孙后代的大事。我们一定要把城市总体规划制订得更为完善,把我们上海这个大城市规划好、建设好、管理好。委员们表示,一定要认真参加审议工作,为市人大常委会正式通过上海城市总体规划作好充分准备。

(《解放日报》1983 年 12 月 06 日)

坚持走"外挤、内联、改造、开发"新途径
改造中心城　发展卫星城
市人大常委会举行座谈会讨论总体规划方案

本报讯　上海市人大常委会昨天(八日)开始举行为期三天的座谈会,讨论市政府编制的《上海市总体规划方案》。

城市总体规划是上海城市到二○○○年发展的目标,为全市人民所关心。这次座谈会是再一次听取各方面的意见,为即将举行的市人大常委会正式审议作好准备。这个规划方案经市人大常委会通过并上报国务院批准后,便具有法律性质,成为建设城市、管理城市的依据。

市人大常委会副主任王涛主持了座谈会。副主任赵祖康就城市规划的概念、城市规划的工作阶段及其相互关系、城市总体规划的内容及这次座谈会要审议的重点等问题作了讲话。

市建委副主任张绍梁作了关于《上海市总体规划方案》的说明。他说,编制总

体规划时,注意到正确处理好四个关系:经济发展与城市建设的关系;改造旧市区与建设卫星城的关系;近期建设与远期建设的关系;城市规划与国民经济、社会发展计划的关系。张绍梁说,上海今后的发展和规划、建设,要着重注意加速工业的技术改造,努力向高、精、尖、新方向发展;加强港口交通、邮电通讯建设,努力扩展对外经济、文化交流;努力发展文化教育事业,加强精神文明建设;大力发展金融、贸易、商业、旅游等事业,加强住宅、社会服务设施和城市基础设施的建设,认真治理环境,为人民创造良好的工作和生活条件。张绍梁说,上海城市总体规划要坚持走"外挤、内联、改造、开发"的新途径,努力把上海逐步改造和建设成为经济繁荣、科技先进、文化发达、布局合理、交通便捷、环境整洁的社会主义现代化城市。

张绍梁说,合理控制城市规模,是搞好上海建设的关键。要采取切实措施,鼓励一部分职工和家属到卫星城和近郊工业小城镇去安家,还要根据国家需要,动员上海人民积极支援外地建设。他说,上海城市的用地规模,必须严格控制,要"惜土如金",大力节约。

在谈到城市发展方向时,张绍梁说,努力建设和改造中心城,充实和发展卫星城,有步骤地开发"两翼",有计划地建设郊县小城镇,进一步把上海建设成以中心城为主体,市郊城镇相对独立,中心城与市郊城镇有机联系的社会主义现代化的群体组合城市。

参加座谈会的,还有市人大常委会副主任何以祥、狄景襄、吴若安、李培南,副市长倪天增,市委顾问李干成,市政府顾问叶进明,市政协副主席徐以枋,市人大常委会委员、部分市政协委员、各区县人大常委会和各有关方面负责人及专家、学者近二百人。

(《解放日报》1983 年 12 月 9 日)

调整"骨""肉"比例　扭转基础设施落后状况
本市确定近期十大建设项目

本报讯　上海市副市长倪天增昨天在市人大常委会上谈了上海城市的近期建设。他说,根据上海的实际情况,近期建设以调整"骨头"和"肉"的比例,扭转城市基础设施落后状况为主要目标。规划的建设项目主要有:

一、优先安排金山卫和吴淞南北"两翼"的配套设施建设,加强闵行、虹桥新区建设和中心城边缘几个工业区的配套建设。

二、抓紧建成自来水取水口上移到黄浦江上游的工程,以保障人民健康。

三、积极做好污水治理规划,加快中小型污水处理厂和吴淞、高桥、东区等出海污水于管的建设,争取黄浦江、苏州河的污染情况逐年有所好转。

四、规划七年内加快建造住宅,争取中心城约有一百三十万人能够住进新区。

五、有重点分步骤地做好图书馆、铁路新客站、展览中心、科技中心、文化中心、行政中心等规划和建设工作。

六、能源方面,要加快新电厂和输变电系统的建设,扭转中心城严重缺电的问题,还要加快浦东等煤气厂的建设。

七、交通方面,规划了隧道、立交、快速有轨交通、快速公路、城市南北干道和虹桥机场的改造、扩建等项目。

八、加强信息通讯的建设,已定的电信大楼、邮件处理中心要加快建设速度,还要增加电话设施的建设,包括采用先进技术设备。

九、规划建设好龙华革命烈士公园等革命遗址,积极筹建革命烈士纪念馆。

十、千方百计扩大中心城绿化面积,抓紧进行淀山湖风景区的规划和建设。

（《新民晚报》1983 年 12 月 28 日）

倪天增副市长说明编制总体规划的指导思想
确定近期建设十个主要项目
要求全市人民共同努力实现发展上海蓝图

本报讯 上海市副市长倪天增,二十七日在市人大常委会第六次会议上,代表市人民政府就《上海市城市总体规划方案(草案)》作了说明。

倪天增说明城市总体规划编制的指导思想是:一、既要振奋精神,又要实事求是。这个规划,要为上海实现党的十二大提出的要求,到本世纪末实现工农业年总产值翻两番的宏伟目标,作好布局安排,提供建设条件和基地;又要从上海的实际出发,实事求是,力求做到立足当前,放眼长远。二、继续贯彻国民经济调整、改革、整顿、提高的方针,坚持走"外挤、内联、改造、开发"的新路子。三、严格控制,留有余地。在城市规模、环境污染等方面要进行严格控制;同时对经济、社会的进一步发展作了考虑和安排,留有适当发展余地。四、城市发展的远期规划有个轮廓设想,就是有个基本方针、基本布局和基本措施,近期考虑得比较具体一些,以指导当前的建设。

在谈到近期建设规划时,倪天增说,上海城市的近期建设,按照党的十二大提出的前十年打基础、后十年搞振兴的战略部署,根据上海的实际情况,以调整"骨头"和"肉"的比例,扭转城市基础设施落后状况为主要目标。规划的项目主要是:一、优先安排金山卫和吴淞南北"两翼"的配套设施建设,加强闵行、虹桥新区建设和中心城边缘几个工业区的配套建设;二、抓紧建成自来水取水口上移到黄浦江上游的工程,以保障人民健康和提高工业产品质量;三、积极做好污水治理规划,加快中小型污水处理厂和吴淞、高桥、东区等出海污水干管的建设,争取黄浦江、苏州河的污染情况逐年有所好转;四、规划七年内加快建造住宅,争取中心城能有较多的人住进新区;五、有重点分步骤地做好图书馆、铁路新客站、展览中心、科技中心、文化中心、行政中心等规划和建设工作;六、能源方面,要加快新电厂和输变电系统的建设,扭转中心城严重缺电的问题,还要加快浦东等煤气厂的建设;七、交通方面,规划了隧道、立交、快速有轨交通、快速公路、城市南北干道和虹桥机场的改造、扩建等项目;八、加强信息通讯的建设,已定的电讯大楼、邮件处理中心要加快建设速度,还要增加电话设施的建设,包括采用先进技术设备;九、规划建设好龙华革命烈士公园等革命遗址,积极筹建革命烈士纪念馆;十、千方百计扩大中心城绿化面积,抓紧进行淀山湖风景区的规划和建设。倪天增说,在实施近期建设计划时,我们还要注意区别轻、重、缓、急不同情况,进一步做好综合平衡,把有限的财力、物力用在最急需的方面,妥善安排建设项目。

倪天增最后说,在这个规划经过国务院审定批准后,要集中一段时间,广为宣传,以便家喻户晓,由市人民政府组织全市人民建设好城市,管理好城市,做到人民城市人民建,人民城市人民管,共同努力实现这个总体规划。

(《解放日报》1983年12月29日)

市人大常委会第六次会议经过审议
通过上海城市总体规划方案
同意建立市城乡建设规划委员会，
由市府一并报请国务院批准

本报讯 上海经济建设和人民生活中的一件大事——《上海市城市总体规划方案》已于昨天经市人大常委会第六次会议审议通过。这个规划方案由市政府报国务院批准后，便具有法律性质，成为发展上海的蓝图，建设城市和管理城市的依据。

市人大常委会第六次会议是在二十七日开始举行的。会议由市人大常委会主任胡立教主持。在前天的会议上，委员们听取了倪天增副市长关于《上海市城市总体规划方案(草案)》几个主要问题的说明(摘要另发)，听取了市人大常委会市政建设委员会主任张文韬关于初步审议《上海市城市总体规划方案(草案)》意见的汇报。

张文韬在汇报中说，这个规划方案是总结了上海城市规划工作的历史经验，集中了领导、群众和专家的智慧，考虑到上海经济发展、社会发展和城市建设三者结合的综合性规划。他说，规划方案对上海城市性质的论定是比较全面、完整的。规划方案确定上海城市发展方向和城市布局结构，是符合上海实际情况和发展要求的。规划方案提出的近期建设规划，把逐步扭转城市基础设施落后的状况作为主要目标是十分必要的。他还说，要保证城市总体规划的实施，必须健全法制。这个规划方案经市人大常委会审议通过并由市政府报国务院批准后，便具有法律的性质。为保证规划方案的实施，必须系统地制订城市规划建设管理的一系列地方性法规，做到城市建设各项工作有章可循，有法可依。

经过热烈讨论，昨天会议作出了《关于〈上海市城市总体规划方案〉的决议》，原则通过了《上海市城市总体规划方案》，并同意建立上海市城乡建设规划委员会，由市人民政府一并报请国务院批准后认真组织实施。(决议全文另发)

在昨天的会议上，还通过了有关任免事项。决定任命傅忠耀为上海市物资局局长；任命姚赓麟、沈宗汉为上海市高级人民法院副院长、审判委员会委员。

出席昨天会议的,还有市人大常委会副主任施平、何以祥、狄景襄、王涛、刘靖基、吴若安、李培南,市高级人民法院院长华联奎,市人民检察院检察长王兴。市政府有关委、办、局和各区、县人大常委会负责人列席了会议。

会议将继续举行,讨论关于加强社会主义精神文明建设,清除精神污染的问题。

(《解放日报》1983年12月29日)

上海市人民代表大会常务委员会
关于《上海市城市总体规划方案》的决议

本报讯 上海市人民代表大会常务委员会《关于〈上海市城市总体规划方案〉的决议》全文如下:

上海市第八届人民代表大会常务委员会第六次会议,听取了倪天增副市长代表市人民政府所作的关于《上海市城市总体规划方案(草案)》几个主要问题的说明,审议了《上海市城市总体规划方案(草案)》。会议认为,这个规划方案是遵循中华人民共和国宪法的有关规定和国务院关于城市建设的方针、政策,经过认真调查研究,广泛征集了各方面的意见和反复论证而编制的,总的来说,符合上海的特点和实际情况,是可行的。会议原则通过《上海市城市总体规划方案》,并同意建立上海市城乡建设规划委员会,由市人民政府一并报请国务院批准后认真组织实施。

(《解放日报》1983年12月29日)

中共吴淞区委书记张耀忠建议
加快卫星城建设

本报讯 市人大代表、中共吴淞区委书记张耀忠提出加快卫星城建设的建议。

张耀忠说,要进一步明确卫星城建设的指导思想、方针、政策,包括卫星城的规模、布局、建设资金、开发方式和管理制度等,还要有一个具有法律效力的、统筹全局的城市规划和建设计划。吴淞区过去只注重工厂、住宅和小型生活配套设施的建设，而生活设施跟不上发展需要，所以要统筹安排各项建设内容，增强卫星城的吸引力。

他建议制定优惠政策，鼓励市中心区的人到卫星城定居，这些政策包括住房分配标准高于市中心区，允许卫星城在市中心区公开招聘教育、医务等方面人才，给应聘者安排住房，安排他们的家属就业和搞好商品供应等。

（《解放日报》1984 年 3 月 30 日）

开拓城乡结合、工农结合、联合投资建设新路
松江筹建两个新工业区
将分期分批征用土地一千三百余亩，
市有关部门同意简化审批手续

本报讯 根据上海市人民政府批准的《松江县城总体规划》，松江县确定在县城东部和西部建立两个新工业区。昨天，市计委、建委和农委召集市各有关部门举行会议，审议批准这两个工业区分期分批征用土地一千三百余亩。这是上海市在简化征用土地审批手续方面的一项重大改革。

松江县城将建立的这两个新工业区，在已批准的总体规划范围之内，它们与原县城东西工业区联成一片，区内空地多，有利于依托老城，节省开发建设费用。为加快这两个新工业区上马，松江县已经成立了开发投资公司和联合建筑工程公司。经与市毛麻公司、化纤公司、金属公司、有色金属研究所和交通大学等工业、科研和大专院校广泛接触，确定了建设毛麻生产基地和其他一批项目。

松江县这一做法，开拓了一条城乡结合、工农结合、联合投资建设的新路子。但是，过去上一个项目，征用土地要盖三十多个公章，最快半年，慢的要一两年，甚至更多时间。这不仅影响投资效益，也不利于基本建设"先地下、后地上"，不利于统一治理"三废"，统一供热和统一规划，与四化建设很不适应。为了改变这种局面，今年六月十九日，松江县向市政府打报告，要求分期分批征用和使用土地。昨天，市有关部门按照改革精神，经过审议，当场拍板，同意松江县分期分批征用土地。在市政府正式下文批准以后，由县里统一安排发展项目。

松江县历史上曾以经济繁荣,文化发达和人才辈出著称,明代时这里是全国三十三个工商业城市之一。近年来,随着交通条件的改善,松江正在成为上海实行内联战略和对外开展经济技术合作的一个重要门户和窗口。这两个新工业区建立以后,现在已经达成的项目,一年之内就可以投产。通过利用外资引进新的技术项目和安排本市老企业扩建项目、与市区各部门合资经营工商企业以及独资兴办集体企业等形式,不仅可以促进松江全县工业的振兴,而且可以带动全县建筑业、服装加工业、商业服务业、旅游业以及文化、教育、体育、卫生等各项事业的大发展。(记者　胡国强)

(《解放日报》1984年7月19日)

卫星城众星拱月

薛石英

上海象一颗秀丽的明珠,镶嵌在肥沃的长江三角洲平原上。在她的周围,逐年发展起了一批卫星工业城镇,如众星拱月,成为上海城市发展中的依托。

这些卫星城镇都是上海人民在艰苦创业中形成的。古城松江,已发展成以仪表和高级轻工业为主的卫星城镇;长江口的吴淞钢城,由四十多家钢铁厂组成了能炼铁、炼钢、成材的联合生产企业。在黄浦江两岸,两座化工城对峙南北,位于上游东岸的吴泾化工区以煤炭化工为主,下游西岸的高桥化工区则以石油化工为主,相得益彰。环绕在上海周围的还有:科学卫星城嘉定,机电城闵行,汽车城安亭。其他近郊的桃浦化工区'漕河泾仪表工业区'彭浦重型机械区等,则由于城市建设和生产的发展,已逐渐同中心区联成一片,融合在一起了。

沿着新拓宽的沪闵快速公路,我们来到最先建成的工业卫星城——闵行。据传说,明代嘉靖年间,有个山东人闵琪游学来沪,溯浦江而行,不行没能生还,死后死后葬于此地,遂名"闵行"。闵行的变化是巨大的,我们再参差林立的厂房间,在鳞次栉比的工房区,在迎风摇曳的绿荫花簇下,在商店"接踵"的闵行一条街上,寻觅到当年开拓者的脚印。在一九五八年前,这里还是一片农田,现在已拥有上海电机厂、汽轮机厂、锅炉厂和重型机器厂等五十多家工厂,成为上海重型机床和大型成套发电机组制造的重要基地,是上海经济建设的支柱之一。我国第一套三十万千瓦双水内冷发电机组在这里诞生,我国第一台万吨水压机在这里运行……

而今天,上海市政府又在决定在闵行的西部辟出三千亩土地,依靠国外先进技术和资金,兴办电子、仪表、钟表、玩具、服装、食品等技术密集型加工企业,第一批供外商购买或租用的通用厂房已破土动工,不久,这里又将成为技术先进的新经济区。

和闵行电机城一样,其他的卫星城镇也都各有自己的特点和规模。科学城嘉定,拥有八个研究所、一所科技大学和六十多家电子仪表、轻纺和科研实验工厂,还将建造大型科研活动中心、科技会堂和高级宾馆,发展国内外学术交流活动。汽车城安亭,拥有二十多家工厂,成批生产着上海牌轿车,现在又将引进国外先进技术和装备,更新颖、先进的轿车将从这里驰往祖国四方……。这些环绕在上海周围的"星",日夜为母城贡献着光和热,成为母城的延伸和补充。

(《人民日报》1984 年 8 月 10 日)

上海市区行政区划调整扩大
总面积将从二三〇平方公里增至三四〇平方公里

本报讯 为了适应本市经济和社会发展的需要,市人民政府报经国务院批准,决定调整扩大本市市区行政区划。这项工作从今日起开始交接。经过调整后的市区总面积,将从现在的二百三十平方公里扩大到三百四十余平方公里。这是上海解放以来调整市区面积最大的一次。

经过这次调整扩大行政区划,川沙县的洋泾镇和张桥、洋泾、严桥、六里、杨思五个乡的一百一十六个生产队;上海县的漕河泾镇、龙华镇、北新泾镇和龙华、梅陇、虹桥、新泾四个乡的一百七十七个生产队;嘉定县的真如镇和长征、桃浦两个乡的四十七个生产队;宝山县的江湾镇、五角场镇和彭浦、庙行、江湾、五角场四个乡的一百二十九个生产队,将分别划归徐汇、杨浦、黄浦、虹口、长宁、普陀、闸北、南市八个区管辖。这次调整,将有利于本市经济建设的发展;有利于改造和振兴老工业基地,促进本市的改革和对外开放;也有利于市中心的人口向边缘地区疏散,逐步解决人口过于集中的问题,缓和市区交通拥挤、住房紧张等矛盾。

为了把调整扩大市区行政区划这件关系到几十万人民切身利益的好事做好,有关区、县人民政府都相继成立了由区、县长负责的交接工作领导小组,制定交接工作的计划、方案,组织交接工作的实施,协调交接中遇到的问题,切实抓好与群众生活密切相关的各项工作,确保生产和群众生活正常进行,使整个交接工作有领导、有计划、有步骤地顺利展开。

这次调整扩大市区行政区划,情况复杂,工作量大,政策性强,是一次繁重的改革任务。市人民政府要求各有关区、县和有关部门顾全大局,齐心协力,互谅互让,互相支持,切实把这件关系到本市经济建设和群众生活的大事办好。

(《文汇报》1984年9月1日)

珠环翠绕　群星璀璨——上海十二个工业卫星城

在上海周围,有十二颗灿烂的"人造卫星",她们,行经三十五个春秋,日益成熟、壮大了。

几十万人的汗水,几代人的劳动,把昔日的荒野稻田,开拓成一个个新工业区,厂房绵连,烟囱林立,住宅成行。强有力的工业血液注入了惨淡经营的乡村小镇,先进的科学技术如火箭推进器,把"卫星"送入了现代化的轨道。卫星城的变化,沧海桑田。

如今,这里有亚太地区最大的热处理场:闵行机械厂铸造车间;有全国最大的照相机厂:上海照相机总厂;有全国品种最多的特殊钢厂:上钢五厂;有华东地区最大的计算中心:华东计算机研究所……阵容强大,实力雄厚。科学城嘉定,轻纺城松江,汽车城安亭,钢城吴淞,机电工业区闵行,化工区吴泾、高桥,电子工业区漕河泾……如众星拱月,光彩灼灼,似珠环翠绕,卫护母城。

卫星城渡过了一波三折的昨天,迎来了繁荣中兴的今天。她们,更有一个尽情释放能量的辉煌的明天。闵行区、虹桥区,罗泾新港区,从母城向卫星辐射的一条条高速公路……这一幅幅宏伟壮丽的蓝图,将变成伟大的现实。在新工业革命浪潮的推动下,卫星城正以新的加速度向前飞行。

朋友,请把目光投向"卫星"! ——编者

古城松江重展"红颜"

"卫星"闪闪,吸引着越来越多的人们。她们的魅力,与那配套齐全的生活设施是分不开的。近年来,"卫星"城的衣食住行有了很大改善,有些方面甚至比母城更具优势。

生活起居,衣食为先。如今,每一座卫星城都有自己的商业网点和具有各自特色的"南京路"、"淮海路"。闵行一号路是卫星城镇中最早出现的一条商业街,五百米长的马路两旁开设着饮食、百货、服装、鞋帽等各类商店,店宅相傍,繁而不闹。钢城吴淞的饮食业发展较快,除小广东等老餐馆外,新近又开设了"实验饭店""松云楼"等饭店,镇首镇尾,点心铺一个接一个,目前全镇饮食商店就有七十三个,形成了一个完整的饮食业网点。古城嘉定,除了原有的商业中心外,又新辟了塔城路、沙霞路、梅园路三个商业区。现在,全城共有商店二百四十多家,城中还开设了"佳露"西餐社和咖啡馆,以满足不同层次的消费需要。

住,是卫星城的一大优势。近几年,各卫星城相继建起了一幢幢宽敞舒适、设施齐全的居民住宅。到目前为止,嘉定县城的职工住宅总面积共五十多万平方米,如今人均住房面积达七平方米,为全上海人均住房面积之首。江南小镇松江自十一届三中全会以来,新建住宅面积四十万平方米,平均每个居民可增加三平方米居住面积。在吴淞区逸仙路两旁,海滨一、二、三新村和桃园新村等已陆续建成,住宅大楼林立。

距离,是人们走向卫星城的一大障碍,如今正在被克服之中。从市区到松江的沪松公路于去年动工,二十一米宽的柏油路面上,设有六车道,各类车辆,各行其道,畅通无阻。人们关心的沪嘉高速公路,即将施工,它建成后,从上海市区到嘉定城,只需要二十分钟。从漕溪路到安亭的漕安公路,已完成了首期工程两公里四车道的路面,正在继续二期施工。这些公路的筑成,不仅改善了交通,也将大大缩短人们对卫星城的心理距离。

未来的"工业团地"——访闵行虹桥开发公司总经理谢武元

市府批准在闵行、虹桥划地二百七十七公顷,筹建对外开放的新工业区和外事活动区。最近,记者访问了闵行虹桥开发公司总经理谢武元。他铺开闵行、虹桥新区的地图,对记者说:"目前这两个区正以'八十年代的上海速度'在建设着,蓝图将很快成为现实。"

谢经理告诉记者,上海作为一个开放城市,国外人士前来投资建厂盖宾馆的越来越多。但在市区搞建设,要征用土地,拆迁建筑,解决水、电、煤气等公用事业的配套,势必旷日持久,国外投资者会望而却步。在市区附近搞建设,速度会快得多。

"那么,为什么要选定在闵行、虹桥两个地区开发呢?"记者这一问,谢经理兴致勃勃。他说,闵行是上海第一个卫星城市,有较雄厚的工业基础,现在开辟的闵行工业新区在闵行的西部,那里位于黄浦江上游,三千吨轮船可以通行,区内有铁路支线可联接全国铁路网,新拓宽的沪闵路干道可直通市区徐家汇,与虹桥国际机场相距二十七公里。这里的地理条件可称得天独厚,可以建设成类似国外"工业团地"那样的技术密集型工业区。虹桥新区虽然面积不到闵行新区的三分之一。但它地段适中,环境幽雅,是兴建高级楼宇的理想场所。市府决定把它辟为对外活动区,在此建设一批外国驻沪领事馆和高级宾馆,这是很有眼光的决策。

谢经理谈锋很健,他说,去年初夏,我第一次去闵行新区,那里是一片稻浪滚滚。在一年多一点的时间里,我们已把两块土地征了下来。我们学习蛇口的建设经验和新加坡裕廊等地的建设方法,严格按照先地下、后地上的建设程序建设。现在闵行新区内的三条主要道路已从稻田中开出,地下六根管道已敷设好,初级路面已建成通车。供外商购买或租赁的通用厂房已破土动工。虹桥新区内的领馆综合办公楼也已清出场地,明年年初打桩。这样的速度,在上海尚属首见。

记者饶有兴趣地问:国外投资者对这两个新区的投资意向如何?谢经理说,上海以优惠的条件欢迎外商来投资开发,对他们有相当的吸引力。一年多来,许多外国的实业集团纷至沓来,到目前大约已有六百多人次上门洽谈。足见新区对他们的"魅力"。香港环球公司和上海合营的环球玩具厂捷足先登,已在新区破土动工建厂了。

谢武元经理侃侃而谈,不时有人插进来向他请示问题,他明快地一一定夺,给人留下讲究效率、办事果断的深刻印象。(本报记者　薛石英)

科学卫星城——嘉定

嘉定,是个源远流长的江南文化城,从一九五八年起,这里被辟为上海的科学卫星城。中科院的原子核研究所、光学机械研究所等一大批搞尖端科研的单位,从市里迁来落户。我们去嘉定采访时,听到了许多新鲜而又古老的故事。

在春秋时期,嘉定属越国的封地,越王勾践卧薪尝胆,徐图复国的故事,经司马迁神来之笔流传至今。据说勾践有把传世之剑,寒光逼人,锐利无比,剑落之处,石岩皆进。勾践死后,这柄剑也从此湮世。一九六五年,著名的勾践之剑在湖北出土,虽然埋藏地下二千五百多年,但仍光华熠熠,锋利不减"当年"。剑有魂乎?原子核所的科技人员,用先进的离子束分析技术,解开了这神秘而又古老的谜。原来,剑中掺入了好几种稀有元素,方使宝剑越千年而不锈。

富有人情味的日本电视连续剧《血疑》打动了无数的上海观众,幸子是受到过剂量的钴辐射才得病的。《血疑》只是个虚构的故事,事实上,适量的钴辐射是杀菌消毒的最好良方。据嘉定原子核研究所的工作人员告诉我们,经过辐射的苹果、枇杷、草莓等水果,能保鲜十个月。不久,全国第一家"特种果品商店"将会出现在南京路上,专门出售经过辐射的鲜果,到时候,就是严寒三九之时,也能买到晶莹白糯的南国荔枝呢。

干福熹、邓锡铭、王之江三人,是新中国第一代激光专家。一九五八年建设科学卫星城时,他们从祖国各地来到嘉定的光学机械研究所;一九六一年三月,创建了全国第一个激光研究室,一九六一到六二年,他们分别研制出了我国激光史上第一代成果:红宝石激光器、玻璃激光器和氦氖气体激光器。那时,他们风华正茂,现在,他们都已年逾五十了,但仍雄心勃勃。

嘉定科学卫星城已初具规模了,她不仅具有一批相当规模的研究所和附属工厂,以及拥有一大批掌握尖端技术的科技人才和技术装备;而且还有一所大学——上海科技大学,每年有许多年青的科技人员从这里走向上海各区。作为一个科学城市,她还拥有了与之相匹配的生活环境和服务设施,图书馆、影剧院、"高知"楼相继建成,商业网点齐全,修葺一新的明代园林秋霞圃是人们休憩的绝好去处。整个嘉定绿化成片,枝叶扶疏,笼罩在宁静的氛围中。(高峰 雨雪)

卫星城的几个数字

上海卫星城共有人口 56 万,占市区人口的 9%。

工业总产值 116.3 亿,占全市工业总产值的 17%。

上海卫星城经济增长的速度快于人口增长的速度,近五年来,人口增长了 28%,经济增长了 33.8%。

解放以来,卫星城新建了 70 个新村,面积达 400 万平方米,占上海新建新村面

积的 27.89％。(刘惠芬)

旅游网点初步形成

卫星城镇的名胜古迹经过大力整修,又开发出了一些新的游览场所,建立了各类旅游宾馆,吸引着中外游客,成为上海重要的旅游网。

上海卫星城镇主要的名胜古迹,集中在松江、嘉定、青浦、上海等县。松江著名的兴圣教寺塔(方塔),唐、明、清时代的建筑如经幢、照壁、"醉白池"都已按照原貌加以整修。曾是唐宋时江南名胜的"松郡九峰"包括佘山,也将装点一新,重放光华。嘉定的孔庙近年已重新修葺。庙前的"应奎山"是明朝时所垒,现已辟成"汇龙潭"公园,并正继续扩建,亭台楼榭,既古朴又典雅。城中的"明代园林""秋霞圃"也已修复。

一些风景区经过有关部门的精心规划,具有更大的吸引力。龙漕风景区、龙华植物园、龙华古寺、龙华古塔、龙华公园和桂林公园、康健园、漕溪公园……将连成一片,再加上梅陇的大型游乐场,使上海又多了一个理想的游览点。

青浦的淀山湖,经过几年来的建设,面目已楚楚可观。湖畔建起了初具规模的大观园,建立了水上运动场,还将铺设人工沙滩,配备各种水上运动器械,供游客玩乐。这里将成为上海最大的水上活动场所。市有关部门还将在淀山湖畔建立度假村、疗养院。附近的乡镇也在积极筹集资金兴办饭店、餐厅、商店,开展各类旅游服务。可以预见,为时不远,这里将成为别具风光的旅游胜地。(何行烈)

古城松江重展"红颜"

最近,松江县决定筹建两个新工业区,市纺织局的毛麻公司和化纤公司闻讯后捷足先登,首先与之签订了共同开发的契约。松江原有的老纺织企业、服装加工企业和顾绣手工艺企业也纷纷与市属单位联营,竞相发展纺织和服装生产。松江这一以纺织、轻工为主的上海卫星城市,背靠杭嘉湖富庶的原料产地,面对上海广大的商品市场,依仗精湛的传统技术,发展的潜力不可估量。看来,再度"衣被天下"的繁荣景象将会在松江重现。

松江民间有个风俗,农历四月初六,姑娘媳妇都要上黄道婆祠去烧香祈祷,祈求黄婆婆能给予一双会织布的、善女红的巧手。明朝嘉靖年间,松江纺织业的发展空前昌盛,家家户户落纱织布,松江棉布一时名噪全国。松江城东有个丁娘子,她有一手极其娴熟的弹花技术,弹线落时,花皆飞起,用以纺纱织布,"其布之丽密,他方莫并焉",因而人称飞花布,被充作贡品进贡朝廷。松江地灵人秀,绣画交融的顾绣艺术在这里世代相承,飞针走线的巧姑到处可见。一幅顾绣八骏图,使一代画师董其昌自愧不如,连连称奇,赞不绝口。

但是,有过纺织业辉煌历史的松江,到解放前夕,早已由盛转衰,昔日的繁荣景象不复再见。名满天下的顾绣艺术,濒于失传。

解放后,江南古城松江重展"红颜",织工绣女们又重新活跃在松江城厢。一九五八年,松江划归上海市,一些市属纺织、轻工、仪表工厂陆续从市区迁来。松江卫星城初具规模。十一届三中全会后,松江有股实根基的纺织业发展特别快,棉、毛、麻、丝等特色产品得到恢复,并发展了针织品和化纤纺织品。"上麻牌"麻袋曾荣获国家银质产品奖章,多年来一直行销全国。一度被人冷落,现在又重受妇女青睐的松江蓝白花布,已由大工业机器生产代替了过去脚踏手抒的手工生产,即使产量大大增加了,仍赶不上国内外时尚姑娘的需求。

松江工艺品厂在一九七八年再度恢复了顾绣生产。经多方查访,终于在松江城外找到七十多岁的戴明教老妈妈。她是唯一受到顾绣嫡派教授的顾绣传人,被请进工艺品厂后,濒于失传的顾绣艺术又在松江卫星城如缕不绝,如网撒开,现已后继有人。一位年青绣工,能把一根丝线擘成四十八份,运针精到,不露擘痕,一幅金秋海棠图,飞香走红,诱来蜂蝶展展,可谓巧夺天工。如此艺术珍品,实为国之瑰宝。五年来,他们已有一百五十多幅顾绣制品远销世界各地。去年,顾绣制品到东南亚展出,许多人看了竟流连忘返。

近日记者去松江,又得知市毛麻公司要在这里兴建一个大型的毛纺工业区,引进国外先进设备,开办九个精纺呢绒厂。到时候,气流纺技术,喷水织布机等将出现在黄道婆、丁娘子的故乡。如果纺织列祖们有灵,看到用这些现代织机制成的精品,定会含笑泉下,为"青出于蓝而胜于蓝"感到欣慰。(纪林、雨雪)

《解放日报》1984 年 9 月 2 日)

采取"五统一"简化审批手续加快住宅建设
嘉定城五年建房卅六万平方米
一九七九年以来每年造房量要比
前三十年平均数高十多倍

本报讯 嘉定县城在一九七九年前的三十年中，共建住宅二十万平方米，平均每年建房六千六百平方米；一九七九年以后的五年中，共建住宅三十六万平方米，平均每年建房七万二千平方米。后五年和前三十年相比，要高十多倍。建设速度之快令人鼓舞。

速度是怎样加快的呢？

按照嘉定的总体规划，到二〇〇〇年县城要容纳十五万人，占地面积从现在六平方公里扩展至十五平方公里，这样，原来"见缝插针"建住宅的做法已不适应。另一方面，企业单位集资建房日益增多，每一个单位都要组织一套建房班子，自己去征地、动迁、组织施工和材料，真是不胜负担。而且，有的市政管道的敷设，也不是某一个小单位能担负得起的。针对这些情况，嘉定县采取了"五统一"的办法：即统一规划设计；统一征地拆迁；统一组织施工建造；统一分摊各项费用；统一分配管理。

建房手续繁，要盖三十九颗图章，如果有十个单位集资自建，每个单位都要办这样的手续，时间非得要半年一年不可，要是动员拆迁、组织施工中节外生枝，往往还要拖延时日。嘉定县实行"五统一"以后，只要一次审定办理，建房单位把上级下达的建房指标和资金交给县住宅建设办公室，就行了。况且县住宅办统一办理征地、拆迁等项事，具有权威性，可以减少互相扯皮，办事效率高。

城市建房中，往往是苦乐不均，有的"吃肉"，有的"啃骨头"。有些单位好不容易筹资建房，但动迁户太多，动迁用房甚至超过单位实际得到的房子。嘉定县实行统一组建，就避免了这种现象的发生。实行"五统一"的办法是：每个建房单位都在新建的住宅中抽出百分之二十，由县住宅办作为机动，可用于动迁户的过渡用房，保证了边动迁、边建房的需要。县政府同时规定，这批提取的用房只能用于城市改造，决不移作他用。现在，这一做法已逐渐成为各建房单位自觉遵守的制度了。

（记者　薛石英、梁廉淼）

（《解放日报》1984 年 10 月 12 日）

十年内形成年产三十万辆轿车能力
安亭将建成中国汽车城
上海—桑塔纳轿车项目前期工程昨天破土动工

本报讯　中国和联邦德国大众汽车公司合资经营的上海—桑塔纳轿车项目的前期工程,昨天上午七时半在安亭破土动工。

上海—桑塔纳轿车项目是国家"七五"规划的重点建设项目,中央和上海市对此十分重视。日前,由中国汽车公司和本市联合组成的轿车考察团,已前往美国、巴西、墨西哥等国进行实地考察,计划用十年时间在安亭地区建成年产三十万辆轿车的中国汽车城。

作为现代化汽车城的建设计划将分两步实现。昨天破土动工的是前期工程,由中方与联邦德国大众汽车公司合资,对现有老企业进行技术改造,计划在一九八七年达到年产三万辆轿车。随后,开始第二期工程,进一步扩大合资规模建设新厂,并对安亭地区按总体规划进行配套建设,形成约有二十至三十万人口、年产三十万辆轿车的现代化汽车城。（通讯员　胡银生　记者沈丹心）

（《解放日报》1985 年 3 月 1 日）

国务院就上海进一步开放问题作出批复
把上海建成对外经济联系枢纽

使之对外商具有巨大吸引力、对先进技术具有强大消化力、对国际市场具有敏捷应变能力,成为发展出口、增加创汇的基地

新华社北京 3 月 14 日电　国务院三月八日发文对上海市进一步对外开放的一些问题作出了批复,提出要逐步把上海建设成为对国外客商具有巨大吸引力、对先进技术具有强大消化力、对国际市场具有敏捷应变能力的对外经济联系枢纽,成为

发展出口、增加创汇的基地。

《批复》要求上海市在对外开放中充分发挥本身的优势,加快利用外资、引进先进技术的步伐,对现有工业进行系统改造,广泛采用新技术,开发新产品,发展新兴产业;进一步合理调整经济结构,加强与内地的经济联合;大力发展第三产业,增强中心城市的综合功能。

为便于上海市调整工业布局,按照贸—工—农的顺序安排经济活动,发展出口商品生产,《批复》规定上海市进一步对外开放的范围除老市区外还包括:上海市所辖的十个县的城关区;上海市政府批准的集中安排工业、科研项目的重点卫星城镇;上海市政府批准的在所辖农村中利用外资建设的以发展出口为目标的农、林、牧、养殖业生产项目及其产品加工项目。凡在对外开放范围内的技术引进项目和利用外资建设的生产性项目,都可按照国家对沿海十四个开放城市和沿海经济开放区规定的有关政策,享受有关的优惠待遇。

《批复》指出,在上海市范围内,有关中外合资经营、合作经营和外商独资经营企业减征、免征企业所得税和工商统一税的审批问题,由财政部委托上海市政府按照国务院有关文件的规定办理,并报财政部备案。

(《解放日报》1985年3月15日)

市建委、规划局、市政工程局领导接受代表意见
尽快解决吴淞区市政建设问题

本报讯 参加市人大会议的吴淞区代表团,昨天下午就吴淞区的建设规划和目前市政建设设施方面存在的问题,向市政府有关部门提出了询问。

根据上海市城市建设总体规划,吴淞区政府向市有关主管部门上报了"吴淞区城市建设总体规划"、"吴淞老镇改造规划"等建设计划,到二〇〇〇年止,吴淞将建造一个以冶金、港口和能源为主的拥有三十五万人口的新市区。吴淞区建区三年多来,各方面发展很快。宝钢一期工程在今年九月投产后,二期工程又要上马,石洞口电厂、煤气厂、对外开放基地等,即将兴建,还要建设图书馆、体育场、游泳池等文体活动设施,还有成批的住宅要兴建,需要基地和动迁机动住宅基地,吴淞区的市人民代表希望市有关主管部门尽快帮助他们解决。

会上,市建委主任李春涛、市城市规划局局长史玉雪和市政工程局局长王泽

华,都表示接受代表们的意见。他们说,吴淞区是上海卫星城市之一,又是上海的冶金工业基地,对吴淞区的城市建设规划市里是重视的,也是一定要支持的,有关主管部门正在认真研究讨论,尽快设法帮助解决吴淞区的问题。

(《解放日报》1985 年 4 月 28 日)

上海当前的经济工作

——一九八五年四月二十三日在上海市第八届人民代表大会
第三次会议上的政府工作报告

上海市市长　汪道涵

各位代表:

一年来,全市经济和社会发展取得了新进展,各项计划完成情况已由市统计局发表了统计公报。从去年下半年起,我们集中各方面意见,拟订了改造和振兴上海的战略纲要,已经国务院批准实施。这两份文件,一并印发给各位代表。

我向大会提出的报告,主要说明当前上海的经济形势和做好今年经济工作问题。

一、一九八四年上海经济的新发展

去年,上海工农业生产有较大幅度的增长,国家重点工程和城市建设进度加快,城乡人民生活继续改善,市场更加繁荣活跃,各行业经济效益有较大的提高,社会秩序明显好转。全年国民生产总值①三百七十八亿元,比前年增长百分之九点八;国民收入②三百三十亿元,增长百分之八点八;工农业总产值③七百九十二亿元,增长百分之十点一;社会商品零售额一百二十九亿八千万元,增长百分之二十一点七;固定资产投资额七十一亿九千万元,增长百分之十六点五;财政收入一百五十九亿六千万元,增长百分之四点二;银行信贷控制在国家计划之内,总的情况是存大于贷,回笼大于投放。去年市人民代表大会确定的各项计划指标,包括十个方面的任务、六个战役、与人民生活密切相关的十五件事,都按计划完成了,经济建设的许多方面开始创出新局面,有了新面貌。一九八四年的经济形势,是在国民经济调整的基础上,贯彻改革、开放、搞活经济的方针,取得持续、稳定而又比较协调发展的一年,是提高经济效益取得明显成效的一年。

这一年的经济工作,主要抓了改革、开放和研究战略三件大事:

(一) 城市经济体制改革的新进展

去年初,国务院下达了一系列关于经济体制改革的文件;五月,赵紫阳总理在全国人民代表大会上所作的《政府工作报告》中阐明了改革的方针任务;十月,党的十二届三中全会通过了《关于经济体制改革的决定》,确定了指导全面系统改革的纲领,绘制了改革的蓝图。我们结合上海的实际情况,先后制订了三十多个实施的文件,从正确解决国家与企业、企业与职工的关系入手,实行国营企业的第二步利改税,扩大企业自主权,调动企业和职工的积极性;并进一步发展城镇多种经济形式和经营方式,以增强企业和城乡经济的活力。

这一年,工业部门,五十八个工厂和自行车、轻机、标准件三个公司试行"三配套"④改革试点;上棉十七厂、上海机床厂、上无二厂三个企业试行"四配套"⑤改革试点;还对固定资产原值五百万元以下、年利润五十万元以下的二百零七个小型国营企业,只征所得税,免征调节税。交通部门,长江、内河航运和港务等系统组建了十三个企业性的专业公司;汽车运输按专业化分工组建了七个独立核算的经营实体。建筑部门,全面实行产值中的工资含量包干,积极推行建筑工程承包,并有九十项工程实行了招标。商业部门,改革日用工业品批发体制,除百货批发站外各一级站都与相关的市公司合并,减少了层次;还建立了一个大型综合性的日用工业品贸易中心,十二个专业贸易中心,三十八个农副产品交易市场和贸易货栈。物资部门,建立了化工原料、金属材料、机电产品、农机产品、汽车配件五个专业性贸易中心,成立了物资交易所、生产资料交易市场和木材交易市场。计划、财政、劳动等综合部门,都制订了搞活企业、搞活经济的改革措施。科技、教育、文化等部门也进行了一些改革。以上各方面的改革虽然是初步的,但都增强了企事业单位的活力,调动了广大干部和群众的积极性,取得较好的经济和社会效益。

(二) 对外、对内开放的新突破

上海的对外开放,一直受到党中央、国务院重视。国务院于一九八三年批准了上海加快对外经济贸易工作的报告,我们提出外挤、内联、改造、开发的任务,开创上海经济发展的新局面。国务院去年决定沿海十四个城市⑥进一步对外开放,给予上海更加有利的条件,我们又进一步提出,欢迎全国各地和世界各国企业到上海来,采取合作、合营或独营的形式办厂、开店或建房,在国内外引起很大反响。

这一年,在上海举办和上海参加海外举办的进出口贸易洽谈会、国际投资法研讨会、投资环境讨论会等活动,收到了积极效果。全年签订合同并经批准的中外合资经营企业二十四家;中外合作经营项目二十一个;还批准两家外商独资经营企业。全年利用外资,达成协议九亿五千万美元,已批准合同四亿四千万美元,比前年增加四倍。技术引进共成交三百七十二项,金额比前年增加百分之九十一;引进技术的生产线、软件和大项目增多,质量也有提高。口岸出口近三十六亿美元,超过计划百分之三十六,资金周转加快,出口成本降低,损益情况明显好转。对外经济技术合作,签订了四项承包工程合同,金额五千万美元;在海外的劳务人员有一千人左右。

对内开放多方面、多层次、多渠道、多形式地展开,经济技术联合的范围扩大,项目增多。去年,上海与各兄弟地区建立各种经济联合体共六百多个,省、市、区际经济技术协作项目七百七十九个,各区县与各省、市、区以下单位直接签订的经济技术协议为数更多。各兄弟地区来上海开设的公司和商店已有二百六十多家。

(三) 为改造和振兴上海制定了经济发展战略

我们把研究上海经济发展战略,作为一项根本任务列入重要议事日程。这几年,上海国民经济调整已有良好基础,改革和开放的实践取得初步成效,这是我们研究战略问题的基本条件。最重要的是,有党中央、国务院的正确领导和亲切关怀,有广大干部群众的积极要求和共同努力。去年七月,赵紫阳总理视察辽宁时指出,上海、辽宁这两个老基地必须改造和振兴。八月,我们向国务院和中央财经领导小组汇报了上海经济和社会发展的情况、问题和意见,提出改造上海、振兴上海的设想。九、十月间,国务院派出改造、振兴上海调研组,帮助我们系统地调查研究;与此同时,召开了有全国著名专家学者参加的上海经济发展战略战役研讨会。接着,市人民政府和国务院调研组联合向国务院和中央财经领导小组报告了《上海经济发展战略汇报提纲》。十二月,赵紫阳总理、姚依林副总理以及中央有关部委的领导同志来上海,肯定了上海经济发展战略,作出了一些重大决策,给予上海大力支持。今年二月,国务院正式批准实施。

国务院指出,改造、振兴上海不仅是上海市的大事,也是关系我国四个现代化建设的大事。在新的历史条件下,上海要充分发挥中心城市的作用,成为全国四个现代化建设的开路先锋。从这个基点出发,确定上海经济发展的战略目标是:通过改造与振兴,力争到本世纪末,把上海建设成为开放型、多功能、产业结构合理、科学技术先进、具有高度文明的社会主义现代化城市。为实现这一战略目标,明确了六个方面的主要方针任务,就是:一,对国内外都开放,以对外开放为重点,起沟通内外的桥梁作用;二,采用先进技术,近期特别要加强技术引进,有重点地改造传统工业;三,开拓新技术,近期主要采取逆向发展,迅速形成新兴工业;四,调整产业结构,大力发展"第三产业"⑦为全国服务;五,加快城市基础设施的建设,积极开发新市区,初步改造老市区;六,加强社会主义物质文明建设和社会主义精神文明建设的结合。这六项方针任务是有机联系的,互为条件,互相促进的。要完成这些任务,关键在于全面实行经济体制改革,要求上海的改革走在前列。我们要结合当前工作,认真组织学习上海经济发展战略;进一步编制实施计划,确定战役目标和任务;创造条件,综合平衡人力、物力、财力,具体安排落实;广泛宣传,动员全市人民奋发图强,群策群力,为实现上海的改造和振兴而奋斗。

一九八四年上海和全国一样经济形势很好,但也存在一些值得重视的问题,需要及时解决。主要是:消费基金增长过快,部分奖金的发放控制不严,市场部分商品出现争购现象。去年,上海农民从集体分得的人均年收入比前年增加百分之四十九点二,职工平均工资增加百分之二十三点八。全市职工工资总额增加十亿八千万元,其中,补发一九八三年调整工资四亿多元,新增职工、郊县事业单位职工津贴等增发二亿多元,奖金包括计件超额工资增加四亿多元。总的看来,发放奖金基本符合国家规定,有利于调动职工积极性,促进了生产的发展,但由于奖金渠道增多,缺乏必要的控制和管理;同时,由于消费增长大于生产增长,出现了在市场购销兴旺中部分商品偏紧的情况。去年,上海调往外地的商品总额比前年增长百分之十一,社会商品零售额增长百分之二十一点七。第四季度,货币投放量大,集团购买力和外来购买力增长很猛,又集中冲击一部分高档日用工业品,更增大了市场供应的压力,使紧缺商品由年初的十种扩大到年末的八十八种。同一时期居民的存款增加,年底城乡居民存款余额五十六亿元,比前年增加百分之二十二,这也是很大的潜在购买力。特别是第四季度,出现了以权谋私、滥发奖金实物、擅自乱涨物价、损公肥私等几股新的不正之风,在一定程度上干扰了改革,搞乱了一些干部和群众的思想。虽然这些问题是前进中出现的支流,但我们决不能掉以轻心。由于我们的认识跟不上形势,对经济发展过程中出现的新情况缺乏及时、全面的分析和预测,指导经济活动的法制还很不健全,对出现的一些问题又缺乏及时检查和正确引导,应该认真总结经验,吸取教训,加以改进。

今年三月,我们传达和贯彻全国省长、自治区主席、直辖市市长会议的精神,分析了上海面临的情况和问题,统一了思想认识,坚持改革、开放、搞活经济;控制现金投放,压缩行政经费开支,加强对消费基金的管理,加快货币回笼;对新的不正之风采取一坚决刹住、二调查研究划清界限、三区别情况认真处理等措施,情况已明显好转。我们相信,坚决执行中央的方针政策和统一部署,就一定能够巩固和发展大好形势。

二、当前上海经济工作的主要任务

一九八五年是"六五"计划的最后一年,是贯彻党的十二届三中全会通过的关于经济体制改革的决定的第一年,也是国务院批准的上海经济发展战略开始实施的一年。做好今年的经济工作,不仅关系着当前,而且关系着长远,是至为重要的。一九八五年已经过去一个季度了。第一季度的情况是好的,工业总产值一百九十六亿元,完成全年计划的百分之二十四点五,比去年同期增长百分之十一点三;社会商品零售额四十三亿元,比去年同期增长百分之四十三;财政收入四十一亿元,完成全年计划的百分之二十五,比去年同期增长百分之九点二。从全年国民经济和社会发展计划来看,任务还是相当繁重的,必须付出极大的努力。

今年,抓好实施上海经济发展战略的起步,主要任务是:

(一)按市场需要组织好商品生产和流通

面对着世界正在兴起的新技术革命和国际、国内两个市场的竞争,上海应该充分发挥全国最大的商品集散地和最重要的外贸口岸的作用,进一步对外开放,进一步对内搞活,大力发展社会主义有计划的商品经济。这就必须从国内外市场需要和变化趋势出发,继续调整产业结构和产品结构,加快技术改造,积极慎重地推进经济体制改革,并自觉运用价值规律,组织商品生产和流通。我们各项经济活动,都要以此为出发点。

根据市场需要发展工业品生产,是全国对上海的要求,也是上海经济振兴的基础。我们要不断提高出口商品的比重,继续增加供应国内市场的商品总量,最大程度地满足上海零售市场对消费品日益增长的需求,努力为全国提供更多的金属、化工材料和先进的机械、电子仪表等技术装备,为发展农业供应大量农机、化肥、农药等生产资料,为城乡建设需要制造大量电力设备、交通工具,等等。这些任务,都要求上海工业生产有相应的增长。我们坚持实事求是、稳步前进的方针,决不应盲目追求缺乏效益的速度。今后随着宝钢、石化、乙烯、轿车、飞机、电子、电信、电力设备、浮法玻璃等新建骨干项目的投产,随着工业日用品的升级换代和新兴工业的开拓,随着乡镇工业和街道工业的发展,上海工业生产是肯定会有一定增长的。这些项目,都是为后十年振兴打基础、作准备、增添后劲的,是经过主观努力可以实现的。

上海工业生产的发展,不仅要求量的增加,更重要的是质的提高。我们要加快对世界先进技术的引进、消化、创新、推广;用先进技术改造传统工业、发展新兴产业;依据国内外市场需要增产新颖、优质、名牌的适销产品。力争到一九九〇年,上海主要行业的技术装备和主要产品的技术性能达到八十年代初期的世界先进水平。

今年的生产和流通,主要抓好以下几方面工作:

积极增产适销对路的产品。工业要在提高产品质量、增加花色品种、降低生产成本的前提下,积极发展生产。特别是社会急需、适销量大、优质名牌的产品,如电视机、洗衣机、照相机、录音机、电冰箱等耐用消费品和纺织品、服装、食品、饮料、日用化工、文化用品及小商品等,都要落实"六个优先"⑧的措施,保证有较大幅度的增产。农村商品生产要有较大的发展,依据贸——工——农的次序,逐步调整产业结构,建立各种农副产品的生产和加工基地⑨使农业资源和农村劳动力得到充分合理的利用,适应城乡人民生活水平不断提高和扩大外贸出口的需要。

增产的关键是解决原材料和能源的供应不足。除了国家计划分配外,要求各行各业千方百计组织计划外资源:原材料工业努力增加生产;加强与兄弟地区的协作串换,购进计划外超产原材料;积极与资源产地联合开发煤炭、木材、生铁、有色金属和建筑材料;还要组织以进养出,扩大与国外的协作。同时,各企业要努力革新技术,加强管理,狠抓原材料、能源的节约。

加快技术革新和技术改造。我们要通过技术进步来改进需求结构和产品结构,首先抓紧改造老企业。今年以家用电器、针织、广播电视、通信设备、照相器材、食品、医药、微电子、纺织机械、低压电器、塑料等十一个行业的四十五个企业为重点,进行技术改造;同时,确保二百五十二个重点项目(其中一百五十二个引进项目)按进度竣工投产。今年发展新兴工业的重点,是微电子、新型材料和光纤通信。推广应用科研成果,全市科研成果的转让率从目前的百分之五十二提高到百分之七十左右。同时,加快引进技术设备和元器件的国产化。

疏通渠道,扩大流通。密切流通与生产部门的联系,组织协作、联合,支持生产的发展。商业部门要办好各种贸易中心和交易市场,并与外地的贸易中心建立横向联系,逐步形成市内外商品交叉经营网络。生产资料的供应,仍由国家统一调拨分配和自筹相结合,逐步扩大供产销挂钩、多渠道采购供应。发挥国营商业的主导作用,组织货源,参与市场调节,保证必需,平抑物价。农村供销社要办成农村经济的综合服务中心。

(二)以扩大外贸出口为经济活动的重心

上海是开放型的城市。上海的经济活动,要依托经济区,服务全中国,面对太平洋,通向全世界。对外、对内开放,好比两个扇形辐射,上海居于枢纽地位。按照这"两个扇面、一个枢纽"的构想,增强上海这个中心的辐射力和吸引力,必须有广阔的腹地作为强大后盾,取得内地的合作和支持。我们要把对外、对内两个开放有机地结合起来,作为相互联系的整体,构成经济的良性大循环,带动上海和内地共同发展、共同繁荣。

上海对外、对内开放,应以对外开放为主。最近,国务院对上海进一步开放方案的批示指出:逐步把上海建设成为对国外客商具有巨大吸引力、对先进技术具有强大消化力、对国际市场具有敏捷应变能力的对外经济联系枢纽,成为发展出口、增加创汇的基地。为此,国务院批准扩大上海进一步开放的范围,除市区外,还包括十个县的城关区;经市政府批准集中安排工业、科研项目的重点卫星城镇;以及经市政府批准利用外资建设、发展出口商品的农业、林业、牧业、养殖业生产加工项目。树立出口优先的思想,在内外销货源发生矛盾时,内销应服从外销。通过扩大出口,参与国际市场竞争,促进产品升级换代;多创外汇,多引进和消化先进技术;并扩大对内联合,把经济搞得更活。

要进一步发展对外贸易。采取优先供应原材料和增加企业外汇留成等措施,鼓励出口商品的生产。继续加强工贸结合、农贸结合、技贸结合、进出结合,以及本市与外地企业的合作,着重发展生产企业与外贸企业之间各种形式的直接联合和代理出口。外贸专业公司要巩固已进入的国际市场,大力开拓新市场。对担负出口任务的大中型企业,经批准后允许直接与外商洽谈、成交。在利用外资方面,重点是发展工农业生产,提高技术水平,扩大出口和加强城市基础设施的项目。引进技术,今年计划对外成交四百项,要及时组织好谈判成交,特别要抓紧设备到货和建设进度,努力缩短引进周期,早日实现经济效益。充分发挥上海投资公司、爱建公司、实业公司和各对外经济贸易机构的积极性,在统一对外的原则下,联合开拓业务。

要进一步发展对内联合。年初,市政府组织代表团访问了上海经济区的江苏、浙江、安徽、江西四省,就促进联合问题交换了意见,还签订了一批经济合作项目的协议。上海同经济区以及全国各地的联合虽有较大进展,但还只是开始,今后要更多地交流先进技术和管理经验，组织各种内容和形式的合作，着重于联合发展加工工业，联合开发资源，联合兴办副食品生产和加工基地，联合组织交通运输，联合进行对外贸易，联合形成旅游网络等等，促进合作双方经济的共同发展。

（三）着力于发挥多功能中心城市的作用

上海不仅是全国最重要的工业基地之一，而且是全国最大的港口和贸易中心、科技中心和重要的金融中心、信息中心。因此，上海经济活动的范围要相应扩大，它的层次是：一，市区与郊县经济的一体化；二，长江三角洲以至上海经济区⑩形成布局与结构合理的经济体系；三，溯长江而上以至整个长江流域的经济联合；四，全国规模的经济协作；五，对外经济关系的发展。这些层次的展开，将充分发挥上海作为全国最大的经济中心的作用。今后要求上海经济增强活力，除了物质生产外，还要在贸易、金融、运输、邮电、科技、教育、信息、咨询和人才等方面为全国四化建设提供更多的服务。从今年起，要相应地改变对上海经济的考核办法，不能只用工农业总产值为主要考核指标，而要用反映各行各业实际成绩的国民生产总值为首要的考核指标。这体现了国家对上海经济工作提出的更高的要求。

上海过去着重于工业基地的建设，而未能协调发展多种功能，产业结构很不合理。目前国民生产总值中，"第一、二产业"占百分之七十七点二，"第三产业"只占百分之二十二点八。要发挥多功能中心城市的作用，必须着力于调整产业结构，特别要发展"第三产业"，一为本市"第一、二产业"和人民生活服务，二为上海经济区和全国经济活动服务，三为对外开放服务，这三者是相互结合的。上海经济发展战略确定的目标是，到一九九〇年，在"第一、二产业"绝对值增长的前提下，使"第三产业"在国民生产总值中的比重上升到百分之三十以上，也就是说，"第三产业"的绝对值要比现在增长一倍以上。我们一定要实现这个目标，做到万方贸易，万商云集，近悦远来，使上海更加繁荣兴旺。

今年发展"第三产业"的重点是：

调整、充实商业、服务业和社会福利事业。增加生活服务网点，由目前的平均每千人七个服务点增加到九个，并充实其服务内容，以缓解住宿难、就餐难、修配难和购物难。还要重视社会福利事业，动员各方面力量兴办托儿所、幼儿园，缓解幼儿入托、入园难。市区两级因地制宜，分别层次，恢复和发展一批饮食街、服装街、文化街等具有特色的服务群。原来商业、饮食、服务网点比较稀少的居住区，要按人口密度比例增设。新区建设和老区改造都应把集市贸易市场纳入规划。各县城镇和农村也要增加服务网点，办好农民集市贸易和小商品市场。

改善交通运输。抓好疏港、疏站和重点物资的运输工作;充分利用货主铁路专用线、自用码头和库场,以及社会运输车辆、船舶;组织铁路、公路分流,发展内河驳运业务。上海创办的地方民用航空公司要加速投入营运。随着市内道路的逐步改善,增加公共汽车和出租汽车,以缓解乘车难。

扩大信息、咨询业。整顿和提高现有四百多家信息、咨询机构,并通过联合、协作等途径,组成一批高水平、高效率、有信誉的软件服务公司、科技开发公司、工程投标公司以及图书资料中心等,为国内外客户开展经济、科技、工程、会计、法律等各种咨询活动服务。

发展旅游业。今年上海的外国旅游者将比去年增加百分之二十以上。继续建设一批饭店、公寓和外商办公用房交付营业。同时,积极与国内旅游区开展联合,形成旅游网络,并从各方面提高旅游服务质量。

(四) 继续加强城市基础设施建设

城市设施是上海改造、振兴的基本条件。上海城市基础设施"欠帐"太多,负担太重。为了缓解这方面的矛盾,一方面要继续进行老市区的改造和疏散;另一方面要加快建设卫星城镇和开发新区,任务十分艰巨。国务院批准上海从今年起增加地方财政支出基数,主要用于城市基础设施建设,改善投资环境,这方面的工作量很大,需要统筹规划,分步骤落实。

加快城市基础设施建设,必须加强规划和改进管理工作。现在,上海城市总体规划已经报批,但是各系统规划、专业规划、地区规划尚未完全编制好,影响重大项目建设方案的确定,这是今年必须完成的工作。特别是地下管线网络设施,一定要抓紧拟订全面系统改造和建设规划以及分期实施方案,以利于按照先地下、后地上的次序组织建设施工,尽快改变市政设施落后的状况。为管好建设用地,加快征地拆迁工作,市政府决定成立土地管理局,实行分级管理。今后在农村征地由县政府统一负责,实行征地费用包干,保证建设需要。市内要严格执行拆迁办法,以区政府为主组织实施。各单位都应顾全大局,服从安排,主动承担动迁工作的责任和义务。有关部门要加强动迁用房的建设,并采取经济补贴的办法,鼓励居民自找门路过渡。

今年的城市基础设施建设已经做了初步安排。住宅建设,年内竣工住宅及公建配套设施五百万平方米,并完善一批新居住区的市政配套工程。文化设施,今年建成文化馆、电影院各一座;开展上海图书馆、陆家嘴电视塔和文化中心的前期工作。医疗设施,今年扩建七个医院,其中竣工四个。交通、建成真北路车行立交一座、市内人行立交桥六座,完成国际集装箱码头工程,新增市内电话三万二千门、国际电话四百路;在建的有延安路过江隧道,铁路新客站,沪嘉、莘松高速公路,长途通信枢纽;开展前期工作的有漕溪路立交,中山环路高架交通线,宁国路过江隧道,黄浦江大桥,地下铁道,曹安路至安亭高速公路,虹桥机场扩建和罗泾新港区。市政公用设施,闵行电厂增建一台十二万五千千瓦机组,于国庆节前发电,完成天山污水处理厂扩建工程和闵行开发区的基础设施;在建的有浦东煤气厂和黄浦江上游引水工程;开展前期工作的有市区污水处理工程和地下停车场等。大楼建筑,今年竣工的有旅游饭店、公寓、外商办公楼八幢,内宾旅馆两幢;在建的有华亭宾馆、虹桥宾馆、锦江分馆;开展前期工作的有市政大厦等。

改革管理体制,发挥各方面的积极性。今年城市基础设施建设规模比较大,需要统一指挥、周密组织。住宅建设,要把市、区、县和各系统的设计施工队伍组织好、调度好。要广泛开展招标投标,大量吸收外地设计施工力量。必要时,还可以与国外和港澳地区的设计施工企业合作合营。当前建设中最重要的一环,是筹集、管理、调度和使用好各种建筑材料。要采取国家分配、全市统筹和各方面自筹相结合的办法,保证重点工程的进度。最近成立的物资配套承包公司,应更多地负起这方面的责任。

（五）加强理财,筹集和运用好各类资金

为了实施上海经济发展战略,国务院决定从今年起改变对上海"定收定支、收支挂钩、总额分成、一年一定"的办法,采取"核定基数、总额分成、六年不变"的财政体制。市政府对区县财政体制也相应改进,提高增收部分的分成比例。实行这一财政体制后,上海地方财力有较多增加,但仍远远不能适应经济建设发展的需要。我们要努力增产增收,实现产值和财政收入的同向增长,财政收入越多,地方留利也越多,这是最基本的财源。同时,还要靠多方筹集资金,灵活调度,加强管理,把各类资金用好,取得切实的效益。

筹集资金,要充分发挥银行的作用。积极组织社会闲置资金,根据不同要求,筹备发行股票和地方债券,这些措施由市人民银行统一规划和管理。结合改造、开发项目的需要,通过借贷、租赁和合营,利用国外资金,并指定专门机构到国外发行债券。尽快拟订投资优惠办法,吸引外来资金来上海投资。银行要不断扩展存放业务范围,发展同外地的资金融通,并开办资金委托、票据承兑和贴现等业务。及时掌握金融信息,分析金融动态,引导资金流向,调节和促进社会生产和流通。

努力提高对外贸易和其它方面的创汇能力,不断增加外汇收入;同时注意节约外汇,严格管理外汇。外汇要重点用于以进养出、扩大生产,用于工业技术改造,用于发展新产品和提高质量,用于其他必需使用外汇的方面。多创外汇和用好外汇是上海这个开放城市各经济部门应尽的责任。

理财、集资和外汇管理工作,必须统筹安排,综合平衡,市政府将做好统一领导和协调工作,各经济部门和企业也应加强财务工作。做到既为上海的经济建设筹措必要的资金,又尽可能多地向国家提供财政上交。

(六) 加快培养人才

随着上海经济和社会的发展,人才问题愈来愈突出。到一九九〇年,本市培养人才的计划是: 高中阶段入学率由目前的百分之五十五提高到百分之七十到八十(其中市区达到百分之九十以上,郊县达到百分之五十到七十);高校在校学生规模由目前的九万人增加到十七万人;全市专门人才总数由一九八三年的四十八万人增加到九十七万人;中高级工由目前占技工总数的百分之三十二提高到百分之六十;在各类中青年干部中,百分之七十五达到中专以上水平,其中百分之五十达到大专以上水平。

抓紧对在职干部特别是各级领导干部的继续教育,使他们更快地提高思想、政策水平,学习现代化知识和管理方法,是当务之急。各主管部门要按照不同对象的不同要求,通过各种形式进行培训。要保证在职干部定期脱产学习,以改善干部的知识结构和素质。

各级各类学校要继续进行改革,多出人才、出好人才。要重视学前教育,实施小学、初中九年义务教育、提高中小学教学质量,进一步改革中等教育结构,大力发展职业技术教育。普通高校和成人高校,要扩大招生名额,提高教学水平。充分运用电视、广播等现代教学手段,扩大夜大学、电视大学、职工大学、函授大学。继续发展高等教育和中等教育的自学考试,鼓励自学成才。进一步扩大郊县急需人才的代培,还要帮助兄弟省市培训人才。

加紧培养财经、金融、外贸、会计、法律等方面的专门人才。今年要培养出上千名项目经理,以适应当前对内搞活经济和对外实行开放的需要。

各位代表认真贯彻中央关于经济体制改革的决定,做好今年的改革工作,是完成以上各项任务的关键。我们要坚决贯彻坚定不移、慎重初战、务求必胜的方针,不失时机地迈出价格体系改革和工资改革的重要一步,把各项改革推向前进。要使一切经济工作,都体现改革的要求;改革的每一步骤,都有效地推动当前经济工作,继续搞活经济,使各方面的经济效益有一个较大的提高。

今年进行的价格体系改革,考虑到当前国家财政的负担能力、企业消化能力和群众的承受能力,采取放调结合,小步前进的方针。就是把一部分商品的价格逐步放开,实行有计划的市场调节。对与国计民生关系密切的商品,统一由国家作调整,以逐步改变不少商品的现行价格既不反映价值,也不反映供求关系,比价又不合理的状况。改革时要走小步子,走一步看一步,稳步前进。这个改革方案是积极而又稳妥的。本市今年价格体系改革的主要内容是：合理调整农村粮油购销价格；放开猪肉和其他副食品价格;适当提高铁路短途运价,适当拉开产品质量差价和地区差价。

上海已从四月份起,取消农村粮食统购政策,改为合同定购,同时调整农村粮油购销价格。城市粮油供应办法和价格仍按原规定不变。放开猪肉等副食品购销价格,在农村取消生猪派购,实行有指导的议购议销,并放开其它鲜活副食品的价格。在购销价格放开的同时,给城镇居民以适当的物价补贴,使绝大多数居民不因猪肉等副食品价格浮动而增加经济负担。同时,对蔬菜采取增加品种、大管小活、逐步放开的措施,以保证市场供应和价格的相对稳定。这一改革实施以来,得到了广大人民的支持,市场价格稳定,情况是正常的。对于其它价格体系改革措施,我们将按照国务院统一部署,有领导、有准备、有步骤地推行。

当前,人民群众普遍关心的是,在价格体系改革过程中,如何做到物价稳定。保持物价基本稳定是我国长期坚持的方针,也是社会主义经济持续发展的要求。但物价基本稳定不是固定不变,稳定物价也不是冻结物价。我们实行价格体系改革,是价格结构的调整,不是什么都涨价,而是该降的降,该升的升。合理调整和适当放开价格,正是为了理顺经济关系,以利于国民经济的协调发展,同时采取各种必要的措施,保持物价总水平基本稳定。各工业生产部门要千方百计增产市场适销商品,商业部门要积极组织货源,扩大商品流通。为了确保本市副食品供应,要巩固和发展各种农副产品的生产基地。

要采取有效措施,防止出现大的物价波动。每一项重大的价格体系改革措施,一定要在国务院统一部署下进行,各部门、各单位都不得自行其是。国营、集体和个体经济,必须严格执行规定的价格和收费标准,不得乱涨价、乱收费。对乘改革之机,哄抬物价,擅自提价、变相涨价,扰乱市场的行为,要严肃处理,坚决取缔。各级物价、工商行政管理、税务、银行和审计机关要密切配合,加强对物价的管理和监督检查,保证改革的顺利进行。

今年的工资改革,重点是逐步消除现行工资制度中的平均主义弊端,初步建立能较好体现按劳分配原则的新工资制度。全市国家机关和事业单位将实行以职务工资为主,包括基础工资、年功工资在内的结构工资制,使职工工资同本人的职务、责任和劳绩联系起来。这项工作,安排在下半年进行。在有条件的全民所有制企业,逐步推行职工工资总额随同本企业经济效益浮动的办法,使职工的工资、奖金同所在企业经济效益的高低、本人贡献的大小挂起钩来;条件不具备的企业,仍可沿用现行办法,加以改进。这次工资改革,职工工资水平将有一定提高,但限于生产增长和经济效益的条件,也不可能提高很多。这几年我国经济有很大发展,人民生活也有很大提高,但总的来说国家的底子还很薄,只有长期坚持艰苦奋斗、勤俭建国的方针,才能逐步增强国家的经济实力,也才能为人民生活的持久改善创造雄厚的物质基础。经过改革,工资制度和工资工作将转上新的轨道,职工工资也将随着生产的发展和国民收入的增长而得到稳定增长。各单位都要根据统一部署,充分做好准备工作,切实加强工资改革的领导。

上海的全民所有制大中型企业,是社会生产力发展和经济技术进步的骨干和主导力量。今年的经济体制改革,要全面落实国家已经确定的扩大企业自主权的各项规定,特别要重视把大中型企业搞活。继续抓紧改革专业公司的经营管理体制,是实行政企职责分开,简政放权,搞活企业的重要一环。对现有公司进行分类排队,有领导、有步骤地进行调整改组,改变政企不分的状况,把公司中属于政府管理的职能上交,属于工厂生产和经营必需的事权下放,把有利于公司系统发展生产、灵活经营的决策和管理权限用好。大中型企业,要努力挖掘内部潜力,降低成本,降低消耗,增强自我改造和自我发展的能力。企业内部也要实行多种形式的经济责任制,适当划小核算单位,下放管理权限。各企业在经营上要发展横向联系,加强经济联合和技术合作。农村继续完善家庭和企业各种形式的联产承包责任制,改革农产品的统购派购制度,在以调整产业结构为主的第二步改革中,跨出新的步伐。

围绕搞活企业、搞活经济这个中心环节,还必须改革计划体制,扩大指导性计划和市场调节范围;改进财政管理,既要搞活企业,又要加强监督;改革金融体制,用好和管好信贷资金。最近党中央作出改革科技体制的决定,这是促进四化建设具有战略意义的大事,我们正拟定实施方案,推动技术进步,扩大技术市场,加速技术商品化。所有改革都要从微观方面放开放活,从宏观方面管住管好,做到既搞活经济,又加强管理;既充分调动各方面积极性,又坚持社会主义方向。各综合部门和管理部门都要认真履行自己的职责,研究政策,加强计划协调和监督检查,保证经济体制改革健康地向前发展。

各位代表:

邓小平同志最近指出:"一靠理想,二靠纪律,才能团结起来,建设有中国特色的社会主义"。我们要围绕经济建设这一中心任务,坚持用远大理想去动员人民,用严格纪律去组织人民,教育广大干部和职工做有理想、有道德、有文化、有纪律的社会主义现代化建设者。继续广泛深入地学习党的十二届三中全会《决定》,学习改革、开放、搞活的经济政策,学习上海经济发展战略,以统一全市干部和群众的思想,为改造和振兴上海多做贡献。学习要紧密联系实际,全面分析本部门、本单位情况和存在的问题,并对今年的经济工作分别轻重缓急,做出妥善安排。做各项工作,都要教育干部树立全局观念,正确处理好当前和长远、局部和整体、个人和集体的关系,坚持发扬艰苦奋斗、勤俭建国的优良传统。加强社会主义精神文明建设,继续深入持久地开展"五讲、四美、三热爱"活动,创建更多的文明单位。各种宣传工具、文化阵地和文艺作品要以健康、文明、科学的内容和形式,鼓舞广大人民群众积极、进取、向上的精神。继续开展民主与法制的宣传教育,在全市人民中普及法律知识,特别是各级领导干部要模范地遵守政纪、法纪,做到有令必行,有禁必止。要制订必要的暂行规定或条例,以利于加快经济立法工作,使各项经济活动有法可循。执法机构要加强监督检查,做到有法必依,执法必严,违法必究。对一切严重的经济犯罪分子和刑事犯罪分子,继续给以严厉打击,促使社会秩序进一步好转,保证改革、开放、搞活经济有良好的社会环境。

各位代表:

加快改造上海、振兴上海的光荣而艰巨的任务摆在我们面前。我们坚信,有党中央、国务院的正确领导,有中央各部门和兄弟省、市、自治区的大力支持和紧密协作,有全市工人、农民、知识分子、各界人士和解放军指战员的共同努力,一定能够克服前进中的困难,夺取一个又一个新的胜利。我们一定要同心协力,艰苦奋斗,锐意进取,励精图治,努力开创大振奋、大团结、大繁荣的新局面,胜利完成国家和人民赋予我们的历史使命。

以上报告,请审议。

注:

① 国民生产总值,是所有部门在一定时期内提供的全部产品和劳务活动的价值总和,其中,要扣除生产过程中的物质消耗(不包括折旧)和由外单位提供劳务的

支出,按当年价格计算。

② 国民收入,是工业、农业、建筑业、运输邮电业、商业(包括饮食业和物资供销)等部门,在一定时期内新创造的物质产品的价值总和(即净产值),按当年价格计算。

③ 工农业总产值,是工业和农业在一定时期内生产价值的总和,包含着物质消耗。原材料生产厂、零部件制造厂和总装厂之间有重复计算因素。现在是按"一九八〇年不变价格"(统计专用口径)计算。

④ "三配套"是指:一、贯彻国务院关于企业的《扩权十条》;二、实行厂长(经理)负责制;三、实行奖金不封顶、不保底。

⑤ "四配套"是指:"三配套"的内容再加上工资总额包干并与企业效益挂钩浮动。

⑥ 关于进一步开放的十四个沿海城市:一九八四年三月二十六日至四月六日,中共中央书记处和国务院在北京召开的沿海部分城市座谈会上建议,进一步开放大连、秦皇岛、天津、烟台、青岛、连云港、南通、上海、宁波、温州、福州、广州、湛江、北海十四个沿海港口城市。五月四日,中共中央和国务院批转了这次座谈会的纪要。赵紫阳总理在六届全国人大二次会议上所作的《政府工作报告》中正式宣布对上述十四个沿海城市进一步开放。

⑦ 关于产业结构,有多种划分法。这里按三大产业划分。"第一产业"是农业、林业、牧业、渔业等。"第二产业"是采矿业、制造业、建筑业等。"第三产业"是商业、运输业、邮电业、金融业、旅游业、服务业、医疗业、公用事业和科技、教育、新闻、出版、文化、体育,以及会计、律师、信息、咨询等。

⑧ "六个优先"是指:对增产社会急需的轻工业产品,在以下六个方面给以优先支持:一、原材料和能源供应,二、银行贷款,三、技术改造,四、基本建设,五、交通运输,六、利用外汇和引进技术。

⑨ 最近本市召开的农村工作会议要求,逐步建立和扩大鲜活商品生产基地,其中包括猪禽蛋生产基地、淡水鱼生产基地、鲜奶及良种奶牛繁殖基地、地处中远郊的蔬菜生产基地、花卉生产基地。

⑩ 一九八二年底,国务院决定设立上海经济区,范围是:上海市,江苏省的苏州市、无锡市、常州市、南通市,浙江省的杭州市、宁波市、绍兴市、嘉兴市、湖州市,以及十个市所属的五十五个县。后来,国务院又决定,从一九八四年十二月起,把上海经济区的范围扩大为上海、江苏、安徽、浙江、江西一市四省。扩大后的上海经

济区,面积为五十一万七千平方公里,有三十二个省辖市、十七个地区、三百零一个县(市),拥有一亿九千九百万人口。

(《解放日报》1985 年 5 月 2 日)

闵行新区要尽快建设好
江泽民在人大分组会上提出三点意见

本报讯 昨天,在上海市人大八届五次会议分组讨论时,江泽民市长对闵行新区的建设提出了三条意见。

当闵行区人大常委会主任范钦山在讨论中谈到闵行在开发建设中遇到的一些问题时,江泽民说,我曾几次去过闵行,从市区通往闵行的公路是双车道,这在郊区几个卫星城中还是比较好的,路程也比较近。他说,发展闵行新区是对的,而且已经有了一个好的基础,应该尽快把它建设好。江泽民对闵行新区的建设提出了三条意见:

一、赶快把闵行的基础设施完善起来,特别是那些已经完成大部分工程的项目,要下决心迅速搞上去。

二、市开发公司要很好地作些可行性研究,研究一下究竟在哪里搞些什么企业最好、最合适。

三、做好对外宣传,欢迎外国投资者到闵行投资。现在交大二部在闵行建设,也是一个很好的条件。总之,要综合考虑给外国投资者一些什么优惠条件。

(《解放日报》1986 年 4 月 27 日)

关于上海市国民经济和社会
发展第七个五年计划的报告
——一九八六年四月二十五日在上海市第八届
人民代表大会第五次会议上
上海市市长 江泽民

各位代表:

我受上海市人民政府的委托,向大会作关于上海市国民经济和社会发展第七个五年计划的报告。"七五"计划已送交各位代表,请一并审议。

一、"六五"期间的工作回顾

经市八届人大一次会议批准的上海市第六个五年计划,提出在一九八一年至一九八五年的五年中,继续贯彻调整、改革、整顿、提高的方针,围绕以提高经济效益为中心,保证扎实的生产增长速度,保证国家财政收入指标的实现,开创对外开放、对内联合的新局面,为"七五"计划时期的进一步发展创造条件。五年来,在党中央、国务院的领导下,在市委的领导下,在兄弟省市的支持下,经过全市广大人民的共同努力,上述任务已经胜利完成。

一九八五年,全市国民生产总值达到 467 亿元,比一九八〇年增长 54.4%,平均每年增长 9.1%。工农业总产值达到 893 亿元,比一九八〇年增长 44.2%,平均每年增长 7.6%。国民收入达到 407 亿元,比一九八〇年增长 49.8%,平均每年增长 8.4%。全市财政收入达到 263.9 亿元,比一九八〇年增长 32.7%,平均每年增长 5.8%。经济增长的速度和效益,比预料的要快得多,好得多。

"六五"期间,工农业生产持续稳定增长,特别是与人民生活密切相关的日用消费品、副食品品种和产量的增加,为市场提供了大量的适销货源。一九八五年与一九八〇年相比,电视机、录音机、家用电冰箱和洗衣机的产量,增加几倍至一百多倍;蔬菜、禽、蛋、奶制品和淡水鱼的产量也有较大幅度的增长。城乡市场呈现一片繁荣景象。

"六五"期间,全市固定资产投资累计完成 351 亿元,比"五五"时期增长 1.6 倍。重点工程建设速度较快。宝钢一期和金山石化二期工程都提前建成,已进入全面试生产阶段。上港九区集装箱码头等一批大中型骨干项目相继投产。一批企业的技术改造取得新进展。城市基础设施的建设进程开始加快,五年内全市用于交通运输、邮电通信、能源和市政公用事业方面的投资 51.5 亿元,比"五五"时期增长 84.5%。客货运量和邮电业务总量都有增长。上海港已进入世界年吞吐量超过亿吨的港口行列。

"六五"期间,科技、教育、卫生、文化、体育事业有了进一步发展。五年累计取得重要科技成果五千多项。高等学校的招生人数平均每年增长 12.7%,中等职业技术教育和成人教育有很大发展。医疗技术的某些领域达到了世界先进水平。新闻出版、广播电视、文学艺术都取得了新的成就。在国际和国内的比赛中,一批艺术家和运动员取得优异成绩,为祖国、为上海赢得了荣誉。

"六五"期间,人民的生活水平有了比较明显的提高。一九八五年同一九八〇年相比,扣除价格上涨因素,平均每个职工的实际收入增长 38.2%,农民人均纯收入增长 62%;一九八五年末城乡居民储蓄存款达 70 亿元,比一九八〇年末增长 1.3倍。五年来,城乡居民的实际消费水平平均每年增长 7.1%,高于计划安排 4%的速度,消费结构也发生了很大变化,穿用的比例增大了。全市五年累计竣工住宅面积2025 万平方米,解决了 17 万住房困难户和改善了近 16 万户居民的居住条件。

"六五"期间,对外交流和合作不断扩大。到一九八五年,上海先后与 160 多个国家、地区建立了经济贸易关系;与 12 个国家的 14 个城市结成了友好城市;发展了对外科技、文化交流。来上海访问和旅游的人数逐年增加,一九八五年共接待外宾和海外旅游者 60 万人次,比一九八〇年增加 1.9 倍。

"六五"期间,加强了法制建设,坚决打击了严重刑事犯罪活动和严重经济犯罪活动,进行了综合治理,社会治安明显好转。

在过去的五年中,上海社会主义现代化建设取得了重大成就,整个经济开始实现从半封闭型转向开放型的战略转变;同时,城市建设加快了步伐,人民生活水平有了比较明显的提高。这些都为上海的改造和振兴打下了基础。同全国一样,上海的政治、经济形势是建国以来最好的时期之一。实践有力地表明,党的十一届三中全会以来的路线、方针、政策是完全正确的。

五年来,我们在执行党中央、国务院制定的一系列重大方针政策中,着重抓了以下三个方面的工作:

(一) 调整经济和整顿企业,使经济工作逐步走上了以提高经济效益为中心的轨道

"六五"初期,党中央提出了"在经济上实行进一步调整,在政治上实现进一步安定"的重大方针和大力提高经济效益的要求。在调整过程中,上海曾经一度遇到市场商品紧缺和重工业生产任务严重不足的困难。一九八一年七月,赵紫阳总理来上海视察工作,对上海的经济发展和技术进步作了重要指示,根据上海的实际情况,我们以市场为出发点,贯彻发展轻纺工业"六个优先"的政策措施,加快了轻纺工业产品的升级换代,各种优质名牌日用消费品的产量成倍增长。同时,调整了重工业的产品结构,把为轻纺工业和农业的技术改造服务作为重工业的重要发展方向。经过这次调整,使整个工业生产出现了稳定增长的局面。郊区农村经济结构也进行了调整,稳住了农业生产,并开始走上了综合经营、协调发展的道路。同时,全市四千多个全民所有制企业，五千多个集体所有制企业分期分批进行了全面整顿，企业的素质有了改善，经济效益有了提高。通过调整和整顿，轻重工业的比例趋向合理；第三产业在国民生产总值中所占比重由一九八〇年的 21.1％上升到一九八五年的 26％左右；出现了国民经济持续、稳定增长的局面。

（二）坚持改革和开放，使经济体制开始朝着适应有计划商品经济的方向发展

"六五"期间，根据中央关于改革和开放的方针，我们在市郊农村普遍推行联产承包责任制，改革农产品统购派购制度，完成了政社分设工作；发展各种专业户四千多户、新经济联合体一百多个，对提高规模效益，促进商品生产，活跃农贸市场起着积极作用。城市经济体制改革也在探索中逐步展开。在搞活企业方面，从扩大企业自主权入手，先后实行利润留成和利改税，使企业在计划、产供销和劳动人事等方面有一定的职责和权益；企业内部普遍推行了各种形式的责任制，在六百多个企业中试行了厂长(经理)负责制；根据按劳分配的原则，对企业的工资制度进行了多种形式的改革试验，以增强企业活力。在流通方面，实行了开放式经营，七个一级批发站与市公司合并，建立了四百多个各种类型的贸易市场，放开了副食品和小商品的价格，正在形成多渠道、少环节的流通体系。随着改革的深入和经济的活跃，在全民所有制经济为主导的前提下，发展了集体经济、个体经济、中外合资、外资等多种所有制经济。并且，根据中共中央关于科技体制改革的决定，开始改革科研拨款制度，大力开拓技术市场，发展各种形式的科研生产联合体，促进科技工作更好地为经济建设服务。同时，教育体制改革也正在逐步展开。

上海的对外开放一直受到党中央、国务院的重视，一九八三年国务院批准了上海加快对外贸易工作的意见，一九八五年又批转了上海进一步对外开放的初步方案。"六五"期间，上海的对外经济交往，从过去比较单一的进出口贸易发展到利用外资，引进技术，承包海外工程和技术劳务输出等多种形式。五年共签订利用外资合同 242 项，成交金额 12.7 亿美元；技术引进工作从一九八三年起到一九八五年为止，共引进技术项目 858 项，成交金额 8.9 亿美元。目前，一部分项目已陆续投产，取得了效益。

对内联合的工作也有了很大的进展。一九八四年制订了关于发展内联的若干政策措施，加强了与全国各地的经济、技术、人才、信息、管理等方面的横向联系。先后与二十八个兄弟省、市、自治区建立了二千多个经济联合体，达成科技合作项目和转让科技成果共五千多项，联合开发资源项目三百多项。密切了上海和兄弟省市间的经济联系，促进了经济的共同发展。

（三）全面制订经济发展战略和城市总体规划，使改造、振兴上海有了明确的奋斗目标

党中央和国务院十分关心上海的经济和社会发展，对改造和振兴上海作过多次重要指示。上海的各级干部、理论工作者、实际工作者和各界人士，对上海的长远规划进行了较长时间的研究和探索。一九八四年国务院派调研组来上海帮助研究经济发展问题。接着，我们又邀请国内有关专家、学者参加了上海经济发展战略研讨会，经过广泛的探讨和论证，形成了上海经济发展战略汇报提纲。明确了上海经济发展的目标、方针、任务和措施，并指出上海的近期任务是调整产业结构，推进技术进步，完善城市基础设施，使各方面协调发展。一九八五年二月国务院批准了这个汇报提纲。与此相适应，制订了上海城市总体规划，明确上海城市的布局是：在改造和建设中心城的过程中，重点开发浦东地区；充实和发展卫星城，有步骤地向杭州湾和长江口南北两翼展开，有计划地建设郊县小城镇。这个规划，最近已经中央书记处原则同意。经济发展战略的形成和城市总体规划的制订，标志着改造振兴上海开始进入了一个新的阶段。

"六五"时期，上海的经济和社会面貌虽然发生了比较大的变化，但是，我们的工作与党中央、国务院的期望、全市人民的要求还有不少差距；同时，还存在着许多困难和问题。一方面，改革措施不配套，宏观经济管理制度的改革跟不上微观搞活的要求，影响企业的活力和市场机制作用的充分发挥；经济体制还未理顺，政府机构层次过多，工作中不同程度地存在着相互扯皮、办事拖拉的官僚主义作风；对社会主义精神文明建设也重视不够，还不适应四化建设的需要。另一方面，上海的城市基础设施十分薄弱，交通拥挤，通信不畅，住房紧张，环境污染严重，文化设施不足；工业布局不合理，企业厂房拥挤，技术装备落后，产品更新换代缓慢；原材料、能源的缺口很大；出口创汇连续几年上不去；地方财力严重不足，外汇有限。由于上述问题和困难，我们深感上海面临严峻的挑战，因此，我们一定要认真总结经验，进一步搞好各项改革和建设工作，争取在"七五"期间取得更大的成就，使上海的面貌有较大的变化。

二、"七五"计划的方针和主要任务

各位代表，第六届全国人民代表大会第四次会议原则批准的第七个五年计划，展现了八十年代后五年我国经济和社会发展的美好前景，激励着我们为实现这一宏伟蓝图而团结奋斗。上海的"七五"计划,是全国"七五"计划的一个重要组成部分。这个计划,是按照建设具有中国特色的社会主义的总要求和对内搞活经济、对外实行开放的基本方针,根据上海经济发展战略的要求以及市委关于制定上海市"七五"计划的建议进行编制的。"七五"期间,上海的经济和社会发展将遵循以下的重要方针和原则:

——坚持把改革放在首位,积极推进经济体制的改革,使改革和建设互相适应,互相促进。

——坚决控制固定资产投资规模,合理调整投资结构,保证重点建设。

——坚持把提高经济效益特别是提高产品质量和降低消耗放到十分突出的位置上来,正确处理好效益和速度、质量和数量的关系。

——加强城市基础设施建设,把逐步改造老市区与积极建设新市区结合起来。

——进一步实行对内对外开放,增强出口创汇能力,更好地把本市的生产建设同扩大内外经济技术交流结合起来。

——坚持把发展科学、教育事业放在重要的战略地位上,促进科学技术进步,加快智力开发。

——广泛采用先进技术,有重点地加快传统工业的改造和新兴工业的发展。

——有计划地调整产业结构,加快第三产业的发展。

——在发展生产和提高劳动生产率的基础上,进一步改善城乡人民的物质文化生活。

——在推进社会主义物质文明建设的同时,大力加强社会主义精神文明建设。

"七五"期间,要办的事很多,必须突出重点。根据市委关于"七五"计划的建议,我们要着重抓好三件大事:(一)加强基础设施建设,改善投资环境和生活环境。(二)积极利用外资和增加出口创汇,扩大内外经济技术交流。(三)加快科技进步和人才培养,促进经济振兴和各项事业的新发展。这三件大事,是把上海建成以开放型、多功能为特征的社会主义现代化城市的关键所在。

基于上述考虑,上海"七五"计划的主要奋斗目标是:一九九〇年国民生产总值达到 673 亿元,平均每年增长 7.5%,比一九八〇年翻一番;工农业总产值达到1,186.5 亿元(不包括合作及个体经济的产值),平均每年增长 6%,比一九八〇年增长 92%;国民收入达到 572 亿元,平均每年增长 7%;地方财政收入达到 231 亿元,平均每年增长 5%。地方固定资产投资规模五年共 220 亿元,比"六五"期间投资规模增长 50.1%。到一九九〇年,将建成一批城市基础设施的重点项目和现代化骨干企业。在普及九年制义务教育的基础上，一九九〇年全市各类专业人员总数比一九八五年增长 65％左右。出口创汇，平均每年增长 8.4％。城乡居民的人均实际消费水平平均每年增长 6％左右，居民的生活水平和环境质量进一步改善。"七五"计划的完成，将使上海经济开始转上良性循环，并为九十年代的经济振兴增添后续能力。

现在，我就上海"七五"计划中的几个主要问题说明如下：

（一）在提高经济效益的前提下，保持适当的经济增长速度

国务院在批转《关于上海经济发展战略的汇报提纲》的通知中指出："今后考核上海的经济工作，要把上海对全国四个现代化建设的贡献作为评定上海工作的主要标准，因此应把'国民生产总值'作为首要指标"。根据这个要求，"七五"期间，我们把到一九九〇年实现国民生产总值在一九八〇年的基础上翻一番作为首要奋斗目标，而同期工农业生产总值则增长 92％。"七五"计划的安排，总的要有利于理顺经济关系、调整产业结构、推进技术改造和提高经济效益，为全面进行经济体制改革创造良好的经济环境。

另一方面，在向多功能中心城市发展的过程中，要继续发挥上海老工业基地的积极作用。在不断提高技术水平和经济效益的前提下，保持一定的工业增长速度，是扩大出口、繁荣市场、增加建设资金、为国家提供更多积累的需要，也是上海经济振兴的重要物质基础。"七五"时期，上海工业生产计划安排平均每年增长 6％，其中轻工业增长 5.8％，重工业增长 6.3％。上海工业生产的增长，主要依靠技术进步，依靠经营管理的改善，努力提高产品质量，降低物质消耗，提高经济效益。消费品工业要加快产品的更新换代，发展中高档和名牌优质产品，适应人民消费和国际市场的需要。装备工业要加快自身改造，吸收、消化国外先进技术，为国民经济各部门和出口提供优质、先进的技术装备。原材料工业要以宝钢、金山石化和现有企业为基础，发展深度加工，以优质、精细、专用的原材料替代进口，满足生产和建设的需要。新兴工业要重点开发微电子、光纤通信、新型材料、生物技术等领域，并争取在近期内取得效益，逐步形成产业。

（二）加快城市基础设施建设，改善投资环境和生活环境

根据全国计划会议的安排，"七五"期间，上海地方固定资产投资总规模为 220 亿元，其中基本建设 92 亿元，技术改造 128 亿元。这个规模与上海的发展需要差距很大。对此，各部门、各单位要从全局出发，按照保证重点、统筹兼顾的原则，量力而行，妥善进行安排。

城市基础设施,尤其是港口、铁路、航空、邮电通信和市内交通全面紧张,处于超负荷状态,成为制约上海经济、社会发展和对内、对外开放的突出矛盾。因此,在"七五"计划的地方固定资产投资安排中加大了基础设施的比重。五年内共安排市政公用、交通邮电、能源、住宅等基础设施投资 90.4 亿元,占"七五"地方固定资产投资总规模的 41%,比"六五"期间增长 65.4%。加上不计入投资规模的商品住宅等建设项目,投资总额将达到 100 亿元左右。我们还将积极利用外资进行基础设施建设,投入更多的财力,加快建设的步伐。

根据这个规模,"七五"期间我们将安排一批重点项目的建设。为了早日发挥投资效益,打算分为两个阶段各建成若干重大项目:

第一阶段,"七五"前两年,建成铁路新客站,沪杭铁路外环线一期工程,延安东路越江隧道,黄浦江上游引水一期工程,浦东煤气厂一期工程,拓宽虹桥路等道路,建成交通路等车行立交桥,建成闵行 12.5 万千瓦发电机组以及电信大楼等项目。

第二阶段,"七五"的后三年,建成沪嘉、莘松一级公路,沪杭铁路外环线全部工程,黄浦江上游引水全部工程,浦东煤气厂二期工程,改造外白渡桥瓶颈地带,辟通和拓宽成都路等干道,扩建虹桥机场候机楼,完成关港等作业区的一批泊位,石洞口第一、第二电厂共 180 万千瓦发电机组,建成徐州、淮南、葛洲坝至上海三条 50 万伏输变电线路上海段工程;全市电话装机容量增加到 60 万门。

"七五"期间,我们还将利用外资着手建设地下铁道、黄浦江大桥、东区污水截流排放工程,以及开发浦东等项目。

"七五"期间还要建成一批住宅和宾馆、办公楼等。到一九九〇年,上海的城市面貌将发生比较明显的变化:上海的车站与机场面目一新;虹桥地区出现了一批高楼;从外白渡桥到外滩一带道路宽阔,环境优美;一批完善的新居住区在老市区周围陆续建成;部分棚户集中地区得到改观。

为了实现上述任务,我们要做好以下工作:

第一,抓紧做好城市规划工作。根据上海的城市总体规划,各级规划部门应按照"统一规划、协同编制、分级管理、提高效率"的原则,抓紧编制专业规划、分区规划和详细规划。

第二,切实抓好基础设施建设的前期准备和计划安排。要十分重视做好可行性研究,统筹安排计划,分期分批实施,集中力量打歼灭战,把有限的财力、物力和人力首先用在重点项目的建设上,发挥最大的社会效益和经济效益。

第三,充分重视并做好环境的综合整治。目标是:到一九九〇年,即使在生产有较大增长的情况下,全市污染排放量仍要继续控制在一九八二年的水平,部分指标争取有所改善,局部地区环境质量有所提高。要重点治理和田地区的环境污染。"七五"期间,要重视和改善城市垃圾的处理。还要增加绿化面积,使市区人均公共绿地由一九八五年的0.7平方米提高到一九九〇年的1平方米。

第四,加强城市管理。这是实施城市规划,提高市政公用设施运行效率,改善市容环境的一项重要工作。为此,我们将努力做好城市的规划管理、土地管理、环境管理、建筑管理、交通管理、市容管理和卫生管理等工作。

加快城市基础设施的建设,需要各方面的支持和合作。各地区、各单位、各部门以及全市人民,在征地、拆迁等工作中要与有关部门积极配合,使各项工程按计划顺利进行。

(三)大力发展科学技术,促进上海的改造和振兴

科学技术是改造、振兴上海,促进国家四化建设,跟踪和接近世界高技术发展水平的中心环节,也是保持上海优势的关键所在,因此,我们要把发展科学技术放到重要的战略地位上来,牢固树立起重视科技进步的观点,使各个方面有一种加快科学技术发展的紧迫感。各项经济事业的发展,都要切实转到依靠科技进步的轨道上来,并要求科技工作尽最大努力为经济建设和社会发展服务。

发展科学技术,首先要大力开发和普遍推广效果好、见效快的科技成果,积极采用新技术改造传统产业提高生产技术水平。"七五"期间上海工业技术进步的主要任务是:以赶超国际先进水平的产品为龙头,以消化吸收国内外先进技术为起点,以提高效益和增加创汇为目标,重点改造和发展传统工业中的纺织服装、食品饮料、家用电器、精密机械、电力设备、交通设备、金属材料、高分子材料、建筑材料9大行业、40种大类产品和161个骨干企业。工业部门要重视新产品的开发和研究,建设一批中间试验部门,积极采用国际标准,五年内全市要保证完成2,500项以上的新产品开发。到一九九〇年,全市主要行业的技术装备和主要产品,特别是有些出口产品力争达到发达国家七十年代末、八十年代前期的水平,部分产品赶上当时的国际水平。农业要积极培育和推广优良品种与高产技术,建立副食品技术开发基地;积极推行"星火计划",用科学技术武装农业和乡镇企业。"七五"期间全市共安排重点科技成果推广应用项目125项,以利于把科研成果尽快地转化为生产力。

发展科学技术,必须围绕经济建设和社会发展中提出的重大课题、技术关键,组织力量进行攻关。各科研单位要积极承担国家重点科技攻关项目,并努力完成本市的24项重点攻关项目,这些项目包括传统工业的技术改造、建立新兴产业、城

市基础设施建设和医学、农业等方面迫切需要解决的重大课题。同时,还要做好引进技术的消化、吸收、创新,加速国产化配套工作。"七五"期间,安排引进技术的消化吸收项目共 300 项,重点抓好上海桑塔纳轿车、彩色电视机、电冰箱等产品的国产化配套,使这部分产品的国产化配套比例达到 80％以上。城市建设、交通邮电等其它部门都将积极采用国际上的先进技术,提高设计、施工、运行和管理的水平。

充分发挥上海的科技优势,积极发展高技术,继续加强基础研究和应用研究,为后十年乃至下一个世纪的经济、科技发展和社会进步作科学技术储备。发展高技术的重点放在微电子、光纤通信、生物技术、新型材料的研究和开发上,为新兴产业的形成和发展奠定基础。继续抓紧对激光、遥感、柔性加工技术、航天、核技术等高技术的研究。基础研究和应用基础研究,要在分子生物学、固体物理、应用数学、应用化学、医学等学科的研究上,取得一批具有国际先进水平的成果;巩固和扩大肿瘤防治研究和其它已在国际上领先的领域,抓紧研究严重危害人民健康的疾病防治技术。

发展科学技术需要进一步改革科技体制并采取相应的政策措施,着重抓四个方面工作:一、增加科学技术经费,对科学技术的拨款要高于经常性地方财政收入的增长幅度,改革和完善科研机构经费拨款制度,健全和推广有偿合同制,对基础研究实行基金制。二、增强经济部门发展科学技术的动力,允许企业的科研经费计入成本,转让科研成果所取得的收入,大部分可用于技术开发,对积极采用先进技术、先进设备进行自我改造的企业按照国家规定提高固定资产折旧率,优先减免调节税。三、充分发挥中科院与中央各部在上海的科研设计单位、军工单位、高等院校和地方科研机构的积极作用,把它们更好地组织起来。四、大力开拓和活跃技术市场,积极发展各种形式的科研和生产联合体。此外,根据国务院统一部署,改革职称评定制度,实行专业技术职务聘任制,进一步调动广大科技人员的积极性。

（四）发展教育事业,加快人才培养

四个现代化建设,离不开教育这个基础,重视教育是我们坚定不移的长远战略。必须以极大的努力抓教育,切实普及基础教育,大力培养各种专门人才,力争教育经费增长高于经常性地方财政收入增长的 2％,使教育事业在"七五"期间有较大的发展。

九年制义务教育是整个教育的基础,将作为"七五"发展教育事业的重点。农村教育是个薄弱环节,尤其要加强。要把提高教育质量放在首位,关键在于提高师资质量。为此,要优先发展师范教育,保证师范院校的生源和质量。稳定、扩大教师队伍,建立在职教师的进修考核制度,继续大力开展"尊师重教"活动,使全社会都来重视和关心教育工作。一九九〇年以前,市区将普及高中阶段教育,郊县力争在二、三年内基本普及初中阶段教育。值得注意的是,今后几年本市将相继出现入托、入园和小学入学高峰,需要社会各方面通力合作,采取切实有效的措施,把这个事关培养下一代的重要任务安排好。此外还要抓紧进行小学危房翻建工作。

在普及义务教育的同时,按照面向现代化、面向世界、面向未来和德智体美全面发展的方向,从四个方面积极发展各级各类教育事业,培养和造就学历层次与专业配比合理的、符合质量要求的各种专门人才。一是发展职业技术教育,逐步建立起一个从初等到高等、门类齐全、专业配套、结构合理,并与普通教育相衔接的职业技术教育体系,特别要重视培养具有丰富实践经验和熟练技能的高级技术工人。二是加强高等教育,通过挖潜扩建,调整科类和层次结构,充实短缺专业和薄弱学科,扶植新兴边缘学科。三是抓好成人教育,贯彻按需施教、学用结合的原则,采取多渠道、多层次、多形式的办学方针,广开学路。四是积极办好各种高级经济、技术管理干部的培训班、研究班。"七五"期间全市普通高校将培养专科、本科和研究毕业生共17万人,其中可以分配给本市的有8万多人;成人高校培养毕业生13万人。全日制中专培养毕业生9.2万人;中等职业技术学校培养相当于中专的毕业生2.8万人;成人中专培养毕业生11万人。技工学校培养10万人。中高级技工占技工总数的比重计划由一九八五年的32%提高到一九九〇年的55%。

我们一方面要兴办教育,在人才培养上狠下功夫;另一方面要形成尊重知识、尊重人才的社会风气,努力做到人尽其才,还要广开才路,任用贤能,包括各行各业的自学成才者,以促进各项事业的发展。

"七五"期间发展教育、加快人才培养的关键,在于搞好教育体制改革。要继续端正教育思想,大力改进教学内容、教学方法和提高教材质量,加强对学生的理想、道德、纪律教育和法制教育,引导学生理论联系实际,与工农相结合,培养学生的思维能力和开拓创新素质;开展有益于身心的文化体育活动,增强学生体质;继续推行教育管理体制的改革,在加强宏观指导与管理的同时,扩大学校的办学自主权,逐步推行校长负责制;改革和完善招生制度和毕业生分配办法。

(五)积极扩大利用外资,努力提高出口创汇能力

"六五"后期,上海在利用外资方面加快了步伐,有了一个良好的开端。"七五"期间我们要更有效地扩大利用外资,开拓新的局面,重点是加强城市基础设施骨干项目、扩大出口和"替代进口"、重大技术改造、旅游与文化设施等第三产业的急需项目。

利用外资搞城市基础设施建设,我们还缺少经验,必须采取积极慎重的方针,既要解放思想,敢于借贷;又要量力而行,综合考虑外汇平衡和还款能力。除继续吸收外商直接投资外,将开拓从国际资金市场直接筹集资金的路子,逐步形成利用外资多元化、多渠道的新格局。

利用外资将采取多种方式进行筹借和归还。对具有创汇和还款能力的项目,可以利用国外商业贷款,由企业自己建设经营。对缺乏创汇还款能力的项目,可以利用国际金融组织和政府间的长期低息贷款,也可以同有创汇能力的配套项目"捆"起来,综合开发和经营,做到外汇基本平衡,或者由市里统筹还款。还有些项目可以通过招标,由海外投资者按照我们的规划要求开发经营。所有利用外资项目一定要做好预可行性研究和可行性研究工作。

为了进一步吸引外国投资者,我们要巩固、提高、发展现有的中外合资企业、合作企业和外资企业,制订和完善相应的涉外经济法规。对港澳同胞、海外侨胞,以及外国客商来上海投资,开展经济技术合作,应切实根据平等互利的原则和有关法律规定,充分保障他们的合法权益。

利用外资规模的大小,最终取决于我们的创汇能力。一九九〇年上海口岸计划出口总值43亿美元,其中本市产品出口计划为40亿美元,平均每年增长8.4%。出口商品的比重,将由目前占全市内外贸商品收购总值的30%提高到40%左右。这需要我们同心协力,重点予以突破。要大力组织好适销出口商品的生产,进一步提高出口商品的质量和档次;在工艺、品种、款式、包装、装潢、广告等方面,努力做到适应国际市场的需要;在发挥轻纺工业产品出口优势的同时,努力增加机电产品出口和成套设备出口的比重;加强工(农)贸结合、技贸结合、进出结合,积极推广这方面行之有效的经验和做法,统一对外,联合经营;巩固和发展已有市场,积极开辟新的市场,及时了解国际市场的行情,做好信息反馈,采取灵活做法,扩大销售渠道,建立和健全销售和服务体系,以适应扩大出口的需要。认真落实和完善鼓励出口的政策,使外贸和生产外销产品的企业和职工能得到更多的优惠待遇。对兄弟省市提供的初级产品,经过深度加工后,所创外汇,按国家规定的留成部分,以合理比例返回兄弟省市。

在努力增加商品出口的同时,还必须大力发展旅游事业。旅游业投资周转快、创汇比较多,消耗物质资源少,对环境没有多少污染,还能把交通、轻纺工业、食品工业、工艺美术和商业、服务业带动起来,并促进各国人民之间的友好往来,在这方面上海有很大的潜力。同时，我们还应该协同各兄弟省市，形成旅游事业的网络。"七五"期间我们将力争海外来沪旅游人数比"六五"增长一倍半，一九九〇年达到160万人次的规模。

（六）积极发展横向经济联合，促进上海和各地经济的共同发展

近几年来，上海对内联合已形成相当的规模和效益，积累了不少经验，但还不能适应经济发展的需要。"七五"期间，上海的横向经济联合应有更大发展。

当前发展横向经济联合的时机十分有利。我们要主动地以更开阔的思路，更开放的政策，更积极的态度，在"扬长避短，形式多样，互惠互利，共同发展"的原则指导下，实行多种形式的经济联合。我们的目标，是在上海经济区、长江流域和全国各地同兄弟地区一起，共同创建一批生产优质名牌产品的经济联合体、科研系列产品的经济联合体、重要资源的综合开发经济联合体和出口货源的配套加工经济联合体，形成一批跨地区、跨部门的新型企业群体和企业集团；并同对外经济技术交流相衔接，不断加强"两个扇面"的辐射能力，为改造和振兴上海创造一个良好条件。

根据《国务院关于进一步推动横向经济联合若干问题的规定》，结合上海实际，我们正在制定推动上海横向经济联合的实施办法：第一，在国家下达的固定资产投资计划额度内，每年划出一定份额用于经济联合；简化审批程序，在加强宏观指导，制订横向联合规划的同时，给企业更多的自主权。第二，实行横向资金融通，各专业银行在固定资产投资规模和贷款额度内，给经济联合的部门、企业以信贷等方面支持，对特定的联合项目实行优惠利率。第三，在联合企业的产品分配和物资供应方面，给予更多的自主权和提供方便。第四，对联合所分得的利润，以及企业通过技术转让、咨询服务所得收入，在税收上给予减、免等优惠待遇。第五，对联合所分得利润的留成，以及派出人员的经济收入给予一定的优惠待遇。第六，对外地来沪开办企业要放宽政策，以促进商品生产和流通。我们相信，只要认识一致，政策有力，各方配合，积极开拓，上海的横向经济联系的步伐一定能够加快，上海经济发展战略目标也将能更好地实现。

这里，我还想强调一下，上海作为加工工业为主的中心城市，各地需要上海的支援，上海更需要各地的支援。为了上海和各地共同繁荣，我们在同兄弟省市各部门、各单位合作交往中，要做到热情接待、诚恳商谈、虚心学习，建立平等互利的，长期、稳定、良好的经济协作关系。

（七）调整产业结构，保持国民经济持续、稳定、协调地发展

"七五"期间实施上海经济发展战略的重要内容之一，是理顺经济关系，调整产

业结构,使上海经济尽快转上良性循环。

目前,在上海国民生产总值产业构成中,一、二、三产业的比例分别为 4:70:26,其中第三产业近年来有一定发展,但所占的比例仍然过低,不能适应一、二产业发展和人民生活提高的需要。因此,大力发展第三产业已成为当务之急,必须优先发展,力争到一九九〇年在一、二产业绝对值上升的条件下,第三产业的比重从一九八五年的 26% 上升到 33.4%,平均每年增长 13%。使一、二、三产业的比例调整为 3.4:63.2:33.4。

三次产业的内部结构也将进行合理调整:

第一产业内部,在种植业方面,采取"稳粮、调棉、保菜、发展饲料和市场需要的经济作物"的方针。种好粮食,增产饲料,努力发展副食品生产,增加品种,提高质量,使郊区农民的口粮立足自给,城市主要副食品供应立足郊区。建立健全产前、产中、产后的多层次、多形式的服务体系。在调整农业产业结构的同时,要搞好农田水利设施建设,加快农业机械化步伐。要加强国营农场工作,逐步把国营农场建设成为内外贸商品生产基地、农业现代化示范基地、城市副食品生产基地和发展农业经济的服务中心。要重视乡镇企业的发展,根据城乡一体化的要求,在城镇规划的指导下,发展为大工业配套、为出口服务、为农业服务的乡镇企业,做到以工补农,改善农业生产条件,不断推进农业的专业化、商品化和现代化,使上海农村经济更为协调地向前发展。这里要着重指出,市区要从各个方面加强对郊县的支援,特别是对远郊县的支援。

第二产业内部,要按照经济发展战略提出的"四少两高"(耗能少、用料少、运量少、"三废"少和技术密集度高、附加价值高)的要求,对工业结构进行调整。由于上海工业的规模庞大,门类众多,综合配套能力强,有较高的经济效益,因此,调整上海的工业结构,将是一个具有较大难度的系统工程。我们拟按以下几条原则进行调整:一、为了提高出口创汇能力,将一批工厂从"内向型"转为"外向型",形成出口生产体系,生产新型、优质、装潢好、档次高、具有竞争能力的产品,要减少档次低、老化了的商品和初级产品的出口;二、为了丰富人民的生活,繁荣市场,积极发展中高档和名牌优质的轻纺产品及耐用消费品,减少低档的、粗放的一般商品的生产;三、为了向全国各地提供先进的技术装备和新型材料,发展新型、高效、电脑化的机电设备,开发具有新型功能的原材料工业以及新兴产业,减少低技术、通用、重型产品的生产;四、为了减轻城市负担,降低对原材料、燃料的依赖程度,有利于环境保护,发展小巧、精致、薄型、附加价值高而消耗低的产品,要减少高消耗、低价值的产品,通过内联,将有些耗能、耗料高的产品逐步转移到原料产地去;五、围绕大型骨干企业和重点行业,在本市、上海经济区乃至全国范围内进行协作配套,组成工业企业群体,形成一条龙的专业化协作,而不是仅仅着眼于在本市范围内的配套。我们将通过调查研究,全面规划,以便在"七五"期间有计划有步骤地进行调整,使上海工业逐步从粗放型转向集约型,从主要依靠物质资源投入转向主要依靠技术进步。

第三产业内部,将着重发展交通邮电、商业服务和金融保险业,并相应发展旅游、房地产、信息、咨询等行业。关于商业服务业,一九九〇年全市社会商品零售总额将比一九八五年增长 44.7%,平均每年增长 7.7%。为此,必须进一步放宽政策,疏通渠道,搞活流通,充分发挥国营商业的主导作用,重视发展集体商业和个体商业,切实安排好主副食品供应,不断丰富消费品市场。一九九〇年全市商业网点将从一九八五年的 10.6 万个发展到 12.5 万个以上。认真搞好小商品供应,大力发展饮食业、服务业、修配业,解决人民生活中的几个难题。

（八）提高人民生活水平,发展社会保障事业

在发展生产和提高劳动生产率的基础上,不断提高人民的物质文化生活水平,是"七五"国民经济和社会发展计划的基本出发点。"七五"期间,全市职工实际收入预计平均每年增长 5%左右,农民人均纯收入平均每年增长 7%左右,城乡人民平均消费水平每年增长 6%左右。

改善人民的居住条件和生活环境是提高人民生活的一项基本任务。计划新建城镇住宅 2,200 万平方米,在条件许可的情况下,力争多完成一些。同时,大力抓好新居住区的配套设施建设,改善生活质量和环境质量,在老市区的边缘形成若干个交通便利、设施齐全、生活丰富、环境优美的"新城区"。

"七五"期间,继续抓紧抓好计划生育工作,大力提倡优生优育,提高人口素质,使每年人口自然增长率控制在 6‰左右,还要严格控制人口,尤其是中心城人口的机械增长。进一步发展卫生保健事业,加强城乡医疗卫生保健设施的建设,作好疾病预防工作,提高医疗质量,降低发病率,提高人民群众的健康水平。

"七五"期间,全市老年人口比重将进一步增长,要继续动员和依靠社会各方面的力量关心老年人的物质和精神生活。同时,要关心残疾人的生活、学习与工作,改进和发展社会福利与优抚工作。逐步建立和完善社会保险制度。

三、关于经济体制改革

"七五"时期是我国经济体制进一步由旧模式向新模式转换的关键时期。继续进行深入系统的经济体制改革是实施上海经济发展战略和实现"七五"计划的重要保证。

"七五"期间,上海经济体制改革的目标是:(一)坚决落实党中央和国务院关于扩大企业自主权的决定和条例,进一步增强企业活力,特别是增强全民所有制大中型企业的活力。(二)进一步发展社会主义的商品经济,增强中心城市的流通功能,逐步完善市场体系。(三)加强和完善经济调节手段,搞好宏观管理和控制,政府对企业的管理从直接控制为主转向间接控制为主。(四)从生产、流通需要出发,促进跨地区、跨部门、跨行业的横向经济联合。(五)积极创造条件,逐步改革行政组织机构和规章制度,使之与新体制相适应。

实现以上目标,基本完成新旧经济体制转换的过程,使上海的城市经济体制走上新的运行轨道。我们要切实做好以下三方面的工作:

(一)进一步增强企业特别是全民所有制大中型企业的活力

企业要真正成为相对独立、自主经营、自负盈亏的社会主义商品生产者和经营者。到"七五"期末,除极少数企业外,绝大多数都要实行自负盈亏。要继续落实国务院和市政府有关扩大企业自主权的各项规定,各级管理部门应该把生产经营权切实下放给企业,并指导企业用好权,为企业服务。为了不断增强企业的自我积累、自我改造和自我发展能力,根据国家规定逐步减免企业的调节税和提高部分行业的固定资产折旧率;按国务院统一部署逐步改革企业的工资制度;完善厂长(经理)负责制,实行各种不同形式的经济责任制;积极提高企业现代化管理水平;减少对企业的管理层次,通过试点,逐步对行政性公司进行体制改革。进一步发挥集体经济在国民经济中的积极作用,继续推行国营小企业转为集体经营的改革,大力发展集体经济,引导和发展个体和其他类型的经济。

发展横向经济联合是经济体制改革的重要内容。大力促进企业间各种形式的横向经济联合,冲破以条块分割为主要特征的旧体制,加快整个经济体制改革和社会主义现代化建设的进程。

(二)进一步发展社会主义的商品市场,逐步完善市场体系

继续理顺批发体系,办好各类批发公司和贸易中心,建立上海贸易信息中心以

及若干个多功能的大型批发市场；发展工商、农商、商商、农工商相结合的新的商业形式；提高各种贸易中心及交易市场的经营管理素质，充分发挥其商品辐射、调节供求、交流信息、搞活流通、完善服务的功能。逐步减少国家统一调拨分配物资的种类和数量，但对指令性计划部分所需的主要物资则应予以保证。在市人民银行的指导和管理下，充分发挥各专业银行上海分行的作用，努力办好交通银行，适当扩大基层金融组织的权限，发展多渠道多形式的资金融通，有步骤地开展银行同业拆借，试办债券和股票发行业务，开辟企业筹集资金渠道，提高资金运用效率，逐步形成金融市场。同时，进一步开拓和活跃技术市场，以形成由消费品市场、生产资料市场、金融市场、技术市场和房地产市场等组成的统一的社会主义市场体系。"七五"期间的价格改革将按照国务院的统一部署，有计划、有步骤地进行，要采取多种措施减少原材料价格调整带来的影响，保持市场物价的基本稳定。

（三）建立新的宏观经济管理制度

"七五"期间，要全面贯彻党中央和国务院关于加强宏观控制的措施，逐步完善各种经济手段和法律手段，辅之以必要的行政手段，来控制和调节经济的运行，从直接控制为主逐步转为以间接控制为主。进一步改革计划体制，缩小指令性计划的比重，加强经济信息和经济预测工作，通过财政、银行、税收等部门进行宏观控制和调节，把计划工作的重点逐步转到主要运用经济政策和经济杠杆管理经济的轨道上来。健全和完善地方性经济法规和规章，加强经济司法工作，建立健全政府部门的经济法制机构，充实经济检查监督机构，调整政府经济管理机构，减少层次，简化手续，实行政企职责分开。

为了完成经济体制改革任务，我们需要进一步加深对经济体制改革的认识。

提高认识，把改革放在首位。"七五"期间经济体制改革的任务十分艰巨。各级干部要认真学习党和国家有关改革的重要文件，反复理解经济体制改革的性质、目标、方向、任务和有关政策，统一思想、提高认识。我们要清醒地认识上海在全国所处的地位，不辜负党中央、国务院对上海的期望，真正把改革放在首位。既要有勇于开拓，大胆创新的精神，又要有实事求是的科学态度，坚持先立后破的原则，把改革工作不断深入地进行下去，争取走在全国的前列。

增强信心，正确认识改革的复杂性和艰巨性。当前我们正处在新旧两种体制的交替过程中，新体制已开始发挥作用，旧体制的相当部分仍在起作用，两种体制常常发生摩擦和矛盾。新旧体制交替过渡的时间不会很短，但是两种体制处于均势的状态，不能拖得太长，否则对改革和建设都不利。目前由于旧体制仍起很大作用,因此,摆在我们面前的改革任务更加繁重。我们要有充分的思想准备,在体制转换过程中,会产生各种矛盾,对改革中的问题有不同的认识,甚至议论纷纷,也是很自然的,不要因为工作中出现了一点问题就动摇对改革的信心。对于改革工作一定要周密规划,精心指导,及时解决工作中的问题,尽快使新体制居于主导地位。

转变观念,尽快适应有计划商品经济的要求。上海是一个以加工工业为主、国营企业占主导的老工业基地。长期以来由政府直接管理经济,我们习惯于任务由国家分配、原材料由国家供应、产品由国家包销的指令性计划体制。全面改革的新形势,要求我们的各级干部必须改变固有模式和陈旧观念,尽快学会自觉运用价值规律和市场机制,增强企业的应变能力、竞争能力和自我改造能力;也要求我们学会运用经济手段和法律手段,通过各种经济组织来调节社会经济活动,提高间接管理的本领。

总之,"七五"期间的改革任务十分繁重。我们一定要在实践中不断总结,深思熟虑,瞻前顾后,把工作做深做细,使改革健康地向前发展。

各位代表:

"七五"计划,包含着社会主义物质文明建设和精神文明建设两个方面,它们是互为条件、互相促进的。我们必须坚持"两个文明"一起抓的方针,大力抓好精神文明建设。按照新的历史时期的任务和要求,加强思想政治工作,对干部和群众经常进行有理想、有道德、有文化、有纪律的教育,以及形势政策教育。继续开展"五讲四美三热爱"活动,发扬艰苦奋斗、献身四化、励志图强、振兴中华的革命精神,抵制和反对资本主义、封建主义腐朽思想的侵蚀。既要继续发挥物质鼓励的作用,也要反对"一切向钱看"、损公肥私的思想和行为。特别要重视和加强对青少年的思想教育,学校、家庭、社会三方面应该密切配合,共同做好这项工作,使新的一代健康成长。深入开展"做文明市民,创文明单位,建文明城市"的活动,加强各行各业的职业道德教育,建设"十大文明窗口",努力提高服务质量,改善服务态度,做到主动热情,礼貌待人,尊老扶幼,助人为乐,维护公共卫生,遵守交通规则,一定要把上海建设成为社会主义的文明城市。

社会科学研究部门,要组织力量对经济、社会发展和改革中的重大理论与政策问题进行深入、系统的研究,力争出一批质量较高的成果,还要为各级政府的决策发挥智囊作用。

文化事业是社会主义精神文明建设的重要组成部分。"七五"期间,将大力发展和繁荣各项文化事业,以丰富人民的精神生活,提高人民的文化素养和道德水准。办好新闻事业,提高报纸质量,做好三家报社业务大楼的建设工作。注重出版工作的社会效益,加速印刷企业的技术改造,提高印刷能力和印刷水平。丰富广播电视节目的内容,提高节目质量,增加播出时间,拍摄更多反映时代风貌、振奋人民精神的优秀影视片。繁荣文艺创作,丰富文艺舞台,提高艺术质量。加强文化设施建设,新建和改造一批电影院、剧场,筹建文化艺术中心,积极建设上海图书馆新馆,办好博物馆和档案、文物事业。广泛开展群众性体育活动,增强人民体质,加强体育设施建设,大力培养优秀教练员和运动员,争取在国际、国内的比赛中继续获得优异的成绩。

进一步发扬社会主义民主,健全社会主义法制。在今后五年内,要在全市人民中普及法律知识,增强法制观念。动员和依靠社会各方面力量对社会治安进行综合治理,坚决打击严重经济犯罪分子和严重刑事犯罪分子,制止和取缔一切败坏社会风气的丑恶行为。进一步落实治安责任制,教育、挽救、改造轻微违法犯罪分子,并采取各种措施使社会更加安定。我们相信,在市委的领导下,依靠广大人民群众,定能实现社会风气的根本好转,为改造振兴上海创造良好的社会环境。

各位代表:

实施"七五"计划是一项光荣而艰巨的任务,我们深感责任重大。为了不辜负上海人民的重托,我们将切实加强各级政府的自身建设,认真抓好以下三项工作:

改革行政机构。市政府将按照政企职责分开,简政放权,对企业实行间接管理的改革要求,逐步调整机构,加强综合部门,撤并重复机构,减少管理层次,精简临时机构。加强对区、县政府的领导,健全和调整区、县政府机构,使其在城市建设与管理、精神文明建设、加强对集体、个体经济的管理和第三产业的发展等方面,发挥更大的作用。加强街道和乡、镇基层政权的建设,特别是新划入市区的街道办事处建设,以逐步形成比较合理的、高效能的城市政府管理体系。

改善领导方法。我们正处在改革和开放的伟大变革潮流之中,各级领导干部和全体工作人员应该自觉地适应这种变革,努力学习马克思主义的基本理论,学习经济知识和专业知识,深入基层,深入群众,加强调查研究,提高科学决策和处理实际问题的能力。我们还应看到,现代化城市的管理,尤其是像上海这样的大城市的管理,是一项十分复杂的系统工程,仅靠领导者个人的知识和经验是不够的,除了继续依靠政府各部门以外,对一些比较重大的问题,应该发挥研究、咨询部门的作用,听取各方面的意见,集思广益,加强决策前的多方案比较论证工作,提高决策的科学性和可靠性。政府的经济管理部门要改变工作方法,从过去那种把主要精力放在定指标、批项目、分资金、分物资上面,逐步转到主要搞好统筹规划、掌握政策、组织协调、提供服务、运用经济调节手段和加强检查监督方面来。

改进工作作风。政府工作人员的行为和作风,直接关系到政府在人民心目中的形象。当前改进工作作风主要抓以下三条:一是加强统一领导。在充分发扬民主的基础上,善于集中,果断决策,对已经作出的决定,要令行禁止,不能各行其是。对重大项目的实施,必须雷厉风行,一抓到底,及时协调并解决实际问题,确保项目按时完成。二是提高工作效率。各级政府部门都要建立健全明确的责任制,各司其职,加强部门之间的横向联系,主动通气和协调工作,克服相互扯皮、办事拖拉的作风。改变会风,凡参加工作会议的人员,必须代表所在组织,使会议能够及时作出明确结论,并付诸实施。减少会议和文件,使各级干部有更多的时间深入实际,解决问题。三是提倡实干精神,少说空话、多干实事。各级政府部门对工作要有布置有检查,"言必信,行必果"。今年市政府要办成十五件与人民生活密切相关的实事,以后每年都要这样做,形成制度。政府每个工作人员都要牢固确立全心全意为人民服务的宗旨,谦虚谨慎,廉洁奉公,不以权谋私,密切联系群众,不断改进作风,起表率作用,成为人民群众信赖的社会公仆。我们热诚地欢迎各位代表和全市人民对政府工作进行监督、批评和帮助。

各位代表,"七五"计划为我们展示了宏伟的蓝图和美好的前景。同时,我们还要充分认识到这个任务的艰巨性,由于"七五"期间的财力、物力有限,许多长期积累的问题不可能一下子都解决,需要全市人民树立起长期艰苦奋斗的思想。我们相信,在党中央、国务院的正确领导和亲切关怀下,在市委的直接领导下,有富于光荣革命传统的上海工人、农民、知识分子、广大干部、人民解放军指战员和公安干警的辛勤劳动和英勇战斗,有各民主党派、各族人民和一切热爱社会主义祖国的人士的团结合作和群策群力,有上海对内对外开放的有利条件和各方面优势,有各兄弟省市的大力支持,我们一定可以圆满实现"七五"计划,并为到本世纪末把上海建设成为开放型、多功能、产业结构合理、科学技术先进、具有高度文明的社会主义现代化城市奠定扎实的基础。

《解放日报》1986 年 5 月 5 日

规划到一九九〇年成为沪杭线上最大工业城镇
古城松江矗起六片住宅群
十万居民人均住房面积六年翻一番,达6.6平方米

盛晓虹

本报讯 一项建筑面积达十四万平方米的"人乐"大型住宅区,不日内将在松江县城的西北地区破土动工。这是松江县为改善城镇居民住宅条件而兴建的第七个住宅区。自一九七九年以来,松江县已新建了六个住宅区——拥有四十三万平方米的城镇居民住宅。十万居民的松江城,人均住房六点六个平方米,比七年前翻了一番。

沿着二十四米宽的谷阳路,由北向南走,只见绛色的点式住宅群,黄色的条式住宅群,拔地而起;折向东行,顺着三十六米宽的中山路,迎面扑来的又是一幢幢整齐划一的住宅楼。在已迁进居民的六个住宅区里,路面洁净,花树繁茂,菜场粮店,商业网点配套。此外,还设有幼儿园和小学校;每幢居民楼前,盖有存放自行车的车棚,使那些骑车上下班的居民倍感方便。漂亮适用的住宅群,为古城松江生辉不少。

七年前的今天,松江城的面貌不是这样的。居民住房拥挤,古老破旧的瓦檐上青草茇茇。为解决城镇居民住房困难,为将松江县城建成上海市郊以纺织、轻工、仪表为主的卫星城市,县委和县政府自一九七九年起对县城进行广泛调查与可行性研究,制定出了上海市郊最早的城镇发展总体规划,规划到一九九〇年,县城要成为沪杭线间最大的工业城镇,人口逾十五万,并标出工业区、商业区、市民住宅区的分布区域。在此基础上,他们制定了更为详细的市民住宅区规划。规划规定,城镇住宅区要为居民着想,在建房的同时,市政工程必须紧紧跟上,要一次解决,不搞胡子工程,不留尾巴。厨房厕所,室内水电门窗,道路管道铺设,甚至连居民下班后存车的自行车棚这些细小的生活问题,也都考虑了进去。

为了确保规划的实施,有步骤地兴建居民住宅区,在建房资金的来源上,这个县除财政部门拨款建房十七万平方米外,还采用用房单位自筹资金的办法,在短短的六年里集资三千六百万元,建造起了二十六万平方米的新楼房。今年以来,这个

县在国家投资少的情况下,进一步完善自筹资金建房的方法,采用多层次集资,除用房单位系统性自建或参加组建外,还准备盖一万平方米的商品房,卖给市内单位或个人。

坚持高质量和必要的速度,是松江县房建部门的工作宗旨。这个县建起了以基建工程公司为主体的房建队伍,公司采用承包的办法,层层下包,并广泛采用合同制,规定逾期罚提前奖的制度,来调动建筑工人的积极性。据有关部门统计,由于坚持合同兑现,在材料供应不脱节的情况下,这个县建一幢房的房建速度比全国工期定额规定的时间提前一个半月。住宅楼(区)在交付使用前,房建部门除自己进行一次大样预验外,还携同水电、环卫、文教、商业等有关部门进行第二次交付验收,以确保房屋质量合乎规定要求,以及市政工程的配套成龙。

现在,松江县的一万多名建筑工人正在继续努力,年内还要竣工六万平方米的居民住宅,使近二千户居民尽早地告辞旧房,迁入新居。

(《解放日报》1985 年 6 月 21 日)

改善基础设施　完善投资环境　提高城市质量
上海要形成多中心敞开式结构
芮杏文、江泽民、汪道涵、倪天增出席规划会议并讲话

本报讯　上海市城乡建设规划工作会议,经过两天的大会报告和分组讨论,达到了预期目的,于昨天下午闭幕。中共上海市委书记芮杏文、副书记江泽民,市长汪道涵、副市长倪天增出席了会议,并在会上分别作了讲话。

汪道涵市长在讲话中,首先肯定了这次会议取得的成果,认为会议达到了推动规划和加快工作步骤的目的。他说,上海已经有了一个综合性的城乡建设规划方案,这是在国务院批转的关于上海经济发展战略汇报提纲之前编制的,必然有不够完善的地方。规划要为战略服务,要根据汇报提纲内容,特别是在发挥城市的多功能作用,对内对外开放,以及发展第三产业等方面,进一步充实、完善、提高原来的规划。为了更好地实现上海的城乡建设规划,这次会议讨论了规划工作中的立法问题,特别是要加强土地管理。在谈到要加快上海城乡建设的步伐时,汪道涵说,要解决资金问题,今后的地方财政收入,主要应当用于城市基础设施的建设。要加

强规划项目的前期准备工作,以便在条件成熟的时候可以立即动工。要改革市和区、县的规划管理体制,做到统一规划,严格审批,分级管理。要通过规划部门和高等学校等培训途径,加强规划人员和项目经理的培养工作,促进上海的城乡建设。

市委书记芮杏文在讲话中指出:根据上海当前特定的条件,城市建设和规划工作的重点应围绕改善基础设施,完善投资环境,提高城市质量。他希望在搞城市建设的具体工作中,注意全面规划,远近结合,以近养远,急的先上,分期分批,配套建设。在各种服务设施的布局上,各个新建住宅区都要考虑安排医院、托儿所、学校、娱乐场、运动场、通讯设施和商业网点等等,以形成多中心敞开式的城市结构。每个住宅区的建设设计,要有个性特点。对于卫星城的建设,要考虑对内与对外交通两个辐射面。芮杏文还说,我们要把上海有限的建设资金,用在经济效益与社会效益明显的建设项目上,集中力量,打几个城市建设战役,花上几年时间,是可以见成效的。

市委副书记江泽民在会上提出:要运用系统工程这一科学方法来制定和实现城市规划。城市是个大系统,在制定规划时,要考虑前后、左右的衔接,要考虑经济、社会等各个领域的联系。他还要求建设项目的咨询、可行性论证等前期工作,要做在前头,区域建设要看到长期需要,让上海的规划体系纳入系统工程的轨道。

出席昨天下午会议的,有市政府各委办以及区、县、局的有关方面负责同志,共两百多人。(记者 樊天益 薛石英)

(《解放日报》1985年7月7日)

指导今后城市发展与建设的依据
国务院原则同意上海城市总体规划方案
同意成立上海城乡规划建设委员会

本报讯 国务院日前已批复原则同意《上海市城市总体规划方案》,要求以此作为指导今后上海城市发展与建设的依据,并认真组织实施。

国务院批复计有十条。批复中重申了上海市在国际经济交往和国内现代化建设中的重要地位,以及经济发展战略目标。批复要求上海严格控制人口规模,采取综合治理措施,保持良好的环境;调整好城市布局,逐步改变单一中心的城市布局,逐步形成层次分明、协调发展的城镇体系;调整好工业结构,从上海经济区和全国着眼，结合经济区范围内的城镇特点进行合理布局；切实搞好内外交通设施的规划与建设，逐步建设成一个高效率的综合运输体系；大力加强基础设施和住宅建设，逐步实行住宅商品化；切实抓好城市的环境建设，抓好工业"三废"的综合利用和生活废弃的无害化处理，认真防治大气、水系的污染和解决噪声扰民的问题；创造一个有很大吸引力的投资环境，增强与国内外经济、技术和文化的交流，等等。

国务院同意成立上海城乡规划建设委员会。该委员会主要任务是：统一领导城市和乡村的规划、建设和管理工作；负责审查实施城市总体规划的近期计划和年度计划；统一协调城乡规划、城市建设计划及实施中的重大问题。

批复指出，鉴于上海经济区的区域规划正在编制，中央关于上海市要对外开放的指示精神正在组织落实，因此，城市总体规划还需要在今后执行中进一步充实和完善。上海市政府应与有关方面密切联系，逐一研究解决存在的问题，并尽快组织制订有关城市建设和规划管理的法规。

国务院要求中央和各省、自治区、直辖市党政军驻沪单位，都要模范地执行上海市城市总体规划和有关法规，共同努力，为把上海建设成为社会主义高度物质文明和精神文明的现代化城市而奋斗。（市府新闻处供稿）

（《解放日报》1986 年 10 月 23 日）

市委市府召开干部大会号召上海人民
为把美好蓝图变为现实而奋斗
芮杏文、江泽民讲话
倪天增传达批复和中央领导讲话精神

本报讯 《上海市城市总体规划方案》的宣传和实施揭开了序幕。市委、市政府昨天召开全市干部大会，传达《国务院关于上海市城市总体规划方案的批复》和中央领导同志有关讲话精神，动员各方面力量，齐心协力，为把上海的美好蓝图逐步变为现实而奋斗。

市委副书记、副市长黄菊主持了大会。副市长倪天增首先传达了国务院《批复》和中央领导同志讲话精神。他说，党中央、国务院十分关怀和重视上海城市的规划和建设，中央书记处为此专门进行了讨论，分析了上海在国内国际的重要地位和发展前景,对内对外开放的有利因素,以及面临的困难和问题。为上海城市的建设和发展进一步指明了方向。倪天增副市长的传达使到会干部深受鼓舞。

江泽民市长在会上作了长篇报告。他首先回顾了本市总体规划形成的历史过程,接着阐述了《规划》的指导思想、中心内容和工作重点。他说：党中央、国务院先后批准的上海经济发展战略、上海文化发展战略和城市总体规划方案都是改造、振兴上海的纲领性文件,无论是对当前的各项工作,还是对长远的发展,都有着十分重要的指导意义。经济发展战略和文化发展战略是城市总体规划的科学依据和服务目标,城市总体规划是经济发展战略和文化发展战略在空间布局上的具体化。有了《规划》才能保证两个《战略》中提出的方针和原则落到实处。因此,这三者相互联系,相辅相成,必将进一步促进上海经济、社会和文化的协调发展,引导城乡建设的协调发展。

他说：我们在考虑上海的建设时,首先要站得高,看到上海在全国和太平洋西岸的地位和作用;要看得远,用发展的眼光来部署我们的每项工作。面向全世界,面向二十一世纪,面向现代化,这是我们搞好城市建设的出发点。他指出,《规划》的中心内容是城市的合理布局,重点是加强城市基础设施的建设,从而改善投资环境和人民生活环境,适应对外开放、经济和社会发展的需要。

他强调指出,城市总体规划的实施,是一项事关千秋大业的长期工作,不能一蹴而就,需要几代人的共同努力。上海城市改变的快慢,取决于我们把经济搞活,要胆子大一些,方法多一些,在对内对外开放中,使上海一年比一年更加富有吸引力。当前,我们要着重做好以下几项工作：首先要学习、宣传国务院《批复》和《规划方案》,提高认识,统一思想,增强信心;其次,要加强领导,组织实施,在实践中不断充实和完善城市总体规划;第三,动员全市人民参加城市建设,加快建设步伐;第四,充分利用好外资,并筹措、使用好国内资金;第五,加快制订和完善有关城市建设的法规、政策和措施。

市委书记芮杏文最后讲了话。他指出,要实现城市的现代化,不能没有合乎科学、合乎实际的而又高瞻远瞩的城市规划作指导,并严格按照《规划》进行城市建设和管理。他要求干部和群众首先要提高执行《规划》的自觉性,充分认识《规划》对人民生活的改善、经济文化的繁荣、城市的发展关系很大,是一项具有全局性、长远性的战略决策;其次,要维护《规划》的权威性,认识到它具有严肃的法律效力。有关部门要尽快制定实施《规划》的管理条例,使各项建设事业都受到城市规划和法规的制约,做到有法可依、有章可循;第三,执行好规划要依靠群众,全市人民要共同执行和爱护《规划》，积极参加城市的建设和管理，做到"人民城市人民建，人民城市人民管"，在统一规划下，充分发挥各方面的积极性，加快城市建设步伐，努力使上海的城市面貌日新月异。

会后放映了影片《上海的明天》。(市府新闻处供稿)

(《解放日报》1986年11月6日)

上海蓝图诞生记

今年十月十三日，国务院批复《上海市城市总体规划方案》，标志着上海进入了全面按规划进行建设和管理的新时期。这个总体规划是怎样诞生的？记者日前走访了本市有关规划部门。

从无序到有序

城市规划是城市在一定时期内的发展蓝图，是建设城市和管理城市的依据。我国古都西安、北京，欧美的巴黎、华盛顿等无不都是在统一规划下建设起来的。其中，法国建筑师朗方根据华盛顿意图设计制订的华盛顿D·C区的规划，整整坚持执行了二百多年。白宫前一百二十米宽的林荫道和玫瑰园、国会大厦都是当时设计的。后人只能丰富原有布局思想而无权加以更动。

然而，上海城的建设当初却无规划可言。由于租界分隔，地下市政基础设施和地上道路建设互不相干；沿黄浦江、苏州河无秩序地建厂和排放污水；工厂、铁道、河流四周自发形成棚户简屋区，使生产与住宅犬牙交错等。无序发展的后果，至今还在影响着上海。

草图初拟

解放以后，上海曾草拟过《上海市城市发展方向规划示意图》，一九五九年又编制了《上海市城市总体规划草图》和《上海区域规划示意草图》。这次《上海市城市总体规划方案》从着手编制到国务院批复，前后历时六年，是上海历史上编制时间最长，编制规模最大，参与人员最多的一次城市总体规划编制工作。可以说，这个城市总体规划方案是全国众多的专家、学者和上海市民、实际工作者以及全国、全市规划工作者共同劳动的结晶。

勾勒轮廓

一九七九年,本市规划部门在全市各条战线的协作下,根据上海的地理环境、历史情况、资源条件、现状特点,结合国民经济发展的长远规划和区域规划,先编拟了《上海市城市总规划纲要》。中共上海市委于一九八〇年九月讨论并原则同意这一《纲要》。一九八一年三月,上海市召开解放以来第一次城市规划工作会议,部署讨论《纲要》。一九八二年六月九日,《纲要》经市七届四次人代会讨论后,市府正式审定下达。接着,市府各委、办和各区、县、局分别提出了各项专业规划和地区规划。

终成蓝图

市规划部门在纲要基础上综合各地区各行业规划提供的大量、丰富的资料,编制了《上海市城市总体规划方案》。在编制过程中,上海市科协组织本市土木、建筑、水利、航海、测绘、环保、地理、生态、科学学、未来学、园艺、铁道、交通工程、水产、林学等十七个学会进行了多次讨论。

同年十二月,本市又邀请城乡建设环境保护部、水电部、铁道部、交通部、国家民航总局等领导部门;清华大学、同济大学、中国城市规划设计研究院、中国科学院地理研究所等大专院校、科研单位;北京、天津等兄弟省市和本市的专家、教授等六十人,对《方案》进行了评议。与此同时,在上海展览中心举办了《上海市城市总体规划汇报展览》。包括正在开会的市七届五次人代会全体代表在内,共有六万人次参观了展览。展览期间,召开了三十多个座谈会。根据各方面的意见,市规划部门对《方案》作了必要的补充和修订。一九八三年九月,在听取城乡建设环境保护部等有关领导部门的意见后,进一步对规划作了补充。

八三年十月十七日,市府举行市长办公(扩大)会议,同意将规划方案提请市人大常委会审议。市人大常委会和市政协为此组织有关代表、专家进行现场踏勘和座谈、研究后,于当年十二月二十八日举行第八届人大常委会第六次会议,原则通过了这个方案。

一九八四年二月九日《上海市城市总体规划方案》上报中共中央和国务院。同年五月,城乡建设环境保护部组织全国经济、社会、文化科技界和城市规划方面的部分著名专家、学者来沪实地考察,并对方案进行了评议。今年四月十四日,中共中央书记处专门开会讨论了这个方案,并作了重要指示。七月二十日,根据中共中央书记处讨论的意见,又将修改稿上报中共中央和国务院。今年十月十三日,国务院批复了《上海市城市总体规划方案》。

城市总体规划批准后,任何组织和个人不得擅自改变。如需修改时,必须由城市人民代表大会或其常务委员会审议后,报经原批准机关同意。(本报记者　陈健)

(《解放日报》1986 年 11 月 6 日)

面向世界　面向二十一世纪　面向现代化
国务院批复同意上海城市总体规划方案
要求把上海建设成为经济繁荣、科技先进、
文化发达、布局合理、交通便捷、信息灵敏、
环境整洁的社会主义现代化城市和
太平洋西岸最大的经济贸易中心之一

国务院批复摘要
同意成立上海城乡规划建设委员会,由上海市市长任主任
到二○○○年,全市人口规模控制在一千三百万人左右

重点发展金山卫和吴淞南北两翼,有计划地建设和改造浦东地区,尽快修建黄浦江大桥及隧道工程

充分利用崇明岛的地理位置和现有条件,加快崇明岛建设

着重发展知识密集、技术密集型的高精尖新兴工业,用新技术改造传统工业

加快市区干道交通改造,着手建设地铁工程

加速虹桥机场扩建规划和建设步伐,迁移江湾机场,改变龙华机场使用性质

逐步实行住宅商品化,重点调整改造严重扰民的工厂企业和棚户区

抓紧治理苏州河、黄浦江的污染,消除江、河黑臭现象

创造一个有很大吸引力的投资环境,增加国内外经济技术和文化交流

本报讯 国务院于今年十月十三日批复了《上海市城市总体规划方案》。批复全文如下:

一、国务院原则同意《上海市城市总体规划方案》,这个《方案》可以作为指导今后上海城市发展与建设的依据,望认真组织实施。

二、上海是我国最重要的工业基地之一,也是我国最大的港口和重要的经济、科技、贸易、金融、信息、文化中心,应当更好地为全国的现代化建设服务。同时,还应当把上海建设成为太平洋西岸最大的经济贸易中心之一。上海市城市总体规划和各项事业的发展,都必须从这一点出发。在指导思想上,应当从长远考虑,高瞻远瞩,面向世界,面向二十一世纪,面向现代化。要通过几十年的努力,把上海建设成为经济繁荣、科技先进、文化发达、布局合理、交通便捷、信息灵敏、环境整洁的社会主义现代化城市,在我国社会主义现代化建设中发挥"重要基地"和"开路先锋"作用。

三、严格控制人口规模,采取综合治理措施,保持良好的环境。现在上海城市人口过分密集,要在做好计划生育工作的同时,严格控制人口的机械增长。到二〇〇〇年,全市人口规模控制在一千三百万人左右。要加强卫星城和郊县小城镇建设,结合产业结构和工业布局的调整,把不适宜设在中心城区的企事业单位搬迁出去。要结合农业区划,搞好农村集镇的规划和建设,尽可能就地消化农村剩余劳动力,避免农村人口大批涌入市区,以创造一个城乡结合的良好环境。

四、调整好城市布局。要逐步改变单一中心的城市布局,积极地、有计划地建设中心城、卫星城、郊县小城镇和农村集镇,逐步形成层次分明、协调发展的城镇体系。要重点发展金山卫和吴淞南北两翼,加速若干新区的建设。当前,特别要注意

有计划地建设和改造浦东地区。要尽快修建黄浦江大桥及隧道等工程,在浦东发展金融、贸易、科技、文教和商业服务设施,建设新居住区,使浦东地区成为现代化新区。

要充分利用崇明岛的地理位置和现有条件,把加快崇明岛的建设,纳入城市总体规划之中。

总体规划中的城市用地要为二○○○年以后的发展留有余地,并在布局上使之衔接,以适应全市经济和社会发展的需要,改变中心区过分拥挤的状况。

五、调整好工业结构,进行合理布局。上海市是上海经济区的中心城市,也是全国的经济中心之一,应当从整个经济区和全国着眼,结合经济区范围内的城镇特点,进行合理布局。应着重发展知识密集、技术密集型的高精尖新兴工业,用新技术改造量大面广的传统工业。耗能多、占地多、运量大、污染严重、劳动密集型的工业项目,一般不要在市内,尤其不要在中心城区安排。对一般产品,应积极组织向郊县、上海经济区的城镇或其它省市扩散。要妥善解决好里弄工厂的迁、并、转工作,职工可以转向发展第三产业。

六、切实搞好内外交通设施的规划与建设。为了缓和目前水、陆、空交通运输紧张的状况,适应发展的需要,必须逐步建设成一个高效率的综合运输体系。

加快市区干道交通的改造,着手建设地铁工程。地铁的建设应当从交通分流的角度出发,采用先进技术,降低工程造价,加快工程进度。

要加快铁路枢纽的改造,增建主客站,搞好上海新客站及其配套工程的建设,提高枢纽通过能力。沪杭内环线影响城市发展和城市交通,上海市应与铁路等有关部门共同研究,尽快提出解决方案。

加快港口建设。重点是加速原有港区的技术改造,合理调整黄浦江岸线的使用。同时,要结合宁波北仑港、南通港、张家港等港口的建设,抓紧进行上海港的全面规划。

上海民用机场不适应国际交往和旅游事业发展的需要。虹桥国际机场应当按照现代化国际经济贸易中心城市的要求进行规划,加快其扩建规划和建设的步伐。鉴于龙华机场和江湾机场已被市区包围,机场的使用安全和城市建设都受到影响,同意将江湾机场迁移和改变龙华机场的使用性质。江湾机场搬迁后,原址不宜改建为港口。两个机场腾出的土地,要为上海市的更新改造和发展统筹安排使用。

搞好对外公路的建设。由交通部会同上海市、江苏省、浙江省共同研究沪宁、沪杭等高速公路的建造问题,提出可行性方案。

七、大力加强基础设施和住宅建设。城市建设和人民生活的改善,必须建立在经济发展的基础上。继续抓好住宅和生活服务设施的建设。要积极改革城市建设管理体制,统一规划,综合开发,逐步实行住宅商品化,使人民群众的居住条件日益改善。兴建住宅要与调整工业布局、进行旧区改造和完善基础设施结合起来,重点是调整改造那些严重扰民的工厂企业和棚户区,有效地改善环境和改变城市面貌。在旧区改造中,要注意更新通信技术,扩大通信能力,结合发展第三产业,搞好信息交往、咨询服务、会议展览、金融贸易、旅游服务等设施的建设。

要建设城市新水源、供水设施、雨污水排放和处理工程。加快电力、煤气等设施的建设。城市防洪应与太湖流域防洪、排渍、水运和水利工程规划统筹研究,尽快提出规划方案,早日组织实施。

八、切实抓好城市的环境建设。上海市环境污染严重,必须采取有效措施,抓好工业"三废"的综合利用和生活废弃物的无害化处理,认真防治大气、水系的污染和解决噪声扰民的问题。抓紧治理苏州河、黄浦江的污染,消除江、河黑臭现象。要保护好水源,严格控制地下水的开采,大力节约工业用水,改善生活用水的水质。对于污染严重、短期又难于治理的工厂企业,要坚决实行关、停、并、转。

要高度重视绿化建设。首先要保护好现有绿地,包括庭院和公共绿地。同时,结合旧区改造、外迁工厂,努力扩大绿地面积,提高绿化质量,并积极开辟沿江、沿河、沿湖、沿海绿地,以利于保持生态平衡,改善和美化环境。要保护好革命遗址、名胜古迹和有历史文化价值的代表性建筑物。

九、创造一个有很大吸引力的投资环境,以便增强国内外经济、技术和文化交流。上海在历史上是著名的国际港口之一,目前是我国最大的对外开放的港口城市,具有对外开放的优越条件。要进一步创造高效率的信息交流和通讯条件,高质量的工作与生活环境,较完善的公用服务设施,以便更好地吸引和利用外资。同时,应当认真总结、吸取国内外和自身的经验,发挥自己的优势,搞好对国内的开放,吸收国内的资金。当前,上海城市建设各方面需要解决的问题较多,资金缺口很大。为保证上海市城市总体规划的实现,上海市要通过各种途径筹集建设资金,改变城市基础设施严重落后的面貌。近期建设要抓住重点,分别轻重缓急,有计划地组织实施。

十、国务院同意成立上海城乡规划建设委员会。委员会由上海市人民政府、国家计委、国家经委、城乡建设环境保护部、上海经济区规划办公室、驻沪部队等单位的负责同志组成,上海市市长担任主任。主要任务是:统一领导城市和乡村的规划、建设和管理工作;负责审查实施城市总体规划的近期计划和年度计划;统一协调城乡规划、城市建设计划及实施中的重大问题。

鉴于上海经济区的区域规划正在编制,中央关于上海市要对外开放的指示精神正在组织落实,因此,城市总体规划还需要在今后执行中进一步充实和完善。上海市政府应与有关方面密切联系,逐一研究解决存在的问题,并尽快组织制订有关城市建设和规划管理的法规。

国务院要求中央和各省、自治区、直辖市党政军驻沪单位,都要模范地执行上海市城市总体规划和有关法规,共同努力,为把上海建设成为社会主义高度物质文明和精神文明的现代化城市而奋斗。

（《解放日报》1986 年 11 月 6 日）

上海市城市总体规划

人口规模

2000 年上海市人口规模控制在 1 300 万人左右。中心城人口密度规划为每平方公里 2 万人左右,卫星城人口规模为 130 万人左右。

中心城结构

由"单心封闭式"结构,发展为"多心开敞式"结构。按照中心城、分区(11 个)、地区、居住区四级,设立相应的市级中心(4 处)、分区级中心(11 处)、地区级中心、居住区级中心。

工业布局

旧区工业集中发展地段划分成 70 个(块)工业街坊,用地总面积 17.65 平方公里,工业发展用地约 1.6 平方公里;浦东部分工业街坊共有 3 个(块),用地面积 1.3 平方公里,工业发展用地约 0.19 平方公里。边缘工业区共有高桥、五角场、彭浦、北新泾、漕河泾、长桥、周家渡、庆宁寺等 8 个,规划用地面积 17.9 平方公里。卫星城有闵行、吴泾、松江、嘉定、安亭、金山卫、吴淞 7 个,是上海今后新建工业及旧区迁建工业的主要去向。

港口

在对老港区挖潜、革新、改造,调整黄浦江岸线使用同时,新建关港、朱家门码头和国际客运站等,并从上海经济区出发考虑与宁波北仑港、江苏张家港、南通港等形成组合港,同时在罗泾、金山嘴、外高桥等地预留港区发展的备用地。

铁路

上海以沪宁、杭两条主干线为铁路的主要网络。除继续修建这两条线的复线外,将扩建南翔编组站,新建新桥编组站。客运站方面,采用两主(新客站、漕河泾)两副(真如、漕溪路)的布局。充分利用并扩建南(翔)新(桥)环线,逐步替代沪杭内环线。远期规划还有经崇明通往苏北的铁路干线。

城市园林绿化

中心城的公共绿地 2000 年达人均 3 平方米,卫星城人均 4 至 5 平方米。旧市区改建将合理降低建筑密度,增加绿化旷地。结合五角场、彭浦、虹桥、浦东等地区的褉形绿地,规划建设几个大型公园。结合市区九条河流的整治,开辟沿河绿带,加上现有公园和建设小块绿地,形成点、线、面相结合的绿化系统。

商业、贸易、金融、科技、文化、教育

除现有设施和正在建设的上海贸易信息中心、外贸中心、各省市驻沪办事机构以外,要在市中心及各分区中心创造国内外来沪开店、办贸易公司、组织地区联合的条件。

恢复外滩地区的金融、贸易等功能,规划在浦东陆家嘴等地开辟新的金融、贸易中心。

在中科院上海分院的基础上形成现代生物学研究中心,嘉定设置基础理论科研机构,漕河泾设置计量、测试、科技情报等设施,在浦东建设港口、航海、医疗等科研机构。

全市将形成市、区(县)、街道(乡镇)、居住区(村镇)四级文化设施体系,在市中心和分区中心将形成几个文化艺术中心。

环境保护

综合整治城市环境。2000 年地面水质全面达到三级标准,市区绿化覆盖率发展到 20%,郊县林木覆盖率达到 10%。中心城在扩大污水处理能力的同时,将旧区污水通过干管经处理后向大水体排放。保护黄浦江上游水质,将吴泾、闵行的污水连同漕河泾、星火农场的污水经过处理后排向杭州湾。同时,在上海经济区的统一协调下,会同江浙两省做好太湖流域的环境保护。防止大气污染。治理城市噪声。

把分散的、不合理的垃圾码头迁到城市外围。在浦东北塘桥、老港等地建设垃圾处理基地,并进行垃圾、粪便的无害化处理。

公路

规划建成市区通往苏州、烟台的 204 国道;通往南京、乌鲁木齐的 312 国道;通往皖南、拉萨的 318 国道;通往杭州、昆明的 320 国道,还有 8 条通往宝山、金山卫"两翼"和国际机场的快速公路,以及中心城通往卫星城和郊县小城镇等多条主要公路。

规划干线公路总长约 1 500 公里,干线公路网密度为 0.25 公里/平方公里。

城市给水和防洪、排

在黄浦江上游新建引水工程,并规划新建陇西自来水厂(日供水 120 万立方米)和研究汲引长江水来扩大供水量和改善吴淞、闸北两水厂的水质。2000 年中心城居民生活用水量为 200 公升/人/日,郊县乡村给水普及率为 90%以上。防洪方面,将加固加高防洪墙和建苏州河闸,使之达到能够抗御千年一遇的高潮水位。改善中心城排水系统,增加排水能力,解决暴雨积水问题。

民航

扩建虹桥机场,及时扩建国际客运候机楼,筹划开辟第二跑道,年旅客量超过1 000万人次。在川沙县长江边保留远景修建第二航空港的用地。将江湾机场迁至南汇县周浦镇东,并考虑军民合用。

市内交通

采取多平面的交通体系,改建并完善城市干道系统。通过三条南北向、一条东西向的快速干道和四条放射性国道联结中心城与南北两翼、主要卫星城、机场、港口,并同国家公路网连接。中心城干道总长553公里,平均每人占有道路面积5.8平方米。中心城还将兴建一部分高架道路系统,同时规划7条线组成的地下铁道网络以及7处穿跨黄浦江的隧道和桥梁工程。2000年公交线路增加到200条,线路总长2 000公里,平均每条线配车50辆,高峰小时车厢内站立人数为7人/平方米。出租汽车服务站点增为130处。

能源发展

规划建设石洞口电厂和浦东电厂,扩建宝钢、闵行、吴泾等电厂。新建500千伏输电网、500千伏直流输电换流站和输电网。中心城区将建6座220千伏、9座110千伏的变电站,改建及发展南市、高桥等一批中小型电厂。煤气方面将建成浦东煤气厂、石洞口宝山煤气厂,扩建吴泾焦化厂,2000年全市日产煤气量可达968万立方米,中心城范围内家庭煤气基本普及。

住宅建设

2000年上海中心城每人居住面积达到8平方米,卫星城9至10平方米,使每户居民基本上有一套住宅。

邮电通讯

大力发展电话、电报、邮电等通讯设施,2000 年电话交换机容量达 150 万门号线以上,更新通讯技术,采用光纤通讯、数控电话。逐步扩大国内、国际的电话自动化,增设一座用于国内通讯的卫星通讯地面站。加快铁路新客站附近的邮件转运站和国际邮件转运站的建设,使整个上海地区具有与国内外灵敏的信息联系。

(本版设计、绘图洪广文　陈绍勉)

(《解放日报 1986 年 11 月 7 日》)

上海市城市总体规划方案(选登)

(一) 指导思想

1. 上海位于我国海岸中部,有广阔的长江流域腹地,具有在对内对外开放的两个辐射扇面中起枢纽作用的有利条件。上海市城市总体规划必须从长远考虑,高瞻远瞩,面向世界,面向二十一世纪,面向现代化。同时,又必须考虑到现实情况和逐步实施的可能,使解决当前问题和长远发展密切结合起来,把上海建设成为开放型、多功能、产业结构合理、科学技术先进,具有高度文明的社会主义现代化城市,以更好地为全国的经济建设服务。

2. 上海是上海经济区的中心城市,也是全国的经济中心之一,应当从整个经济区和全国着眼,结合经济区范围内的城镇特点调整工业结构,进行合理布局,提高城市质量,改善投资环境。而这种提高和改善,必须建立在经济发展的基础上,使生产发展和生活改善密切结合起来。

3. 上海市经济发展战略和文化发展战略是城市总体规划的依据,而城市总体规划又为经济发展战略和文化发展战略的实施创造条件,三者相辅相成,使城市建设与经济、科技、文化和社会的发展密切结合起来,提高城市的综合功能。

4. 上海城市规划与建设要改变"同心圆圈层式"发展和"见缝插针"的局面。在吸收国内外先进的城市建设经验的基础上,继承和创造自己的建设特色和城市风格。

5. 城乡协调发展。把中心城、卫星城、小城镇和农村集镇建设作为一个整体来考虑。要有计划地疏解中心城;有重点地综合开发卫星城;小城镇和农村集镇也要通盘规划,相对集中、综合开发,有步骤地进行建设,特别要防止乡镇工业对生态环境和水资源的污染,从而形成合理的生产力布局和城镇体系。

(二) 城市性质、规模和发展方向

1. 城市性质

上海是我国最重要的工业基地之一,也是我国最大的港口和重要的经济、科技、贸易、金融、信息、文化中心。同时,还应当把上海建设成为太平洋西岸最大的经济贸易中心之一。

2. 城市规模

上海市必须严格控制人口规模。到二○○○年全市人口规模控制在一千三百万人左右。中心城按定向发展预留了必要的发展用地,以适应进一步降低人口密度的需要。七个卫星城的规划人口规模为一百三十万人左右。

随着对内、对外开放,城市流动人口将显著增长。目前上海市每天流动人口已超过一百万人,最多时达一百六十万人,城市基础设施和公共服务设施的容量均应考虑流动人口增长的需要。

严格控制人口规模。要从经济计划、劳动就业、计划生育、户口管理等各方面加强工作,采取有利于工厂人口从中心城疏散到卫星城、郊县小城镇,以及由本市向上海经济区的城镇或其他省市扩散的政策措施,并大力发展乡村集镇经济,尽可能就地消化农村剩余劳动力,以免农村人口涌入市区,从而缓解旧市区过于臃肿的状态。同时,要严格控制人口的机械增长。

3. 城市发展方向

上海要走改造、振兴的新路子,以充分发挥中心城市的多功能作用。充分利用对内、对外的有利条件,发挥优势,引进和消化先进技术,改造传统工业,开拓新兴工业,发展第三产业,逐步改善基础设施和投资环境,在大力搞活和发展经济的基础上,加快城市建设步伐,不断改善人民生活。要通过几十年的努力,把上海建设成为经济繁荣、科技先进、文化发达、布局合理、交通便捷、信息灵敏、环境整洁的社会主义现代化城市,在我国社会主义现代化建设中发挥"重要基地"和"开路先锋"的作用。

(三) 城市总体规划的布局

城市总体规划的布局结构可以概括为:建设和改造中心城,积极开发浦东地区;充实和发展卫星城,有步骤地重点向杭州湾北岸和长江口南岸两翼展开;有计划地建设郊县小城镇,使上海形成以中心城、卫星城、郊县小城镇和农村集镇四个层次所组成的层次分明、协调发展的城镇体系。

1. 总体布局

上海市总体布局是以中心城为主体,从几个方面,通过高速公路、一级公路及快速有轨交通等把吴淞、嘉定、安亭、松江、吴泾、闵行、金山卫等七个卫星城和主要小城镇以及邻省主要城市联系起来,呈指状形发展。在卫星城及主要县城之间逐步建设成一个高效率的综合运输体系。

考虑到上海的长远发展,在指状定向发展的走廊内,还预留中心城规划发展区。中心城规划发展区内将形成组团式的新区,组团之间有绿化或农田隔离。各卫星城和小城镇也保留有各自的规划发展区和必要的绿带。这样,可使上海的城镇网络形成城市化用地与环状绿地、楔形绿地相结合的格局,既有利于居民接近自然环境,又有利于改善生态环境,提高城市环境质量。要充分利用崇明岛的地理位置和现有条件,把加快崇明岛的建设纳入城市总体规划之中。

2. 中心城的布局

通过积极地有计划地建设和改造中心城,逐步形成"多心开敞式"的布局,将旧区周围的新区规划建设为九个分区,各分区之间尽量布置绿化旷地。新区将规划建设为各具特色,各自有公共活动中心,具有多功能的综合分区,如江湾大八寺以内贸中心为特色,虹桥以外贸中心为特征,漕河泾以新兴微电子工业为特点。为了合理调整工业布局,在彭浦、北新泾、漕河泾、高桥等八个工业区,预留了一定的工业发展用地。

旧区改造将结合工业调整、城市基础设施建设和棚户、危房的改建,有重点地集中成片地进行,不搞"见缝插针",以利于城市交通的改善,环境质量的提高和市容面貌的改观。改建的重点,是以人民广场为中心,东到南京路外滩并延伸到浦东陆家咀,西至展览中心、静安寺及虹桥路地区。外滩一带的建筑物是上海城市的主要景观之一,将加以保护和完善。此外,四平路、肇嘉浜路、漕溪路、铁路新客站以及黄浦江大桥、过江隧道口、地下铁道车站附近地区也将是改建的重点。通过旧区改造,将进一步促进经济、文化的繁荣和人民生活的改善,城市面貌也可望有较大的变化。

旧区改造和新区建设将密切结合起来。新区建设按照就近工作、就近生活的原则综合布置生产和生活用地,同时为旧区定向疏解人口创造条件。

有计划地积极建设和改造浦东地区。将划出一定地段发展金融、贸易、科技、文教、信息和商业服务设施。在陆家咀附近将形成新的金融、贸易中心,成为上海市中心的延续部分。为此,要尽快修建黄浦江大桥及隧道等工程,解决过江交通。浦东地区,还规划有外高桥港区备用地,南黄海、东海等海上石油钻探的后方服务基地以及第二国际航空港,将形成新的现代化交通枢纽。浦东地区已有造船、建材、石化、冶金等工业基地,由于它在上海中心城的上风向,仅限于发展无严重公害的工业。浦东地区具有濒江临水的优势,将通过精心规划,使之成为上海对内、对外开放都具有吸引力的优美的社会主义现代化新区。

3. 卫星城的布局

充实和发展卫星城,使现有七个卫星城成为各有特点的具有更大吸引力的社会主义现代化的新城。卫星城的规模不宜过小,一般以10—30万人的规模进行规划建设。金山卫和吴淞两个卫星城条件优越,要重点发展,规模可更大一些。各个卫星城都应保留一定的发展备用地和蔬菜等副食品基地,以备进一步建设和发展以及生活供应方面的需要。

各个卫星城可以某个行业为重点。但必须考虑生产协作配套和产业结构的科学合理。要相应地发展为生产服务和为生活服务的第三产业,还应重视文化、教育、科技事业的发展和蔬菜、副食品基地的建设,以完善生产、生活条件,提高职工文化教育水平,改善人民生活质量。同时,要综合性地提高卫星城的内聚力和吸引力,使之更好地发挥疏解中心城的作用。

要加强卫星城基础设施和住房的建设。特别要解决与中心城联系的快速交通和通讯设施的建设,还要制订切实可行的鼓励政策,以有效地吸引中心城的企事业单位和职工、居民迁到卫星城去。

4. 郊县城镇布局

郊县城镇布局要有利于城乡一体化的发展。按照农林牧副渔全面发展、农工商运综合经营的原则,使郊县小城镇成为当地政治、经济、文化的中心,吸引附近农民"离土不离乡"。因此,郊县城镇布局,要形成网络,并有适当的规模,一般城厢镇人口规模,可在5万人左右;各县属镇人口规模,按各地历史、地理条件,具体制定,使之成为邻近村镇的活动中心。村镇规划人口规模在 0.3—1 万人左右,吸引范围在 2 万—4 万人左右。务使郊县小城镇发展,有利于郊区农村的改革,使之更好地为城市人民生活服务,为大工业配套服务,为外贸出口服务,为发展旅游事业服务。(待续)

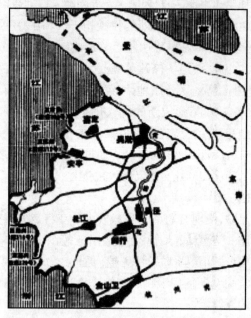

上海市城市总体规划示意图 洪广文绘

《解放日报》(1986 年 11 月 09 日第 02 版)

上海市城市总体规划方案(选登)

(四) 专业系统规划

1. 工业

上海工业的发展及技术改造要与城市发展及改造密切结合起来。上海应着重发展知识密集型、技术密集型的高精尖新兴工业。并用新技术改造量大面广的传统工业,调整好工业结构,并进行合理布局。考虑到上海是上海经济区的中心城市,也是全国经济中心,应当从整个经济区及全国着眼,结合经济区范围内的城镇特点,调整好工业结构,对工业进行合理布局。对耗能多、占地多、运量大、污染严重的工业项目尽量不要在上海安排,尤其不要在中心城安排;新建工厂和规模较大的扩建项目,一般应安排在卫星城;对一般产品应积极组织向郊县和上海经济区的城镇或其他省市扩散,中心城边缘的彭浦、北新泾、高桥、周家渡等八个工业区的发展规模要严格控制,主要安排在工业调整中与中心城原有工业协作密切而又非设在城市边缘不可的工业项目。

结合工业的技术改造搞好旧区工业布局调整。要采取疏导的办法,加强环境的综合整治。对某些工厂与住宅混杂、车间分散、占用办公大楼进行生产的工厂,特别是公害严重的工厂,要积极创造条件,向规划的工业区、工业街坊调整或逐步迁出。

冶金工业区包括有色金属工业的新建和迁建,结合宝钢建设,在吴淞地区安排。

石油化工工业及其后加工,主要在金山卫地区发展。杭州湾北岸漕泾一带结合围海造地,也可作为化工等有关方面工业的建设。

汽车工业主要在安亭地区建设。

飞机工业主要利用大场等原有基础发展。

重型机电(包括核电设备)工业和建材工业等可在闵行发展。

电子仪表工业及相关的高技术工业及科研机构,可在嘉定、闵行及漕河泾等地区发展。

造船工业,除利用原有基础外,结合发展海上石油勘探设备,可在新港区附近发展。

轻纺工业,可在杭州湾北岸的星火农场、金山卫发展;也可配合卫星镇和郊县小城镇作适当安排。

医药、涂料等轻化工业,可在桃浦地区适度发展。

食品工业,可在原料产地的郊县城镇和闵行等卫星城发展。

在中心城和卫星城的综合居住区内,可适当安排一些无公害的服务性行业和企业,以利于就地工作,就地生活。在卫星城安排主要工厂企业时,要统筹配置与之相适应的生产协作配套项目和有利于与当地男女职工比例相平衡的有关行业和第三产业。

要妥善解决好里弄工厂的迁、并、转工作问题。通过合理调整可使一部分里弄工厂的职工转向第三产业。

要重视乡镇企业发展,使之相对集中,以利基础设施和服务设施的经济合理配置,防止对农村的污染,形成生活质量较高的现代化城镇。

2. 对外交通

(1) 港口

加快港口建设。重点是加速对老港区的技术改造,同时考虑结合宁波北仑港、南通港、张家港等港口建设,抓紧进行上海港的全面规划。统筹货物分流,以减轻压船、压货现象。此外在罗泾、金山嘴、外高桥等地预留港区发展的备用地。要加强长江、内河航运的规划建设和经营,以综合利用水路交通。

(2) 铁路

上海以沪宁、沪杭两条主干线为铁路的主要网络。规划除继续修建这两条线的复线以外,将扩建南翔编组站,新建新桥编组站。客运站方面,采用两主两副的布局,即新客站和真如,新龙华和漕溪路两主两副客站。充分利用并扩建南(翔)新(桥)环线,逐步替代沪杭内环线并将它合理改造,以改善市内交通。

为了配合浦东的发展,要考虑有铁路通往外高桥港区备用地等的可能。

远期,还规划有通往苏北的铁路干线,这条规划的铁路将经过嘉定,并通过铁路轮渡使之与崇明联系起来,以配合崇明的开发。

(3) 航空港

按照现代化国际经济贸易中心城市的要求,加快虹桥机场的扩建规划和建设步伐。要及时扩建国际客运候机楼,积极筹划开辟第二跑道。在川沙县长江边保留远景修建第二航空港的用地。

有计划地搬迁江湾机场。江湾机场原址的改建,将通过可行性方案比较后,按规划积极开发利用。原址不宜改建为港口。

建议改变龙华机场使用性质。开放净空限制,以提高城市土地利用效益。两个机场腾出的土地,要为上海市的更新改造和发展,统筹安排使用。

(4) 公路

规划由市区通往外省的国道有四条,即上海至苏北、烟台;上海至南京、乌鲁木齐;上海至皖南、拉萨;上海至杭州、昆明。特别要与有关部门研究沪宁、沪杭等高速公路的建造问题。

3. 市内交通

将采取多平面的交通体系,努力改建并完善城市干道系统。通过三条南北方向、一条东西方向的快速干道和四条放射性国道联结中心城与南北两翼、主要卫星城、机场、港口,并同国家公路网连接。各主要城镇间也有环向公路联系。

中心城由于条件限制,有一部分将兴建高架道路系统。同时规划并着手建设地下铁道。地下铁道的建设应当从交通分流的角度出发,采用先进技术,降低工程造价,加快工程进度。在二○○○年前后,先修建东西和南北两条直径线,并建设从新龙华经吴泾、闵行至金山卫、和从新客站至吴淞为南北两翼联系服务的快速有轨交通。

为了开发浦东。将陆续建设穿越黄浦江的隧道和桥梁。

4. 邮电通讯

要大力发展电话、电报、邮电等通讯设施,不断更新通讯技术,积极采用光纤通讯、数控电话。逐步扩大国内、国际电话自动化,增设卫星通讯地面站。加快铁路新客站附近的邮件转运站和国际邮件转运站的建设。要尽可能地完善卫星城及主要郊县小城镇的信息通讯设施,要进一步创造高效率的信息交流和通讯条件,使整个上海地区具有与国内外灵敏的信息联系。

5. 能源

要加快电力、煤气等设施的建设,上海今后新增发电能力,基本立足于本市,并与有关地区形成联网。新建五百千伏输电网,以与徐州等地坑口电厂联网。建设五百千伏直流输电换流站和输电网,以便接受葛洲坝来的水力发电。

为满足中心城用电需要,规划新建多座二百二十千伏、一百十千伏的变电站。为提高能源综合利用,改建及发展南市、高桥等一批中小型热电厂。虹桥新区、漕河经微电子工业区、星火开发区以及凡有条件的地区,都要实现集中供热或联片工业锅炉,提高热能的利用率。

煤气方面,将建成浦东煤气厂,进行吴泾焦化厂的煤气扩建工程及石洞口煤气厂的可行性论证,并尽快上马。争取到二○○○年,努力使中心城范围内的家庭煤气基本普及。

6. 商业、贸易、金融、信托事业、仓储业

要大力发展商业、贸易、金融、保险等事业,探索建立农工商结合、农商结合、工商结合或商商结合的新的商业形式,为发展上海与国内、外商业贸易联系,以及形成近悦远来、万商云集的商品交换中心创造条件。除现有设施和正在建设的上海贸易信息中心、外贸中心、各省市驻沪办事机构以外,要在市中心及各分区中心创造国内外来沪开店、办贸易公司、组织地区联合的条件。

要把南京路、淮海中路,逐步改建成为具有上海风格的更为繁华、便利的商业

中心。对传统的商业地区,如徐家汇、提篮桥、十六铺、豫园商场、曹家渡、静安寺、打浦桥等,将结合地区改建形成更富特色的地区商贸中心。新区内的分区中心也将为商业市场、集市贸易及个体经济的合理发展创造条件,以逐步改变商业服务设施过分集中于市中心地区的状况。对占用马路的菜场、商业摊棚应作整顿,结合地区改建,逐步进屋营业。

要积极开辟金融、保险、信托事业,逐步扩大对外金融业务。为此,除了要恢复外滩地区的金融、贸易等功能外,规划在浦东陆家咀等地开辟新的金融、贸易中心。

要按照不同性质仓库的要求,合理布置仓库区。外贸和中转仓库尽可能布置在铁路场站和港口码头水陆运输方便的地区。中心城的供应仓库,主要规划安排在铁路北郊、真如、杨浦站。日晖港南站和中山环路以外的干道附近。苏州河恒丰路以东沿河仓库堆场逐步调整到淀浦河、蕴藻浜沿河地区去,以增加市区滨河绿地和生活用地。

7. 住宅建设

继续抓好住宅和生活服务设施的建设。要积极改革城市建设管理体制,统一规划,综合开发,逐步实行住宅商品化,使人民群众的居住条件日益改善。兴建住宅要与调整工业布局、进行旧区改造和完善基础设施结合起来,重点是调整改造那些严重扰民的工厂企业和棚户区,有效地改善环境和改变城市面貌。

到二○○○年,通过有计划地进行住宅建设,使上海中心城每人居住面积达到八平方米(卫星城达到九——十平方米),使每户居民基本上有一套住宅。新区建设,要按照各个地区不同要求,精心规划建设,使之各具特色和形成相应的建筑风格和环境质量。旧区改建要注意建筑保护问题,使建筑环境更为完美并具有上海地方的建筑风格,同时要积极创造条件,改建棚户、危房,并为旧房改善积累经验。

住宅建设同时要注意社会经济效益。要为进一步推行住宅商品化积极开辟道路。

8. 科技、文化、教育、卫生、体育等事业

加强科技、文教等设施建设,为普及科学知识提高科学水平和思想文化水平创造条件,推动精神文明建设。规划在中科院上海分院的基础上形成现代化生物学研究中心。在嘉定,规划建设基础理论科研机构。在漕河泾,规划建设计量、测试、科技情报等设施。在闵行、吴淞、金山卫等卫星城,规划建立同当地工农业相关的科学研究机构。在浦东,规划建设港口、航海、贸易、医疗等科研机构。

现有四十九所高等学校,将利用原有基础,合理发展。同时在浦东和各卫星城

保留设置新的高校或高校分部的发展备用地。在旧区改建和新区建设中,要建设相应的幼儿园、中小学校,还要为发展业余大学、电视大学和中专技校创造条件。

要在统一规划下,逐步在全市形成市区(县)、街道(乡镇)、居住区(村镇)四级文化设施体系。为全市服务的图书馆、博物馆、革命历史纪念馆、文化中心、电影中心、美术馆、科技馆、大剧院、音乐厅、天文馆等,在适当地段规划了预留的备用地,以便分期建设。在市中心和分区中心将形成几个文化艺术中心。

安排好新闻出版、印刷事业的发展用地。电台、电视台除利用现有条件适当扩建外,并将规划发展新的广播电视中心和电视台。

合理调整、增设旧区内医疗网点,方便群众就医。新建居民区应相应建设医疗卫生设施,逐步发展和充实卫星城和郊县小城镇的医疗卫生设施。

以上海体育馆为基础,发展形成漕溪路体育活动中心;以江湾体育场为基础,保留第二体育活动中心的发展用地;在浦东规划第三个体育中心。各区、县、各卫星城逐步配置体育馆、场、游泳池等体育设施,并分级设置小区、居住区的体育活动场地。

漕河泾、真如西、逸仙路、浦建路等环境质量较好而又交通便利的地区,预留了足够的大型和国际性公共建筑备用地,以适应今后对内、对外开放的进一步需要。(待续)

(《解放日报》1986 年 11 月 10 日)

上海市城市总体规划方案(选登)

9. 旅游设施

充分利用上海经济、文化、科学、技术交流的有利因素和优越的地理位置,发展旅游旅馆、会议中心、游乐设施及购物中心等。这些设施将在虹桥新区、漕溪北路、四平路、新客站地区及城市中心地区有计划、有步骤地进行建设,同时充分利用嘉定县、青浦县、松江县、上海县、崇明岛、长兴岛、金山卫等境内的历史古迹、革命遗址和河、湖、江、海、山丘、滨江及滨海地带开辟风景、旅游线。上海旅游事业的发展要与邻省形成旅游网络。

10. 城市给水和防洪、排水

要建设城市新水源,在黄浦江上游新建引水工程,并规划研究汲引长江水来扩大供水量和改善吴淞、闸北两水厂的水质。

城市防洪应与太湖流域防洪、排渍、水运和水利工程规划统筹研究,将按新的防洪标准加高防洪墙和建苏州河闸,使之达到能够抗御千年一遇的高潮水位。

排水方面,将改善中心城排水系统,增加排水能力,解决暴雨积水问题。新开发区和卫星城等要实施雨、污水分流,并充分利用现有水系排水、防洪。

11. 环境保护

上海市环境污染严重,必须采取有效措施,抓好工业"三废"的综合利用和生活废弃物的无害化处理。

综合治理城市环境。抓紧治理苏州河、黄浦江的污染,消除江河的黑臭现象。到 2000 年,使地面水质,全面达到三级标准,局部地区、河段达到二级标准。市区绿化覆盖率发展到 20%,郊县林木覆盖率达到 10%。

在扩大污水处理能力的同时,利用长江口大水体的稀释能力。规划将中心城旧区的污水,通过干管经处理后向大水体排放(工业污水应经过严格的前期预处理)。

黄浦江是上海的重要水源,在黄浦江上游地区,经济建设计划要为设置不污染黄浦江水体的工厂企业创造条件。

为了保护取水口水质,对在水源保护区和准水源保护区的现有工厂要加强污染治理。不准在水源保护区内新设有害水源的工厂。

为了保护黄浦江上游水质,将吴泾、闵行的污水连同漕泾、星火农场的污水经过处理后在符合海洋环境保护法规定的前提下,排向杭州湾,防止海洋环境污染。同时,在上海经济区的统一协调下,会同江浙两省做好太湖流域的水资源保护。郊县农村河流,要分期分批进行整治,同时要合理使用农药化肥,严格保护饮用水源。

为了防止大气污染,各工厂特别是对电业、冶金、水泥三大行业的气体排放,规定要安装消烟除尘等净化装置,并逐步采取措施,控制汽车尾气造成的污染。新开发地区要采取集中供热、供气等措施,旧区通过改造逐步实现小联片供热。

对于污染严重,短期内又难于治理的工厂企业,要坚决实行关、停、并、转。为了治理城市噪声,对部分具有高噪声设备的工厂进行技术改造。对就地治理有困难的工厂,进行必要的调整迁并。重点道路,禁鸣喇叭和设置遮音设施。市区内河航运船舶噪声要严格控制。市区街道分期分批建设成为低噪声控制区。

把分散的、不合理的垃圾码头迁到城市外围。在浦东塘桥、老港等地建设垃圾处理基地,并进行垃圾、粪便的无害化处理。

对工业固体废弃物要综合利用，化害为利，变废为宝。

12. 园林绿化和革命遗址、历史古迹保护

中心城的公共绿地，要结合城市的建设和改造。通过各种途径到2000年由现在的人均0.7平方米发展到3平方米左右。卫星城的公共绿地发展到人均4—5平方米左右。城市绿化覆盖率将有较大的增长。

要高度重视绿化建设。首先要保护好现有绿地，包括庭院和公共绿地。同时要结合旧区改造，外迁工厂，努力扩大绿地面积，提高绿化质量。旧市区改建将合理降低建筑密度，增加绿化旷地。结合五角场、彭浦、虹桥、浦东等地区的楔形绿地，规划建设几个大型公园；结合市区九条河流整治，开辟沿河绿带。加上现有公园和建设小块绿地，形成点、线、面相结合的绿化系统。

积极开辟沿海、沿江、沿湖绿地，建设防护绿带。以利于保持生态平衡，改善和美化环境。

上海是中国共产党的诞生地，是一个具有光荣革命传统的城市，留存下来许多革命遗址。同时，上海还有相当数量的历史古迹和近代代表性建筑。要对中共一大会址、中山故居、共青团中央旧址、鲁迅墓、宋庆龄墓、豫园等六个列入全国重点保护单位以及周公馆、韬奋故居、上海工人三次武装起义发布命令地点、毛主席在沪工作地点、龙华塔和寺连同革命烈士就义地、徐光启墓等四十八个市级文物保护单位、外滩建筑群等，作出保护和整修规划，划出适当的保护范围，以利于进行革命历史传统教育和丰富、美化城市面貌。

13. 农业、城市副食品基地

全面规划、统筹安排。制订好农业、水利、城市副食品供应基地规划，建立蔬菜保护区、生态农业基地，并在节约土地的原则下，合理利用耕地和水域资源，努力发展农副产品的深加工，促进农村经济发展，相应地搞好小城镇建设，使之成为联系城市和农村的纽带。

要充分利用江海滩地和部分湖荡以及积水洼地，建设精养鱼塘。特别是金山、青浦、松江等县的水网地区，要加以防护，严防污染，以发展淡水养殖捕捞业。还应发展长江渔业生产，巩固海洋渔业生产。

崇明县具有发展渔业、畜牧业、蔬菜、水果、食品加工的潜力，要在保护环境不被污染的前提下，逐步把崇明建设成为重要的农副产品（包括出口产品）的基地。

要充分合理利用海涂资源，防止滩涂海洋生态环境的破坏。有计划地促淤造地，增加土地面积，供工业建设、农业生产、副食品供应基地和果木绿化使用。

(五) 规划的实施

城市总体规划也和上海经济发展战略纲要、文化发展战略纲要一样,是围绕着解决"要建成什么样上海"这样一个问题所提出的目标、任务、政策、措施。而最终要把它实现起来,需要我们振奋精神、奋发图强,坚韧不拔,做大量艰巨的工作,付出辛勤劳动,努力实现党中央、国务院所赋予的庄严任务。

1. 认真学习、宣传和贯彻中共中央、国务院批复。使批复的精神和《上海市城市总体规划方案》家喻户晓,使每一个机关、企业、事业单位和每一个居民都能够了解要把上海建成为太平洋西岸最大的经济、贸易中心之一的这一宏伟目标是和各条战线、各个工作岗位密切有关的;是需要在统一的目标下,坚持不懈,长期努力奋斗才能实现的;需要各行各业根据批复精神,拟定各自的中、长期规划,同时进一步制定更具体的分区规划、专业规划、近期建设详细规划,共同为改造、振兴上海切切实实地作出成绩来。

2. 以改革精神努力把国民经济发展计划与城市规划密切结合起来。城市总体规划是城市发展在空间上的战略布局。这个战略布局的实施,必须有经济发展、文化发展、社会发展和各种城市基础设施条件作为依据。而各项事业又有相互依存,相互制约的关系,同时还受社会主义有计划的商品经济的客观规律的支配。所以必须在今后计划安排中,通过科学的优选,使有些项目可以相互综合起来,有些项目可以实施社会化,有些项目必须服从系统工程所规定的先后次序,轻重缓急作出安排,使国民经济计划安排不仅有人力、物力、财力上的安排,而且有时间和空间上的综合安排。这种计划与规划密切结合的新的城市管理方法,将逐步在新区开发和旧区改造的重点地区得到实施。

3. 加速编制城市建设法和不断充实、完善其他有关城市规划、建筑管理法规,使城市建设的各项工作都有法可依,有章可循,把城市规划、建设和管理纳入法治轨道。

城市建设是一个复杂的庞大的系统工程。而它的实施,却是一点一滴地逐步积累形成的。如果没有统一的严格的城市规划管理,那么总有一天,会发现房屋建在将来的干道上,形成各项建设相互妨碍,城市环境质量下降,城市各类活动得不到顺利发展。因此,要实施城市总体规划,必须有强有力的科学的城市管理。

在城市管理中,土地利用管理和建筑管理显得特别重要。任何组织和个人在城市规划区内进行各项建设,需要使用规划区内的土地时,都必须向城市规划和土地管理主管部门提出申请,经审查同意发给建设用地许可证后,方可使用;并且不得任意转让土地使用权和改变土地的使用性质。要严格防止私自占地和任意变更土地使用性质。

建筑管理系指在城市规划区内的各项建设活动,由城市规划主管部门实施统一的规划管理。凡在城市内需要新建、扩建、改建任何建筑物、构筑物或开辟道路,敷设管线等,都必须向城市规划主管部门提出建设申请,经城市规划主管部门按照有关的建筑管理规定和地区特点,对建设项目提出红线控制位置、地面控制标高、建筑密度和建筑面积密度、建筑层数、停车车位,以及与环境协调等设计要求,通过审查有关设计文件和图纸,发给建筑许可证后方可进行建设。未经许可擅自建设或不按许可证规定内容进行建设,均属违章建筑。违章建筑是对城市整体建设的破坏,必须坚决制止。城市管理还涉及管线管理,房屋拆迁管理,土地重新划分,组织综合开发等管理细则,都需要订立相应的管理办法和实施细则等,以保证城市的合理发展。

4. 加强城市规划工作的领导

为了加强上海城市规划、建设和管理工作的领导,国家的有关部委办的领导同志也参加上海市城乡规划建设委员会,由市长担任主任委员。并要进一步充实上海市城市规划建筑管理局的力量,更好地发挥城市规划和管理作用。区、县都要相应建立城市规划及管理机构,以便在全市统一领导下,分级进行管理,使上海城市发展在城市总体规划指导下,取得更好的社会效益、经济效益和环境效益。

我们相信,在党中央、国务院的关怀下,在市委和市政府的统一领导下,一定能把上海建设成为开放型、多功能的社会主义现代化城市,在我国社会主义现代化建设事业中,发挥"重要基地"和"开路先锋"的作用。(完)

(《解放日报》1986年11月11日)

高瞻远瞩　共展宏图
——略谈上海城市的性质、规模、发展方向

上海市城市总体规划方案是继上海经济发展战略汇报提纲以后,国务院批复的又一重要指导性文件。它为上海的明天展示了一幅美好的蓝图。

批复中指出:上海是我国最重要的工业基地之一,也是我国最大的港口和重要的经济、科技、贸易、金融、信息、文化中心,应当更好地为全国的现代化建设服务。

同时,还应当把上海建设成为太平洋西岸最大的经济贸易中心之一。

众所周知,上海位于我国海岸线的中部,有广阔的长江流域腹地,几乎占全国五分之一的丰饶土地通过黄金水道——长江,成为上海内联的十分有利的自然条件,上海又位于东海岸,面向太平洋,与全世界有便捷的海、空联系,历史上早已成为远东最大的经济贸易中心之一。今后,随着改革、开放的进一步发展,经过全市人民的努力,实现把上海建设成为太平洋西岸最大经济贸易中心之一这一目标是完全可能的。

为了实现这一宏伟目的,上海必须从长远考虑,高瞻远瞩,面向世界,面向二十一世纪,面向现代化,向高技术发展,向高文化发展,向高质量、多样化的投资环境和生活环境发展。

工业、港口、科技、信息,是经济贸易的后盾。上海工业门类比较齐全,有数以百万计的有一定技术水平的产业大军,有向高、精、尖工业发展的潜在力量。今后随着东海油气勘探事业的发展,上海工业必将有新的飞跃,无论是石化工业、钢铁工业、修造船工业还是微电子工业、航天工业,都将需要以高技术、新技术来武装和改造。

文化的发展在上海历史上也具有显著的重要地位,著名的明代科学家、数学家、文学家徐光启,至今对我国科学文化仍有重要的影响。特别是五四运动以来,上海继北京之后,成了我国的新文化发源地,伟大的文学家如鲁迅等都是对国内外文化发展具有重要影响的人物。伴随着经济建设高潮的到来,必然有新的文化高潮的到来。而经济高潮的到来,缺乏高文化的武装、配合,是不堪设想的。特别是上海要成为太平洋西岸最大的经济贸易中心,就一定要有高度发达的文化技术交流作为媒介。

经济贸易、文化技术的发展,需要有一个良好的投资环境和生活环境。对当前上海面临的交通阻塞、人口密集、环境污染、基础设施不足等问题,我们不能仅仅着眼于使目前的严重状况能有所缓解,还应致力于求得将来高水平的生活质量和投资环境质量。上海城市总体规划的一个重要战略思想,就是要在解决当前问题时不要使将来再产生新的问题。

向高技术、高文化、高质量和多样化投资环境发展,在城市规模上,就要按照我国城市建设方针,严格加以控制。从上海实际情况出发,通过科学分析和计划生育、发展小城镇的方针,到 2000 年,全市人口规划控制在 1 300 万人左右是有可能的。为了促进经济贸易发展,容许一定比重的流动人口,例如 100 万到 160 万左右也是必要的,上海的城市基础设施和公共服务设施的容量,均将考虑流动人口增长的需要。

上海拥有一千几百万人,理应在国内,国际作出应有的贡献。我们的发展方向和目标是,经过几十年的努力,把上海建设成为经济繁荣、科技先进、文化发达、布局合理、交通便捷、信息灵敏、环境整洁的社会主义现代化城市,在我国社会主义现代化建设中发挥"重要基地"和"开路先锋"作用。

历史证明,社会发展、经济发展和城市建设,这三者密切结合,相互促进,才有上海城市的发展。自八世纪唐开元期间建立了翰海塘后,上海地区才开始建立了第一个县治——华亭县(即今松江)。1553 年上海建立了城墙(即今人民路、中华路一带),使当时上海县税收占松江府的十之七、八。1921 年上海治理了黄浦江,建吴淞口导堤,筑丁坝,束江身,形成今高桥沙和复兴岛,使黄浦江水深增加,航道平顺,形成了三十年代上海的繁荣。建国以来,上海先后建立了七个卫星城,使上海成为一个以中心城为主体、卫星城相继拱立的组合城市,成为我国最重要的工业基地之一。今后,上海将通过改造和建设中心城,重点开发浦东地区;充实和发展卫星城,有步骤地向杭州湾北岸和长江口南岸两翼展开;同时,还要有计划地建设郊县小城镇。崇明是我国第三大岛,要充分利用崇明岛优越的地理位置和自然条件,使之更好地为城市人民生活服务,为大工业配套服务,为发展旅游事业服务。

上海今后中心城的发展,将逐步形成"多心开敞式"的布局,即将旧区周围的新区规划为九个分区,各分区之间尽量布置绿化旷地,各分区各有公共活动中心,以分担市中心的压力。其中,将积极开发浦东地区,使之形成新的金融、贸易、文化、教育、电视信息的基地,在外高桥规划有新的港口、贸易、工业和机场等备用地,成为一个重要的国际港口贸易基地,并为东海、南黄海等海上油气勘探服务。积极开发浦东将成为上海中心城社会、经济发展与城市建设密切结合的又一重要发展阶段。

上海这一城市发展方向,将为上海发展高技术、高文化和高质量、多样化的投资环境及生活环境创造条件。让我们在党中央、国务院领导下,群策群力,献计献策,以锲而不舍的坚韧意志,为建设太平洋西岸最大经济贸易中心之一——新上海而共展宏图吧!(上海城市规划局技术委员会副主任 柴锡贤)

《解放日报》1986 年 11 月 16 日

改造旧区 开发浦东 上海中心城布局简介

中心城是上海城市布局中的核心部分。按照《上海市城市总体规划》,中心城将进行综合分解,使中心城由目前的"单心封闭式"布局,向"多心开敞式"布局发展。规划方案在对中心城进行综合分解时,打破了现在行政区域的界线,考虑了城市发展沿革,自然河道(黄浦江、苏州河)和交通干道(铁路干道、快速干道)等因素,把中心城综合分解为十一个分区。即以苏州河为界,把旧市区分解为南、北两个分区,在旧市区周围建设九个分区。十一个分区之间有干道相连、干道和河流两侧布置绿化旷地,形成中心城、分区、地区、居住区体系,并相应设置市级中心、分区级中心、地区级中心和居住区中心的四级公共活动中心。各级中心形成能满足不同对象进行经济、购物、文化、游乐、休憩、社交等需求,从而形成一个大、中、小相结合的公共活动体系。

一、市级中心(一个)

南京东路、南京西路、西藏中路、淮海中路组成相互连系的全市行政、经济、商业、文化中心。浦东陆家嘴将作为市中心的延续部分,改建成为现代化新区。

市级中心除保持商业特色外,还将通过合理调整土地,组织新的商业布局,建设多功能的综合楼,增辟公共活动空间和绿地,提高环境质量,还考虑建设安全高效的人、车交通。

二、市级副中心(三个)

在四川北路、徐家汇、张杨路建设三个市级副中心。其中四川北路和徐家汇现已为重要的地区商业中心,通过规划调整、改建、充实,增设综合楼、市级大型公共建筑和改善交通组织后,将提高它们的等级。张杨路则是待开发的副中心,将设置大型剧场、综合商场、专业商店、现代化医院、旅馆、电影院、办公、住宅综合楼及文化体育设施等等齐全的公共建筑项目。

三、分区级中心

十一个,其中包括三个市级副中心兼分区级中心。

除三个市级剧中心外,另外八个分区中心分别设在淞沪路国济路、共和新路大宁路、大渡河路、仙霞路新泾港东、柳州路沪闵路、上中路老沪闵路西、上南路耀华路和庆宁寺。主要内容有综合商场、专业商店、旅馆、工人文化宫、少年儿童活动中心、青年活动中心、中型图书馆、剧场、专业电影院、医疗卫生机构、体育设施、办公、邮电、银行等,以及适合各分区特点的特色公共建筑。

四、地区级中心

每一分区可分解为若干个地区,在每一地区设置地区中心以便利居民就近进行各种活动。对现有的地区中心,如打浦桥、老西门、曹家渡、大自鸣钟、提篮桥、八大楼等应充分利用、合理改建。对新发展的地区中心,则应结合地区规划统一安排,综合考虑,如高桥、洋泾、南码头、杨思、中原路、大八寺、江湾、彭浦、沪太路、龙华等。主要内容有中型综合商场、专业商店、旅馆、青少年之家、老年之家、图书馆、电影院、体育设施、医疗机构等。

五、居住区级中心

每一地区由若干居住区组成,并规划居住区中心。主要内容有居住区级行政、经济、管理机构、文化、体育、卫生、商业服务等设施,就近为居民服务。(殷铭 陈健)

浦东陆家嘴将成为市中心的延续部分。

三个市级副中心之一的徐家汇,同时是南分区的中心。且看徐家汇的改建规划模型。

已初具规模的金山石化城居住区中心。　照片均为小元摄

地区级中心之一的曹家渡改建方案。

上海市中心城规划结构示意图　洪广文绘

《解放日报》1986 年 11 月 17 日第 02 版

中共上海市委关于"七五"期间
社会主义精神文明建设的实施规划

一九八六年十月三十日

为了贯彻《中共中央关于社会主义精神文明建设指导方针的决议》,本着扎扎实实办实事的精神,在第七个五年计划期间,上海的精神文明建设主要要做好以下十二项工作:

一、深入学习《决议》,明确上海精神文明建设的地位和任务

全市各级党政组织,都要认真抓好《决议》的学习,组织党员、干部和群众,深刻领会、准确理解《决议》的基本观点和主要要求,坚持四项基本原则,坚持改革开放,把思想统一到《决议》的精神上来。

上海是我国最重要的工业基地之一,也是我国最大的港口和重要的经济、科技、贸易、金融、信息、文化中心。中央要求上海建成为太平洋西岸最大的经济贸易中心之一。实践表明,推进上海的经济建设和改革、开放,必须加强精神文明建设,为物质文明的发展提供精神动力和智力支持,为它的正确发展方向提供有力的思想保证。

上海是具有光荣革命斗争历史和接触现代文明较早的城市,是我国工人运动的发祥地,党的诞生地,革命文化的重要阵地,也是中外文化的交汇点之一。我们要努力发扬这一优良传统,充分利用有利条件,使上海的精神文明建设对全国精神文明建设起到积极作用。

上海的精神文明建设要立足于培养有理想、有道德、有文化、有纪律的新人,提高全体市民的素质,适应改革、开放的需要,动员全市人民,"做文明市民、创文明单位、建文明城市",争做一代新人,开创一代新风。

近期内,市委要总结和推广近年来群众中精神文明建设的经验,发挥先进单位和先进人物的示范作用,指导基层的精神文明建设工作。党的各级组织,政府各部门,各群众团体,都要根据中央《决议》和本市《实施规划》,联系本部门、本单位的实际,制定加强精神文明建设的具体措施和安排,认真贯彻实施,力戒形式主义,做到每年都要有所进展、有所成效。

二、用共同理想动员和团结全市人民，齐心协力振兴中华，建设上海

《决议》科学地阐明了党的最高理想和现阶段我国各族人民的共同理想。要在党员、干部、群众中坚持不懈地进行理想教育，把理想教育贯穿于经济建设、经济体制改革、政治体制改革和精神文明建设的全过程。

把最高理想、共同理想同上海的奋斗目标紧密结合起来，同本部门、本单位的具体工作任务结合起来，同每个人的岗位职责和人生追求结合起来。市第五次党代表大会通过了"在本世纪末把上海建设成为开放型、多功能、产业结构合理、科学技术先进，具有高度文明的社会主义现代化城市"的奋斗目标。经党中央、国务院批准和原则同意的上海经济发展战略、上海城市总体规划、上海文化发展战略，是改造、振兴上海的三个蓝图。实现这一奋斗目标，上海将以崭新的姿态出现于世界，为全国作出更大的贡献。要把上海的奋斗目标和三个蓝图作为开展理想教育的生动教材，在全市人民中广泛宣传。近期内筹办宣传三个蓝图的展览、拍摄上海远景规划的电视片，使全市党员、干部、群众充分认识上海在我国现代化建设中的地位，增强改造、振兴上海的光荣感、责任感和迫切感。还要充分运用上海的革命历史文物，加强爱国主义教育和革命传统教育。

全市各单位都要认真贯彻落实上海的奋斗目标，实现上海的三个蓝图，根据上海"七五"计划，经过充分调查研究，制定各自的奋斗目标，分期组织实施。

上海的物质文明建设和精神文明建设是长期、艰巨的任务，是全市一千二百万人民的共同事业，需要上海全党的努力，依靠工人、农民、知识分子和广大人民群众，把一切积极因素充分调动起来。上海拥有一定的经济实力和人才优势，行业门类比较齐全，便于配套协作。在理想教育中，使全市人民不但要看到我们面临的困难，更要看到我们的有利条件，提高自信心和进取心，动员全市人民同心同德、开足马力，达到同上海的地位相适应的第一流的工作、第一流的服务、第一流的技术、第一流的产品、第一流的经营管理。

中国人民解放军是两个文明建设的重要力量。要密切军政军民关系，深入开展"军民共建精神文明"活动。

加强同各民主党派、无党派民主人士、少数民族和各界爱国人士的团结合作，充分发挥他们在两个文明建设中的作用。

积极支持工会、共青团、妇联等群众团体组织各自联系的群众进行两个文明建

设的活动。

三、树立新观念、新思想，增强改革、开放、创新意识

上海面临着进一步改革、开放、搞活的艰巨任务。建国以来，"十里洋场"的旧上海得到了全面改造，各项社会主义事业取得了巨大成就，对全国的社会主义建设作出了重要贡献。但是，由于经济体制上"僵化模式"的影响，以及十年内乱期间"左"的思想的干扰，形成了不利于上海进一步改革、开放和发展社会主义商品经济的思想障碍。上海的精神文明建设，要把推进观念变革作为重要的实践内容。

要树立社会主义商品经济观念。破除因循守旧、闭关自守、怕冒风险、平均主义等思想观念，树立商品经济的发展所要求的效益观念、竞争观念、市场观念、信息观念等。要使各级干部真正认识到商品经济的发展是社会经济发展不可逾越的阶段，提高全社会对发展商品经济的承受能力。

要树立改革观念。破除长期以来在对社会主义的理解上形成的若干不适合实际情况的固定观念，反对清谈，力戒浮夸，防止固步自封、盲目自大和"不求有功，但求无过"的情绪，树立开拓创新意识，激励积极进取的精神。

当前特别要增强开放意识。改变在长期封闭环境下形成的一些不相适应的观念，面向世界，拓宽视野，树立勇于参与国际竞争的思想意识。针对干部、群众的思想实际，运用建设和改革的大量生动的、有说服力的事例，使全市人民明确认识到，上海是对内对外两个辐射"扇面"的枢纽，开创上海社会主义现代化建设新局面的关键是开放。观念变革要结合干部教育和党的思想建设来进行。组织党员、干部认真学习马克思主义基本理论、党在新时期的基本方针和基本政策，特别是关于改革、开放和发展社会主义商品经济的基本政策，还要使党员、干部了解现代科技发展的新成果和世界经济发展的新情况。

编写新时期干部理论学习丛书，举办讨论会、报告会、讲座等，通过多种途径，运用报刊、广播、电视等传播工具，采取群众喜闻乐见的形式，广泛传播适应改革、开放的新观念，摆脱旧观念的束缚。

四、加强社会主义道德的建设

加强社会主义道德的建设，从根本上说，就是要使爱祖国、爱人民、爱劳动、爱

科学、爱社会主义的基本要求在上海的社会生活各个方面体现出来。

上海是万商云集的国际性港口城市，在当前特别要抓好职工道德建设，逐步形成各行各业和各种工作岗位的职业信誉和道德规范，努力纠正带有行业特点的不正之风。制定和修订各类守则、公约，要厂有厂规，店有店规，校有校规，街道、里弄、乡镇有乡规民约。制订道德规范都要抓住自己行业的特点。各行各业，特别是工业、商业和服务性行业的工作，直接关系到上海的声誉和国家的形象。要做到质量第一，信誉至上，公平交易，和气待人，本地人外地人一视同仁，大生意小生意一样对待。政法部门要秉公执法，人事部门要公道正派，新闻工作要讲真实性，等等。职业道德建设，要把思想教育同执行各种岗位责任制、工作制度、管理制度、考核制度、奖惩制度和改革劳动人事制度结合起来。

提倡社会公德，发扬社会主义人道主义精神，建立和发展平等、团结、友爱、互助的新型人际关系。努力抓好公共场所和社会交往中，讲礼貌、守秩序的社会风尚的建设。特别要尊敬烈军属、荣誉军人，尊敬老人，保护妇女儿童，关心、帮助鳏寡孤独和残疾人。提倡公益劳动，爱护公共财物。要移风易俗，提倡文明健康科学的生活方式。

继续开展建设文明街道、文明村镇活动，抓好"五好家庭"、文明楼组等的建设。按照《决议》精神，重新修订各类"文明公约"。反对丧失国格人格和伤风败俗的丑恶行为。警惕和防止旧上海腐朽现象的重新出现。反对封建迷信和其他陋习旧俗。

在道德建设中，要鼓励先进，照顾多数，把先进性的要求和广泛性的要求结合起来。提倡站在时代潮流前面，奋力开拓，公而忘私，勇于献身，必要时不惜牺牲自己生命的崇高的共产主义道德。

五、加强社会主义民主、法制和纪律的教育

高度民主是社会主义精神文明在国家和社会生活中的重要体现。要推进政治生活、经济管理和社会生活的民主化，切实保障每个公民充分享有宪法和法律规定的各项民主、自由权利。进一步健全基层民主制度。在企业普遍实行职工代表大会制度，全面落实职代会的各项民主权利。

领导机关要广泛吸收知识分子和人民群众参与各方面建设和改革工作的咨询和决策，提高决策民主化、科学化的水平。各级领导干部和国家工作人员都要经常

听取群众批评意见,接受群众监督,保障群众申诉、控告和检举的权利。对党员、干部和群众进行广泛深入的民主教育,增强民主观念。

根据上海政治、经济、文化和社会发展的需要,进一步加强地方法规建设,在"七五"期间逐步建立完善经济、行政、城市规划、城市建设、城市管理以及青少年保护等法规。

进一步开展普法教育,增强法律意识。到一九八八年,在全市公民中切实普及宪法和基本法律知识。已完成普法任务的,要深入学习掌握与自身工作有关的法律、规章。各级领导和有关人员应当学习经济、行政法规,依法办厂,依法经商,依法管理经济、教育、科学、文化等各种事业。发展律师和公证事业,企事业单位要逐步建立和健全法律顾问制度。进一步加强法律监督机关和人民群众对执法的监督,有效防止和纠正执法违法行为。在法纪面前人人平等,应当成为我们政治和社会生活中不可动摇的准则。

依法打击一切破坏我国社会主义制度的敌对分子,依法惩处经济罪犯和其他刑事罪犯,依法禁止和取缔卖淫、吸毒、赌博、传播淫秽录象书刊等危害人民的违法犯罪行为。切实加强社会治安的综合治理,进一步完善治安信息系统和安全防范系统,加强劳改、劳教工作和"两劳"人员释放后的教育安置工作,加强交通、安全、防火法规教育,维护良好的社会秩序,保持治安的持续稳定。

各行各业都要加强纪律教育。全市人民都应当遵守有关的劳动纪律、工作纪律、学习纪律、保密纪律、外事纪律和公共生活等纪律。

六、加快教育、卫生、体育事业的发展

教育是整个社会主义现代化建设的战略重点,全社会要重视教育,形成尊师重教的良好风尚。加强师资队伍建设,增加教育投资,多渠道地筹集教育资金,改善办学条件,提高办学效益。端正教育思想,坚持教育改革,使教育在提高质量的基础上,有一个较大的发展。

高等教育要及时地培养学历层次与专业配比合理的、符合质量和数量要求的各种专门人才。"七五"期间普通高校在校学生数达到十七万人,其中研究生、进修生二万三千人。重视中央部属学校的建设。加强市属高等学校的建设,在办好一批重点学科的基础上,努力创造条件,逐步办成一批市属重点大学。扩大学校自主权,多出人才,多出成果。支持学校开展各种形式的横向联系和社会服务活动。为

在本世纪末本市建成一所具有世界第一流水平的大学创造条件。

在保证质量的前提下，于一九九〇年前，市区普及高中阶段教育，郊县普及九年制义务教育。在办好每一所中小学的同时，鼓励学校努力办出特色；大力改善中小学办学条件，到一九八八年完成现有二十四万平方米危房校舍的翻建。"七五"期间改造六十四所弄堂小学。

逐步形成职业技术教育体系，改变本市中、高级人才数量不足，比例倒挂，劳动者素质不高，高级技工和技师青黄不接的现状。"七五"期间培养中专毕业生九万二千人，技工学校毕业生十万人，职业学校毕业生十万人。试办高等职业技术教育，培养从事生产第一线工作的技术管理人员、高级技工、技师和相应级别的各类职业技术专业人员。努力办好各种形式的农村职业技术教育，为农村经济发展服务。

努力解决"入托入园难"，全面提高教养质量，加强独生子女教育研究，争取实现学前教育科学化。

成人教育要以文化教育为基础，以专业技术教育为重点，注重实际能力的培养。"七五"期间使中、高级工占技工总数从目前的百分之三十二增加到百分之五十五。调整和办好现有成人高校，发展成人中专、农民文化技术学校和老年学校，加强继续教育，充分发挥电视教育的作用。

进一步改革大、中、小学思想品德和政治理论课程的教学，争取一九八八年秋季全面使用新编教材。制订《学生思想教育改革和发展规划》。加强和改善学校的管理，努力提高教育工作者的思想道德素质和业务素质，坚持教书育人、管理育人、服务育人，树立良好的学风和校风。社会各方面要关心青少年的健康成长，积极提供条件支持学生联系实际、接触社会。

坚持预防为主、城乡兼顾、中西医结合的卫生工作方针，提高全市人民的健康水平。继续抓紧计划生育工作，控制人口增长，提倡优生优育。严格执行食品卫生法，搞好食品卫生。加强医疗卫生机构建设，健全城乡医疗卫生保健网络。加强街道、乡、卫星城镇、边缘地区的医院建设，新建扩建两所、改建四所市级综合性医院。改善急诊的医疗条件。抓紧医疗卫生机构管理体制和收费制度的改革，增强卫生单位的活力，发挥更大效益。开展多形式、多渠道办医，推广大小医院挂钩，发展家庭病床，为群众提供方便、较好的医疗保健服务。

大力开展群众性体育活动，增加和改善社会及学校体育设施，特别要抓好学校的体育工作，争取达到每个学生每天锻炼一小时的要求。使少年儿童的体质，在形态、机能、素质等方面的指标达到全国先进水平。有条件的高校和工厂,逐步试办高水平运动队。继续抓好优秀运动队伍,进一步理顺训练体制,完善多渠道、多层次、多形式、相互竞争的训练措施,培养更多的优秀体育人才。力争上海体育成绩在六届全运会名列前茅,并争取在一九八八年奥运会和一九九〇年亚运会上为国家作出更大贡献。

七、推动哲学社会科学的发展

发展以马克思主义为指导的哲学社会科学,是社会主义精神文明建设的重要方面。

加强全市哲学社会科学的规划和组织,制订上海市哲学社会科学"七五"发展规划,调整哲学社会科学的学科布局。组织全市哲学社会科学的研究队伍,发扬理论结合实际的学风,积极研究全面改革和对外开放所提出的课题。在社会主义商品经济、社会主义按劳分配、政治体制改革、新时期党的建设以及现代城市管理等问题的研究中,力争有新的成就。

理顺全市哲学社会科学的管理体系。改革哲学社会科学研究机构的管理体制,实行所长负责制、科研人员聘用制和课题有偿合同制。充实、整顿各类哲学社会科学的学术团体,改变以行政方式领导学术团体的状况,使它们在本市的理论学术活动中发挥重要作用。为哲学社会科学的发展创造各种必要的条件,开辟更多的理论学术研究阵地。

促进社会科学与自然科学的相互渗透、相互融合。开展软科学的研究。在各学科之间,在科学研究机构、高等院校以及实际工作部门之间,形成信息交流网络,建立全市的社会科学信息中心。

八、提高科学技术水平,普及科技知识

充分发挥上海科研机构和高等院校学科门类齐全、研究力量雄厚的优势,按照国家统一部署,跟踪当代自然科学发展的新趋势,为长远发展做好必要的科学技术储备。积极争取承接和参加国家在航天、激光、生物等领域的高技术研制项目。形成微电子、新型材料、生物工程、光纤通信以及数学、医学等研究中心,在重点发展领域内逐步配备世界先进水平的实验手段和技术装备,建立与科学技术发展水平

相适应的图书情报资料中心。制订优秀科技工作者的嘉奖制度。

积极开发和普遍推广效果好、见效快的科技成果，采用新技术、高技术改造传统产业、传统工艺和传统产品，提高全社会的生产技术水平。努力开拓技术市场，发展横向联系，开展科技咨询服务活动。开展群众性的技术革新和合理化建议的活动。奖励各种创造发明。

加强农业科学研究和技术推广工作，加快郊县"星火计划"的实施，举办多种形式、多种层次、多种门类的科技训练班，促进农村经济的专业化、商品化和现代化。动员社会各方面力量，支持开展青少年科技活动，健全区县青少年科技活动中心，每所中小学都要有课外科技活动兴趣小组，在中学生中普及计算机知识，继续搞好青少年"小发明"比赛活动和各项自然科学知识竞赛。

运用各种手段抓好科学普及工作。建立和健全市、区、县、乡镇科普网络，充分发挥他们的作用。筹建上海科技馆；采取行业包干的办法，筹建和扩建医学、航空、航海纺织、钟表、陶瓷、冶金、农业、水产等小型专业博物馆。有计划、有重点地出版高质量的科普系列读物。重视科技影片的生产，切实做好发行工作。办好各类科普杂志和电视台、电台的科普节目。

九、繁荣文化事业，加快文化设施建设

坚决执行"百花齐放、百家争鸣"的方针，采取有效政策措施，繁荣创作，开展评论，鼓励多出优秀精神产品，多出人才。各类文化事业，都必须把社会效益作为最高标准。

进行文化管理体制改革的试点，实行专业作家聘任合同制、艺术表演团体艺术总监制和院（团）长负责制，试行名角经理制等。

通过增加政府投资、引进外资、侨资以及社会集资的办法，逐步改变上海文化设施严重短缺、分布很不合理、技术装备陈旧落后的状况。设立上海文化发展基金会。建设福州路书街，恢复"大世界"游乐场。建设上海文化艺术中心、国际学术交流中心、教育会堂、图书馆、电影艺术中心、电视大厦和四百五十米电视铁塔、摄影大厦等设施。

鼓励文化创造，继续搞好"上海戏剧节"、"上海之春音乐会"、"十月歌会"等文艺演出活动。举办各种文化艺术展览和评奖活动，一九八七年起，定期举办"上海文化节"，出版《上海文化年鉴》，集中反映上海各项文化事业的成就。"七五"期间，

故事片总产达到一百余部。译制片、美术片继续保持领先地位,要推出一批思想和艺术水平较高、受到观众欢迎的影片。电视节目增至五套,并努力提高节目质量。电台调频节目增至六套。报纸要开展新闻改革,更新通讯设备和手段。《解放日报》、《文汇报》、《新民晚报》、《世界经济导报》,力争办成在国内外有较大影响的报纸。编辑出版高质量的系列化期刊、成套图书、文库和工具书等。办好多种形式、不同规模的"上海书展",争取在国际出版界打开局面。

发展城市社区文化和农村集镇文化,组织市区文化向郊区辐射。打破条、块分割,按照居民在日常生活和交往中自然形成的文化区域,因地制宜,完善文化娱乐设施,开展健康愉快、丰富多彩的群众文化活动,形成各自社区的文化特色。进一步开展振兴中华读书活动,提高思想境界,激发爱国热忱,增长知识,陶冶情操,充实业余生活。

十、开展国内外文化交流

广泛开展国内外文化交流,努力吸收外来文化的精华,以积极姿态加入世界文化的交流和竞争。

举办跨省市或全国性的学术交流、文化展览、文艺会演、体育竞赛等活动,承办各类全国性或国际性的学术会议,通过这些活动,博采众长,补己之短,推动上海的文化发展。一九八七年起,逐步设立开放型的科研中心、写作中心,为外省市专家学者提供在沪工作条件。

积极引进世界各国优秀文化成果,包括引进国外先进科学技术和管理经验,做好消化、吸收和创新工作。举办国际性的书展、电影节、杂技节、友好城市电视节、摄影展览等,使上海成为一座国际文化城市。组织上海的教育、科学、文化、卫生、体育等团体出国交流。建立外文出版社,形成上海翻译出版中心,把国内的书刊介绍到世界各国去。同国外合拍电影、电视片,在国外举办上海影片展览,生产高质量的影视制品,进入国际市场。

举办国际友好城市体育邀请赛和国际马拉松赛,做好一九九三年在上海举行世界大学生运动会的各项准备工作。

适应对内对外开放的需要,努力消除社会用字混乱现象,实现汉字使用规范化,大力推广普通话,提倡学习外语。

十一、提高环境质量，形成有特色的城市风貌

城市环境是物质文明和精神文明的综合标志。改善上海城市环境,逐步形成有特色的城市风貌。

按照上海城市总体规划的要求,在园林绿化、环境卫生、污染治理、建筑风格等方面,制订"七五"期间具体实施规划。

努力发展城市园林绿化。扩展中心街头绿地,建设优美新村,辟建居住小区公园,在近郊兴建大型公园,在市区周围逐步建成有一定规模的绿化带,逐步提高市区人均占有的绿地面积。全市各机关、工厂、企业、学校、部队等单位,要积极搞好本单位的庭院绿化、垂直绿化、屋顶绿化和周围环境绿化。提倡居民家庭养花。

加强对污染的综合治理。控制废气、有毒污水的排放。巩固基本无黑烟区成果。努力降低各种噪声,创造幽静的生活环境。保护黄浦江上游水源,提高市民饮用水质量。

改善环境卫生。继续宣传和贯彻市政府关于禁止随地吐痰、禁止乱扔杂物的通告,制订和完善环境卫生的地方法规和奖惩办法,使上海的市容有明显改观。

在老区改造和新区建设中,力求有新颖、美观、多样、实用的建筑风格。发展城市雕塑,美化环境。保护有价值的历史建筑。

大力发展旅游事业。积极开发、充分利用上海在近现代史方面丰富多彩的历史文化、革命事迹等人文资源,发展具有上海特色的文化旅游,使旅游成为走向世界文化的桥梁。

十二、加强和改善党的领导，发挥党员的先锋模范作用

各级党组织必须用更多的时间和精力来加强对精神文明建设的领导,尤其要加强自身的精神文明建设,发展全党抓党风的好形势,建设一个好的党风。坚决转变机关作风,当前着重解决提高效率和克服官僚主义。继续纠正行业不正之风。逐步建立和健全各项管理制度、工作制度、党内外监督制度和考核评议制度。继续抓紧查处大案、要案。善始善终完成整党工作。已经结束整党的单位,要巩固和发展整党的成果。

加强党员的党性党风党纪教育,教育广大党员坚定共产主义的远大理想,继承和发扬党的优良传统,全心全意为人民服务,抵制资本主义和封建主义腐朽思想,

不断增强党组织"自我净化"的能力。组织编写适应新时期特点的党员教材,不断深化党员教育。加强党校建设,促进党校教育改革,党校应在党员教育、干部培训和精神文明建设中多作贡献。

全体党员要当两个文明建设的模范,特别是党员领导干部要在工作、学习、作风、道德、遵纪守法等方面,更高、更严地要求自己,以身作则,起好表率作用。

推进精神文明建设,必须进一步加强和改善思想政治工作。各级党组织要采取有效措施,依靠广大党员和各方面的力量,共同做好思想政治工作。建设一支精干的政工队伍,积极探索新时期思想政治工作的特点和规律,组织交流思想政治工作的新情况、新经验,逐步使思想政治工作科学化,更好地为实现党的总任务、总目标服务,与两个文明建设和全面改革的新形势相适应。

全市党员、干部和全市人民,都要努力贯彻落实《决议》精神,切实加强社会主义精神文明建设,把上海的建设和全面改革推向前进为全国的社会主义现代化建设作出应有的贡献。

《实施规划》中涉及的市人民代表大会和政府部门的工作,建议市人民代表大会常务委员会和市人民政府研究实施。

（《解放日报》1986 年 11 月 20 日）

在本世纪末,上海要达到小康居住水平,每个家庭有一套住宅。要实现这一目标,上海共要新建住宅八千四百万平方米,这相当于——再建一个大上海

打开上海城市规划蓝图,我们可以看到上海城市形态将由"手掌形"代替"同心圆",住宅区沿城市的主要干道向外呈放射形延展。到二〇〇〇年,上海中心城每人居住面积可达八平方米,卫星城可达九至十平方米,每户居民能拥有一套住宅。让我们循着上海总体规划的"思路",展望一下到本世纪末上海的住宅建设。

在国际上,一般把人们的生活水准分为四个区间,与其相应的居住水准也分成四个区间。生存生活水平,每人住房面积小于二平方米,两户以上家庭合住一间住宅。温饱生活水平——每个家庭有一间住房,每人有一个铺位。小康生活水平——每个

家庭有一套住宅。富裕生活水平——每人有一间以上住宅。上海在本世纪末要达到小康居住水平，每个家庭能住得下，分得开。也就是说，父母与成年子女分室，成年异性子女分室，有放置必要家具和活动的空间，有较大的厨房间和卫生间。要实现小康居住水平，上海共要新建住宅八千四百万平方米，这相当于再建一个上海。

在今后的若干年内，需要我们做三方面的工作：改造和改善中心城旧住宅；以现有的市区边缘新村为基础开辟扩展新居住区；在卫星城中建设新住宅区。

上海旧区背负太重了，它的改造工作十分繁重，危房、简屋和旧式里弄多；有的地区地下设施缺乏，与工厂犬牙交错，绝大多数旧式里弄无煤卫设备。上海旧区将有重点地分为二十三片实施改造。近期以危房、积水地区、主要干道沿线和重要公建地区为改造对象。如结合体育中心和旅游宾馆的建设，改造漕溪北路和肇家浜路沿线两侧地区；配合铁路新客站建设改造天目路恒丰路地区；配合四平路拓宽改建，改造沿线两侧地区。这些旧区改造时，将考虑居住质量和环境效益，与新区开发结合起来，就近调剂人口，使中心城逐步得到疏解。到本世纪末，通过上海旧区改造获取的住宅要达到一千七百万平方米。

新居住区的不断开辟与完善，是上海住宅建设的主要任务。今后上海新建住宅的四分之三在新区，这些住宅可容纳人口约二百五十万。在建设新居住区时，将考虑该地区的工作人口与居住人口的相对平衡，土地资源情况和市政公用设施等条件，进行综合开发。新居住区分成东、南、西、北和浦东五个片，东片由工农、民星、曲阳等新村构成；南片由田林、康健等新村构成；西片由真如、仙霞等新村构成；北片由彭浦、沪太等新村构成；浦东由德州、上南、潍坊等新村构成。旧区居民将定向扩散到新居住区去。

设计是建筑的灵魂，新居住区的规划设计将考虑人们的生活便利和环境的优美舒适，形成不同的建筑风格。前几年，在上海嘉定进行了蝴蝶型、宝塔型等住宅设计的试点，打破了"火柴盒"、"兵营式"的设计的格调，受到了群众的欢迎。上海居住区开发公司在居住区设计规划时，走访了浦东地区的许多居民家庭，发出了几千份居住意愿的调查表格，获得了第一手材料，然后将这些信息传达给设计人员，在居住区内，安排了商店、菜场邮政、中小学、托儿所，设置自行车安放棚与老年人活动室，并尽可能地保留基地上原来的河流与树木。如上南和曲阳新村的整体设计，得到世界上许多建筑师的赞誉。今后二十年，居住区的整体设计与住宅的个体设计将更臻于完美，成为吸引人们到那里安家的一个重要因素。

卫星城是上海今后工业迁建的主要对象，到本世纪末，卫星城中的新增住宅为二千万平方米，占新增住宅总和的百分之二十四。

上海最早是海滩边一个渔村发展而来的，它的第一代集居形式是自然村镇，第二代集居形式是租界割据时的里弄，第三代集居形式是解放以后建造的新村，第四代集居形式是在近郊区和卫星城开辟的居住区。今后随着上海对外交流的广泛和新的技术革命的到来，上海也可能出现一种更新的集居形态，成为信息、技术、金融的中心，成为"知识密集""技术密集"型的集聚区域。（马福康　薛石英）

（《解放日报》1986 年 11 月 23 日）

古建筑风景点得到妥善保护
嘉定城规划建设不丢古镇特色

本报讯　嘉定古镇，近年来在发展旅游事业的城镇规划建设中，注重保留发扬文化古城及江南水乡的特色。

古城嘉定镇始建于南宋嘉定年间，在 700 多年的历史中，逐渐形成一个具有江南传统文化的城镇。嘉定镇古迹、园林胜景独到，素有"吴中第一"之称。这里有我国现存最完整的县级孔庙；有集明代精巧、玲珑、典雅于一炉的江南名园"秋霞圃"和为纪念民族英雄侯峒曾殉难而置的"叶池"碑题。为了保留这些特色，嘉定镇以法华古塔为中心，辟出了占地 90 亩的老街保留区，保存、新建和改造了一批具有江南水乡风格的建筑，与绿水环抱的汇龙潭公园遥相呼应，给古老的老街增添新的风姿。城内的庙、楼、亭台、碑、坊也都编号保存。日本大阪的一些建筑专家在嘉定镇考察后，对这一做法大加赞赏。（李剑国）

（《新民晚报》1988 年 4 月 7 日）

人口五十二万　面积四百廿五平方公里
本市最大一个区——宝山区正式成立

郑裕利　吕怡然

本报讯　本市撤销宝山县和吴淞区、设立宝山区的工作逐步展开，中共宝山区委已经市委批准于日前组成。

为了解决目前宝山县和吴淞区由于辖地交叉产生的矛盾,加快该区域的发展,国务院于最近批准撤销宝山县、吴淞区,同时在原区、县区域设立宝山区。宝山区设立后人口总数为 52 万,面积 425.18 平方公里,是本市最大的一个区。为保证"撤二建一"期间各项工作的顺利进行,由包信宝任书记的宝山区委已经组成并开始工作。区人大常委会、区政府领导班子须按照法律顺序由区人代会选举产生。

今天下午,市委、市政府在宝山影剧院召开宝山新区干部大会,市委与区委领导对新区建设作了部署。

(《新民晚报》1988 年 6 月 16 日)

开闸放水　借船渡海　上海出现城乡科技一体化

本报上海电　记者萧关根报道:上海郊区紧密依靠科技发展经济,开始出现城乡科技一体化的局面。

市郊的县、乡(镇)、村各级企业,先后与 200 多个研究单位、40 多所大专院校和 40 多个学(协)会进行科技协作;通过各种渠道,聘请了 2 万人次的科技人员来郊区工作;郊区配合科研单位、大专院校完成了近千项科研中间试验和新产品开发。

3 年来,郊区乡镇工业借助市区雄厚的科技力量,开发出市局级以上新产品 700 多项。121 个"星火"项目都有城市的科技人员作后盾。

上海城乡科技一体化是为城乡经济一体化和发展外向型经济服务的。市委、市政府提出,要把郊区建设成副食品生产基地、大工业扩散基地、外贸出口基地和科技中间试验推广基地。4 个基地的建设都离不开科学技术。郊区的各级领导逐渐认识到,一定要借助市区科技力量这条"船",把郊区的生产水平提高一步,并投入到商品经济的汪洋大海中去,走向国际市场。

上海城乡科技一体化,首先是充分调动农业技术研究部门的力量,为郊区经济的振兴和繁荣服务。

1984 年以来,共研究开发的 933 项科技成果,有 2/3 得到推广应用,其中"新浦东鸡"已推广到 23 个省、市,创造财富 3 亿多元。

上海市郊各县采取多种途径推进科技与经济的结合,使城乡科技一体化。上海县聘请各方面专家建立县政府顾问委员会,在经济、社会、科技等方面为县政府出谋划策。嘉定县利用科学卫星城的优势,着重发展紧密型的科研生产联合体。

科研单位以"五带"（带科技成果、技术设备、资金、技术人员和管理人员）参加联合体，加快了技术的转移和成果的转化。现在，全县已建立了近20个联合体。南汇县在主要公路沿线建立"星火密集带"，促进了全县经济的发展，已在这里安排了70多个科技项目，有80%的项目得到科研单位、大专院校的支持。

（《人民日报》1988年8月25日）

上海的科学卫星城——嘉定，向何处去？
发挥科技优势，建立新型材料科研生产基地

上海科技政策研究所　周良毅、程敏玖

长期以来，作为上海科学卫星城的嘉定与北京的中关村、武汉的东湖区一样名扬全国。国家在嘉定投入了数以十亿元计的资金，集中了数千名高、中级科技人员。近年来，随着中关村电子一条街的兴起，嘉定向何处去的问题已日益尖锐地摆在人们面前。

嘉定科学城创建于50年代末。到60年代初，科学城已经初具规模。但在旧体制的束缚下，由于科研、教学与生产单位缺乏联系，嘉定科学城只是一个地理概念，而不是一个有内在活力的有机系统，它的科技投资并没有在上海的经济发展中发挥很大作用。

从80年代初至今，是嘉定科学城发展的第二阶段。这个时期，科研与生产的结合有了明显加强，建起了一批科研生产联合体和科技企业，并且初步形成了以研究新型材料及其相关器件为主的科研特色。但同国内外成功的高技术开发区相比，嘉定的发展还是太缓慢了。

什么是嘉定科学城的发展方向？根据现状调研和产业比较研究的结果，嘉定卫星城应该发展成为上海以至全国的新型材料产业的科研、生产基地。这是因为：

第一，嘉定具有这方面的科技资源优势。在嘉定卫星城及其公路沿线7平方公里的土地上，有3所大专院校、14个各种类型的研究单位及一批生产、开发新型材料的工厂。嘉定有各类高、中级科技人员2 000多人，其中一半左右从事新型材料及相关器件的研究、开发与生产。如果单从新型材料产业角度看，嘉定卫星城在这方面的智力密集度居全国第一位。

第二，嘉定的新型材料生产已有一定基础。这些年来，硅酸盐所在无机非金属新

型材料,冶金所与磁钢厂在磁性材料、易切削钢,新沪厂与硅酸盐所在光纤与微晶玻璃,光机所在激光材料与器件、特种晶体,原子核所在材料的辐射改性、电池薄膜,核工业部八所在特种金属材料,上海合金厂在各种电子与功能材料,上海科大在无机材料与有机高分子材料的开发、应用及生产方面,都取得了一些有价值的成果,嘉定在新型材料方面的产值已超过1亿元。此外,还有80多家乡镇企业在生产无机非金属材料、金属材料及相关器件,工业总产值近亿元,其中新型材料工业总产值为1000多万元。

第三,嘉定的市政、交通等基础设施较好。直通市区的沪嘉高速公路已于不久前通车。正在扩建的2000门国际联网程控电话也将在明年投入使用。

嘉定要实现这个目标,目前可先组建一个新材料试验基地协调组织,制定发展规划。在国家财力许可的前提下,建议把嘉定确定为上海市级的新兴技术开发区。国家在外贸渠道、贷款额度等方面给予适当支持,以促使发展规划早日实现。

（《解放日报》1988年12月23日）

于光远等在研讨会上提出
可在杭州湾北岸建上海新城

本报讯 前昨两日在金山召开的"新上海开发研讨会"上,著名学者于光远等提出了以金山卫为中心,在杭州湾北岸建设上海新城的设想。

到会的多数学者赞同这一设想,认为这是根治"上海城市病"的好办法。在杭州湾北岸建设上海新城,具有空间容量大、经济实力雄厚、位置适当、交通方便、淡水资源充裕等优越条件。新城建成后,有利于上海"消肿"。会议决定,成立一个由十多个研究所联合组成的筹备组,着手研究建设新城的有关课题。

（《解放日报》1989年2月2日）

如何建设现代化上海城
有关专家提出城镇体系布局新构想

卢 方

本报讯 （记者 卢方)上海怎样才能建设成经济、交通、信息现代化的城市？

华东师范大学地理系教授严重敏今天在太平洋区域城市研讨会专题交流中,提出了"大上海规划"的指导思想和总体构想。

严重敏在和汤建中合撰的论文《上海地区城镇体系布局新构想》中指出:2000年的上海中心城规模最好控制在 600 万—650 万人,至 2020 年疏解至 500 万—550万人左右,人口密度下降到 1.4 万人/平方公里。

中心城改造的重点是形成三圈三突的多心空间结构。三圈是指核心圈,以现有的中央商业区为基础,以金融、商业贸易为主;内圈,指内环线以内,相当于原中心城范围(149 平方公里),以各区的商业中心为依托,成为各具特色的综合性地域;外圈,指内环线与外环线之间的地域,大部分为新市区,主要功能为疏解原市区范围内的人口和工业。中心城建设的重点是建设三个分别向东、向北、向南突出的新区:北部江湾新区可取五角场和江湾机场附近建设新的商贸中心,职能以商业、文教、贸易为主;徐汇新区重点放在漕河泾以及附近的徐闵线两侧,职能以科技、商业、游憩为主;浦东新区分大浦东,指高桥——金山卫的东环发展轴,小浦东主要开发陆家嘴(包括花木乡),杨思、高桥 3 个综合区。郊区建设的重点是 2000 年前后把闵行、吴淞、金山、嘉定、松江建设成具有 30 万—50 万人口的新型中等城市,即副城。卫星城建设要开辟周浦、川沙、青浦、城桥等新卫星城镇,改变"重浦西、轻浦东"不平衡状况。

(《新民晚报》1989 年 3 月 12 日)

上海城市重心南移　全国专家讨论本市发展战略

卢　方

本报讯　(记者卢方)"上海市城市发展宜重心南下"研究课题今天在沪举行为期二天的专家鉴定会,来自北京、上海的专家和领导近一百人对课题进行评审。

上海城市重点发展南移的课题提出:针对上海市区人口密度过高、交通拥挤、住房困难、环境污染等问题,以疏解城市中心区为基本前提,同时紧紧依托中心城,使宝山—中心城—闵行—金山卫连成一体,成为新城区与老城区紧密结合的带状形城市。这项课题提出发展南翼应选择分步推进的战略步骤。第一步:从中心城到闵行为近期方案;第二步:从闵行到金山为中期方案;第三步:从金山再延伸为远期方案。重心是第一步骤地区,即包括龙华、吴泾、闵行、莘庄、虹桥、漕河泾等地区,面积 160 平方公里,预计十年建成一个以第二产业为主导、带动第三产业发展的综合性产业结构地区,预计可疏解中心城区 120 万人口。

(《新民晚报》1989 年 5 月 8 日)

城乡一体　齐心协力　开拓前进
宝山新区建设成绩斐然
首届区党代会将提出远景目标和建设重点

郑裕利

本报讯　(记者郑裕利)城乡一体、工农结合的宝山区建区已满周岁,50 余万宝山人民正齐心协力,开拓前进,为建设城乡一体的新宝山而努力。

去年 6 月,宝山区宣告成立,江泽民同志到宝山视察时对新区建设提出了要求。一年来,宝山新区建设起步良好,各项工作成绩斐然:相继完成了区五套班子。各民主党派、40 多个处级班子和一大批基层单位的"撤二建一"任务,基本达到了平稳过渡的目标;新区经济保持了持续、稳定、协调发展的好势头,去年全区工农业总产值和国民生产总值分别比 1987 年增长 27.2% 和 21.5%,财政收入增长 12.3%。

为总结经验,加快新区建设,中共宝山区委经过充分调查研究和论证,将在今天召开的该区首次党代会上提出关于宝山新区城乡一体化建设的远景目标、总体结构和建设重点的设想,把宝山建成一个城乡经济相互依存,城乡文化相互促进,城乡感情相互融合的新型城区。

(《新民晚报》1989 年 7 月 17 日)

中共宝山区首次代表大会提出艰苦创业开拓前进
努力建设城乡一体的新宝山

王宝娣

本报讯　(记者　王宝娣)在宝山区成立一周年之际,中共宝山区第一次代表大会昨天开幕。

大会提出,当前摆在全区各级党组织和广大党员面前的任务,就是要坚定地贯彻党的十三届四中全会精神,艰苦创业,开拓前进,建设城乡一体的新宝山。

自去年6月宝山区成立以来,区委、区政府克服种种困难,工业总产值又比去年同期增长25.7%,财政收入增长23.6%。新区一建立就比较重视党的建设、廉政建设和思想政治工作,制定了《区委工作规则》、《廉政规定》、《党纪、政纪监督体系》等一系列规章制度。

(《文汇报》1989年7月18日)

东进外高桥　北上长江口
南下杭州湾　上海港确定发展规划

朱家生

本报讯　(记者　朱家生)跳出黄浦江,东进外高桥,北上长江口,南下杭州湾北岸,把上海港建设成为高效率、综合性、多功能、国际性的社会主义现代化港口,为上海经济及长江沿线其他各省的全国的经济发展服务,这是今天召开的上海港第三次新闻发布会上透露的发展规划。

长期来,上海港主要设施大部分分布在黄浦江内,两岸可用岸线120公里,目前利用率已达83.5%,其中深水岸线的利用率高达98.3%,显得十分拥挤,并有多座危险品码头,作业过程中对水域、陆域的安全均带来威胁,隐患堪忧;两岸的绿化景观岸线太少,与上海这座国际名城的地位很不相称。

根据这一规划,黄浦江将成为旅客接送和本市工农业生产和人民生活物资装卸为主的港区,并扩展绿化景观岸线,让黄浦江有一个比较宽松的环境。

在整个规划中,配合上海市城市总体规划开发浦东的精神,将重点开发外高桥港区,外高桥港区将承担装卸外贸件杂货,集装箱为主的港区,并担负江海大宗货物的中转换装任务。在"八五"、"九五"计划期间,上海港将分别在外高桥、罗泾、金山嘴三个港区新建40个万吨级以上泊位和若干个中小泊位。

根据上述布局,到2.000年前后,在客运方面形成国际旅客接送有高阳装卸公司和吴淞客运码头:沿海旅客接送有汇山装卸公司;长江内河旅客接送有十六铺和大达码头;并以它们为主干组成旅客接送群体。货运方面则以张华浜和军工路两个集装箱装卸区,在建的宝山和关港装卸区及罗泾港区,外高桥港区和金山嘴港区为主组成外贸货物、集装箱以及大宗货物中转换装的群体。由煤炭装卸公司,朱家门煤码头以及罗泾煤炭码头组成煤炭装卸群体等等。通过海洋,长江、内河、公路和铁路与上海市、长江流域其他各省、沿海地区和国外港口联系起来,从而形成对内对外吸引和辐射的水陆客货运运输网络,成为太平洋西岸最大的经济贸易中心之一。

(《新民晚报》1989年8月21日)

关于建设"城乡一体"宝山新区的对话

本报记者　徐仲达

吴淞区、宝山县撤二建一成立宝山新区,是本市人民极为注目的一件大事。作为上海唯一一个既有城镇又有乡村的"特区",一年多来它在发展"城乡一体"经济、实现"城乡一体化"宏伟目标方面进行了一些怎样的实践,获得了哪些成果和经验,带着这些问题,记者不久前访问了中共宝山区委书记包信宝同志。

下面是记者与包信宝同志的对话——

问:在1986年初的市农村工作会议上,市委、市府提出了"城乡一体化"的战略构思。对此,人们议论颇多,理论界的一些人士对这一提法也发表了各种不同的意见,您的看法怎样?

答:今年4月以来,我们邀请了市里和区内的一些专家、干部,开了几次研讨会,专门讨论了"城乡一体化"问题。会上大家见仁见智,气氛热烈。我参加了一些讨论,很受启发。我以为,"城乡一体化"应该有其远期和近期的奋斗目标,有一个从"初级阶段"到"高级阶段"的漫长的过程。从长远来看,它可以作为人类社会发展的必然趋势:消灭三大差别,实现共产主义;从近期要求,它又是改革深化,城乡经济紧密结合,融为一体,统筹规划的重要一步。对宝山新区来说,我想,在近几年内可以逐步形成"点、线,面相结合,高、中、低同发展"的格局,以吴淞至宝山为中心城区,向左右两翼辐射,每隔5至6公里建一镇,每镇人口5至6万,使农村的经济、文化、生活向镇靠拢,镇向中心城区靠拢,达到突破城乡界限,实现城乡结合,缩小差别,共同繁荣的目的。

问:宝山区被誉为上海"城乡一体化"建设的"先行区"、"试验区"。一年多来,你们做了哪些工作,收到了什么成效?

答:一年时间不算短,但对新区来说,许多工作还刚迈开步子。撤二建一以后,干部的调整,部门的撤建是一项十分繁重的工作,现在,基本上已经完成。新区建立以后,依靠市委、市府的关心,全区广大干部和群众的努力,经济仍保持稳定发展的趋势,去年总产值比上年增20％,财政收入增14％。这为发展"城乡一体"经济打下了基础。今年初开始,我们着手于部分"乡镇合一"的工作,解决"一块土地,两个主人"的问题。目前,罗店、大场、月浦"乡镇合一"工作已经完成,为这些卫星城镇的统一规划、开发创造了条件。宝山区原有的基础设施,如道路、桥梁、电讯都比较差,城镇建设欠债也比较多,对此,我们一方面要依靠市财政的力量,一方面也要通过自身的发展、积累,逐步予以解决。最近,我们正在着手编制中心城区的发展规划,一俟决定,即付诸实施。

问:宝山区内的大企业很多,如宝钢总厂、石洞口电厂等;你们如何利用这一"优势"推进"城乡一体化"进程?

答:宝山区内有三大工业基地:钢铁,现每年产量650万吨左右;能源,每年发电190多万千瓦;港口,每年吞吐量3 000至4 000万吨。围绕这三大基地,聚集了一批国家和市的大型企业。我们与他们的关系是相互依存,共同发展。他们生活在我们区内,某些方面需要地方提供方便和创造条件;而我们则需要借助他们的力量来加快区属企业、特别是乡镇企业的发展。我们的口号是"以服务求依存",做好对大企业的各种服务工作,努力成为他们生产上的配角,生活上的后勤。

问:在建设"城乡一体"宝山新区的过程中,你们遇到的难题是什么?

答:难题很多,而最主要的是:"特区"要有"特权"。我们区是一个既有城又有乡的区,所以不能简单地套用现行的区或县的管理模式或方法,应该给我们一些与别的区或县不同的特殊的政策、优惠的政策,能让我们放手进行探索和试验,以吸引外商、大企业来投资开发,激励广大干部和群众同心协力为之奋斗。对此,希望市委、市府要研究明确。同时,要尽快解决"一区两制"的问题,干部待遇、票券发放等,需有一个统一的标准,这样,有利于我们工作的开展,有利于加快"城乡一体化"的步伐。

(《解放日报》1989 年 8 月 24 日)

把城市发展规划好、建设好、管理好
上海要学北京规划建设经验
朱镕基等昨听取北京市和
清华大学代表团来沪考察意见

本报讯 昨天下午,上海市市长朱镕基,副市长黄菊、倪天增、谢丽娟等,在市政府后厅认真听取了北京市和清华大学城市规划代表团关于北京城市规划、建设的经验介绍和对上海城市规划和建设的考察意见。

今年3月，朱镕基市长率上海市建委、计委等部门的负责同志考察北京城市规划建设时，曾向北京市领导提出，请他们派团来沪考察指导。

本月17日，由首都规划委员会办公室主任宣祥鎏带队的北京市城市规划代表团一行7人，和国际建筑协会副主席、清华大学教授吴良镛、清华大学建筑学院副院长赵炳时等到沪后，连续听取了上海城市总体规划及实施情况、市内交通规划设想、浦东新区规划构想等情况介绍，考察了虹桥、闵行经济技术开发区、金山石化地区、宝钢地区和嘉定卫星城，并到浦东实地勘查了规划中的新区范围和外高桥港区。北京、清华的专家们对上海近十年来城市规划建设方面取得的成就留下了深刻的印象。他们认为，金山石化地区从城市功能的角度来规划布局，初步形成了城市雏型，这一经验值得推广。在旧区改造，居住小区规划布局、配套建设等方面也都取得了比较明显的成效。

在昨天的会上，北京市和清华大学城市规划团的同志介绍了北京市在城市规划方面的经验，并对上海的城市规划、道路交通、浦东开发等提出了许多宝贵的意见和建议。专家们指出，上海不仅是我国最重要的工业基地之一，也是重要的经济、科技、贸易、金融、信息、文化中心，因此应当立足于世界城市的高度，面向21世纪的角度来规划上海。规划团的同志对解决上海的交通阻塞状况、港口建设、开发建设浦东地区等问题，提出了见解和建议。

朱镕基市长对北京市和清华大学城市规划代表团来沪传经送宝表示感谢。他说，北京和清华大学的同志对上海的城市规划和建设提了很多真知灼见的建议，对我们开拓思路、修改充实总体规划具有很好的指导作用。朱市长要求参加会议的科委、建委、规划、土地、房管、市政、公用等部门结合实际，虚心学习北京经验，吸收采纳规划专家们的建议，把上海城市发展规划好、建设好、管理好。

市政府咨询小组成员吴若岩、曹淼及有关委办局负责人出席了会议。

（《解放日报》1989年10月24日）

专家畅谈上海城市规划
提出要标本兼治解决交通问题

本报讯　继上月朱镕基市长邀请天津、北京和清华大学城市规划专家来沪考察指导之后,本月15至18日市政府又邀请同济大学以及本市市政、港务、铁道、公用事业、交通、经济研究等部门的20多位专家、教授,就充实、修改上海城市总体规划,制定科学合理的交通规划,开发建设浦东新区等问题进行座谈。倪天增副市长主持了座谈会。

座谈会期间,专家教授们听取了《上海城市总体规划及实施情况》、《浦东新区规划及分期实施意见》和《上海道路系统规划方案简要说明》的介绍;专家教授们还实地考察了市内交通、浦东新区和外高桥规划港区。

专家们说,目前阻碍上海城市发展的主要结症是"城市膨胀病",他们认为开发建设浦东新区是一个正确的战略决策,其规划要有现代化的思想。

专家们建议,近10年内集中力量辟建上海的"内环线"。也有专家认为,是否修建环线要从实际出发。总之,专家们希望采取工程性措施,辅之以科学的管理,"积小步为大步",标本兼治地解决上海交通问题。(沈锡森)

(《解放日报》1989年11月19日)

未来上海如何发展?
"工业结构调整和合理布局研究"通过评审

本报讯 合理调整上海工业结构,疏解中心城工业与人口,已成为上海经济发展和城市规划建设所面临的重大现实问题。为此,华东师范大学会同市计委工业处及有关部门组成课题组,提出了"上海工业结构调整与合理布局研究"系列报告,并于昨天通过成果评审。

"研究"提出,以轿车、电气机械、精密机械、精细化工和成衣服装5大行业为上海主导工业;相应发展电力、石油化工和钢铁3大基础工业;运用上海可能争取到的资金、能源、原材料、人力、技术,对上海工业现状结构进行合理的调整,逐步向新技术、低消耗的集约化方向转变。关于上海工业布局的调整,"研究"设想,将上海中心城253平方公里范围(不包括吴淞、闵行两区)内分布的工业,划分3个不规划的环行区,然后按内、中、外三"环"一一区别调整:以南京路为轴心的16.5平方公里的内环区内工业企业将逐步撤离、疏解,腾出用地发展金融业、商业和基础设施;中环区为10个旧区的132.46平方公里范围,让工业相对集中;在中心城旧区外围的112平方公里的外环区,则发展相对独立的8个工业区。还要重点建设宝钢、吴淞、外高桥等12个工业区城或工业卫星城镇,使上海工业从总体上呈倒"丁"字型"串

珠"布局。（记者　徐成滋　周智强）

（《解放日报》1989 年 12 月 22 日）

本报邀请部分参加城市规划、管理的专家和干部
畅谈 90 年代上海城市面貌

"二十世纪的最末 10 年，将是进一步治理整顿、深化改革的 10 年，是确立实施 2000 年上海城市总体规划目标的关键 10 年，是关系到上海能否振兴的重要 10 年，也是上海城市建设将出现历史性变革的 10 年。"日前，本报邀请上海从事城市规划、管理的专家、干部座谈"90 年代与上海"，专家们一致谈到了上述观点。

应邀与会的专家、干部有李春涛、陈正兴、张绍梁、施振国、夏丽卿、顾永伯、蔡镇珏、邢同和、林元培等。他们认为，困难与希望共生，机会随挑战而来，这是九十年代上海的一个重要表征。对此，人们既应当充分估计当前形势的严峻性，更要对未来世界充满信心，只要大家同舟共济、齐心协力为振兴上海而努力，那么九十年代这艘航船必将承载着一个新上海驶向世纪的彼岸。

一个全新的时代需要一张全新的蓝图，九十年代的上海应以何种时空组合出现在世人面前？座谈会上，干部专家门见智见仁，畅所欲言，不乏灼见真知。华东建筑设计院总建筑师蔡镇珏在展望九十年代上海城市建筑形象时说，上海是西太平洋沿岸的一颗明珠，上海的建筑从历史上就形成了千姿百态，多元共存的格局。九十年代上海的新城市建筑的形象和风格一定会是具有强烈的时代感，浓郁的区域特色、丰富的历史文化内涵和建筑群体更为完整的多元共存的新的"海派"城市建筑形象。市民用建筑设计院高级建筑师邢同和认为，建筑每二十年就可实现一次飞跃，如果说八十年代是现代建筑与上海对话，那么九十年代则是现代建筑在上海开花结果的丰收期，是上海人自己创造的新曙光初露的时候，闵行、漕河泾和虹桥三大开发区将在这十年展现雄姿，黄浦江大桥、地铁等高技术的建筑也将使上海景观出现新的、令人鼓舞的变化，九十年代上海的城市交响乐将是很美的。因此上海从现在起要充分利用好人才、科学管理和经济技术基础三大优势，发展城市建设，为九十年代城市的兴旺繁荣打好基础，为通向二十一世纪、实现建筑文化的新飞跃做好准备。

市建委主任李春涛指出，城市交通将成为 90 年代上海重点解决的问题之一。一些重大的交通设施工程，如地铁、高架道路、城市环线、越江工程、苏州河闸桥及外滩改建、

高速公路、有轨交通以及4条国道等都将在90年代中起步、动工或建成。上海市规划局副局长兼规划院院长夏丽卿对此有同感,她认为上海可能就是在90年代进入多平面交通的初始阶段。李春涛指出,解决上海的交通问题,要远近结合,标本兼治、综合治理。单靠工程性措施是解决不了问题的,解决上海交通的关键是疏解旧建区,解决城市膨胀病。这些市区中的居民和工厂如不疏解出去,上海的交通就不可能根治。

李春涛指出,尽管前40年上海建了5 700多万平方米住宅,但上海住房仍苦乐不均,还有相当的困难户与不方便户。所以在90年代,住宅仍是一个困扰上海的、不能掉以轻心的问题。必须在经济建设的同时,对住宅建设以必要的投入,使每年都有一定面积的住宅竣工并投入使用。他认为,90年代住宅建设的重点是搞好配套,尤其是搞好新居住区的配套,走良性循环之路。目前旧区改造中拆光重建的倾向要予以纠正,旧区改建应拆建、改建、保留、拆除、新建等几种形式并举。

在说到浦东开发时,李春涛认为,相对浦西而言,浦东应有一个质的变化,而不应是浦西量的延伸。浦东规划要面向世界、面向21世纪、面向现代化。规划时应突破旧的模式。他认为浦东的道路骨架不应是老上海的翻版,而应是现代化城市的交通网络,客货运应分开。他还认为浦东应分质供水,集中供热。他希望规划工作者在做规划时不要先想做得到做不到,而应按三个面向的要求做出规划,只要有一个好的规划,现在做不到的可留给子孙去做。

建委副主任陈正兴认为,九十年代是抓城市管理的十年。要彻底改变过去重建设轻管理的错误观念,而是边建设边管理,两者并驾齐驱。他认为,上海在城市建设方面的长期欠债,在今后十年内不可能一笔还清。而加强城市管理则能使上海的城市形象从里到外彻底改观。这是一个开放的时代对我们提出的高标准严要求。夏丽卿指出,现代化城市的一个重要标志,就是在城市的每一个角落都能看到管理的痕迹。九十年代上海城市形象的"硬件"肯定会有所发展,当务之急是在"软件"——精心管理上多下功夫。九十年代的上海应该通过管理,梳装打扮得更加干净漂亮,容光焕发。

与会者一致认为,加强城市管理不能是一句空话,要落到实处,这就需要有制度来"保驾"。与会者对此展开热烈议论,从规划、建设、管理等多个角度谈到建立和完善各种管理制度的不可或缺。首先,城市规划不能只管画图,要建立批后管理和回访制度,余音不绝。要从静态规划走向法制规划。其次,城市管理要建立分级管理网络,条包块管,层层落实责任制。既发挥政府功能,又依靠广大群众,既有层次,又不分散。再次,要建立目标管理制度。市环保局副局长顾永伯说,环保局在原有的环境影响评价、三同时审查、超标排污收费三项管理制度的基础上,九十年代又增加了城市定量综合考核等七项目标考核。最后,要强化各种管理手段。市环卫局局长施振国提出环卫管理也应象交通管理那样建立一个集中控制和信息处理系统,另外要建立一个多功能、综合性的市容执法队伍,改变现在各管理部门分散出击、各自为政的状况。

与会者一再强调,立法与执法是贯穿城市规划、城市建设、城市管理过程始终的一根红线。而从人治走向法治,将是上海城市建设在九十年代的一个历史性根本转变。(本报记者　黄强　何子焱　陈健)

(《解放日报》1990 年 2 月 10 日)

邹家华在考察浦东地区开发工作时说
开发浦东先搞好基础设施
朱镕基汇报了开发总体规划和实施规划

新华社上海 2 月 18 日讯　(通讯员邹昔民、记者陈毛弟)国务委员兼国家计委主任邹家华、国家计委副主任兼国务院生产委员会主任叶青,由朱镕基市长和黄菊副市长等陪同,今天上午实地考察了浦东地区的开发工作。

浦东地区是上海一块尚未完全开发的宝地。它有建设新港的良好条件,随着黄浦江越江交通不断改善,加上浦东地处东海岸、长江口和黄浦江口的有利地理环境,它将逐步建成一个由新港区、出口加工区和外商投资区等组成的现代化新区,成为上海进一步发展外向型经济的理想区域,也有利于老市区的工业、交通、人口的疏解,有利于加快经济结构和城市布局的调整。

在乘船前往浦东外高桥新港区的途中,朱镕基市长、倪天增副市长向邹家华详细汇报了上海关于浦东开发的规划、设想和前期准备工作。朱镕基汇报说,目前开发浦东的总体规划和分步实施规划已初步拟定,越江交通建设已有较大进展,水电、煤气、通信等建设前景看好,浦东开发的起步条件已趋于成熟。邹家华对此表示赞同说:"好,好! 还是先搞基础设施框架,把道路、能源、通讯、上下水这一套先搞好。"邹家华、叶青还同朱镕基等,详细探讨了浦东开发中有关土地批租、外商投资等一系列问题。

邹家华等还专门听取了上海港务局关于建设外高桥新港区的汇报。外高桥新港区是上海市发展浦东战略的重要组成部分,目前,交通部和上海市等有关方面正全力以赴,抓紧抓好外高桥新港区的规划、前期工作和建设的实施。邹家华对外高桥新港区前期工作进展较快表示满意,并肯定了上海在外高桥建立新港区的做法。他说,把客运和货运码头逐步分开,把货运码头搬离黄浦江,这个做法是对的。这样既可以方便旅客、改善黄浦江沿岸的景观,又可以扩大上海港的吞吐量。

中午时分,邹家华等又来到正在建设中的南浦大桥浦东主桥工地。在近 16 层楼高的主桥桥塔下,邹家华饶有兴趣地听取了工程指挥朱志豪关于大桥建设的进展情况。

这座横跨浦江两岸的大桥,全长 8 346 米,桥面宽 30.35 米,为双向 6 车道,桥下可保持 5.5 万吨巨轮通航。大桥建成后,对开发浦东、改善上海投资环境具有重要作用。大桥工程从 1988 年 12 月动工至今,已完成总投资的 54.5%,工程前期工作全面展开。2 500 多名施工人员正不分昼夜,奋战在工地上,他们提出要精心组织、精心施工、严格要求、一丝不苟,在重点建设工程中造就和培养青年一代。

邹家华听取汇报时,得知工程是采用招标方法在全国范围内选择优秀施工队进行施工的,他充分肯定了这种做法。正在工地上紧张工作的数百名工人,看到领导同志亲临工地看望大家,受到了很大鼓舞。朱镕基大声问周围的工人:"明年 6 月份大桥合拢,年底正式通车,大家有没有信心?"在场的工人齐声回答:"有!"邹家华听了非常高兴,他连声说道:"同志们辛苦了,向你们表示问候,祝大家成功!"

离开工地时,已近下午一点。邹家华等又乘车考察了延安东路越江隧道。

下午,邹家华等还在副市长顾传训等陪同下,前往上海第一丝绸印染厂和上海针织九厂,了解企业生产、自行出口和技术改造等情况。

(《解放日报》1990 年 2 月 19 日)

朱镕基向与会国际企业家宣布
国家支持上海开发浦东新区
上海将更加大胆扩大开放
欢迎各国各地区有远见有眼光实业家参与开发

本报讯 朱镕基市长在昨天召开的上海市市长国际企业家咨询会议第一次会

议上说,扩大对外开放,基本建成外向型经济是上海九十年代最重要的经济发展目标。九十年代是上海进一步向世界开放的年代,是上海为海内外提供更多投资和贸易机会的年代。为此,我们在继续努力保持经济持续、稳定、协调发展的过程中,将致力于进一步改善投资环境,更加大胆地进一步扩大开放度。

朱市长说,在这冬去春来的时节里,作为东道主,能够在这里欢迎来自远方的各位朋友来和我们一起研究、商讨解决上海面临的主要困难和问题,帮助上海经济的发展和振兴,确实是一件令人高兴和十分富有意义的事情。因为上海的发展和进步将在一定程度上推动中国经济的成长,而中国是一个拥有世界五分之一人口的大国,经济实力不断增强,无疑将对亚太地区,乃至全球的稳定和发展带来积极的影响。

朱镕基说,上海作为中国最大的经济中心和太平洋西岸有影响的国际城市,经过四十年来特别是近十年来的发展,经济实力有了很大的增强,但是,目前也面临着日趋激烈的国际市场和国内市场竞争的双重挑战,面临着体制改革过程中所带来的双重困扰。我们对面临的严峻挑战有着清醒的认识,同时对自身蕴藏的巨大发展潜力也有充分的估计。上海具有地理位置重要、自然条件优越、工业基础强大、科技实力雄厚、各类人才荟萃、对外联系广泛所形成的综合优势。只要我们坚持以经济建设为中心,坚持四项基本原则,坚持改革开放,加速发展外向型经济,积极参与国际市场竞争,就一定能在世界经济大变动中,抓住机遇,发挥优势,肩负起改造、振兴上海的历史重任。

朱镕基指出,有计划地加快开发浦东,这不仅可以为外商提供一个发展前景广阔的投资场所,而且将成为上海加速发展外向型经济的重大战略部署。今天,我愿借此机会告诉各位一个重要信息,上海浦东开发的方案设想已上报国务院,并且得到国家领导人的大力支持。未来的五年,是浦东开发的起步阶段,我们将按照"面向世界、面向二十一世纪、面向现代化"的战略方针,编制好浦东开发的总体规划,大力整治环境,为海内外大规模投资创造必要的条件。经过几年来的努力,浦东大规模开发建设的条件日趋成熟。我可以有把握地告诉各位,几年以后,浦东地区将成为上海投资环境较为理想、投资政策更具吸引力、对外经济交往条件越来越好的外商投资新区。

朱镕基说,浦东开发是一项跨世纪的工程,需要经过几十年的持续努力、艰苦奋斗,才能把浦东建设成为具有合理的发展布局结构、先进的综合交通网络、完善的城市基础设施、便捷的通讯信息系统、良好的自然生态环境的现代化新城。随着浦东新区的发展和老市区的改造,上海的面貌将会发生深刻而巨大的变化,并将以外向型、多功能、现代化的国际大城市的雄姿,出现在太平洋的西岸。朱镕基最后请会议成员和代表带信给各国、各地区的经济界、贸易界、实业界人士,上海是充满生机活力的,上海人是怀着真情实意的,到上海来投资是安全可靠的。他期望一切有远见、有眼光的实业家们到上海来,在开发、建设现代化浦东新区的进程中,共同合作。

(《解放日报》1990 年 3 月 17 日)

受市政府委托在人大会议上作专题报告
黄菊详细介绍开发浦东设想和打算
市浦东开发领导小组成立,黄菊任组长,顾传训倪天增任副组长

本报讯 4 月 23 日下午,黄菊副市长受市政府委托,在市人大九届三次会议上,就人民代表十分关心的浦东开发问题作了专题报告。黄菊同志详细介绍了开发浦东的酝酿、决策过程和开发浦东规划的初步设想。还向代表汇报了今年 3 月下旬以来,在中央直接关怀和指导下,开发浦东问题已经取得的重大进展,以及市政府下一步工作的初步打算。

黄菊副市长在介绍开发浦东的酝酿、决策过程时说,上海提出开发浦东由来已久。早在 1984 年,市政府制订的《上海经济发展战略汇报提纲》就提出了开发浦东的问题。国务院在这个汇报提纲的批复中明确指出,要创造条件开发浦东,筹划新市区的建设。后来,国务院在批复《上海市城市总体规划方案》时又一次指出,有计划地建设和改造浦东地区,使浦东成为现代化的新区。为了落实国务院的批示精神,上海专门成立由副市长担任组长的开发浦东联合咨询小组,还邀请了一批海外知名人士担任顾问。1988 年 5 月,市政府召开"开发浦东新区国际研讨会",当时任市委书记的江泽民和新任市长朱镕基、市政府经济顾问汪道涵与来自国内外的专家、学者共商开发浦东大计。在这个会议上,江泽民同志从总结历史经验的高度,阐明了开发浦东的必要性,提出了结合老市区的改造,建设一个现代化新区的方针。自此以后,上海市加速了关于浦东开发的前期研究工作。市政府专门成立由两位副市长担任正副组长的开发浦东的领导小组,统一领导开发浦东的工作。去年,朱镕基市长和黄菊、倪天增副市长多次到浦东召开现场会,进行

实地考察。在老一辈无产阶级革命家和中央领导同志的关怀、支持下,今年2月26日,市委、市政府正式向中央上报了《关于开发浦东的请示》报告,受到党中央、国务院的高度重视。3月28日至4月8日,姚依林副总理受党中央、国务院的委托,率领国务院有关部门的负责同志来上海,对浦东开发问题进行了专题研究、论证。4月15日至18日,李鹏总理来上海视察工作时,视察了浦东地区,并在参加上海30万吨乙烯工程、上海宝山钢铁总厂二期工程和上海大众汽车公司庆典活动时,于4月18日正式向国内外宣布,党中央、国务院同意上海加快开发浦东、开放浦东,他要求上海同志充分利用上海优势,群策群力,艰苦奋斗,把开发浦东的事情办好。

黄菊接着介绍了开发浦东规划的初步设想。规划开发的浦东地区,控制范围是指黄浦江以东,川杨河以北,紧靠市区的一块三角形地区,大部分地区都在距市中心15公里的半径之内,总面积约350平方公里。按照"面向世界、面向二十一世纪、面向现代化"的战略思想,借鉴国内外城市开发新区的成功经验,设想经过努力,把浦东建成一个设施配套比较齐全、现代化的和外向型的工业基地,成为上海乃至我国进一步扩大对外开放的新的窗口。

他说,开发浦东是一项跨世纪的工程,必须有计划、有重点、有层次地逐步向纵深拓展。市中心区要向浦东扩展。将要辟通的内环线,全长45公里,从浦西地区的中山环路,通过正在建设的南浦大桥接入浦东,再经规划建设的宁国路越江工程,经宁国路邯郸路接成环线,形成浦西、浦东相结合的市中心区新格局。整个内环线范围内的面积为120平方公里。规划建设的外环线,全长89公里,是连接各个工业和居住小区的快速干道,并作为上海城市化发展的最终控制范围,规划面积610平方公里。在上海加快发展外向型经济中,开发浦东开放浦东要起到扩大对外开放的重要窗口作用,成为上海到本世纪末建设成为开放型、多功能的现代化中心城市的强大推动力。按照上述要求,浦东地区要形成适应外向型经济,协调发展的产业结构。在开发起步阶段,要注重以发展工业为基础,增强经济实力,同时在规划上留有充足的第三产业发展用地,可以根据经济发展需要逐步开发。道路交通要根据总体规划布局,考虑今后经济、文化、教育和社会各项事业发展需要,形成与市区环线相连接的,机动车专用道、客车专用道、非机动车专用道、地铁线相结合的现代化道路系统。目前解决好过江交通,是浦东开发的重要前提,同时要加快港口建设。外高桥地区将成为大型的现代化港区,先建设4个顺岸式泊位,并规划建设一批挖入式港池。待新港区建成后,将逐步调整黄浦江岸线,搬迁一些码头、仓库,为陆家嘴地区建设江边林荫大道创造条件。并将在浦东规划建设上海第二国际航空港。与此同时,浦东地区的通讯、电力、煤气、自来水等市政设施都将有较大发展。

黄菊在报告中强调指出,从今年3月下旬至4月上旬的二十多天时间里,在党中央、国务院的直接领导下,在中央有关部门负责同志的指导、帮助下,开发浦东问题已经取得了重大进展。

首先,进一步提高了对开发浦东重大意义的认识。进入九十年代以后,由于日趋激烈的、国内市场竞争所带来的双重挑战,上海面临着两种选择:一种是现有的综合优势继续削弱,经济日益萎缩,在全国的地位不断下降;另一种则充分发挥自身的综合优势,利用投资环境正在逐步改善的有利条件,进一步深化改革,扩大开放,加速外向型经济发展,走出振兴的新路子,争取把上海建设成为外向型、多功能、现代化的国际城市。市委、市政府经过反复研究后认为,上海作为中国最大的经济中心和太平洋西岸有影响的国际城市,经过四十年来特别是近十年的发展,经济实力有了新的增强,特别是上海在地理、工业、科技、人才等方面具有优势,决定了上海在经济发展和改革开放中应当走在全国前列。这是党中央、国务院对上海的殷切期望,也是上海应尽的职责。上海是有条件、有可能在对外开放方面采取比较大的动作的。事实上,开发浦东的意义还远远超出了上海本身。国务院领导同志一再强调,开发浦东不仅面向上海,而且还可以促进江浙地区,以至带动长江两岸经济发展。我们从中央领导同志把开发浦东放到更大的、更高的要求中,深受启发和鼓舞,更体会到开放浦东不仅对上海,而且对全国都是一件具有重要战略意义的大事。当前抓紧开发浦东起步,也是进一步表明了我国坚持对外开放的决心。

第二,进一步明确了开发浦东的指导思想。在当前的国际环境和国内正在治理整顿情况下,开发浦东的指导方针是:总体规划,分层开放,分步实施;引进项目的起点和产业结构的层次要高一些,重点放在技术密集型产业的开发上,主要发展深度加工工业和高技术产业;以外向型为主,采取多种形式吸引国外资金,可以继续采用大多数开发区的办法,先修建基础设施和标准厂房吸引外商投资,也可以采取让外商成片开发土地或带投资带项目来浦东建设;把新区开发和老区改造有机结合起来,结合新区的开发和老区部分企业的东迁,加强老区企业的技术改造和调整改组,缓解老区人口过分密集和市政设施的紧张状况。

第三，按照上述指导方针和分层开放、分步实施的轮廓设想，初步确定了开发浦东的有关政策，即在浦东实行经济技术开发区和某些经济特区的政策。为了抓紧浦东开发起步，国家还针对起步阶段市政基础设施投资量大，在财力、物力上给予上海必要的支持。

黄菊最后说：开发浦东的序幕已经拉开。下一步要着重做好以下几项工作：（一）积极宣传开发浦东的意义，提高各级干部和广大市民对开发浦东重要意义的认识，增强历史责任感和事业心。新闻、广播、电视、电影、出版等部门，要做好宣传工作，把全市人民的劲鼓起来，为开发浦东献策献力；同时，要搞好对外宣传，不断扩大国际影响，吸引更多的外商来共同开发浦东。（二）继续完善和过细地做好规划工作。市政府打算成立一个浦东规划设计研究机构，集中全市各方面的业务骨干，以自己力量为主，并聘请一些国内外专家，深入调查，反复论证，进一步搞好浦东地区总体规划、产业布局规划、交通通讯规划、市政设施规划和分片实施的开发规划。（三）认真做好建设的前期准备工作。开发浦东是一项巨大的系统工程，是一项长期的艰巨的工作，需要几十年的艰苦努力，才能把浦东建设成为二十一世纪现代化上海的象征。要实现这个目标，关键在于做好目前三、五年左右时间内的起步工作。我们要下决心，拚搏一番，打好基础，做好前期准备工作，抓紧南浦大桥等在建的基础设施项目的建设，力争按时按质竣工投入使用；对外高桥港区四个顺岸式泊位等重大建设项目要抓紧做好开工准备；对关系到浦东开发的宁国路越江工程、杨高路及内环线道路工程、煤气厂及其管网工程、自来水厂一期工程及其管网建设、5万门程控电话及其局网建设、江湾机场搬迁和浦东地区在"八五"期间必须要建设的公共设施项目，如中小学、医院、商业等，有关部门要及早进行规划和着手可行性研究，抓紧做好项目的各项前期准备工作，一俟条件成熟，立即进行建设，不贻误时机。（四）加强浦东开发的组织领导。建立一个有权威的、强有力的、精干的开发浦东领导机构，市浦东开发领导小组，由黄菊任组长，顾传训、倪天增任副组长，下设办公室和规划设计研究院。（五）深入进行有关开发浦东、开放浦东各项政策措施的调查研究。

刘靖基主持了昨天的会议。

（《解放日报》1990年4月24日）

洪广文　绘

黄菊在新闻发布会上说　热诚欢迎外商来浦东投资
详细介绍浦东开发规划和实施步骤

本报讯　黄菊副市长昨天代表市政府在浦东开发新闻发布会上,向中外人士介绍了浦东新区将采取的10条优惠政策措施以及浦东新区规划、实施步骤。

黄菊宣布,经国家同意,在浦东新区采取以下10条优惠政策和措施:1. 区内生产性的"三资"企业,其所得税减免按15％的税率计征;经营期在10年以上的,自获利年度起,2年内免征,3年减半征收。2. 区内的"三资"企业进口生产用的设备、原辅材料、运输车辆、自用办公用品及外商安家用品、交通工具,免征关税和工商统一税;凡符合国家规定的产品出口,免征出口关税和工商统一税。3. 外商在区内投资的生产性项目,应以产品出口为主;对部分替代进口产品,在经主管部门批准,补交关税和工商统一税后,可以在国内市场销售。4. 允许外商在区内投资兴建机场、港口、铁路、公路、电站等能源交通项目,从获利年度起,对其所得税实行前5年免征,后5年减半征收。5. 允许外商在区内兴办第三产业,对现行规定不准或限制外商投资经营的金融和商品零售等行业,经批准,可以在浦东新区内试办。6. 允许外商在上海,包括在浦东新区增设外资银行,先批准开办财务公司,再根据开发浦东实际需要,允许若干家外国银行设立分行。同时选择适当时机适当降低外资银行现行的所得税率,并按不同业务实行差别税率。为保证外资银行的正常营运,上海将尽快颁布有关法规。7. 在浦东新区的保税区内,允许外商贸易机构从事转口贸易,以及为区内外商投资企业代理本企业生产用原材料、零配件进口和产品出口业务。对保税区内的主要经营管理人员,可办理多次出入境护照,提供出入境的方便。8. 对区内中资企业,包括国内其他地区的投资企业,将根据浦东新区的产业政策,实行区别对待的方针。对符合产业政策,有利于浦东开发与开放的企业,也可酌情给予减免所得税的优惠。9. 在区内实行土地使用权有偿转让的政策,使用权限 50 年至 70 年,外商可成片承包进行开发。10. 为加快浦东新区建设,提供开发、投资的必要基础设施,浦东新区新增财政收入,将留在新区,用于新区的进一步开发。

在介绍浦东新区规划时,黄菊说,浦东新区作为整个上海经济社会发展的一个有机组成部分。新区开发将与上海城市总体规划相衔接,有计划、有重点、分层次,逐步向纵深拓展。浦东新区规划布局,以市中心区的浦东部分为中心,采用敞开式的布局结构,规划形成 5 个各有侧重、相对独立的综合分区。即外高桥—高桥分区,面积 75 平方公里,居住 26 万人;庆宁寺—金桥分区,面积 21 平方公里,居住 34 万人;陆家嘴—花木分区,面积 28 平方公里,居住 35 万人;周家渡—六里分区,面积 34 平方公里,居住 40 万人;北蔡—张江分区,面积 19 平方公里,居住 35 万人。新区总人口 170 万人。对应 5 个综合分区的规划结构设置新的市级、分区级、社区级和小区级公共活动中心,相应安排住宅商业服务、文化、医疗卫生、体育、娱乐、公园绿化等为生产、生活服务的公共设施,使居民就近工作,安居乐业。各综合分区之间,规划有 2—3 公里的宽敞绿化带和农业用地相间隔。

在介绍产业布局规划时,黄菊说,浦东新区在开发起步阶段,注重以发展工业为基础,同时在规划上留有充足的第三产业发展用地,根据经济发展需要逐步开发。外高桥—高桥分区,明年开工建设大型现代化港区和外高桥电厂,依托港区分块开发出口加工区和外商投资区;并配合出口加工区的建设,设立保税区,发展保税仓库和相应的公共服务设施,形成转口、储运中心。保税区内,可允许外商贸易机构从事转口贸易和代理区内企业的进出口业务。陆家嘴—花木分区,与外滩隔江相望,是浦东的黄金地段,将发展金融、贸易、商业、对外服务、房地产业和信息、咨询等现代服务产业,作为浦西外滩功能的延续。北蔡—张江分区,拟建设成为科学、教育园区。庆宁寺—金桥分区、周家渡—六里分区,规划以工业为主,充分利用现有工业基础,发展无三废污染、有发展后劲的工业项目,此外还留出足够的区域,供外商选择。在规划发展重点地区以外,再建设若干工业小区,安排老市区大楼工厂拆迁和小型加工工业。

在介绍交通规划时,黄菊说,浦东新区道路交通根据总体规划布局,并考虑今后与经济、文化、教育和社会各项事业发展需要,形成与浦西相连成环的机动车专用道、客车专用道、非机动车专用道、地铁线相结合的现代化道路系统。在开发初期建设南浦大桥和宁国路大桥。规划再建设连接外高桥地区的江海路车辆渡。最终形成 2—3 座大桥、5—6 条隧道、5 条车渡和 16 条客渡的越江交通系统。在道路方面,依托南浦大桥和宁国路大桥,建设内环线的浦东部分,争取 1993 年建成。再结合市区外环线的建设,形成浦东地区的东半环线,连接市区和郊区以及杭州湾北岸地区。新区连接市中心的地铁也将进行建设。外高桥地区将先建 4 个顺岸式泊位,并规划建设挖入式港池,辟建 30—40 个万吨级泊位,形成年吞吐 2 000—2 600 万吨能力。规划在川沙县沿长江口建设上海第二国际航空港。

对市政设施规划,黄菊介绍说,将按到 2000 年电话号线普及率为 25%、话机普及率为 50% 的目标进行规划。新建总装机容量 360 万千瓦的外高桥电厂等;新建 2 个自来水厂,一期供水能力 40 万吨/日,近期供水总量为 80 万吨/日,远期为 120 万吨/日。住宅建设,到本世纪末,建成 1 500 万平方米。

黄菊说,浦东开发的实施步骤是,第一步,"八五"期间为开发起步阶段,主要是编制规划、整治环境和着重解决交通问题,积极为吸引外资创造条件。建设越江工程和主要干道以及其他市政设施;建设外高桥港口、电厂;分步、分片建设总面积 5—6 平方公里的发展出口加工区,首先要建立 1—2 平方公里的转口贸易保税区。这一期间,浦东新区已确定建设的基础设施项目有宁国路大桥、杨高路及内环线道路工程、煤气厂、自来水厂、程控电话(5 万门)及中小学、医院、商业等公共设施。第二步,"九五"期间为重点开发阶段。继续建设区内骨干道路和市政公用设施,初步形成基础设施比较配套的浦东新区的大格局,为以后几年的大发展打下基础。第三步,2000 年后的二、三十年或更长一些时间,为全面建设阶段。届时通过浦东的建设和浦西城区的改造,上海将成为设施配套比较齐全,以外向型经济为主的重要的现代化工业基地和金融、贸易、科技、文化、信息中心。

黄菊最后说,开发浦东、开放浦东,上海热诚地欢迎外国朋友,港、澳、台同胞参与并进行投资,我们将提供日臻完善的投资环境和良好的机会。

《解放日报》1990 年 5 月 1 日

本市有关部门领导和经济理论界
人士共商浦东开发大计
统一调控　东西连动　以东促西

开发浦东、开放浦东，是上海人民的长期愿望。经过多年的努力，现在开发的条件已经成熟。不久前，李鹏总理向国内外宣布，党中央、国务院同意加快上海浦东地区的开发，在浦东实行经济技术开发区和某些经济特区的政策。这为上海发展外向型经济，改造和振兴上海，展示了十分光明的前景。

在日前由市计委经济研究所、浦东开发办公室政策研究室、上海九十年代经济发展课题组联合举办的浦东开发研讨会上，本市有关部门的领导和经济理论界的专家学者，围绕开发浦东的战略、总体规划、具体政策设计、管理体制、资金筹措方式和保税区建设等问题，展开了广泛深入地探讨，提出了许多对策建议。

采取贸易推动战略，发展第三产业

与会人士认为，浦东的开发能使上海获得新的生机，使上海通过疏通、调整和进一步开放，恢复其在全国的经济中心地位。为此，重振上海作为全国经济中心的地位应是浦东开发的战略目标，到本世纪末，浦东开发要为疏解和强化上海的总体功能结构服务，使上海成为长江三角洲进一步对外开放的桥梁，基本形成国际化枢纽性城市框架。浦东开发要走出一条与深圳等其它经济特区或经济技术开发区不同的新路子。建议采取贸易推动的战略方针，发展包括金融业、批发业、房地产业等在内的第三产业。把浦西的龙头牵到浦东，在浦东开展进出口贸易。可以把浦东建成开发销售基地，浦西则为生产科研基地。此外，浦东、浦西两者不可分割。浦东的开发可采取统一调控、东西连动、以东促西的模式，通过开发浦东，促进浦西技术改造，提高浦西管理水平和经济效益，增加浦西就业，并促使商业、旅游业的回升。

东西衔接，多层次开放

　　与会者提出，浦东开发，规划需先行。规划包括体制、立法、产业、区位等诸方面。建议：(一)采取东西衔接的多层次开放模式。把浦东新区与浦西内环线以内及闵行、虹桥、漕河泾三个经济技术开发区衔接起来，实行多层次的开放。开放度最高的应为保税工业区和陆家嘴一带的金融贸易开发区。浦西三个经济技术开发区的开放度应与浦东持平，浦西内环线以内应充分利用土地批租等办法提高浦西的开放度。(二)突出重点，搞好保税区建设。保税区可搞成贸易保税区域，在区内建立外汇物资交易市场，允许国外跨国公司在区内进行转口贸易。

三管齐下，多渠道集资

　　与会人士建议，浦东开发需要资金。除了中央给上海的资金外，应采取多渠道集资的办法，在国际、国内和本市三管齐下。我们要努力改善投资环境，尽可能地吸引国外跨国公司、银行、综合商社来浦东开设分公司或分行，并尽早制订有关政策，抓紧时机吸收和利用台资。与此同时，应本着互惠互利的原则，吸引中央部属企业和兄弟省市来浦东设立各种形式的代理处、外贸公司或经销公司，利用内资开发浦东。从本市来看，对特定的项目可以通过发行债券和股票筹资，也可以由各个工业局包建一些企业，在它们搬迁到浦东的同时完成技术改造。此外，土地批租是筹资的一条重要渠道。我们应充分利用浦东土地级差增益较高的有利条件，通过土地批租筹集一部分开发资金。开展土地批租应注意以下两点：(1)争取最大的土地级差增益。浦东 350 平方公里，土地的级差增益是不一样的。从浦东的初步规划来看，大桥与隧道出入口的延伸地带、杨高线及花木地区是土地增益最大的地带，应及早规划。可以把陆家嘴与花木地区划分为若干地块，先从土地级差增益最大的地块开始，尔后一块接一块地进行滚动式批租，使地价水涨船高，以获取最大收益。(2)东西连动，进行土地开发。浦西市中心属黄金地段，土地级差增益最高，可以通过土地串换进行批租。如在花木与陆家嘴地区各划一小区让黄浦区大楼工厂迁入，外滩非金融机构继而搬入大楼，外滩大楼可以出租。同时，在浦西市中心居民搬迁后，市中心地段也可划分成若干地块，一块一块地批租。这样，通过浦东浦西两个批租土地的连续滚动，可获得土地的级差收益，用作浦东开发，并可达到改造老市区的目的。

逐步过渡到政府调控型的管理体制

与会人士还认为,从浦东的现实条件及浦东开发的战略目标出发,浦东新区应实行新的体制。但新的体制不可能一步到位,应随着浦东的开发进程逐步推开。实行新的体制后,将造成浦东浦西间的政策落差,建议采用新加坡的公积金制进行调控,东西协调。此外,为减轻地方财政的压力,建议采用控股公司的方法管理、调控企业,这样有利于过渡到政府调控型的管理体制。(张晖　王瑞芳　章殷)

(《解放日报》1990年6月4日)

重点工程建设令人目不暇接　上海城旧貌换新颜
卢　方

本报讯　(记者　卢方)如果把一座城市的重点工程建设比作构筑这座城市的脊梁,那么,上海城经过41个年头的"旧貌换新颜",如今在世人面前挺起了新的脊梁。头10年,上海的重点工程建设尚且是寥若晨星。全国第一个工人新村曹杨新村的建设、有昔日"龙须沟"之称的肇嘉浜填埋改建成林荫大道等,在当时引起了社会的轰动。

上海城真正开始大规模重点工程的建设是在党的十一届三中全会之后。根据上海城市总体规划确定的目标,旨在改善上海基础设施薄弱状况、促使能源、原材料等产业门类更加齐全的重点工程建设项目令人目不暇接。例如已经建成的钢铁城宝山钢铁总厂、石化城上海石化总厂、汽车城上海大众汽车有限公司、彩管城上海永新彩色显像管有限公司、玻璃城上海耀华皮尔金顿玻璃有限公司、塑料城吴泾上海氯碱总厂以及黄浦江上游引水一期工程、浦东煤气厂一期工程、铁路上海站、延安东路越江隧道、沪嘉高速公路等。十年来3 000多万平方米、五、六十个居住小区的建设,大大缓和了本市居民住房困难矛盾。

为了进一步改善上海的投资环境,为开发开放浦东创造有利条件,更加科学地调整产业结构和提高人民生活水平,去年和今年一共有53个项目被列为本市重点工程建设项目。其中有人们熟悉的南浦大桥、合流污水治理、地铁一号线、苏州河闸桥及引桥引道、虹桥机场国际候机楼、莘松高速公路、总装机容量为 330 万千瓦的石洞口电厂、石洞口第二电厂、30 万吨冷轧薄板工程等。经过几十万建设者拼搏努力,目前已高速优质完成了 20 多项。上海城正在向着社会主义现代化城市的目标迈进。

(《新民晚报》1990 年 9 月 26 日)

金桥:双马齐奔的新兴工业区
——访金桥出口加工区开发公司总经理朱晓明
记者　向明生

自开发开放浦东的战幕拉开以后,这里犹如一块巨大的磁铁,被吸引加入开发者队伍的人越来越多,朱晓明就是其中的一个。他原是纺织工业局副局长,现担任金桥出口加工区开发公司总经理;今年 42 岁,六六届高中毕业生,恢复高考后入大学,是具有机、电双重高等学历的年轻的高级工程师。在中国纺织大学里,他是电气自动化的学士和工业管理硕士。他很注重实干。到浦东上任的第二天,朱晓明就和同事们一起到金桥开发区内的农田绿地踏看考察,抓紧时间研究开发区的总体规划。

金桥出口加工区位于浦东新区三个先行开发区的中点,与陆家嘴金融贸易区接邻,距外高桥保税区 10 公里,距市中心 11 公里,与张华浜国际万吨级集装箱码头和虹桥国际机场也相距不远。该区规划开发面积 8.27 平方公里,其中工业用地 5.17 平方公里,第三产业和住宅用地 3.1 平方公里。

朱晓明总经理向记者介绍说,这里的地理条件不错,东、西、北三面分别与东陆公路、上海市内环线和杨高路相接,金张公路、上川公路贯穿区内,南北纵深 1.65 公里,东西横贯 5 公里。地面自然标高约 4 米,一般地耐力 8 吨,可作一般厂房的持力层。现有 4 条公交线和 2 条定点出租班车线从区内经过;水路有 2 条河道,可通航 60 吨驳船,连接黄浦江;1991 年动工兴建的宁浦大桥南端引桥,恰好与金桥出口加工区相连接。这里水、电、通讯、污水排放设施齐全,只需花一定的人力、物力、财力搞好“七通一平”,就可“巢成鸟至”,也可吸收外商成片开发土地。

条件不错,那么,又将如何吸引外商和港、澳、台商来投资呢?朱总笑着说,我们的指导思想是,推行"高效,务实,开放"的企业精神,创造良好的投资环境。目前,准备先划出 2.25 平方公里为起步开发区,开始宁可小一些,集中一些,但要努力做到及时配套,开发一块,使用一块,收益一块,实现滚动开发。2.5 平方公里的起步开发区,四周都有交通线,动迁居民少,开发区里只有 2 家市属企业。宁浦大桥建成后,从杨浦工业区到这里只需 20 分钟。这对浦西技术力量向金桥开发区转移很有好处。外商和港、澳、台商来此考察后,也认为这里是理想的投资场所。迄止 9 月底,金桥开发公司已接洽了 29 批中外客商,其中美国 2 家,英国 2 家,西德 1 家,日本 5 家,港台 7 家,泰国 3 家,国内(含市内)9 家;其中中外合资或合作两方已成意向的 10 家,已具项目建议书 3 家,进入拟定可行性报告阶段 2 家。此外,各工业局、公司已向金桥公司报出了欲到金桥落户的项目 49 个。

金桥出口加区 8.27 平方公里中工业用地占 62%,三产用地占 38% 的这种配置,充分表明了在一个开发区内允许二产、三产双马齐驱、共繁并茂的发展态势,恐怕这也是浦东开放度大的特征之一。这将使金桥的开发者们可以兼取闵行开发区与虹桥开发区的成功经验;同时也可充分吸纳浦东三个新区的整体功能效应和整体速度效应。在一个一个出口加工企业出产品的同时,金桥出口加工区要建立综合管理中心、生活服务中心、高级住宅区、商业贸易区和咨询代理、内外贸易及其他服务行业,仓贮运输公司,符合进出口贸易需要的保税仓库。从世界发达国家情况看,在国民经济总值中,第三产业均占 50% 以上。金桥出口加工区重视发展第三产业,就是要成为外向型工业和第三产业综合发展的一个新兴工业城区。

朱总说,近三十年来世界各国的出口加工区纷起,确有许多成功之处值得借鉴。出口加工区在创建时必须做好区内的设施规划和产业发展规划。我们将依靠市经济、科研、高教部门,慎重地构造产业发展模型。金桥开发区将大力发展水、电等公用基础工业,修、造船等交通运输设备业,机械、电子、仪器仪表、计算机及软件和机、电、仪一体化产品的制造业,各种加工中心电脑部份的器件,以及适应国际市场需要的轻工、纺织、服装、装饰、医药、食品制造业,石油化工及化学工业的深度加工业,建筑材料工业等。争取到明年年底有 10 个建筑物从金桥拔地而起。

（《解放日报》1990 年 10 月 14 日）

国内专家学者在沪畅所欲言
研讨上海城市发展规划

本报讯　为期 6 天的上海城市发展规划研讨会,昨天在市政府会议厅闭幕。上海市市长朱镕基,副市长黄菊等到会听取了国内专家、学者对上海城市综合交通规划、浦东新区总体规划和上海中心城内环路规划的意见和建议,朱镕基在会上讲了话。

上海的交通尽管在近十年中有了一定的发展,但由于历史等方面的原因,仍然存在着许多困难和问题,当前已成为制约上海进一步振兴和发展的突出问题。与会专家认为,治理上海交通,从根本上说就是要建立包括浦东新区在内的、近期与远期结合,工程措施与科学管理结合的快速、高效的综合交通系统。大家基本肯定了上海规划部门提出的全市综合交通规划的初步设想以及建设内环线的初步方案,同时又提出了一些建设性的意见。

出席会议的专家还怀着为开发、开放浦东新区出力的心情,对浦东新区规划的初步方案进行了热烈讨论。有的专家认为,浦东新区应当建设世界一流水平的新型城区。所谓一流水平应有合理的行业布局结构,要有便捷的交通网络,要有完善的城市基础设施,要有灵敏的通讯系统,要有净洁的生态环境。有些专家还根据国外和国内建设经济特区的经验,提出在浦东新区发展布局上应以组团式为宜。

（《解放日报》1990 年 10 月 16 日）

改造老城区与大批疏解浦西居民相结合
南市五千居民乔迁浦东新居
"八五"期间将以浦东新区为主新建 240 万平方米住宅

本报讯　"宁要浦西一张床,不要浦东一幢房"的观念,已在南市区的动迁居民中破除了,近两年中,这个区的 5 000 多浦西居民已高高兴兴地乔迁浦东新居。今后,这个区对老城区旧房、危房和棚户的改造,仍将采取将浦西居民大批疏解到浦东新建住宅区的办法,原址按城市总体规划的要求,大力发展旅游业和房产业,加强公共基础设施建设,提高使用功能。这是昨天召开的南市区住宅建设工作会议传出的信息。

由于历史的原因,南市区浦西地区人口密度一直是全市之最,人均居住面积低于全市平均水平。目前,全区还有95块棚户待改造,居住在内的人口占这个区浦西人口的七分之一。这些地段若要按"原拆原建、原址回搬"的办法来改造,则大都拆多建少,参建单位得房率低,只能望而却步。如这个区的西凌家宅、海潮路两块基地,因原址住房无法平衡,居民多年在外自行过渡,带来生活上诸多不便。

1988年,为配合南浦大桥重点工程的建设,区委、区政府狠下决心,大桥地区动迁居民一律搬到浦东。搬迁前先组织当地居民到浦东新建住宅区参观。大家看后深感浦东虽然路远了一点,但住房条件大大改善,交通方便,空气新鲜,特别是今后大有发展前途,搬过去值得。4 600多户居民,除1户外,全都迅速搬迁。

现在,南市的居民凡属动迁的,大都自觉要求到浦东新区。最近,为大桥配套的11万伏变电站工程需动迁206户居民,当地可谓南市区的"黄金地段"。但2个月内,居民全部搬迁到浦东德州新村。西民立街规划中要建造高层综合大楼,不久前当地户口刚刚冻结。动迁动员大会还未召开,居民闻讯,已有三分之一的人家到动迁办公室签订了协议,有的已经拿到了钥匙,开始搬迁。

这个区的大境阁、豫园地区内的九狮楼均要改造,当地居民也将搬迁到浦东新区。西凌家宅、海潮路基地,也已有700余户居民要求搬到浦东。

目前,南市区"八五"期间的住宅建设和旧区改造目标任务已经确定,将要以浦东新区建造为主,完成住宅建设竣工面积240万平方米,比"七五"期间增长20%;棚户危房改造实行三个结合,即与浦东新区住宅建设相结合,与移地安置、疏解浦西人口、改善环境相结合,与利用商业地段的土地级差和房地产的综合开发相结合。

住宅建设和旧区改造的重点是:抓好区属企业9.2万名职工住房解困工作,实现人均面积提高1至1.5平方米;在浦东新建住宅,动迁浦西16个棚户危房地区的居民,腾出空地建设商业网点、公共基础设施,搞土地批租,建造高级商品住宅,改善投资环境。(记者 沈国芳 通讯员 黄铭耀 郑松英)

(《解放日报》1991年2月1日)

路桥港展雄姿　煤水电齐奋翅
浦东"八五"建十大工程

本报记者　陈发春

编者按： 从今日起,我们在《上海经济透视》专刊不定期出版《浦东之页》,旨在让读者更多、更好地了解浦东开发、开放和闵行、虹桥、漕河泾三个开发区的建设进展情况。在党中央、国务院的关怀下,浦东正处于战略启动阶段,浦东联结着一千三百万上海人民的心,联结着上海的明天。上海人关注她,华东乃至海内外人士都关注着她。这个专页将向大家展现建设者的风姿,介绍社会各界情系浦东的一些感人事迹,还将为有识之士提供献计献策的园地。希望广大读者提出宝贵意见,并惠赐稿件。

浦东新区——一项跨世纪建设的宏大工程,在阵阵紧锣密鼓声中,正按照总体规划,稳步地付诸实施。

有关方面提供的资料表明,作为浦东开发的起步阶段,在整个八五期间,市政府将集资几十亿人民币,进行十大市政工程建设,以建成一套比较完善的基础设施,为外商投资创造良好的环境。

在十大市政工程中,浦东的道路建设就占了四项,即建成两座大桥,两条市区交通主要干道。其中投资 8 亿元人民币的南浦大桥预计今年 11 月可以建成通车,另一座宁浦大桥,总投资额 10 多亿元人民币,桥长 7 060 米,主桥长 1 200 米,桥面设计为 6 车道。

浦东的道路建设是浦东新区市政建设的重要组成部分,目前浦东现有道路都是沿黄浦江走向的南北干道,缺少横向联系的东西干道。因此,在"八五"期间将规划从浦东大道与浦东南路隧道口开一条宽 100 米向东南方向辐射的轴线与杨高路相接,把浦东新区的南北道路连接起来,专家们风趣地将黄浦江比喻为一张弓,杨高路比喻为一根弦,而把这条干道比喻为射向靶心的箭。

规划中的内环线浦东段起自杨高路的龙阳路,迄于杨高路的罗山路,总长 8 公里,路面宽 34 米,计划投资 2.4 亿元人民币。这项工程与两座大桥建成后,整个上海市区从浦西的中山南路通过南浦大桥进入浦东段,再经过宁浦大桥进入宁国路、邯郸路、中山北路、中山西路,形成约 45 公里长的全线贯通的内环线,至此,浦西、浦东的地面交通将连成一体。

　　水、煤、电、港区建设是浦东新区建设的不可缺少部分。"八五"期间将计划建造20万吨的凌桥水厂,目前一期工程正在由有关方面组织专家进行论证评审,预计1993年可建成。与此同时,浦东煤气厂二期日产100万立方米工程已在加紧建设之中,今年六月底即可建成投产,届时,这家日产200万立方米煤气的大型煤气厂将提供更多的煤气为新区建设服务。规划中的外高桥电厂设计能力为360万千瓦,整个电厂将分期进行建设,第一期工程为建造4台30万千瓦引进型燃煤机组,计划投资约28亿元人民币。目前已通过了国际工程咨询公司专家的评估,力争今年正式动工兴建。位于外高桥区四个万吨级泊位的新港区也已在加紧筹划之中,计划总投资将达6亿多元人民币。

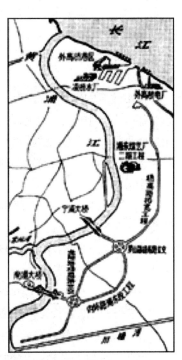

　　通信紧张是浦东当前存在的突出问题,近年来,市话局虽然已在浦东建成了东昌、洋泾、周家渡三个电话支局,但电话容量才只有3.4万门(包括自动交换和人工交换),电话普及率每百人只有2.27号线,远远无法满足日益增长的需要,在"八五"期间,浦东将继续建设庆宁寺、高桥、临沂等电话支局,(远期还要建设20个电话支局)电话容量要再增5到10万门,到那时浦东的电话普及率将与浦西持平,同时全部使用程控电话,并可实行国内外直拨。

　　第10项工程是兴建合流污水工程浦东段,计划在1993年完成。此外,浦东陆家嘴、金桥、外高桥等三个小区的七通一平工作,在"八五"期间也将付诸实现。

　　浦东开发办公室有关负责同志对记者说,这十项市政工程的建设成功,将会极大地改变浦东的市政落后状况,而且对于缓解整个上海的市政交通的紧张状况,促进上海浦西的经济发展,也会起到非常重要的作用。

"八五"期间浦东新区市政
工程示意图　吴培良　绘

（《解放日报》1991年2月11日）

兴修水利　综合治理　市郊乡镇实施十年总体规划
冬春之际已完成水利建设土方总量三千万立方米

本报讯　日前,记者于嘉定县南翔镇举行的市郊水利规划验收现场会上获悉:市郊各乡镇全面铺开的以兴修水利为龙头,田、路、林、宅、厂综合治理10年规划的制订工作,一年来经过调查、比较和反复论证,208个乡镇已有60％绘毕每年实施的蓝图。市、县有关部门的验收工作正在逐个进行。

改革开放10年来,市郊农村经济有了很大发展,1990年农、工、副三业总产值达到336.3亿元,人均分配1 221元。农村经济的迅速发展,给兴修水利和新农村的总体建设提出了高标准的新要求,那就是在兴修高标准水利设施的同时,将田、路、林、宅、厂综合成一个整体进行治理,使之全面配套,相得益彰。

在市政府的重视下,去年初起,县、乡政府组织水利、计划、财政、物资、环保、市政等部门人员组成专门力量,广泛收集资料、实地一一勘察,反复比较论证,制订10年总体规划和每年实施的计划。

市有关部门具体抓嘉定南翔、宝山罗店、上海莘庄等10个先行试点,取得经验,予以指导。

今年是实施这一10年总体规划的第一年,由于规划制订,能够看到远景,各乡镇及广大干部群众投资投工的积极性高涨,起步顺利。

冬春之际,市郊本年度以开挖骨干河道、培修圩堤、平整土地为重点的水利建设任务,总工程土方量达3 000万立方米,至今已经基本完成。青浦西部、松江浦南30万亩低洼田,金山10万亩半低洼田,南汇、奉贤夹塘地区30万亩盐碱田的治理,也如期分步进行。同时,各乡镇已新建地下渠道700公里,并抓紧完成2.5万亩农田"三暗"(暗灌、暗排、暗降)工程。

一些有条件的乡村,已着手修筑水泥路面的机耕路和石砌或用水泥拦板的永久性排灌沟、渠,并着手建设村宅间的道路等公共设施,栽种行道和宅前后的树木花卉,使新农村的蓝图初具模样。(通讯员　吴树福　记者　朱桂林)

(《解放日报》1991年2月19日)

农民盖房如"天女散花" 乡镇工业又处处冒烟
郊县经济社会发展应统筹规划
上海市郊区规划工作会议今天召开

卢 方 黄振平

本报讯(记者卢方 黄振平) 市郊农民盖房象"天女散花",乡镇工业"村村办厂、处处冒烟"等严重缺乏统筹规划的现象,已引起市委、市政府的高度重视。这是今天在嘉定召开的上海市郊区规划工作会议中传出的信息。

郊区各县的县委书记、县长和市政府有关委、办、局以及郊区各乡、镇、农场的领导都参加了市政府召开的这次会议,专题研究部署郊区的发展规划工作,这在上海郊区的规划工作史上还是第一次。

会议要求市郊各县抓紧对县域内经济、社会事业的发展与合理布局作出综合安排,制定好"县域综合发展规划",进一步搞好村镇建设,通过统一规划、合理布局,达到提高效益、节约用地、发展经济、保护环境、改善居住条件的目的。

嘉定县政府、宝山区罗店乡、上海县马桥乡旗忠村分别在会上介绍了搞好县域、乡域和村镇规划的经验。

(《新民晚报》1991 年 3 月 8 日)

城市基础设施建设对经济发展的作用举足轻重
上海呼唤大批城市基础新设施

柯其柱

今后十年上海城市建设应以浦东开发为龙头,交通建设为重点,带动其它基础设施建设,使困扰多年的交通拥挤、住房紧张、环境污染等三大问题得到基本缓解。

城市基础设施是指城市人民赖以进行生产、生活和社会交流的最基本的物质基础。从广义上说,它的内容包括城市各项市政、交通、通讯、能源、教育、文化、卫生、防灾、环境等方面的各类公共设施。本文着重谈城市能源动力系统,城市供水、排水系统,城市内外交通系统,城市邮电通讯系统,城市生态环境系统,以及城市防灾系统的各类公共设施。

基础设施建设的重要性和紧迫性

城市基础设施对于城市的经济发展和社会进步具有十分重要的意义首先,城市基础设施是城市一切经济活动和社会活动的载体,是城市生存和发展的前提和基础。没有完善、充裕和运行正常的基础设施系统,城市也就无法正常运转。其次,城市基础设施是城市经济发展的基本条件,是社会生产和再生产的组成要素。城市中一切活动离开了基础设施提供的条件,就寸步难行;一切社会生产过程,没有基础设施提供支持,就无法进行,而有些基础设施(如能源、水源等)本身就是生产的要素。再次,城市基础设施系统功能的健全与否和效力的大小,往往直接影响着城市经济、社会活动的效率。仅以上海市区 150 个主要交通道口为例,通过加强管理,提高运行效力,如果使得机动车车速每小时能够提高 8.1%,每年就可节省汽油 2 500 多吨;车速的提高又可使生产过程缩短,使生产效率得到提高。城市基础设施不仅可以直接或间接地产生经济效益,而且还能产生社会效益和环境效益。

此外,对一个开放型和国际性的城市来说,基础设施的状况反映了这个城市的形象与水平,基础设施是投资环境的硬件,它的状况关系到一个城市是否具有吸引外资的能力。对内来说,由于城市是一定区域范围内生产力高度聚集的地方,是该地域内经济、文化和社会活动的中心,因而城市基础设施效能和水平的高低,直接影响着城市中心作用的发挥及其经济辐射面和吸引范围的大小。

总之,城市基础设施任城市经济、社会发展中具有举足轻重的地位和作用。然而,上海在建国后的前三十年中,由于对基础设施重要性认识不足,以及资金不足等困难,过分强调挖潜利用,忽视改造和建设,以致城市基础设施十分陈旧和落后,严重削弱了城市综合功能的发挥,且已明显地开始影响、制约着城市经济、社会发展和人民生活水平的改善与提高。当前上海基础设施方面突出的问题是:交通拥挤,住房紧张,环境污染。上海要振兴,要开放,要恢复和加强城市综合功能,必须十分重视和切实加强城市基础设施的改造和建设。

今后十年基础设施建设构想

今后十年是上海进一步改革、开放,实现内向型经济向外向型经济转轨,使经济、社会、环境走上良性循环和协调发展的关键时期。在这十年中,浦东新区开发,将在完成起步阶段之后,进入重点开发阶段,基本形成新区基础设施大格局,并以此推动浦西旧区的疏解和改造,使困扰上海多年的交通拥挤、住房紧张、环境污染等三大问题得到基本缓解,大大改善投资环境和市民工作、生活环境,以适应建设开放型、多功能、现代化城市的要求。

根据这一目标,构想今后十年上海城市建设,应以浦东开发为龙头,交通建设为重点,带动其它基础设施建设。

1. 交通建设。综合交通总体战略是:结合浦东和中心城外围新区的开发,建设内环线和黄浦江大桥,形成快速市内干道系统。充实原有工业区、卫星城,疏散中心区的人口、工作岗位和不合理的货源点,减少中心区交通密度和交通源;执行优先发展公共交通的政策,控制自行车、摩托车、小汽车等个体交通的发展;积极发展公共交通,开辟多层次、多平面的快速立体交通。根据这一战略,这十年中首先要按城市快速干道标准建成城市内环线,作为城市干道系统的主要骨架;同时改建、扩建市区南北干道和机场、对外公路进入市区的干道,提高郊区主要公路的级别;建成漕溪路至新客站的地铁线路,建成南浦、宁浦两座大桥,积极筹建嫩江路越江工程;按照浦东新区总体规划的要求,新建、扩建杨高路、张杨路等一批骨干道路,使之与内环线的浦东部分一起,基本形成浦东新区的干道系统框架。

对外交通方面,港区建设的总体目标,应当逐步由内港向外港发展,近期重点是通过对老港区的技术改造,以提高效率,扩大吞吐能力。建设外高桥新港区 4 个顺岸式万吨级泊位,"八五"后期继续辟建挖入式港池,十年内形成有 12 个万吨级泊位的外高桥新港区,还可在金山嘴开拓 2 个大型集装箱泊位。铁路在十年中应当全面建成沪杭复线;沪宁复线建成后还应继续进行技术改造,达到中等现代化铁路的水平。铁路上海枢纽,完成南翔编组站、客车技术作业站和货场的配套,以提高上海地区铁路的综合能力。民航在十年内应当继续扩建虹桥机场,建设第二跑道和新的航站区,扩大部分国内航线。对外公路,可建设沪宁、沪杭两条高速公路。

2. 城市供水。解决上海市民饮水水源的水质问题。从战略上考虑,必须在今后十年中完成黄浦江上游引水二期工程和长江新水源的首期工程,同时新建、扩建月浦、大场、凌桥、长桥、桃浦等自来水厂,以满足不断增长的供水水量需求。

3. 煤气供应。"八五"期间通过努力,将建成浦东煤气厂二期工程、上海焦化厂"三联供"工程、石洞口煤气厂工程和吴淞煤气厂改扩建工程,增加日供气能力 420 万立方米,使市区有条件安装煤气的家庭,基本实现炊事煤气化,使煤气普及率从现在的 52.2% 提高到 80% 以上。

4. 环境建设。根据城市污水先集中排放,后逐步建设处理设施的战略,"八五"初期加紧建设第一期合流污水工程,将苏州河沿线排入苏州河的工业废水和生活污水通过截流,并进行必要的处理之后,纳入总管,集中向长江口大水体排放。"八五"后期和"九五"期间,争取建设中港污水出海工程,接纳由吴泾、闵行等位于黄浦江中上游的工业区的污水,集中向杭州湾大水体排放。工厂污染物,将本着谁污染、谁治理的原则,不断加强治理工程建设。这些工程建成后,黄浦江水质和市区大气质量将有较大的改善。

市区进一步完善排水系统,基本消除一般地区暴雨后的积水现象。远郊辟建若干垃圾堆场,建设第二座大型城市废弃物处置场和粪便处理场,逐步发展无害化处理,使城市生产和生活环境有明显的改善。

5. 住宅建设初步设想今后十年间建造 5 000 万平方米住宅,争取到 2000 年,市区居民人均居住水平由目前的 6.4 平方米提高到 8 平方米,房屋成套率由目前的31%提高到 60%,基本解决人均 4 平方米以下的居住困难户,同时搞好居住区内的公共建筑配套建设和环境建设,使市民居住生活质量有明显提高。

6. 通信建设。邮政重点进行技术改造。发展电话事业,设想十年间全市电话交换机总容量从现在的 60 万门增加到 170 万门,电话普及率从现在的 6.1%提高到 15.4%,其中市区普及率达到 20%长途通信电路也要有较大幅度的发展,以适应城市现代化和国际化需要。

7. 电力建设。大力发展大型港口电站,增加装机容量,除完成吴泾热电厂六期扩建工程外,新建石洞口第二电厂、外高桥电厂。如有可能在杭州湾北岸再兴建一个电厂。电网建设重点放在电网改造上,逐步发展 500 千伏电网,形成上海电网主网架,伸入市内 220 千伏电网解环分流运行,逐步形成南、北、东三个地区电网,同时对旧区电网进行改造。拟在十年中继续兴建杨高、杨行两个 500 千伏变电站,并结合电网调整、改造、扩建、改建和新建一批输变电站和线网。

上述基础设施建设的初步构想,是根据上海近期最迫切的需求,同时考虑了中、远期上海经济振兴和改革开放的宏观发展趋势所需要的一定提前量,并按照一般正常时期城市基础设施投资在固定资产总投资中的合理比例进行推算,经过综合平衡后提出的。要实现这些设想,必须采取有力措施。

第一,要从根本上提高对城市基础设施建设重要性和紧迫性的认识,增强搞好城市基础设施建设的历史责任感。

第二,要有资金保证。我们考察了国内外一些城市及本市四十年来的基础设施投资规律,结合上海基础设施现状和城市未来发展的基本需要,认为未来十年中上海基础设施投资应占全市固定资产投资的 20% 左右。建议按此比例将有关资金列入宏观经济规划内,并且分解到五年计划和各个年度计划中予以落实。

第三,加强科技开发,在基础设施建设中,特别是在工程系统类别和技术方案的选择方面,严格做好预可行性的研究,实行科学决策。在工程建设中,积极引进和采用新技术,使有限的资金最大限度地发挥其经济、社会和环境的综合效益。

(《解放日报》1991 年 3 月 18 日)

上钢新村年内全面建成

本报讯 市建委决定,年内全面建成上钢新村。

上钢新村位于浦东周家渡地区,东临上南路,西至西营路,南靠杨高路,北至耀华路,占地 72 公顷,总体规划建筑面积 81 万平方米,其中住宅 72 万平方米,公建配套 8 万平方米,供居住 16 000 多户约 5 万人口。(成年生 苏红光)

(《解放日报》1991 年 5 月 2 日)

上海市国民经济和社会发展十年
规划和第八个五年计划纲要
1991 年 4 月 29 日上海市第九届
人民代表大会第四次会议批准

党的十三届七中全会通过的《中共中央关于制定国民经济和社会发展十年规划和"八五"计划的建议》,及全国人大七届四次会议审议通过的《中华人民共和国国民经济和社会发展十年规划和第八个五年计划纲要》,向全党和全国人民提出了今后十年和"八五"期间经济和社会发展的战略目标和指导方针。这是我国政治、经济生活中的一件大事,标志着我国社会主义现代化建设进入了一个新的发展阶段。

上海是我国最大的经济中心城市,在全国四化建设中具有十分重要的地位。党中央、国务院对上海的发展历来十分关心,八十年代中期先后批准了《上海经济发展战略汇报提纲》《上海城市总体规划》和《深化改革,扩大开放,加快上海经济向外向型转变的报告》,为上海的发展指明了方向。1990 年 4 月,党中央、国务院又作出了开发和开放浦东新区的决定,这对上海人民是极大的鼓舞和鞭策。九十年代,我们要巩固和发展八十年代已经取得的重大成就,加快改造、振兴的步伐,以新的姿态开创上海社会主义现代化建设的新局面。

一、八十年代取得的重大成就

八十年代是上海在改革开放中经受严峻考验的十年,也是不断探索和寻求改造振兴新路子的十年。在这十年中,我们根据党的十一届三中全会所确定的以经济建设为中心、坚持四项基本原则、坚持改革开放的基本路线,在党中央、国务院和中共上海市委的正确领导下,紧紧依靠全市人民的共同努力,国民经济和社会发展的各个领域都取得了重大成就,为九十年代的发展奠定了基础。

(一)经济实力明显增强。1990 年全市国民生产总值达到 737 亿元,按可比价格计算,比 1980 年增长 1.03 倍,平均每年递增 7.3%,实现了前十年翻一番。全市工业总产值 1990 年比 1980 年增长 93.3%,平均每年增长 6.8%。十年全社会固定资产投资累计完成 1 419.5 亿元,平均每年 142 亿元,其中地方系统完成 912 亿元,平均每年 91.2 亿元。这一时期,相继建成宝钢一、二期,金山石化二、三期和桑塔纳轿车、永新彩色显像管、益昌冷轧薄板等一批大中型工业骨干工程,为国民经济发展增加了后续力量。与此同时,上海继续为全国作出新的贡献。十年累计,全市财政收入完成 2 431 亿元,上缴国家 1 737 亿元,其中地方财政收入 1 685 亿元,上缴国家 1 345 亿元。

(二)经济体制改革全面稳步展开。在坚持公有制为主体的前提下,发展了集体经济、个体经济、中外合资合作经济等经济形式,形成了多种经济成份并存、共同发展的新格局。同时,在扩大企业自主权、发挥市场调节作用、改革农村经营体制、转变政府管理职能、发展横向经济联合等方面,都进行了积极探索。这一系列改革,对搞活经济、活跃市场起了促进作用。

(三)对外开放上了新台阶。对外经济技术交流和合作改变了以往主要依靠外贸出口的格局,发展了利用外资、引进技术、劳务出口、海外承包等多种形式。先后建立了闵行、虹桥、漕河泾三个经济技术开发区，并取得了较好的成效。外贸出口扭转了八十年代前期徘徊下降的局面，出现了稳定增长的好势头。对利用国外贷款进行城市基础设施建设和工业改造进行了大胆的探索。十年累计完成出口407亿美元；引进先进技术1848项；利用国外贷款31.1亿美元；批准外商直接投资910项，协议合同金额28.8亿美元。

（四）产业结构调整迈出新的步伐。长期萎缩的第三产业出现较快的增长势头，平均每年增长10％，在全市国民生产总值中的比重从1980年的21％提高到1990年的30％，其中金融保险、旅游服务、房地产和信息咨询业发展更快。第二产业的比重由76％下降到66％，其中电子计算机、轿车、家用电器、化学药品、发电设备等重点产品产量成倍增长。第一产业的比重基本稳定在4％左右，经济作物和副食品生产的比重大幅度提高。

（五）城市基础设施建设取得较大进展。十年内用于电力、交通、邮电通讯、市政公用设施等方面的城市基础设施投资累计完成225亿元，相当于前30年城市建设总投资的7倍，先后建成了上海铁路新客站、沪嘉高速公路、莘松高速公路、黄浦江上游引水一期工程、延安东路越江隧道、上海港客运总站等一批重点工程。十年累计新增市内电话60万门，并实现了七位数拨号。同时，利用外资建设的地铁一号线、南浦大桥、合流污水治理一期工程、虹桥机场扩建等重大项目正在抓紧建设。从根本上改变上海城市基础设施严重落后的状况，已经有了良好的开端。

（六）郊区经济发生深刻变化。农业生产稳步发展，1990年农业总产值比1980年增长51.4％，平均每年增长4.2％。农田水利基本建设得到加强，科技兴农逐步深入，"菜篮子工程"初见成效，乡镇工业在调整中发展壮大，农村市场日益繁荣，双层承包经营体制在改革中不断完善和巩固，城镇建设步伐加快，整个农村经济出现了欣欣向荣的新局面。

（七）科技、教育和文化、卫生等各项事业蓬勃发展。十年间，全市共取得重大科技成果15600项，其中五分之一的成果达到国际水平。相继研制成功长征四号火箭、高功率激光装置、高温陶瓷汽车发动机、α干扰素、γ干扰素、喷涂焊接机器人、非晶态新材料和催经止孕避孕药等一批重大科技成果。教育事业进一步发展，为国家培养和输送了大批专业人才。基础教育得到加强，城市已普及九年制义务教育；高等教育在发展中得到调整，结构趋于合理，高校科研成果显著；中等职业技术教育得到迅速恢复和发展；成人教育开始向以岗位培训为主的方向转变。文化、新闻、出版、广播、电影和电视事业取得新的成绩。卫生事业继续加强，医疗条件进一步改善。体育事业取得的成就更加令人瞩目。

(八) 城乡人民生活水平显著提高。1990 年,全市职工年平均工资 2 885 元,比 1980 年增长 2.3 倍,扣除物价上升因素,实际工资年均增长 5.1%。城乡人民年均消费达到 1 934 元,比 1980 年增长 2.6 倍,扣除物价上升因素,年均增长 5.7%,其中农民年均消费达到 1 421 元,扣除物价上升因素,年均增长 6.1%;城市居民年均消费达到 2 184 元,扣除物价上升因素,年均增长 5.2%。十年累计,建设城镇居民住宅 4 259 万平方米,相当于前 30 年住宅建设总和的 1.8 倍,市区人均居住面积已从 1980 年的 4.4 平方米提高到 1990 年的 6.6 平方米。家庭煤气普及率有所提高。计划生育工作取得新成绩,1990 年人口自然增长率降到 3.51‰。社会福利事业有新的发展。城市居民饮水水质有所改善,环境质量恶化的状况正在得到控制。

概括起来,过去十年上海和全国一样,各项事业蓬勃发展,人民生活明显改善,经济和社会面貌发生了深刻变化。但是,在充分肯定成绩的同时,也应清醒地看到我们在前进道路上还存在着许多问题和困难。主要表现在:上海没有能源和初级原材料,由于这些上游产品价格不断上涨,经济效益大幅度下降,企业负担过重,尤其是大中型国营企业严重缺乏自我改造和自我发展的能力;地方财政收入增长缓慢,价格补贴逐年上升,财政收支平衡陷入困境;城市基础设施仍然落后,特别是市内交通、公用设施、城市环境和住房困难状况尚未根本改变,严重影响投资环境和生活环境;第三产业和社会文化设施的发展,与上海中心城市地位不相适应;对外贸易发展后劲不足,利用外资和引进先进技术落后于沿海部分省市。九十年代,特别是"八五"前期,需要认真研究解决这些问题。

二、九十年代的战略思想和战略目标

九十年代是上海国民经济和社会发展的关键时期。我们既面临严峻的挑战,又存在着许多良好的机遇。从国际形势看,一方面,世界政治风云变幻多端,经济竞争更加剧烈;另一方面,由于我国具有重要的战略地位和广阔的市场,今后十年,我们仍然可以争取到一个有利于我国现代化建设的外部环境。从国内情况看,资源短缺这个基本矛盾将长期存在,能源原材料供应不足、资金紧张仍将是上海经济发展的两大制约因素。

但是,随着治理整顿和改革开放的深入,国家将进一步加强基础工业和基础设施建设,进一步实施沿海地区经济发展战略,特别是浦东新区的开发建设,已列为国家"八五"计划的重点,这在客观上已为上海创造了十分有利的条件。

纵观全局,今后十年,上海国民经济和社会发展总的战略思想和战略目标是:振兴上海,开发浦东,服务全国,面向世界。按照全国十年规划和第八个五年计划的要求,以提高经济效益为中心,积极调整经济结构,努力实现国民生产总值比1980年翻两番,人民生活达到小康水平,力争把上海建设成为外向型、多功能、产业结构合理、科学技术先进、具有高度文明的社会主义现代化国际城市。实现这个战略思想和战略目标的基本要求是:

第一,进一步扩大对外开放,形成外向型经济发展的新格局。上海要充分发挥对内搞活、对外开放两个扇面的作用,实行全方位的开放,面向全国,面向世界,成为长江流域乃至全国对外开放的重要窗口。要进一步扩大利用国外资金和先进技术的规模,实行出口导向和进口替代相结合,推进技术进步,提高消化国外资源的能力,努力扩大出口创汇,积极开展各项对外经济技术交流和合作。到本世纪末,要基本形成外向型经济发展的新格局。

第二,发挥中心城市的综合功能,实现产业结构合理化。总的方针是,稳定提高第一产业,积极调整第二产业,大力发展第三产业。第一产业要贯彻稳定提高的方针,适当调整种植业结构,增加复种指数,努力提高单产,发展经济作物,使农产品产量有新的增加。副食品生产要丰富品种,提高质量,满足城乡人民日益增长的消费需要。第二产业要在调整中求发展,按照"金蝉脱壳"和"返老还童"的要求,充分依靠技术进步,实现从粗放型向集约型方向转变,在不增加和少增加能源、原材料消耗的基础上,使整个工业创造出更高的附加价值。同时,要根据国内外市场需要,采取经济手段和行政干预,筛选和培育出一批经济效益好和技术密集度高的战略性支柱产业和出口拳头产品,限制和淘汰一批落后产品和企业,调整出来的人员,逐步向第三产业和建筑业转移。建筑业要大力提高技术和管理水平,积极采用先进适用技术,提高建筑设计水准,改善建筑队伍素质,培养专业化施工队伍,合理组织施工,确保工程质量,提高投资效益和社会效益。第三产业的发展,要紧紧环绕适应对外开放、提高城市综合功能的需要,积极开拓新领域,保持较快的发展速度,逐步成为增加财政收入和筹措建设资金的重要来源。第三产业占全市国民生产总值的比重,要从1990年的30%提高到2000年的40%。

第三,集中力量,切实抓好"三件实事"和城市基础设施建设。城市交通、住宅与煤气、"菜篮子",是长期以来全市人民要求最迫切、解决难度最大、对搞活全局影响最深的三件实事。解决好这三件实事,搞好城市基础设施建设,将极大地改善上海的投资环境和生活环境,并鼓舞全市人民改造、振兴上海的士气。城市交通,要结合浦东的开发建设,初步形成由地下铁道、高架道路和地面道路组成的立体交通体系。住宅及煤气,十年新建住宅 5 000 万平方米,城市居民人均住房面积提高到 8 平方米以上,市区实现煤气化。"菜篮子"工程,要提高规模效益,加快配套体系的建设,改革副食品经营体制,力争实现生产现代化、供应规格化和产供销一体化。总之,今后十年一定要全力以赴抓好"三件实事"和城市基础设施建设,采取多种形式和切实措施,力争做到三年初见成效,五年基本缓解,十年改变面貌。

第四,坚持浦东和浦西共同繁荣,浦东新区建设初具规模。开发浦东新区是一项长期的、跨世纪的任务。计划分三步走:"八五"期间为开发起步阶段,"九五"期间为重点开发阶段,下个世纪初为全面建设阶段。到 2000 年,浦东新区的新开发土地面积力争达到 37 平方公里,基本建成外高桥、金桥、陆家嘴三个开发小区,着手筹建北蔡大型科学园区,国民生产总值在 1990 年基础上实现翻两番。开发浦东,意在振兴上海;振兴上海,必须改造浦西。今后十年,要充分利用浦东开发的有利时机和政策,加快浦西的改组和改造,加快闵行、虹桥、漕河泾三个经济技术开发区的建设和完善。并在基础设施建设、工业结构和布局调整、住宅建设等方面,把浦东与浦西有机结合起来,以缓解浦西的矛盾,促进浦西经济和社会效益的提高,努力做到松动市区、改造老区、加快发展新区。为此,各行各业都要把浦东新区的建设,作为推动本行业、本部门发展的动力和提高行业素质的新起点。

第五,高度重视科技进步和人才培养,实现科技与生产的密切结合。科技力量雄厚是上海经济发展的一大优势。九十年代要继续保持和增强这一优势,使其成为实现振兴上海的强大推动力。今后十年,本市科技发展的方针是:继续推进科技与生产的密切结合,加快科技成果在生产中的推广和应用,加速重点产业的技术进步,有重点地开发高技术产品,促进新兴产业的形成和壮大,推动城市环境和社会生活质量的改善,加强基础研究、技术储备和中试基地的建设,努力缩小与发达国家科技水平的差距。同时,要根据经济和社会发展的需要,培养大批适用人才,大力提高他们的政治思想水平和专业素质,积极改善工作条件和生活待遇,进一步落实知识分子政策,逐步建立一整套人尽其才、才尽其用的制度,树立尊重知识、尊重人才的良好社会风尚,充分发挥各类人才在振兴上海、开发浦东中的积极作用。

第六,加快经济体制改革步伐,初步建立社会主义有计划商品经济的新体制。按照发展社会主义有计划商品经济的要求,建立计划经济与市场调节相结合的新的运行机制,是解决经济生活中多种复杂矛盾的迫切需要,也是实现九十年代经济和社会发展战略目标的组成部分。今后十年,本市经济体制改革的基本方针是：在党中央、国务院确定的改革开放基本方针和原则指导下,坚持社会主义方向,以浦东开发和开放为契机,以搞活企业、尤其是国营大中型企业为中心环节,以提高国际竞争能力为目标,不失时机地加强改革的力度,积极稳妥地进行综合改革试验,努力培育新机制,大胆探索发展、改革、开放三位一体的新路子,使上海的改革开放走在全国的前列。

第七,在生产发展的基础上,人民生活达到小康水平。达到小康水平,既包括物质生活的提高,也包括精神生活的改善;既包括居民消费水平的提高,也包括社会福利和生活环境、劳动环境的改善。在实现小康水平的过程中,要大力组织好消费品生产,积极发展社会服务事业,逐步完善社会福利和保障体系,加快住宅和公用事业的建设,加强环境污染的治理,提高环境卫生和城市绿化水平,严格控制人口增长,并妥善安排好城乡就业。同时要增加社会文化设施,丰富人民群众的精神文化生活。

第八,"两个文明"一起抓,社会主义精神文明建设达到新的水平。加强精神文明建设是建设有中国特色的社会主义的一项根本任务,也是物质文明建设的重要保证。面对九十年代复杂的国际形势和振兴上海、开发浦东的艰巨任务,更要大力加强社会主义精神文明建设,加强社会主义民主和法制建设,加强政治思想工作,坚持不懈地反对资产阶级自由化,弘扬爱国主义精神,坚定社会主义信念,培养集体主义观念,振奋民族精神,改善社会风气,使精神文明建设与物质文明建设协调发展。

三、"八五"计划的基本方针和主要任务

根据国家的统一部署,结合上海的实际情况,今后十年本市经济和社会发展,可分为前五年和后五年两步走。整个"八五"期间要立足于经济稳定和社会稳定,既要继续进行治理整顿和深化改革,加快结构调整,提高经济效益,又要抓紧重大城市基础设施建设和浦东开发的起步,在治理整顿和深化改革中求发展,为"九五"期间国民经济和社会发展打下坚实基础。

基于上述考虑,"八五"期间本市经济和社会发展的主要指标安排如下：

国民生产总值平均每年增长 5%,其中第三产业平均每年增长 8%;

工业总产值平均每年增长 5%;

农业总产值平均每年增长 1.5%;

外贸出口总额平均每年增长 5.6%;

社会商品零售总额平均每年增长 10%以上;

全社会零售物价指数上涨幅度平均每年控制在 8%左右;

地方财政收入考虑改革措施出台,平均增长 2%左右;

职工工资扣除物价上涨因素平均每年增长 3%;

万元国民生产总值综合能耗平均每年下降 2%;

工业全员劳动生产率平均每年增长 3%;

人口自然增长率平均每年控制在 2‰。

按照上述安排,"八五"期间,本市国民经济和社会发展的基本方针和主要任务是:

第一,集中力量加快浦东新区和城市基础设施建设,努力完成十项重大骨干工程。

浦东新区开发。"八五"期间是浦东开发的起步阶段。今后五年,浦东新区将完成一批基础设施骨干项目和开发小区的"七通一平"等,为吸引外资和推进浦东新区开发创造基本条件。同时抓紧编制、实施总体规划以及各分区详细规划,继续抓好各项政策的细化和落实工作,理顺新区管理体制和各种内部关系,建立起正常的开发秩序。力争在五年内落实一批大型的外资项目,外高桥、金桥、陆家嘴三个开发小区将初步形成开发规模,陆续发挥投资效益。外高桥保税区要建设大型现代化港区,发展转口贸易、保税仓储、出口加工业务。金桥出口加工区要结合本市传统工业改造,按照"先一步、高一层"、高效益、无污染的要求,形成外向型新的工业小区。陆家嘴金融贸易区着手建设现代化的银行大楼、办公大楼、商场大楼,并建设一批文化娱乐设施,推进第三产业的发展。

十项骨干工程。加快城市基础设施建设,是上海市民的迫切要求,也是实现振兴上海、开发浦东的客观需要。针对当前市内交通拥挤不畅,市政公用设施欠帐过多的突出矛盾,"八五"期间,必须下决心集中必要的财力、物力,建设一批关键性的骨干工程。前三年建成南浦大桥、杨浦大桥、外高桥港区和电厂一期工程、虹桥机场扩建、合流污水工程以及外滩交通综合改造;后两年建成快速高架内环线道路、地铁一号线、煤气工程和供水工程。除完成上述十项骨干工程以外,"八五"期间还要为筹划建设第二条地下铁道和中港污水管道等一批重大骨干工程做好前期准备工作。

市内交通。配合南浦大桥、杨浦大桥和快速高架内环线道路建设，抓紧拓宽吴淞路、江苏路、陆家浜路和徐家汇路等主要交通干道；新建徐家汇、漕溪路、光新路大型立交桥和一批简易车行立交桥。加强市内交通管理，初步形成中山环线内非机动车道网络，实施市中心区 15 平方公里内主要干道机动车与非机动车分流。浦东新区重点改建和拓宽杨高路、江海路、海徐路、张杨路等骨干道路。同时抓紧建设和筹建沪宁、沪杭高速公路，进一步加强郊区交通建设，提高市郊公路等级。

市政配套。"八五"期间，进一步发展市内通讯，新增电话 60 万门；建设黄浦江上游引水二期工程，新建扩建自来水厂，铺设浦东地区地下管线；增加城市排水能力，完善市区 35 个居民区的排水系统，完成苏州河沿线工厂污水截流工程；续建市区大型输变电工程，改善南市区等旧住宅地段的供配电设施；增强城市垃圾、粪便的处理能力，改造垃圾专用码头，撤除市中心区的露天垃圾堆场，进一步改善城市卫生环境。增加城市绿化面积，综合开发五角场地区的大型公共绿地，抓紧浦东新区主要道路两侧绿地、绿带的建设，搞好新建大型住宅小区的公园配套。1995 年，市区人均公共绿地从 1 平方米提高到 1.2 平方米。

住宅建设。"八五"期间确保新建住宅 2 500 万平方米，平均每年竣工 500 万平方米。新建住宅布局，要加强城市规划指导，确保以新区为主，重点开发浦东，为松动市区，改造老区创造条件。新建住宅区，必须具备良好的生活服务和市政配套，力求体现不同的建筑风格。旧区棚户、危房和简屋的改造，要按照"统一规划、外线作战、分区包干、限期完成"的方针，迈出较大步伐。旧区腾出的空间和场地，主要用于发展第三产业、增加绿地和公共设施。"八五"期间，抓紧建设浦东煤气厂二期工程、吴泾焦化厂三联供工程、石洞口煤气厂，完成吴淞煤气厂改造，着手进行东海油气田早期开发等，基本实现市区有条件安装煤气的家庭做到炊事煤气化。

第二，大力发展第三产业，逐步增强中心城市综合功能。

重视和发展第三产业是发挥上海口岸优势、增强中心城市功能、培植新财源的重要途径。今后五年，第三产业将保持每年 8％的增长速度，到"八五"期末在国民生产总值中的比重达到 35％。重点发展商业、外贸、金融保险、旅游、信息和房地产业。

商业物资。按照把上海建成全国最大贸易中心和最繁荣购物场所的构想，"八五"期间，要加强商业设施建设，按照城市总体规划的要求，有重点地建设新基地，改造现有商业区，建设具有现代化水平的商场和商业仓储，以适应繁荣市场的需要。初步安排，结合浦东新区开发，陆家嘴地区建设大型综合现代化批发购物中心,并配合各小区建设,完善商业服务网点。大柏树地区建设工业品批发交易大楼。十六铺、真如地区建设农副产品批发交易场所。新客站、徐家汇地区建设多功能的购物商场,结合市区疏解,有计划地进行南京路、淮海路、西藏中路、四川北路和豫园商场"四街一场"的改造。同时,深化流通体制改革,进一步发挥国营商业企业、供销社和国营物资企业的主渠道和蓄水池作用。发展和完善商业批发体系,进一步发挥集体商业和个体商业的作用。在加强物资流通宏观调控的前提下,继续扩大市场调节作用。商业、物资部门要发展跨地区的横向联系,试行期货交易等多种贸易方式,搞活商品流通,形成万商云集的新局面。继续发展饮食服务行业,提高服务质量,积极开拓新的服务领域,方便市民生活。

对外贸易。要把工作的重点放在改善出口商品结构上,促进由粗加工制成品出口为主向精加工制成品出口为主的转变,大力扶植机电产品出口,提高轻纺出口产品的档次和卖价,发展一批在国际市场有发展前景、竞争力强的拳头产品。到1995年,口岸出口商品总额达到 70 亿美元,其中本市产品 50 亿美元。同时要进一步深化外贸经营体制改革,办好地区出口商品交易会,充分发挥虹桥经济技术开发区以外贸为特征的功能,加强海外贸易机构的建设,努力巩固和发展已有的国际市场,并广泛开拓新的市场。要充分利用外高桥保税区,大力发展出口加工生产,积极开拓转口贸易,提高上海在亚太地区的贸易地位。

金融保险。通过建立和完善证券交易所,扩大外汇调剂市场,搞活短期融资,发展各类保险业务,有计划地引进一批外资银行和金融机构,完善和发展以中央银行为领导、国家银行为主体、多种金融机构并存、相互协作的社会主义金融体系。"八五"期间,结合浦东开发,在陆家嘴地区开发建设新的金融区,进一步提高金融保险业的地位和作用。

旅游事业。"八五"期间的主要任务是,增加旅游客源,提高客房率,增加旅游收入。初步打算,依托上海地理优势,发挥现有旅游设施的效益,加强与邻近省市和内地旅游胜地的协作,大力发展旅游商品,集中力量办好一、二个旅游场所,切实改进旅游体制,争取使旅游客源年递增 10% 以上,旅游收入有较大幅度增加。

信息咨询。"八五"期间,继续加强计算机的推广运用和计算软件开发,进一步健全各部门的信息服务网络,积极发展各类专业咨询服务机构,形成多门类、多层次的信息咨询行业,面向上海,面向全国,面向世界,逐步形成产业化。

房地产业。"八五"期间,要以浦东新区为重点,积极进行土地使用制度改革,优化土地资源配置,有计划地扩大土地使用权有偿转让,开展涉外房地产业务,搞活房地产市场。

第三,切实抓好工业结构调整,有重点、有步骤地进行技术改造。

工业是上海国民经济的主体。"八五"期间,工业在推进现代化的进程中,要以提高经济效益为中心,根据国内外市场的需要,坚持按照耗能少、用料少、运量少、"三废"少和技术密集度高、附加价值高的要求,切实抓好工业结构的调整,大力发展先进的技术装备工业、高中档的消费品工业、新型优质的基础材料工业,积极提高新兴工业在整个工业中的比重,改组、改造城乡集体工业,严格控制耗能高、三废大、效益差的行业,关、停、并、转一批落后企业。要积极采用先进技术,实施出口导向和进口替代,大力发展国内领先产品,推进产品升级换代,注重经济规模,牢固树立"质量是上海生命"的观念,切实加强管理,增加出口创汇,提高经济效益,把主要工业行业的素质提高到国际八十年代中、后期的水平。

轻纺消费品工业。轻纺工业仍是今后上海扩大出口创汇、丰富国内市场、增加财政积累的骨干行业。要跟踪国际市场发展潮流,积极采用新技术、新工艺,开发新产品,改进包装,提高质量,这是进一步发展上海轻纺工业的必由之路。纺织工业,"八五"期间的主要任务是,在目前已初步形成"两头在外"的生产格局基础上,要围绕大力发展新型织物和以服装为代表的最终产品,采取压缩锭子、强化改造、组织集团、改进体制等强有力的综合治理措施,闯出一条发展精加工、深加工、高附加值的新路子。初步打算,压缩现有棉纺生产规模,淘汰一批陈旧落后的棉纺锭、印染设备和窄幅布机。大胆采用先进技术,鼓励老企业合资嫁接,更新改造50万纺锭和一批织机等关键设备,提高棉纺、毛纺织物的档次和品种。同时,扩大化纤生产能力,开发新型化纤原料,化纤用量比重从34%提高到40%。切实提高产品加工深度,1995年以服装为代表的最终产品的出口创汇比重从45%提高到65%,吨纤维创汇从4 600美元提高到6 500美元。轻工业,上海轻工产品要致力于恢复在全国的领先地位,继续大力发展新一代家用电器产品,提高配套生产能力和零部件国产化程度,形成产品规模经济。到1995年,年产彩电250万台,录像机30万台,电子照相机100万台,并立足出口扩大微波炉和家用空调器生产能力。有计划地建设一批原料生产项目,发展合成洗涤剂、化妆品、感光材料等日用化工和塑料制品。积极推广新技术,抓住一批国内外市场需要量大的名特优产品和出口拳头产品,进行开发和改造,促进质量和档次达到新的水平。有控制地适度发展以农副产品为主要原料的食品、造纸和皮革制品行业;限制压缩木材加工制品、日用硅酸盐制品、日用铝制品等行业的生产规模,着重进行行业内部产品结构调整。

机电装备工业。重点是加强联合改组,强化重点行业改造,组织重大技术攻关,发展规模生产,加强机电一体化,增加出口创汇,进一步提高上海机械电子工业整体水平,为全国各地提供先进的技术装备。"八五"期间,要突出轿车和通讯工业的发展。轿车工业,通过调整改组,兼并上海汽车厂,充分挖掘现有企业的生产能力。进一步实施改造,完善整车和零部件配套的生产体系。1995年形成15万辆桑塔纳轿车和变形车的综合生产能力,零配件国产化率达到83%。同时,抓紧新车型开发,为2000年实现30万辆生产能力打下基础,使轿车工业成为全市最大的支柱产业。通讯工业,重点发展先进的数字程控交换机为主的现代化通讯设备,积极带动微电子工业发展,1995年形成200万线生产能力,配套元器件国产化率从29%提高到64%。光纤达到10万公里,并相应发展光缆配套,扩大光电端机生产能力。高速传真机达到年产10万台,并发展400兆—900兆移动通信设备和新型卫星通讯、微波通讯产品。机电一体化装备工业,抓好数控机床、新型纺织机械、轻工机械、印刷机械、医疗器械、办公自动化设备和智能化精密仪表仪器等装备性机械产品,提高机电一体化产品的比重。继续增强电站设备等重大技术装备的成套制造能力,继续发展大型船舶制造,进一步加强基础件行业的改造,提高基础件的质量。通过上述努力,积极扩大出口,逐步提高出口机电产品的档次和质量。

能源、原材料工业。上海的原材料工业要按照提高质量、发展品种、节能降耗、减少污染的要求,进行调整、改造和发展。要在国家计划统筹安排下,切实加强与宝钢、金山、高化等大型骨干企业的联合,有重点地发展深度加工,开发和增产替代进口产品和市场短线产品。冶金工业,"八五"期间,"宝钢"的发展,继续按国家专题规划实施。梅山冶金公司重点是搞好热连轧机组的建设。冶金局系统所属企业要在现有生产规模基础上,围绕提高加工深度,大力发展合金钢材,提高板、管、丝、带占整个钢材的比重,继续保持多品种、小批量的特色。为解决上钢一厂和益昌冷轧厂所需生铁和坯料的供应,在向前道工序发展时,必须进行整体规划,科学论证,量力而行,逐步进行填平补齐。"八五"期间先把热连轧项目建设起来。1995年全市钢产量达到1 170万吨,其中冶金局系统500万吨;钢材产量达到982万吨,其中冶金局系统500万吨。有色金属工业在控制铜材、铝材生产总量的基础上,加强产品结构调整。化学工业,继续发展石油化工、工程塑料、精细化工和新型染料、涂料及医药产品,建设第二套30万吨乙烯工程并相应发展下游产品。到1995年,乙烯产量从目前的22万吨提高到46万吨。建筑材料,积极发展新型、轻质、节能建筑材料,提高玻璃加工深度,发展无碱玻璃纤维及制品。控制水泥、平板玻璃等建筑材料的生产规模,淘汰一批落后的生产窑炉。电力工业,电力工业是基础工业,"八五"期间,要坚持开发与节约并重的方针,重点建设石洞口第二电厂、外高桥电厂一期,吴泾热电厂扩建、秦山核电二期和大型输变电等工程。到1995年,全市发电装机总容量达到750万千瓦,其中新增270至300万千瓦。

新兴工业。新兴工业代表上海工业发展方向。"八五"期间除继续加强航天、航空工业以外,要适当增加投入,重点开发微电子、计算机和软件、生物工程、通讯设备等四个领域的高技术产品,并相应带动配套工业的发展。到"八五"期末,生产能力达到微机10至15万台,电路1.2至1.5亿块,其中大规模集成电路2 500至3 000万块。新兴工业的产值占全市工业总产值的比重提高到5%。

第四,继续加强郊县农村经济的发展,巩固和完善"菜篮子"工程

高度重视农业的发展,是稳定和振兴上海的重要基础。"八五"期间,要继续贯彻"城乡一体化、两个立足点、三业协调发展"的方针和"建设四个基地"的要求,充分依靠科技进步,提高农业机械化水平,发展农业适度规模经营,稳定提高副食品生产和供应,调整改组乡镇工业,进一步办好国营农场,加快上海农业现代化的步伐。

种植业生产。"八五"期间,在基本稳定种植业结构的前提下,根据浦东开发的进程,切实安排好农作物布局调整和生产供应。初步打算1995年粮食种植面积330万亩,要通过增加复种指数,提高单产,确保粮食总产达到215万吨。棉花主要通过沿海滩涂围垦等措施,逐步增加种植面积,力争到1995年总产达到2万至2.5万吨,油菜籽种植面积和总产量保持基本稳定。为确保上述目标实现,"八五"期间,要继续增加对农业的投入,引导农民适当增加集体积累和劳动积累,搞好农田基本建设。重点建设一批高产稳产田,改造中低产地70多万亩,围垦开发沿海滩地9万亩。要继续实行家庭联产承包责任制,完善统分结合的双层经营体制,健全农业服务体系,提高农业机械化程度,推动农业综合劳动生产率的提高。

"菜篮子"工程。"八五"期间,郊区副食品生产要适应城市人口增长和消费水平提高,努力做到均衡生产和均衡供应。猪、禽、蛋、鱼、奶等主要副食品自给率,在稳定的基础上适当有所增长。副食品供应数量的增加,主要依靠现有生产基地的巩固提高来实现,原则上不再铺新摊子。工作重点应放在完善配套设施建设,建立和完善良种繁育、疫病防治、饲料配制和加工储藏四大配套体系;提高大中型生产基地场的经营管理能力,挖掘潜力,降低单耗,发挥规模经济效益;继续探索产供销一体化的新路子,配合副食品价格放开,整顿流通秩序,改进经营方式,为城市居民

消费提供方便。

乡镇工业。发展乡镇工业,是调整农村经济结构,振兴农村经济的必由之路。要继续贯彻"积极扶持,合理规划,正确引导,加强管理"的方针,结合全市产业结构和工业布局调整,加强规划安排,在有条件的地区逐步形成布点相对集中的工业小区,促进农村的城镇化。鼓励工业、商业、外贸和科研部门积极与乡镇工业结合,帮助乡镇工业提高企业素质,进一步调整结构,提高产品质量,加强企业管理,提高经济效益,继续搞好为农业服务、为城市大工业和出口服务,促进乡镇工业继续健康发展。

第五,进一步发展科教文卫事业,促进国民经济和社会的全面发展。

科学技术。科学技术是第一生产力。今后五年,要根据"集中力量,突出重点,快速推进"的方针,着重开发微电子、计算机和软件、生物技术、现代通讯和激光等领域的新兴技术,大力促进本市新兴技术的产业化。要高度重视用新技术改造传统产业。集中力量解决一批关键技术,尤其是表面处理、模具、节能、水处理、现代产品设计以及基础元器件等,力争取得重大进展。大力组织科技兴农,在良种选育繁育、种植养殖技术、农业生物技术等共性技术方面取得显著成果。还要加强基础研究和技术储备。同时,抓紧建设好漕河泾新兴技术开发区。社会科学的研究要坚持以马克思主义为指导,坚持"百花齐放,百家争鸣"的方针,发扬理论联系实际的优良作风,重点加强对建设有中国特色的社会主义重大理论问题和实际问题的研究,特别要加强对九十年代本市经济和社会发展以及改革开放中的重大问题的研究,为社会主义物质文明和精神文明建设服务,促进社会科学各个领域的繁荣和发展。

教育事业。发展教育事业是提高全市人民素质的根本大计。上海的发展和振兴靠人才,人才培养靠教育。要坚定不移地继续贯彻党的教育方针,坚持社会主义办学方向,全面提高教育者和被教育者的思想政治素质和业务素质。"八五"期间,教育事业发展的目标是:深化教育体制改革,努力提高教育质量和办学效益,重点加强中小学基础教育,改善教育设施,缓解中小学入学高峰的矛盾,提高上海基础教育的地位和水平;适度发展中等职业技术教育;调整高等教育的专业结构和加强重点学科建设;提高成人教育的质量,抓好岗位培训工作;加强师资队伍建设,树立良好教育风气,继续提高教师的地位和待遇。

文化事业。必须贯彻为人民服务、为社会主义服务和百花齐放、百家争鸣的方针,努力在文学、电影、电视、音乐、舞蹈、美术、戏剧等文学艺术领域,创造出一批具有优秀民族传统和鲜明时代特征的好作品,满足人民群众文化生活多层次的需要。继续提倡不同学术观点和艺术流派的讨论和交流,推动文艺理论研究和创作。重视文艺人才的管理和培养,提高思想政治水平和艺术修养。加强各类文化市场的管理,继续深入开展"扫黄"工作。进一步扩大对外文化交流,办好国际电视节、电影节和艺术节等各种大型对外文化交流活动。改善文化设施不足状况,抓紧进行电视塔、歌剧院、图书馆等大型项目的建设,增加群众娱乐场所。

卫生体育事业。认真落实"实行计划生育,控制人口数量、提高人口质量"的基本国策,加强宣传教育,实行优生优育。卫生工作要贯彻预防为主、依靠科技进步、动员全社会参与、中西医协调发展、为人民健康服务的方针,提高医疗服务质量,有重点地改善医疗卫生条件,加强农村医务人员培养,加强医院文明建设,强化医德医风教育,深入开展群众性爱国卫生运动,提高市容环境卫生水平,努力创建国家级卫生城市。要加强水源保护,积极治理环境污染,加强监测和防治,搞好环境保护规划,使环境保护与国民经济和社会发展相协调。加强劳动保护,认真贯彻"安全第一、预防为主"的方针,强化劳动保护管理和监察,努力改善劳动条件,减少职工伤亡事故,降低职业病发病率。体育工作要加强体育运动队伍的建设,树立良好的体育道德风尚,提高竞技运动水平,大力开展群众性体育活动,增强人民体质。

切实加强精神文明建设是建设有中国特色的社会主义的一项根本任务,也是实现国民经济和社会发展的重要保证。各级干部要加强马克思列宁主义、毛泽东思想基本理论的学习和宣传,坚持不懈地贯彻党的"一个中心、两个基本点"的基本路线,坚持不懈地进行四项基本原则、反对资产阶级自由化的教育和斗争。增强改革开放意识,反对各种腐朽思想。要认真抓好思想理论队伍和思想政治工作队伍的建设,广泛开展爱国主义、集体主义、社会主义教育,开展国情教育和自力更生、艰苦奋斗的优良传统教育,振奋民族精神。各级领导干部要以身作则,搞好廉政建设,关心群众生活,密切联系群众,增强政治思想工作的说服力。要大力加强群众性精神文明建设活动,重视青少年德育教育,紧紧围绕经济建设这个中心,突出地抓好以"五爱"即爱祖国、爱人民、爱劳动、爱科学、爱社会主义;"四有"即有理想、有道德、有文化、有纪律;"三德"即社会公德、职业道德、家庭伦理道德为基本内容的精神文明活动,努力把上海的群众性精神文明建设活动提高到一个更高的水平。要进一步加强社会主义民主和法制建设,大力普及法律常识教育,增强各级领导干部和全体人民的法制观念。进一步加强公安、司法工作,动员和依靠社会各方面的力量对社会治安进行综合治理,继续打击严重刑事犯罪和经济犯罪活动,坚决制止和取缔一切败坏社会风气的丑恶现象，促进社会风气进一步好转。经过上述努力，尽快形成一个团结、稳定、鼓劲的社会政治环境，为上海国民经济持续稳定、协调发展和改革开放的深入提供强有力的精神动力。

四、经济体制改革的主要任务和措施

根据今后十年建立社会主义有计划商品经济的新体制、实行计划经济和市场调节相结合的经济运行机制的总要求，结合上海经济发展的战略任务，九十年代深化改革的主要任务是：

第一，加强宏观经济调控体系的建设。

要逐步建立以国家计划为主要依据的经济、行政、法律手段综合配套的宏观调控体系和制度，特别要加强间接调控体系的建设。进一步理顺计划、财政、银行以及其它经济部门的关系，发挥计划部门进行综合平衡、执行国家产业政策和综合协调经济杠杆的作用，使三大部门之间合理分工、紧密配合、协调动作。逐步转变计划管理的职能和方法，把工作重点放在对全社会经济活动的预测、规划、指导和调控上，正确引导经济运行的方向，努力保持经济总量平衡，主要比例关系和结构的协调，随着经济改革的深化和市场的不断发育，进一步缩小指令性计划的范围，扩大指导性计划的范围，更多地发挥市场机制的作用，并制定指令性计划和指导性计划的具体实施办法。建立科学的经济决策制度，加强和改进审计、统计、监察、物价、信息、计量、工商行政管理部门的工作，更好地为调控经济运行服务。

第二，逐步建立社会主义的市场体系。

确立合理的价格制度，是建立统一开放、平等竞争的社会主义市场体系的重要组成部分。推行价格改革，必须要考虑各方面的承受能力，在保持社会稳定的前提下，积极稳妥地、分期分批地推进价格改革，逐步理顺比价关系。重点推进主副食品价格改革，并根据国家改革部署，逐步解决粮食等主要农产品购销价格倒挂的现象，整顿生产资料"双轨制"，除少数关系国计民生和全局发展的商品价格由国家管理外，绝大部分中间产品和最终产品的价格有计划地逐步放开，扩大市场定价的比重，为企业创造平等竞争的环境。在此基础上，进一步完善消费资料市场，扩大生产资料市场，积极发展多种交易形式，进一步搞活跨地区、跨部门的商品、物资流通，形成在国家指导和管理下的、高效畅通的商品市场体系。还要努力发展生产要素市场，包括资金市场、技术市场、信息市场、房地产市场和劳务市场等，逐步使它们与商品市场的发展相协调。

第三,调整和理顺基本经济关系。

要逐步理顺国家和企业的经济关系。建立合理的国有资产管理和经营制度,促进国有资产经济效益的提高。在清理、核算资产的基础上,理顺国有资产的产权,搞好资产评估,明确各经营主体的财产责任;要积极探索中介性产权经营组织,发展国有资产的交叉持股和经营,保证国有资产不断增值。

要逐步理顺中央和地方的经济关系。在明确划分中央和地方财政、税收、外贸、外汇、金融、投资、价格、劳动工资等各方面权限基础上,确定地方财政收支范围,创造条件由现行的财政包干制向分税包干制过渡;与此相适应,改革完善外贸经营体制。同时,要进一步划分市同区、县事权,确定市和区、县财政收支的范围,改革现行的市、区(县)财政包干体制。

要逐步理顺国家、集体和个人的经济关系。改革企业内部分配制度,调整工资结构,逐步将一部分补贴和福利转入工资,减少个人非工资性收入的比例,引导和拓宽个人消费结构,逐步提高房租、社会保险等占个人消费的比例;改进和完善税收管理办法,严格个人收入调节税制度。

第四,推进浦东新区的改革试验。

浦东新区要新事新办。在坚持社会主义方向的前提下,既要符合国际惯例,又要适合我国国情,在浦东新区建立国际和国内衔接、新区和老区贯通、计划与市场结合的新的经济运行机制,大胆地在企业所有制结构、经营机制、市场组织、管理方式等方面进行创新。要建立现代企业制度,组建大型企业集团和综合商社,发展各类市场,健全各种中介组织,完善市场组织体系,进行股权投资、社会保障、土地批租、劳动工资等方面的改革试验,以带动整个上海的改革开放和经济发展。

整个"八五"期间经济体制改革的主要任务是,围绕增强企业特别是国营大中型企业的活力,有重点地进行基础性配套改革,力争取得突破性进展,以期推动宏观经济的各项改革,为"九五"期间进行全面深化改革打下基础。今后五年,本市将重点进行以企业体制、住房制度、主副食品价格、社会保障、金融体制为主要内容的五项改革。

企业体制改革。继续增强企业特别是大中型企业的活力,是深化经济体制改革的中心环节,也是上海经济实现良性循环的关键所在。深化企业改革,必须坚持政企分开、所有权与经营权分离的原则,使企业在国家计划和产业政策的引导下,面向市场、自主经营,逐步建立符合有计划商品经济和富有活力的现代企业经营机制,使企业真正成为自主经营、自负盈亏的社会主义商品生产者和经营者。实现这一改革目标,从当前实际状况出发,需要从加强企业内部管理入手,积极改善外部环境,有步骤地进行深化和完善。一是继续完善承包经营责任制,对承包到期的企业,按"大稳定、小调整"的原则,适当调整承包基数,完善工效挂钩办法,二是有计划地组建一批跨地区、跨部门、在国内外具有竞争力的企业集团,推动生产要素合理流动,促进企业结构调整。三是深化企业内部改革,理顺企业内部关系,改进人事制度、劳动工资制度、留利分配制度、财务会计制度、审计制度以及建立企业监事会制度等;四是有计划地进行企业"利税分流、税后还贷、税后承包"的试点,逐步规范国家与企业之间的利益分配关系,创造平等竞争的条件;五是建立工业技术改造贴息贷款基金,有重点地支持企业技术改造,增强企业发展后劲;六是积极稳妥地扩大股份制试点,探索利用外资新途径。同时,积极为企业形成自主经营、自负盈亏、自我发展、自我约束的经营机制创造良好的宏观管理条件和外部环境。

住房制度改革。加快本市住宅建设,改善市民居住条件,必须进行住房制度改革,积极推进房屋商品化进程。基本目标是:建立由国家、集体(企业)、个人三者结合解决住房建设资金的新机制。第一步实施"推行公积金,提租发补贴,配房买债券,买房给优惠,建立房管会"的方案。以后根据实际进展,逐步深化这项改革。

主副食品价格改革。为促进生产,繁荣市场,对粮、油、肉、蛋、菜、豆制品等6种主副食品价格实行改革,除居民口粮继续实行国家定价外,其余的主副食品价格逐步调整放开。在实施过程中,要本着态度积极,步骤慎重,先易后难的要求,原则上先调放副食品,后调放主食品;先调放地方权限内副食品,后调放中央权限内的主副食品;先调放行业用粮油,后调放居民用粮油,分几步到位。居民口粮价格的改革,将根据中央统一部署实施。

社会保障制度改革。按照国家、集体、个人三者合理负担的原则,重点抓好两种保险制度的建立与完善:一是待业保险制度,扩大待业保险范围,完善待业救济办法,结合劳动人事制度改革,实行劳动就业由用人单位和劳动者双向选择,逐步建立起就业竞争和社会对待业者提供保障的机制;二是养老保险制度,主要是在本市企业、机关事业单位和外商投资企业中实行个人交纳养老保险金,试行以个人投保为主的城乡个体户、私营企业主等的养老保险,逐步建立和推行郊区农民的养老保险制度。在切实加强医疗经费管理的同时,适当加快医疗保险制度改革。

金融体制改革。发展金融市场是增强企业活力、完善城市功能、扩大对外开放的客观需要。"八五"期间,要结合浦东开发,陆续新建一批中外合资银行、财务公司和外资银行;发展和完善证券市场、外汇调剂市场、短期融资市场等;有计划、分步骤地对外开放股票市场,同时,组织有条件的企业到境外发行股票,完善信贷包干体制;组建地方住宅储蓄银行等。

九十年代是上海振兴至关重要的历史时期,我们的任务是艰巨的,也是光荣的。我们要在党中央、国务院和中共上海市委的领导下,紧紧依靠全市人民,奋发图强,积极进取,为实现本市十年规划和"八五"计划而努力奋斗、未来的十年,是上海人民大展宏图的十年,也将是战胜重重困难、争取更大胜利的十年。我们坚信,到2000年,上海的面貌必将有新的改观,上海为国家一定会作出更大贡献。

（《解放日报》1991年5月2日）

本市制定环保十年规划
浦江引水二期工程将如期实施

施 捷

本报讯 （记者 施捷）市人民政府今天召开环境保护工作会议,会上公布了上海市环境保护十年规划和第八个五年计划纲要。

本市今后十年环境保护的总目标是:"到本世纪末,在经济再翻一番的前提下,通过开发和开放浦东,促进城市布局和产业结构的合理化,城市基础设施的完善以及污染控制的强化,大力削减污染物排放量,使全市污染物排放量低于1990年水平;水、大气、噪声等环境质量有明显改善,为本市经济、社会和环境协调发展,为城市生态环境走上良性循环打下基础,从而使城市环境质量与人民生活的小康水平相一致。"

市环保局陆福宽局长今天在谈到本市最近5年环境保护的主要任务时说,上海将积极筹措资金,如期实施黄浦江上游引水二期工程,抓好水源保护,改善饮用水水质;通过控制烟尘和二氧化硫排放、基本普及民用煤气,使居民呼吸带空气质量明显好转;"八五"期间工业污染物的削减指标要落到企业,并计划每年搬迁10个左右污染严重的工厂(车间);建成设计能力140万吨/日的苏州河合流污水一期工程,扩建2.5万吨/日的闵行污水厂,新建0.8万吨/日的吴泾污水厂,同时建成日供水40万吨的月浦水厂,改善嘉定、宝山以及罗店、大场、吴淞地区饮用水水质。

另据了解,市政府1984年提出的"七五"环境保护目标已基本实现。

（《新民晚报》1991年5月31日）

上海城市总体规划着手修订

本报讯 本市将对《上海市城市总体规划方案》进行修订。

上海市城市总体规划于 1980 年开始编制,1986 年经国务院批准实施,至今已经十年了。在改革开放的新形势下,特别是党中央作出开发、开放浦东的战略决策以后,总体规划的某些方面已经不适应新的历史发展阶段的要求。为此,根据城市规划法的精神,市规划局会同有关单位联合发出通知,要求市府各有关委办局积极配合,从以下几方面为城市总体规划修订提供依据。一、城市总体发展问题,包括城市性质、城市规模、城市布局的研究;二、经济社会发展问题,包括外向型经济发展,一、二、三产业结构调整,老市区疏解和新区建设;交通体系建立等。三、2000 年、2020 年各专业系统的发展目标及具体要求,包括工业、商业贸易 20 项专业规划;四、2000 年中心城的疏解与功能布局优化问题,包括各专业系统自身布局的合理性和协调平衡,交通源、流分布的合理性。近期中心城功能布局的优化;五、其他有关的问题,如长江口南翼和杭州湾北翼的经济、社会发展规划及其对全市经济发展的影响等。

修订工作分三个阶段进行:今年九月底前提出《关于修订总体规划方案若干问题》报告,年底提出修订纲要;明年底提出修订方案,1993 年底完成全部修订工作。
(沈锡森 王振华)

（《解放日报》1991 年 8 月 5 日）

复旦大学浦东开发系统科学研究课题组
提出——浦东开发大系统构想
浦东开发的总体规划应包括市政建设、经济发展和社会发展三大部分,吁请重视经济与社会发展规划的研制,强调市政、经济和社会发展规划三者之间的沟通协调

开发、开放浦东,是一项跨世纪的宏大的社会系统工程。有鉴于英国伦敦旧城

复兴改造和新加坡新区开发的经验,吸取深圳特区的教训,复旦大学浦东开发系统科学研究课题组建议采用现代系统科学的方法,对浦东进行系统分析、系统设计、系统规划、系统控制、系统开发。

城市规划的内容和编制方法的变迁,在西方发达国家经历了三个阶段。第一阶段的规划内容比较狭窄,主要包括建筑、交通以及市容景观,大致只是市政基础设施工程。第二阶段,在第二次世界大战以后,增加了经济、人口、资源和生态环境等内容,视城市规划为经济建设系统。第三阶段,六十年代以来普遍采用现代科学(如系统论、控制论、信息论、运筹学和电子计算机等)为工具,统筹市政工程、经济建设和社会发展诸方面,视城市规划为一项复杂的社会系统工程。

由复旦大学系统科学、控制科学、法律学、经济学、社会学、管理科学、计算机科学、人口科学、数学、哲学等学科骨干组成的浦东开发系统科学研究课题组认为,我们应当学习国外的先进经验,同时注意吸取历史的教训。西方发达国家经过许多年,而终于得到社会系统的认识,无疑应该作为浦东开发的重要借鉴。过去数十年间,全国各地搞过许多城市规划,虽说亦有不少成绩,但始终停留在西方发达国家城市规划第一阶段的水平。此次规划浦东开发,理应充分利用现代科学技术和方法,确定新的思路。

他们提出,必须摒弃传统守旧的规划办法,而代之以系统分析的规划方略。必须首先从宏观到微观,立足总体,综观全局。而不是囿于微观设计,只见树木,不见森林,任何单项规划必须纳入总体规划构思的轨道,作为浦东开发、开放这项宏伟工程的组成部分发挥作用,而不能片面强调其重要性和特殊性,喧宾夺主。

复旦大学的研究人员提出,浦东开发的总体规划应包括市政建设、经济发展和社会发展三大部分,缺一不可。考虑到以往规划中重基础设施不重人文内涵,重"硬件"不重"软件"的倾向,特别要吁请重视经济发展规划和社会发展规划的研制,特别要强调市政建设规划、经济发展规划和社会发展规划三者之间的彼此沟通协调。(施徽)

(《解放日报》1991 年 10 月 7 日)

全市人民共同努力,为改善上海城市交通作贡献
——黄菊市长电视讲话全文

同志们:

九十年代对上海人来说是非常珍贵的、具有战略意义的年代,九十年代也是上

海道路交通大发展的年代。最近开展的全市市内重大交通建设和管理的大宣传大讨论,正是为了把九十年代道路交通建设变成上海市民人人都来参与的一件大事,求得九十年代上海道路建设的大改观。

交通道路是城市的动脉,既关系到国民经济的发展,也关系到广大市民的日常生活。长期来,上海的交通困难已经成为经济发展的一个很大的制约因素。去年市政府作过抽样调查,市民们最关心的几件大事:第一是希望缓解交通拥挤;第二是解决住房困难;第三是物价要稳定,菜篮子要丰富;第四加快民用煤气建设;第五是市民关心的其他问题。市民迫切希望解决的首要问题是道路交通,可见"行路难"在上海到了非解决不可的地步。广大市民的要求就是我们市政府应该加紧办的事情。今年前九个月,在广大市民的努力下,上海的经济,社会各方面工作都取得了很大进展。上海工业企业连续两年来经济效益滑坡,从今年5月份起开始出现转机,到9月底,地方全民企业已进入正常增长的态势,预计年初市委、市政府提出的制止经济效益滑坡的目标可望实现。另外,市民关心的住宅建设也取得了新的进展,今年竣工450万平方米的任务能如期完成,并有可能超额完成。"八五"期间将每年平均建房500万平方米,只要我们坚持抓下去,就有希望。

现在最为迫切的还是道路交通建设问题。现在我们把上海的道路交通问题提出来,请大家来讨论,目的是为了把上海的道路交通问题解决得更好。让市民知情、理解、支持和参与,道路交通建设只有大家来参与,来支持才可能搞好。9月和10月初是道路交通宣传讨论的第一阶段,现在将进入第二阶段,要求让大家知道上海道路交通的困难在哪里,道路交通建设的希望在哪里;在整个城市交通改善过程中,我们应该怎样参与。下面我想作为市民的一员和大家一起来讨论。

我感到,上海道路交通确实难,要改善道路交通的条件更难。解放42年来,上海的道路状况局部有所改善,尤其是1985年以来的五、六年间,上海开始了规模较大的道路交通建设,投入了大量财力、人力和物力,但仍不能适应这几年上海经济和社会发展的需求。现在上海的人均占有道路面积与全国一些大城市相比是少的,北京人均道路面积为6平方米,天津有4平方米,上海只有2平方米。在全世界的大城市中,上海人均道路面积数也是最低的。

上海在人流方面,每天乘公交车辆出行的人与日俱增。全年每天公交客运量达1 550万人次,相当于上海总人口加上200万流动人口每人乘了一次车。全年公交客运量为53.37亿人次,相当于全世界人口的总和。在物流方面,全市已有21万辆机动车,加上外地来的2万辆机动车,每天有23万辆机动车在上海的马路上行驶,使行路难上加难。所以要改变这种状况,决非易事,需要我们下很大决心,付出很大的代价,还要有一定的时间才能办到。

改革开放以来的十多年,历届市政府都很关心上海道路拥挤的问题,想方设法加以解决。汪道涵同志任市长时,制订了上海经济发展战略,把发展上海交通放在经济发展的首位;江泽民同志任市长时,着手缓解上海道路困难的工作,现在正在建设中的南浦大桥等一批重大道路交通项目都是在那个时候定下来,开始着手建设的。朱镕基同志任市长时,加快了道路交通建设的步伐,使得几个大项目都有了新的进展。但总的来说,这几年上海道路交通的状况可以概括成两句话:局部有所缓解,总体更加困难。现在我们下决心要在今后十年中解决上海的道路交通问题,制订规划,加快施工,把道路建设好。这样势必造成到处挖马路的状况,从而更加加剧暂时的困难,给居民带来日常生活的不便,出现新的矛盾。怎么办? 我们认为,道路交通建设是上海的一件大事,九十年代必须在这个问题上打开突破口,并加紧抓下去。

市政府打算,在九十年代的十年中基本形成上海道路交通现代化框架,基本缓解上海交通道路难。我们的总体规划是,建成一个现代化的对外交通系统,一个高效的城市道路系统,一个强大便捷的公共交通系统。具体地说,要建成两个环线,内环线和外环线,在"八五"期间,先建成内环线。为了建设好内环线,就要造两座大桥,南浦大桥在今年 12 月可以建成通车,杨浦大桥现在已开始打桩,预计在 1993 年建成,以造福于上海人民,缓解上海的交通。内环线在今年 12 月份将全线动工,长 5.5 公里的中山北路段从 10 月份全面开工。三年以后,中山环路将会比现在更畅通。"八五"期间还要建成全长 14.5 公里的地铁一号线,今年年底,完成地铁南端万体馆、徐家汇附近的高架立交和地下立交,把主干道的路面先打通。到 1992 年底,地铁南端部分通车,1993 年春节前再建成四、五座地铁车站,从明年开始,将要封闭淮海路—常熟路至嵩山路路段,开挖路面,建设地铁车站,同时重新埋设地下管道。封路期间 26 路电车改道行驶长乐路,非机动车走巨鹿路。这项工程,按常规需要二年半时间,为了缩短地铁建设封闭道路的时间,市政工程部门根据市政府一年内完成的要求,决定改变传统的施工方式,采取特殊的措施。为此,要增加支出6 000 万元。市政府认为,只要能减少市民上下班的困难,即使多花一点钱还是值得的。但是,这样做了,封路还是需要一年时间,还会给市民带来很多困难。为了地铁能早一点通车,我相信广大市民会谅解,会支持的。缩短封路时间,对施工部门来说,也会带来很大困难。我们认为,在道路交通建设中尽量减少给市民带来的不

便,这是我们建设者的责任,也是政府的愿望。当 1994 年地铁一号线南北贯通,每天可以输送 100 万人次,这将成为上海历史上的一个创举。

我们打算在明年国庆前完成吴淞路二期拓宽工程。刚才我察看了工地,施工单位表示决心提前完成,我相信市民听到这个消息是会高兴的。在市中心地区,还将改造江苏路地段,设想在江苏路延安路交叉口建造一座立交。所有这些都是为了在三年内缓解上海交通紧张所采取的措施,但这三年也是上海交通给市民带来更多困难的时期。我们开展宣传讨论,就是为了让市民了解市政府打算做些什么,做的过程中会遇到哪些困难,我们如何一起来配合做好工作,把困难减少到最低限度,把施工加快到最快的速度,把质量提高到最高的水平,并且带来实际效益。

我希望施工、交通、公安、宣传、公交等部门以及广大市民携手并进,团结起来,同心同德,克服困难。

施工部门要坚决贯彻执行市政府提出的“集中、快速、文明”六字施工方针。华山路工程建设为我们探索了这方面经验,他们一再缩短工期,即使在大潮汛、抗洪救灾的日子里,还是全力以赴,坚持施工,同时,各个施工单位相互配合,为对方提供方便,谱写了社会主义大协作的新歌。为此,他们付出了辛勤的劳动,受到了居民的表扬。我希望施工部门再接再厉,一定要做到:开工前有安民告示,施工中要开居民座谈会听取意见,及时解决施工给居民生活带来的不方便,施工结束后,不留一间工棚,不留一根管子,不留一堆垃圾。

我们刚才还看了淮海路嵩山路地铁站,工地和吴淞路二期拓宽工程,很受鼓舞。施工部门作出了很大努力,把方便让给市民,把困难留给自己。我希望正象华山路工地总指挥讲的那样:“修路人要想到行路人,路平沟通为人民”,在整个施工期间都要想到如何减少对市民造成的不便,真正把我们的施工提高到具有中国特色的、特大型城市的水平。

公安交通管理部门要发扬交通民警爱人民的好传统,做到“热情、礼貌、严格、周到”。对交通道路上的行人和车辆,交通民警既有管理的职能,也有服务的职能;既要热情礼貌,又要严格执法。

交通信息广播电台要充分发挥作用,及时、准确地把道路交通状况的信息提供给车辆驾驶员和运输部门的调度员,引导车辆合理分流,减少交通堵塞。

公交部门的广大干部职工要再接再厉,开好“新风车”。司机、售票员要多一份为人民服务的热心,广大市民要多一份对公交职工的理解和支持,各方协作好,共缓乘车难。

　　道路交通的改善离不开全市人民的共同努力。希望宣传部门要大力宣传上海这三年大规模开展道路交通建设这件好事。这三年中市政府将拿出64亿元人民币改善交通,相当于为全市每户居民支付2 600元用于道路交通建设。这些钱是靠我们千方百计集资,挤出来的。但真正要改善上海的交通,这些钱也不算多。所以,宣传部门要宣传这64亿元用在哪些地方;宣传我们的建设者、设计者、科研人员如何精打细算,把一个铜板掰成两半花;宣传施工部门的同志又是如何日以继夜地在加快建设;还要宣传人民群众支持交通建设的精神风貌,以此激励全市人民一起来实现这三年道路交通建设的目标。

　　这里要特别感谢广大市民对上海市政建设给予的支持和配合。为建设地铁一号线,动迁了5 794户居民,其中许多居民要从原来居住的"黄金地段"搬迁到浦东去,像这样热心支持道路建设的市民很多。在今后三年的道路建设中,很多地段都要修挖马路,车辆改道。不少职工原来乘车上班,在路上要花一二小时,以后一段时间可能会多换几次车,乘车会更困难。我们把困难向广大市民讲清楚,希望得到大家的理解和支持。

　　我们相信上海明天的道路交通状况一定会得到改善。为了明天,我们今天就要共同来克服困难。把全市各个部门、各个单位以及建设者、设计者、科研工作者的智慧和力量与广大市民的理解和支持融合在一起,实现"开发浦东,振兴上海,服务全国,走向世界"的宏伟目标是大有希望的。上海的未来肯定是美好的,上海交通的明天也肯定是美好的。我们感谢市民们过去的配合,更期待市民们未来的支持。

　　谢谢大家。

(《解放日报》1991年10月11日)

国务院批准设嘉定区和浦东新区
市九届人大听取部分行政区划变动情况报告

　　本报讯 (记者　张智颖)市民政局局长孙金富今天上午说,国务院于上月已批准本市撤消嘉定县,设立嘉定区、撤消川沙县,设立浦东新区。

　　孙金富是受市政府委托向本市九届人大常委会第38次会议作关于本市部分行政区划变动情况的报告时透露这一信息的。

　　嘉定县地处市中心区西北部,是本市郊县科学文化发达、经济繁荣的地区之一,迫切需要建立一个兼具城市和农村两种管理职能的新区体制与之适应。撤消嘉定县建制,设立嘉定区,可以保证近郊地区的统一规划、统一开发、统一管理,也使本市的行政区划布局更趋合理。

孙金富说,从有利于浦东新区的开发建设,有利于新老管理体制的平稳过渡和社会稳定,有利于浦东、浦西的协调发展等原则出发,国务院批准对浦东地区的行政区划作如下调整:一、撤消川沙县,将黄浦、南市、杨浦三个区的浦东部分和上海县三林乡从原所属区、县中划出;二、建立浦东新区,其行政区划包括:川沙县全境、黄浦、南市、杨浦区的浦东部分,上海县的三林乡。

(《新民晚报》1992 年 11 月 25 日)

宝山区确立发展目标

王　海　龚寄托

本报讯 (实习生王海　通讯员龚寄托)作为上海第一个城乡一体行政区的宝山区,最近提出了城乡一体化的长远目标,即把宝山建设成为现代化的上海比翼辅城。市领导在基层视察工作时对该区的目标极为赞赏。

(《新民晚报》1993 年 2 月 18 日)

适应经济发展　促进城乡一体
沪郊新添三十个镇

张永康　许红梅

本报讯 今年以来,本市市郊 7 个区、县加快了撤乡建镇步伐。

为适应改革开放形势,促进城乡一体化发展,市郊 7 个区、县政府,及时提出了部分乡撤乡建镇的要求,市和区、县民政部门抓紧审核和实地踏勘。最近经市人民政府批准,实施撤乡建镇的乡有 30 个:他们分别为嘉定区的黄渡、马陆、徐行、戬浜、外冈、封浜、方泰、江桥、朱家桥、曹王、唐行、望新、华亭、嘉西;闵行区的陈行、塘湾、北桥、马桥、纪王、梅陇、虹桥;宝山区的淞南;金山县的山阳、金山卫、漕泾、朱行。同时,闵行区撤销莘庄镇、莘庄乡建制,建立新的莘庄镇;南汇县撤销芦潮港镇、果

园乡的建制,建立新的芦潮港镇。另外浦东新区的城厢镇更名为川沙镇;孙小桥乡更名为孙桥镇。(张永康　许红梅)

(《新民晚报》1993 年 5 月 14 日)

黄菊在市规划工作会议上提出
为新世纪的上海规划新蓝图

本报讯　为新世纪的上海规划新蓝图的市规划工作会议昨天在上海展览中心隆重召开,黄菊市长出席会议并作重要讲话。他在会上提出,要统一思想,群策群力,积极探索和建立与社会主义市场经济相适应的城市规划管理体制和运行机制,按照"一个龙头、三个中心"的宏伟发展目标,做好修订上海的城市总体规划工作,为新世纪的上海规划新的蓝图。

黄菊指出,进入九十年代,上海的战略地位发生了巨大变化,需要在原有的发展战略及城市总体规划的基础上,在新的更高的层面上,按照面向世界,面向未来的要求,在更广阔的空间范围,更长的时间跨度上,重新修订与"二十一世纪上海"发展战略相配套的城市总体规划。他说,修订城市总体规划,必须着眼于下一个世纪上海的发展,城市的形态布局、产业结构布局、人口分布、市政设施配置、生态环境都要体现"国际级"和"现代化"这两个基本面;着眼于上海城市功能的调整,体现流通功能和服务功能;着眼于上海城市布局随着浦东开发开放、郊区经济发展正在发生的深刻变化;着眼于上海经济体制的改革。二十一世纪上海的城市规划要体现世界一流水平。

黄菊指出,规划指导思想要坚持三个结合:一是相对集中与合理分散相结合,最大限度地发挥城市的集聚效益。二是形态规划与经济、社会规划相结合,实现上海城市人口、社会、经济、环境这个最宏观层次上协调发展。三是历史与未来相结合,按照"尊重历史、创造未来"的原则,对原有方案进行充实、调整、完善和优化。

黄菊说,从建立现代化国际大都市要求出发,上海的城市布局结构要作重大调整,突破原有城市狭小空间,在全市 6 300 平方公里范围内着手城市空间布局;大力增加城市化地域面积。到 2010 年,上海城市化面积达到 1 000 平方公里;迈向新世纪的上海,要突破原有的形态布局,构建由一个市级中心、若干个辅中心,分为中心商务区、中心商业区、中心城区、外环区和二级市等五个层次组成的多心组团式都市圈。

黄菊在谈到如何积极探索和建立与社会主义市场经济相适应的新规划管理体制时,详细分析了当前在管理体制上存在的几个矛盾,即规划的战略性与管理职能转变滞后、规划的权威性与缺乏有效的宏观调控手段、规划的整体性与实施过程中缺乏有力的协调机制、规划的规范性与具体执行上的随意性等。他指出,产生这些矛盾和问题的根本原因,是在计划经济条件下建立的城市规划管理体制和运行机制不能适应社会主义市场经济发展的要求,必须要用改革的办法加以解决。首先是解放思想,转变规划管理观念。核心是要树立社会主义市场经济观念,正确处理规划与市场的关系。规划管理要发挥市场配置资源的基础性作用,体现宏观调控作用,具备法律的、经济的、行政的等各种调控手段,体现效率原则,确立市、区、县分级管理的范围、内容和各自职责。其次是深化改革,建立新的运行机制。这个运行机制的基础是土地有偿使用,其杠杆是土地级差效益,其功能是积极动态平衡,其手段是综合调控。第三是理顺关系,健全和完善规划管理体制。在总结前一阶段明责分权经验的基础上,进一步完善两级管理体制,进一步明确市和区县的责任和分工,克服存在的不足之处。

黄菊说,实现大蓝图要有大举措:1. 加快形成中心商务区和中心商业区。2. 建立国际一流大都市水平的现代化、高标准的交通通讯体系。3. 按照国际大都市的格局调整产业结构布局。4. 集中力量成片开发大型现代化居住区。5. 建成大型绿化圈,把上海建成一个清洁、优美、舒适的生态城市。6. 制订合理配置资源的土地政策。

黄菊最后说,上海的崛起需要从我们这一代人开始就按现代一流国际大都市进行整体功能再造,要求城市规划工作走在前头。让我们怀着崇高的使命感、责任感,放眼未来,脚踏实地,为上海的明天描绘宏伟壮丽的蓝图。

市人大常委会副主任孙贵璋等出席会议。会议由主管城市交通建设的副市长夏克强主持。(记者 陈发春)

（《解放日报》1993 年 6 月 30 日）

市规划工作会议提出
明年制订新一轮总体框架
三年内绘就上海发展蓝图

本报讯 上海市规划工作会议昨天闭幕。市人大常委会副主任孙贵璋出席了会议。副市长夏克强代表市政府作总结报告,他对建立市区两级规划管理体制,不断提高依法行政水平和完成《上海城市总体规划》的修订工作等提出了要求。徐匡迪副市长主持了昨天会议。

这次规划工作会议确立了与上海经济社会发展规划相一致的城市形态布局规划的大框架。要求争取用三年时间,编制好一个面向二十一世纪的《上海城市发展总体规划》。今年年底,各县进一步修订县域经济社会发展规划,进而提出县域规划。各区则提出区域经济定位及初步规划设想,与此同时,市计委要提出调整后的经济社会发展战略。在此基础上,市规划局在明年上半年拿出新一轮总体规划的框架,明年打算召开国内专家会议,进行评议论证。还将邀请国际著名城市规划建设方面的专家和城市管理的官员进行评议。1995年举办全市规划展览会,广泛听取市民意见,修正后报市府和市人大审议,同意后再报国务院审批。

会议要求各级领导必须严格遵守道路规划红线;严禁在高压走廊建设建筑物、构筑物;市政公用设施用地必须切实保证;必须保护城市的各种绿化;地区开发建设必须编制详细规划,并按批准的详细规划实施;要珍惜宝贵的岸线资源;市规划管理部门要加强对区县规划部门的指导、帮助和对执法的监督。

徐匡迪副市长在讲话中指出,城市形态规划要体现社会经济发展的总目标和总要求,城市形态规划是实现社会经济发展目标的重要手段与可靠保证。规划工作要遵循大力提高社会经济效益的原则,在制定城市形态规划过程中,特别要注意发挥土地级差效益、投资效益、总体效益和长远效益。在规划工作中要找准社会经济发展规划与城市规划的结合点,即产业结构调整和城市用地结构的调整相结合;人口布局和就业岗位的分布相结合;农村城市化与基础设施网络的结合;人民生活水平提高与城市规划标准的结合。在制定城市规划标准时,要充分考虑人民生活水平进一步提高的要求,使规划建立在比较合理的基础上。(记者　陈发春)

《解放》1993年07月02日第01版

促进科技、经济、社会同步发展
闵行区加快科技兴区步伐

本报讯　以建设一流工业卫星城和现代化大都市延伸区为目标,闵行区加快实施"科技兴区"步伐。今年以来,14个技术含量高、适销对路、创汇能力强的技改项目已上马,一批现代农业规模经营场即将竣工,158 家民办科技机构相继诞生,由 72 名各类专家组成的科技顾问委员会正在发挥着"参谋"和"智囊"作用,从而使新区的科技、经济、社会纳入了同步发展的轨道。

去年 11 月新闵行区组建以后,新一届政府根据闵行区的实际研究分析后感到,新区的快速发展离不开科技的进步,据此确立了"科技兴区"的思路。今年计划总投资 3 亿元,用于项目的技术改造,全区争取 3 至 5 年内对现有老企业普遍进行技术、设备和产品的更新改造;年内推广农副业新品种、新技术 10 项,排出农副业科研开发攻关项目 20 项,建办现代化园艺场 10 个,排出工业"星火"项目 30 项和高新技术产业化商品化"火炬"项目 6 项,认定高新技术企业 10 个;巩固发展上海交大——闵行高技术园区的同时,集中力量建设占地 3 平方公里的莘北高新技术园区建设;创办一批高科技企业;依托紧靠漕河泾、虹桥、浦东、闵行四大开发区及区内有交大、华东理工学院、农科院、农学院、卫星工程研究所及一批大中型骨干企业的地区优势,使新区成为高新技术应用推广的"延伸区"和"居住地";"八五"期间多渠道筹集科技发展基金 500 万元;制订了科技激励机制、进一步支持民办科技机构、拔尖科技人才管理等政策措施,并创造条件在年内起,逐步建立起信息、人才、技术三大市场。(记者　朱瑞华)

(《解放日报》1993 年 9 月 9 日)

围绕制定三个规划　构划上海发展蓝图
徐匡迪要求按质按量完成
《迈向二十一世纪的上海》课题研究

本报讯　本市将进行一项题为《迈向二十一世纪的上海》课题研究。这项宏大的战略研究将对上海未来产生深刻的影响。在昨天举行的课题研究动员会上,徐匡迪作了动员讲话。汪道涵同志也出席会议。

徐匡迪指出,进入九十年代,随着全国改革开放的不断深化和扩大,上海的地位发生了历史性巨变,处于后卫态势的上海,一跃成为中国改革开放的重点;浦东加快开发开放,并以此为龙头,带动长江三角洲和整个长江流域经济的新飞跃;党中央提出尽快把上海建成国际经济、金融、贸易中心之一,并要求上海率先形成社会主义市场经济新体制。形势的发展亟需按照上海新的历史地位和新的发展目标，重新构筑起"迈向二十一世纪上海"的发展战略。

徐匡迪说，目前要抓紧制定上海20年基本建成国际经济、金融、贸易中心之一的经济和社会发展长远规划；抓紧修订浦东20年基本建成具有世界一流水平的外向型、多功能、现代化新区的长远发展规划和上海20年基本建成社会主义现代化国际化大城市发展总体规划。这三个规划关系到上海发展的全局，具有十分重要的战略意义。《迈向二十一世纪的上海》将成为这三个规划的总纲，为这三个规划的制订提供理论依据、指导思想和设计原则。这个课题将根据率先建立社会主义市场经济新体制，把上海建成国际经济、金融、贸易中心这一总体目标，围绕三个规划的制订，统筹规划上海未来发展的大蓝图，设计、勾勒、描绘新世纪上海的轮廓、框架和线条。

徐匡迪充分肯定了1984年制定的上海经济发展战略和上海城市发展总体规划。他说，《迈向二十一世纪的上海》课题研究作为一项系统工程，是八十年代上海经济发展战略的拓展与延伸。徐匡迪指出，二十一世纪上海发展战略研究，是有关未来上海发展的先导性研究，涉及领域广，时间跨度大。它包括上海经济、社会以及城市发展的内部条件和外部环境等诸方面的问题。因此，课题研究一定要充分体现系统性、科学性和可操作性。徐匡迪说，这一课题寄托着全市一千三百万人民的殷切期望。他要求要加强领导，精心组织，确保课题按质、按量圆满完成，争取向全市人民交一份出色的答卷。

据悉，市政府就此专门成立了课题研究领导小组，由徐匡迪任组长，市府副秘书长蔡来兴等任副组长。汪道涵、袁木、陈锦华、胡平、马洪等二十多位专家、学者担任此项课题的高级顾问。汪道涵在昨天的会上也讲了话。

（《解放日报》1993年9月10日）

六里工业区将成为面向21世纪的现代化新城区
公司总经理朱雍钢携全体员工
恭迎海内外投资者前来开发
六里工业区一定会给新区添光彩
——访六里工业区开发公司总经理朱雍钢

位于浦东新区西南部的六里工业区紧靠南浦大桥，与上海老城区一江之隔，是浦东新区的黄金地段。这里将建设一个面向 21 世纪、面向世界、面向现代化的新城区。记者日前采访了六里工业区开发公司总经理朱雍钢。

见到记者来访,朱雍钢总经理显得很热情,他对记者说,经过半年多时间努力,六里工业区开发公司在浦东新区管委会和市经委的指导帮助下,结合区内特点与现实情况,对六里工业区规划控制范围以及规划功能调整,做了大量的调查研究工作,并广泛听取了各有关部门的意见,得到了各方面的大力支持,基本形成了一个既有据可循,又较切合实际的六里工业区控制规划调整。

也许是长期从事规划工作的缘固,朱雍钢总经理谈起六里工业区的规划是津津乐道。这位年富力强的总经理在大学读的是自动控制专业,对系统论很感兴趣。在浦东开发开放刚起步的时候,他曾参与浦东工业规划工作,这使他看到了浦东工业布局上的不足。他感到没有新的规划、新的格局就很难适应浦东的开发开放。所以,当上级领导委派朱雍钢负责六里工业区的开发,他首先倾注最多心血的是制定规划。

"当然,六里工业区不同于其他几个重点开发区。"朱雍钢告诉记者,由于地理位置优越,六里工业区原有企业较多,且这些企业落户于六里工业区统一规划之前,其中不少企业产业导向与工业区整体规划不符,因此,区内梳理原有项目的工作也就成了当务之急。在六里公司和六里乡政府的共同努力下,对工业区原有项目进行了全面认真的梳理,已有了进展。经过市公证处公证,首批企业与六里工业区开发公司签订了项目梳理协议书,六里工业区的开发迈出了坚实的一步。

当记者接过几套规划方案时,确实感受到了六里工业区不是先追求项目,而是先做好规划这一对后人负责的态度。朱雍钢指出,按照统一规划布局、统一开发建设、统一综合配套,六里工业区将成为浦东新区又一个第二、第三产业综合开发的重点小区。基于这一点,六里工业区初步规划为工业批租区、商贸区、居住区和城乡一体化区等四个各具特色的区域。其中工业批租区的开发必须符合高技术、高起点、高效益、少污染,成为以机电一体化为主体的工业城。商贸区则将集金融、贸易、办公、旅游、购物、娱乐、宾馆、商住等为一体。整个工业区将非常重视环境保护和绿化。

结束采访时,朱雍钢总经理很自信地向记者表示,六里工业区开发起步虽然较晚,但有一个好的规划,就有了成功的希望。六里工业区一定会为浦东新区增加新的光采。

记者从朱雍钢总经理的眼中看到了六里工业区的明天。(本报记者　王伟)

规划总面积达三点八八平方公里
六里工业区绘就整体开发蓝图
包括工业批租区、商贸区、居住区等

六里工业区与外高桥保税区,金桥出口加工区,陆家嘴金融贸易区、张江高科技园区,同为浦东新区城市化区域 5 个各具特色的重点小区。六里工业区地处浦东新区的西南隅。北连陆家嘴金融贸易区、西隔黄浦江与上海闹市区相望,是一个第二、三产业综合开发的重点小区。

六里工业区规划范围为起自杨高路,沿浦三路向南,至川杨河往东,达严茂塘北上,至滨州路折西,越过杨高路后,沿春塘河朝北,进白莲泾往西,顺中汾泾南下,回到杨高路浦三路口,目前规划面积约 3.88 平方公里。

六里工业区距南浦大桥不足两公里,打浦路隧道三公里,经浦东南路,浦东大道可方便地到达上海港各港区,杨高路把六里工业区与陆家嘴金融贸易区、金桥出口加工区、外高桥保税区连接在一起。通过川杨河,到黄浦江,又把工业区纳入了内水运输网络。即将开工的浦东铁路,将把六里工业区与全国铁路系统联系起来。

六里工业区根据浦东新区开发开放,产业规划总的指导思想,"把六里工业区建设成为浦东新区又一个第二、三产业综合开发的重点小区"的要求,实行统一规划,统一开发,有计划、有步骤地分块实施开发方针。把六里工业区规划功能划分为工业批租用地,商贸用地和动迁住宅用地,最后形成一个集先进工业生产,多功能商业贸易和高质量生活服务的新型综合性小区。

工业批租区近期开发范围为西起浦三路,东至春塘河,北靠北艾路,南临川杨河的地块,占地约 0.9 平方公里,计划分为九个地块,实行土地有偿使用。批租区内

以土地批租和出租标准厂房的方式进行开发,将逐步实行专业配套,集中供热,各类服务设施实现系统化、科学化,并且建管理中心进行统筹管理。批租区将以浦东新区总体规划为要求,以六里工业区建设高技术、高起点、高效益、少污染的产业为建设目标,发展安排以高新技术为主,机电一体化产品以及技术先进、耗能低、效益高、无污染或少污染的机械加工、机电设备、仪器仪表、电子计算机、通讯、汽车零部件、家电、服装等行业。批租区还通过浦三路、北艾路与杨高路干道相连通,区内 24 米宽的嘉陵江路贯穿东西,以经、纬二个区内道路系统与嘉陵江路联成整体,沟通各地块。批租区内将绿化建设与企业建设并重,充分考虑生态环境保护,保持绿化面占整个工业批租区 20% 左右,以一个良好投资环境,吸引国内外一流大企业到批租区内投资办厂。建成后将是一个格调新颖、布局合理、环境优美的高技术、外向型的机电一体化工业基地。

商贸用地处六里工业区的正西方,紧贴浦东第一主干道——杨高路,北濒春塘河,南沿北艾路,东至规划路,占地 12.4 公顷。整个形态为南北向长约 720 米,东西向宽约 200 米的狭长地块。商贸用地靠近南浦大桥,交通十分便捷,地理位置优越,市政配套齐全,将作为陆家嘴金融贸易区的伴侣屹立在浦东新区西南部。商贸用地以高层建筑群体作为城市和区域标志,半圆形中央广场为明显的轴线空间,两幢超高层相持楼为主体建筑,两侧沿半圆形空间排列高层建筑群体,左侧呈半圆形圈合建筑组合体,右侧呈 S 型建筑组合群,形成走势弯曲、线条流畅的合谐的主导性建筑群。商贸区的道路交通设计,具有现代化色彩,其周边道路分别是:西侧为路幅宽 50 米的杨高路,两边各有 20 米宽的绿化带,南侧有北艾路正处与杨高路相交路口,北侧有 30 米宽的春塘河,东侧是六里工业区区内 30 米宽的规划道路。在商贸区中部沿杨高路一侧设置港湾式车流入口,与东侧城市干道上两个出入口连接。

六里工业区的最东侧,是居住用地,占地面积约 0.9 平方公里。六里工业区开发公司对居住用地以居住、绿化、公共设施等各个方面进行了全面、综合的科学规划,计划建成一个房屋布局合理,公共设施齐全,居住环境优雅的现代化的居住小区。居住区住宅建筑主要以行列式分布,条状和点状相结合,多层和高层相穿插,呈现错落有致的状态。小区居住环境将十分重视空地绿化,采取集中小块绿化地和根据住宅组群特点绿化相结合,同时住宅区内道路穿插其间。在住宅区的人流主要出入地段,设商业服务中心,在区内布置小型商业设施,商贸区构成一个有层次的居民购物、生活便利的商业网络。区内设计安排数个幼儿园、小学和中学，其中将考虑与全国重点大学联办一所小学，以英汉双语言作为教学用语，电子计算机作为教学侧重点，通过高质量的教学，提高居民文化水准，改善居住区文化氛围，从本质上提高人口质量，使工业区真正成为面向廿一世纪的现代化新城区。

……（中略）

六里工业区位于浦东新区城市化地区南部，北接陆家嘴金融贸易区，东连张江高科技园区，西经南浦大桥与上海闹市区相通，新区五十米宽主干道杨高路在区内穿过，六里工业区目前规划面积为 3.88 平方公里。它处在整个上海城市的上风向，地理环境优越，交通便捷，市政配套设施条件良好，是浦东新区内仅次于陆家嘴金融贸易区的黄金地段，为众多国内外投资者看好。

根据浦东新区总体规划和新区管委会的要求，六里工业区将按照统一规划布局，统一开发建设，统一综合配套的原则，建设成为既有高技术、高起点、高效益、少污染的以机电一体化产品为主的工业区，又拥有大都市气派的商贸区和现代化住宅区相结合的综合开发区，成为浦东新区又一个面向二十一世纪、面向世界、面向现代化的重点小区。

……（下略）

朱雍钢总经理

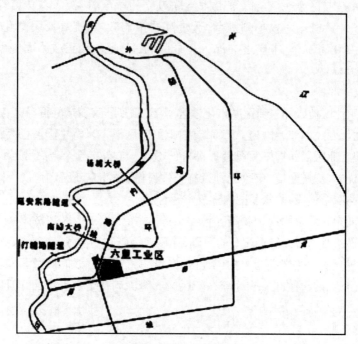

六里工业区位置示意图

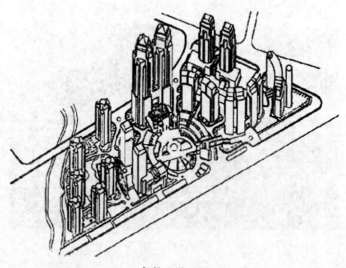

商贸区模型图

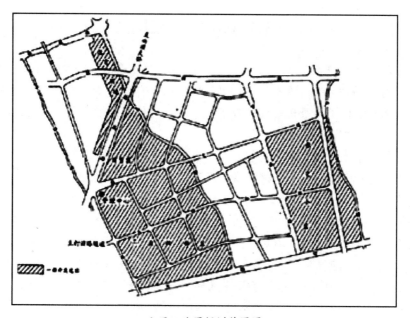

六里工业区规划范围图

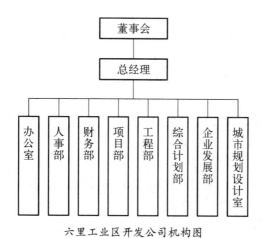

六里工业区开发公司机构图

（《解放日报》1993年9月20日）

一流规划决定一流城区

有人说,如果把每一幢单体设计都很漂亮的大楼组合成一个群体,这个群体却未必漂亮。道理很简单,没有经过规划而拼凑起来的群体,是难以体现整体美的。我们在浦东开发中,在处理规划和建设的关系上,必须坚持规划先行,规划超前,规划一流,决不能"先结婚,后恋爱"。

浦东新区管理委员会成立后,作为一个独立行政区划的新区规划管理工作开始逐步走上正常轨道。但是,根据浦东新区城市化的进程和建设发展的实际需要,规划工作滞后的总体格局尚未得到根本性改观,这已成为一个严峻的问题放在我们面前。其主要表现在这几个方面:一是总体规划覆盖不全,各类规划缺少配套。现有的浦东新区总体规划,其规划范围,还是按350平方公里安排的,而目前浦东新区的行政区域经国务院批准已为520平方公里;二是规划法规观念不强,建筑管理力度不够。不少项目擅自提高容积率,为新区进一步开发造成难度;三是规划机构不健全,规划力量薄弱,由于力量不足而使许多规划难以出台。

浦东的开发开放,既是一个城市化的过程,同时又是一个现代化和国际化的过程。我们要确保浦东开发的顺利推进和高质量的运行,必须要有与之相适应的包括总体规划、分区规划、各专业管线规划等在内的现代化规划体系作保证。

如何来抓住作为城市管理"龙头"的规划工作,使浦东新区达到规划设计水平、规划管理体系、规划管理能力、规划运行机制的"四个一流"呢? 浦东新区管委会采取了10项强有力的措施。最为有力度的,笔者认为是二个。一个是新区规划不仅依托浦西,而且面向全国乃至全世界,聘请国内外社会、经济规划专家为顾问,集天下人之智慧,搞好新区规划。另一个是浦东规划打破由一家独揽编制规划的做法,引入市场竞争机制,把需要做的各类规划由社会多家设计单位来竞争投标。

浦东新区有了一个一流的规划,必然会建设成为一个体现"国际级"和"现代化"的一流城区。(本报记者 徐家麒)

(《解放日报》1993年10月19日)

市郊建成旅游项目近30个
有关方面决定采取措施加强规划开发

本报讯 市郊6县目前已建旅游项目近30个,总投资已超过3亿元。其中松江余山和青浦淀山湖已初步形成大型旅游区。同时南汇的桃花节、奉贤的风筝节、前卫的柑桔节等已连续举办几届,逐步形成特色旅游项目,为地区经济发展作出了贡献。

但是,郊县的旅游业在发展过程中,由于缺乏总体规划,尚未形成系列化的旅游区,存在着重复建设、小而全、档次低的弊病。为此,市有关方面最近决定采取5项措施,加强郊县旅游业的规划和开发工作。这些措施包括:由市农委、旅游局、规划局以及各县旅游主管部门建立郊县旅游业开发规划联席会议制度,加强宏观规划协调工作;对各县旅游资源进行全面调查和评估,结合制订县域规划,明确各县旅游业"定位、定点"发展方向;加强对各县旅游的业务指导,搞好服务,协助各县进行旅游项目开发招商活动;加快郊县特色旅游商品的开发工作;加快对郊县旅游管理人才和专业人才的培训工作。(记者 刘斌)

(《解放日报》1993年11月1日)

虹桥机场远景诱人 将成国际一流空港
总体规划经民航总局和上海市府批复

本报讯 为适应上海改革开放和经济发展的要求,上海空中大门发展蓝图已作构画,日前,中国民用航空局和上海市人民政府批复,原则同意虹桥国际航空港的总体规划。

虹桥国际航空港规划范围26.4平方公里,是现在场区面积的5倍;新建第2条跑道长4000米,航站楼规模50万平方米,年起降飞机能力26万架次,是目前飞机起降数的5倍;年旅客吞吐能力4000多万人次,是目前客流量的6倍。上述规划实施完成后,虹桥国际航空港将成为现代化大容量、多功能综合性、布局合理、设施先进、交通便捷的国际一流航空港。

未来的虹桥国际航空港东起规划中的城市外环路,西至南新铁路,南起沪青平高速公路,北至北翟路。区域内由国际机场、综合开发区、周边绿化圈以及旅客公共活动中心组成。按照现代化国际空港要求,虹桥机场还在规划中强调了绿化圈的建设,即充分考虑了机场净空要求、飞机噪声影响以及改善生态环境等问题。

据悉,规划中的机场内地面交通采用南北轴向高架道路,6车道宽,与城市道路贯通,并与规划中的本市地铁2号线连接。机场内航站楼之间设有环形道路,并规划修建地下通道,将新老航站区连为一体。另外,地面还将再开辟4至8条公交线,形成四通八达的交通网络。(罗克平　邱怀友)

(《解放日报》1993年11月23日)

关于上海市1993年国民经济和社会发展计划执行情况和1994年计划(草案)的报告(摘要)

——1994年2月18日在上海市第十届人民代表大会第二次会议上

上海市副市长　徐匡迪

各位代表:我受市人民政府的委托,向大会报告上海市1993年国民经济与社会发展计划执行情况和1994年计划安排的意见,请予审议。

一、1993年计划执行情况(略)

二、1994年计划工作的指导思想和主要目标

1994年是我国推进建立社会主义市场经济体制改革的关键一年,也是上海人民实现"一年变个样、三年大变样"的决定性一年。根据黄菊市长在《政府工作报告》中提出的1994年上海国民经济和社会发展总的指导思想,今年本市国民经济和社会发展的主要指标安排如下:

(1)国民生产总值比1993年增长12%,在实际执行过程中力争不低于上年实际增长水平。其中:第三产业占国民生产总值的比重达到40%左右。

(2)工业销售产值比1993年增长15%,工业产品产销率达到97%以上。

(3)社会商品零售总额(扣除物价因素)比1993年增长12%以上。

（4）外贸出口总额的增长,力争与国民生产总值的增长同步。

（5）全社会固定资产投资规模比 1993 年增长 14.4％,其中,地方投资增长 17.4％。

从目前本市经济发展的实际情况看,完成上述各项指标是有可能的。进入九十年代以来,上海在经济发展和城市建设方面已有很好的开局,改革开放给经济发展注入了强大的活力,国民经济持续两年保持较快的增长;综合经济实力明显增强,经济结构逐步趋于合理;随着现代大市场体系的逐步形成,市场配置资源的基础性作用日益显示;对内对外开放向纵深化发展,上海、浦东进一步成为海内外客商的投资热点,整个经济进入持续、快速、健康发展时期。所有这些,都为实现今年经济发展目标奠定了良好基础。但是,也必须清醒地认识到,当前经济发展中还存在着不少矛盾和困难。经济运行中仍有严峻的一面,特别是今年经济体制改革涉及到经济利益调整的面较广,势必会出现一些新情况和新问题。因此,1994 年计划工作的基本任务是,协调平衡,突出重点,优化结构,提高效益,力争实现改革、发展、稳定的最佳结合,全面完成国民经济和社会发展的各项任务。在计划的执行过程中,切实贯彻以下基本原则:

1. 培育新的经济增长点,保持国民经济持续、快速、健康发展。要以集中力量建设中央商务区为重点,促进第三产业发展上新台阶;要以加快交通道路为重点的城市基础设施建设,带动相关行业特别是建筑业的蓬勃发展;要以生物工程及医药、计算机及其应用为突破口,加快高新技术产业化进程。同时采用高新技术改造传统工业。

2. 集中力量,确保重点建设。使有限的资金集中起来,真正用在那些对增强经济发展后劲和改变城市面貌有重大影响的建设项目上,切实做到有所为,有所不为;有所少为,才能有所多为。

3. 全面推进各项社会事业,促进经济和社会协调发展。既要增加投入加快各项社会事业的硬件实施建设,更要通过深化改革促进软件建设,逐步形成体现上海作为社会主义现代化国际城市应具有的文化氛围和精神风貌。

4. 多渠道筹集资金,抓好全社会资金的综合平衡。按照积极平衡、动态平衡和内外平衡的要求,采取盘活沉淀资金、推进国有资产存量货币化、拓展利用外资新渠道等多种形式,千方百计筹措生产建设资金,用好用活各类资金,提高资金使用效益。

5. 加强和改善宏观经济管理,建立和健全宏观调控体系。

三、需要着重抓好的几项工作

为确保完成 1994 年国民经济和社会发展计划,在计划具体实施过程中,要着重抓好以下几方面工作:

(一)围绕总体发展目标,高起点、高标准地制定上海的城市总体规划和经济发展规划。

1. 结合"迈向 21 世纪上海"发展战略的研究,着手编制本市国民经济和社会发展第九个五年计划和到 2010 年的规划纲要。

2. 抓紧完成一批重大产业发展规划。编制教育、科技、文化、体育、卫生等社会事业发展规划。

3. 根据经济和社会发展的要求,修订好城市总体规划。要组织全市各方面的力量,重点抓好市区工厂搬迁与区域经济发展规划;全市配货中心网络与商业零售网点布局规划。11 项专业规划,并做好郊区各县(区)经济功能定位和产业布局规划。

4. 起动若干重大区域规划的超前研究工作,为上海长远发展提供规划准备。

(二)加快产业结构战略性调整步伐,进一步发挥现代化大都市的功能。

1. 围绕建立国际金融中心的目标,加快中央商务区的建设启动。要通过房产置换途径,稳步推进,迅速恢复外滩地区金融街的功能,形成包括金融、外贸和信息、商业等一大批综合配套服务机构在内的中央商务区。外滩的房产置换工作今年要有实质性起步。各有关部门和单位必须主动配合,大力支持,共同把这项工作做好。

2. 加快建设现代化大市场体系。1994 年要在已建成 11 个大市场的基础上,再建中国外汇交易中心、黄金市场、国债交易中心等若干个大市场,以进一步形成市场体系。要通过建立市场管理委员会,进一步加快大市场体系建设进程。

3. 进一步加快商业设施建设,繁荣商业,拓展市场。要以大市场为依托,以中心商业区规划为依据,加快形成以浦东张杨路商业街、徐家汇的西区购物中心、豫园旅游商城、新客站商业城以及南京路、淮海路、西藏路和四川北路四条市级商业街构成的东西南北中"星形"商业网络,加上各区、县商业中心相互点缀,使上海成为国内外著名的商业大都市。同时,要通过积极到海外设点、办厂等多种形式,闯出大力发展海外企业,开拓海外市场的新路子。

4. 进一步优化工业结构,增强经济实力和外向型经济发展后劲。1994年要进一步加大工业内部结构调整的力度。一是组建一批以产权关系为纽带、集科、工、贸、金融为一体,并兼有综合商社功能的大型企业集团和跨国公司,发展规模经济,提高上海企业参与国内外市场竞争的能力。二是继续抓好体现战略性调整的重大产品生产、重大骨干项目建设和高新技术产业化。要着重抓好桑塔纳轿车二期工程,在今年年底配套形成年产20万辆的生产能力。电子信息设备制造业在移动通信设备和高速图文传真机制造方面要形成新的增长点。特别要做好数字程控交换机的扩产改造,使其产量达到450万线。电站设备制造业要抓好60万千瓦亚临界和超临界电站设备制造及国产化,达到年产350万千瓦发电机组的水平。要以激光、新型材料、生物工程和医药、计算机及其应用、微电子、机器人及柔性加工技术为重点,积极推进高新技术产业化。三是启动增强外贸出口后劲的"龙头计划",尽快形成外贸出口新的增长点。四是大力调整传统工业的产品结构,发展高附加值、高技术含量的产品,全方位开拓国内外两个市场,提高上海产品在国内外市场的占有率、覆盖率和满意率。五是积极稳妥地进行破产试点,逐步形成优胜劣汰的市场机制。

(三) 集中力量抓好重大项目建设,实现"三年大变样"的目标。

今年投资安排重点为:

1. 继续加快以市内交通为重点的城市基础设施建设。其中,安排市政基础设施重点项目12项;交通邮电重点项目2项。这批项目中,内环线是今年全市的一号工程;二号工程为人民广场地区的综合整治;三号工程为地铁一号线。成都路高架、外环线、延安东路隧道复线等一批重大工程也要达到形象进度节点。同时,要抓紧第二批十大基础设施骨干项目的前期准备工作。

2. 继续保持浦东新区形象开发和功能开发的进度。今年外高桥保税区要扩大封关区域,充分发挥区内自由贸易、出口加工、仓储运输和融资等功能;金桥出口加工区要狠抓工业项目竣工投产,早出效益,逐步显示外向型产业的功能;陆家嘴金融贸易区年内争取有一批大楼竣工启用,形成高楼建筑群体;张江高科技园区要加快启动,尽快形成高新技术企业落户的氛围。同时,四个重点小区的道路、污水泵站、变电站等一批市政设施要投入营运,进一步改善浦东新区的投资环境。

3. 继续加强工业支柱产业的技术改造和建设。安排的重点项目有12项。其中,上海大众汽车厂轿车二期扩建工程、上海焦化厂"三联供"工程、上海水泥厂等项目年内将相继建成,宝钢三期等一批重要工程也要达到形象进度节点。这些项目的建成，将进一步增强上海经济发展的后劲。

4. 继续确保与提高人民生活水平密切相关的住宅、商业、社会设施以及农田水利建设。今年安排竣工住宅面积 700 万平方米；商业、社会设施重点项目 12 项；农业水利重点项目 2 项。

今年在安排固定资产投资项目时要坚决贯彻国务院关于继续加强固定资产投资宏观调控的要求，严格控制固定资产投资规模，严格控制新开工项目。要认真实施本市《土地管理法》办法，区、县政府要加强对本地区的投资项目和土地批租的管理，有重点地搞好一、二个重要区域和工业小区建设，克服盲目铺摊子、重复建设、乱占土地和菜地的现象。

（四）进一步开拓筹资渠道，搞好全社会资金综合平衡，提高资金的使用效益。

1. 今年要继续大力发展和完善证券市场，并建设好国债交易中心、外汇交易中心，争取早日开设黄金市场。

2. 要积极探索扩大利用外资的新途径，主动做好利用国际金融组织和国外政府贷款的工作。加快大项目合资步伐，争取在全行业合资和采用 BOT(建设、经营、转让)投资方式上有新的进展，力争用二至三年的时间，使总投资在 3 000 万美元以上的合资项目超过 100 家。

3. 要继续搞好土地批租，加快利用外资建内销房和危棚简屋改造的步伐，积极推行土地招标和投标，提高土地使用效益。

4. 要加强和完善资金的调控和调度，加强对资金的审计工作，尤其要防止重点建设项目中的浪费现象。同时，在国家的金融体制改革实施后，本市要制订相应的有关法规，加强外汇和外债管理，健全证券的上市发行办法，规范各类资金的使用行为，尽快在上海建成统一开放、有序竞争、严格管理的金融市场体系。

（五）重视教育科技，促进各项社会事业全面健康发展。

今年本市在教育工作方面的要求是，一要抓紧实施"九十年代紧缺人才培训工程"，有规划、高起点、高质量地培养一批高级工商管理、经理人才。同时，要搞好上海教育电视台开播和外语、计算机应用能力考核工作。二要抓好职业教育，调动和发挥各级教育部门和民间组织的积极性，继续办好为上海经济发展服务的各类成人教育和职工教育。三要抓好基础教育，高质量地实施九年制义务教育，并且把高中阶段的入学率提高到 80％。四要继续调整本市高校的结构和布局，优化教育资源配置，提高规模效益，抓紧实施第二医科大学等院校的迁建、扩建工程。五是继续增加对教育的投入，改善办学条件，不断提高教师的待遇。

今年的科技工作重点：一是加速科研机构机制转换，探索科研院、所结构的调整，抓好一批科研机构向科技企业的转制试点。新发展民营科技企业 1 000 家。同时，要进一步完善技术交易所的运行机制，为广大科技人员的创造发明及时转化为生产力提供较完善的中介服务。二是科技工作要在基础研究、应用研究、开发研究三个层面上合理配置力量，同时推动一、二、三次产业的科技进步。高新技术产业的发展要以现代生物工程与医药、计算机及应用为突破口，建立高新技术先导型企业，形成新的产业群体。要继续抓好轿车、通讯、电站等支柱产业重点项目的科技支持；结合火炬计划、星火计划与成果推广计划的实施，年内抓好 100 个重点科技成果的转化。三是加强基础研究的人才培养，建立全市范围的基础研究人员信息网络，抓紧形成一批新一代的学科带头人。同时，要进一步研究制定有关政策，全方位地吸引和引进智力，为加快上海发展服务。

卫生工作，今年要重点围绕理顺和健全全市医疗卫生服务体系，抓紧建设上海儿童医学中心、浦东三级综合性医院等项目，改造仁济、新华、胸科医院以及一批地段医院的门诊设施，落实郊县农村卫生建设的有效措施，进一步改善人民群众的医疗条件，提高对各类传染病、常见病和多发病的防治水平。我们要坚持不懈地抓好计划生育工作，不断提高本市的人口素质，优化人口结构。

文化体育事业，今年要确保东方明珠电视塔、国际新闻交流中心等重点项目的竣工；完成上海有线电视联网工程，使用户覆盖面超过 100 万户；加快上海图书馆新馆、上海博物馆新馆等重大公益性项目的建设，积极推动大歌剧院、音乐厅、上海书城等城市标志性项目的建设；要努力搞好社区公共文化设施的建设，适应人民群众对文化生活日益增长的需求。同时，要继续扶持高雅艺术和优秀文艺作品，积极发展具有上海特色的民族文化。今年，还要大力开展八万人体育场的筹资和建设准备工作，加快国际射击场等一批体育设施的建设和改造，为 1997 年在上海顺利举办第八届全运会作好准备。

（六）努力满足群众生活需要，继续提高人民生活水平。

交通、住房、"菜篮子"是直接关系上海人民基本生活的三件大事。在安排今年的计划时要集中精力抓好以下几方面的工作：

1. 抓好农业和"菜篮子"工程建设，切实稳定农副产品生产。在搞好农业发展规划的基础上，逐步建立商品粮田保护区、常年菜田保护区、特色农业生产基地和农业科技示范区。要加强蔬菜生产基地建设，确保常年菜田 15 万亩，保持 10 年到 15 年的稳定，并抓紧 2.5 万亩的大棚菜田建设，调节好蔬菜淡季生产和供应。为搞好"菜篮子"基地建设,市财政每年拿出 1 千万元建立基金,全市每年集中 2 至 3 亿元资金,争取用 3 年时间建成一批能长期稳定的"菜篮子"基地。同时,加强对农副产品生产、流通等各种环节的管理,实行农贸结合、区县挂钩,探索生产、加工、销售一体化及产销直接见面、减少中间环节的新路,让生产者和消费者真正得到实惠。

2. 搞活流通,努力满足群众生活需要。一要根据不同层次居民的消费需求,积极组织市内外农副产品进城和工业消费品下乡,确保商业主渠道畅通。二要加快商业销售方式的改革和便民商业设施的建设,今年要新增 200 家连锁商店和配货中心,积极发展商办食品工业,开发各种方便食品,提高家务劳动社会化程度。三要完善和充实重要商品的储备制度,提高政府对市场的调控能力,逐步解决副食品和人民生活必需品供应不稳定的问题。

3. 积极平抑物价,维护市民切身利益。要严格控制物价总水平,切实加强对市场的管理和物价监督。要完善企业提价申报和备案制度,制定反欺诈和反暴利法规,严厉打击和惩处那些哄抬物价、破坏市场秩序、制售假冒伪劣产品、非法牟取暴利等不法行为,更好地稳定市场。

4. 从确保社会稳定的高度,继续做好解困、帮困和动迁居民的安置工作。要抓紧落实多层次、多渠道、多方位的解困措施,采取政府、企业、个人都承担一部分的办法,重点帮助部分困难企业解决工资发放和一部分职工医疗费报销问题。同时,要建立人民生活社会帮困基金和国有困难企业转换机制基金,保持职工最低工资性收入及各类民政优抚对象的基本生活。今年计划安排 700 万平方米的住宅建设,动迁居民的一次安置率要达到 60% 以上。同时,在离市区较远的居住小区中加强公交和公用配套设施建设,尽可能缓解市民的各种生活困难。

5. 抓好以绿化为重点的城市生态环境建设,努力提高人民的生活质量。

当前,上海和全国一样,都在进一步学习《邓小平文选》第三卷,认真贯彻党的十四届三中全会精神。我们要认清形势,抓住机遇,深化改革,扩大开放,促进发展,保持稳定。让我们在邓小平同志建设有中国特色社会主义的理论指导下,在党中央、国务院和中共上海市委的领导下,为在上海率先建成社会主义市场经济运行机制,为全面完成 1994 年国民经济和社会发展任务而共同努力!

(《解放日报》1994 年 2 月 26 日)

体现浦东开发时代特征
新区交通地名规划方案出台

以"浦东南京路"文登路更名东方路为先声,整个浦东新区交通地名规划方案已悄然出台。

浦东新区交通地名规划方案的工作目标主要是对新区 50 多条干道和各开发区内的道路进行命名。根据《上海市地名管理方法》,浦东新区这次命名或更名的一批交通地名体现了浦东开发的时代特征,反映了浦东地区的地理特点,力求符合浦东新区开发建设总体规划的要求。

在浦东新区交通规划的层次结构上,方案设想把快速干道称为"大道",南北向一般干道称为"道",东西向一般干道称为"路",各分区内部商业集中路段则称为"街"。同时,方案保持浦东现有地名的基本稳定和继承,对于浦东沿江一带已有的路名,基本予以保留,其中少数需要更名的尽可能采取谐音或近音加以处理。(路闻)

(《解放日报》1994 年 3 月 15 日)

大力推进新区集镇规划和改造步伐
——新区管委会副主任黄奇帆答记者问

今年以来,围绕浦东新区 33 个集镇的规划和改造工作,新区管委会领导和有关部门连续几周,深入乡镇,调查问题,研究规划,制订政策。短短两个月,批准出台了 12 个集镇的规划,并相应出台了有关配套措施。日前,记者就集镇改造的有关问题采访了新区管委会副主任黄奇帆同志。

问:新区将全面启动农村集镇改造,得到了乡镇干部群众的拥护和支持,大家比较关心,请您谈谈搞好这项工作对浦东开发建设有何重要的作用。

答:浦东开发开放 3 年多来,在三个主要方面已经开始逐步地出形象、出效益、出功能。一是十大基础设施工程先后竣工,投资环境大为改善;二是各重点小区的土地开发和招商引资已初具功能、规模;三是金融、贸易和第三产业全方位启动,综合经济指标三年翻一番,迈上了一个新台阶。这些在上海市民中乃至全国都产生了较大的反响。相比之下,浦东新区农村集镇面貌变化不大,形成城乡之间较大的形态反差,这一情况已经引起新区管委会的高度重视,为此新区管委会把从规划着手,加快集镇改造,作为新区今年的一项重点工作,其意义十分重要。概括起来是"五个有利":

一是有利于城乡一体,共同发展。"城乡一体,共同发展"是浦东开发开放的重要方针,我们将贯彻浦东开发的全过程。而集镇改造是城乡一体化的突破性、实质性的重要一环。城市化地区的集镇,经过改造后,浑然一体地融合在新城区之中,成为现代化城市的组成部分。而农村化地区的集镇,经过改造,将成为农村经济的新的增长点,不仅可以繁荣农村商品市场,而且将成为一乡一点工业小区和三资企业及内联企业的重要生活基地和服务基地,逐步缩小农村与城市之间在经济、文化、教育和生态环境等方面的差别,最终实现城乡共同繁荣。

二是有利于烘托整个新区的和谐形象。人们看浦东形象是从各方面来看的,如果一边是欣欣向荣、飞跃发展的城区,另一边却是破败衰落、停滞不前的集镇,整个新区的形象就是不协调、不和谐的,就会影响浦东的整体形象。因此,我们要合理规划并加紧改造新区的集镇,使之比一般郊县的集镇具有更大的规模,更高档次的住宅,更完善的商业、文化、教育、卫生、交通、通讯等配套设施。

三是有利于调动各乡镇发展经济的积极性。新区农村干部、群众是浦东开发的重要力量,蕴藏着很大的潜力和能量。浦东开发以来,城市化进程加快了,沿江地区的乡镇其土地大部分被征用,边远地区的乡镇也面临一个如何适应开发形势,按新区总体规划发展经济的大课题。而集镇经济是乡镇经济的牵头力量,从规划着手,提供特殊优惠政策,启动相应的集镇改造,一方面可以激发广大乡镇干部群众的开发热情,另一方面可以有效地遏止一些在广大农村土地上乱搭乱建、乱铺摊子的问题。

四是有利于改善农村居民生活,提高农民的生活质量。我们要求集镇改造严格按规划实施,保证有合理的市政和公建配套设施。这样就能使老集镇的居民真正得到利益,居住条件得以改善,还能够丰富群众的文化娱乐生活,改善生态绿化环境和治安管理状况。集镇规模扩大后,一些动迁房和商品房投入使用,也将带来大量的城市居民住到集镇中来,带来新鲜信息和现代生活气氛。

五是有利于农村产业结构的调整、升级和农村劳动力的吸收、消化。在集镇改造中,各乡、镇不仅发展乡镇工业,而且在发展服务和商业以及房地产业方面有更大的作为。集镇改造的过程还是各乡镇合理安排大量征地农民劳动力安居乐业的过程。

问：听您这一番介绍后，感到很受鼓舞。请问新区管委会对集镇改造的规划方面有何要求？

答：一流的建设取决于一流的规划。今年内，我们将从四个方面抓好集镇规划工作。第一，要抓好集镇的编制。集镇规划要适应新区发展的要求和上海市的整体规划。原有的集镇规划，大部分是按1990年以前的要求和能力做的，需要重新调整和优化，使之和上海市和浦东新区的总体规划相协调和衔接。内环线之内的集镇是城市的中心区域，宜规划为优美舒适的商住小区；外环线以内的集镇是城市化地区的集镇，应提高规划需求和档次；外环线之外的集镇，一般为农村化地区，但规划标准也要高于浦东新区之外一般农村地区的集镇。

第二，要抓好集镇规划的审批。我们将按照东事东办、特事特办、急事急办的原则，集中力量，高效审批，力争一季度审定三分之一，二季度再审定三分之一，年内完成新区集镇规划的审定工作。

第三，要做好规划模型。今年新区将在适当时候举办规划模型展览，其中很重要的内容就是集镇规划模型的同类竞赛。这是一次重要的活动，有利于各乡镇展示规划地位和形象，有利于互相促进，有利于招商。各乡镇编制规划和做规划模型可同步进行。

第四，加强规划管理。一方面，集镇规划经调整优化后，必须经新区规划部门审定后方得付诸实施，同时享受新区关于集镇改造的优惠政策；另一方面，凡乱搭乱建的违章建筑，各乡镇领导要坚决予以制止和动员拆除，避免增加开发成本。此外，在规划审批上，要简化手续，提高效率，在集镇规划范围内的具体项目审批方面，给乡镇以较大的自主权。

问：集镇改造的难点是缺乏资金，因此多年来农村集镇改造步履维艰，面貌变化不大。请问新区管委会将如何帮助乡镇政府解决集镇改造的建设资金问题？

答：完成新区集镇的全部改造，大约要用6—7年的时间，需要投入的资金约需要上百个亿。在此期间，新区一方面要集中财力资金投资于重大市政建设项目和重点小区开发，另一方面，又要兼顾集镇改造的资金落实。这些资金单靠政府的投入是难以解决的。为此要充分利用浦东新区的政策优势来解决。我们已根据中央给予浦东新区的优惠政策，制订一些有含金量的实实在在的政策，多渠道地解决集镇改造的建设资金，推动集镇改造的实施。

这些政策主要包括三个方面。一是根据几年内新增财政收入留于浦东的政策,在财政上拿出一块返回乡镇政府专项用于集镇改造建设资金;在土地批租收入中让一块给乡里,支持乡里改造集镇的基础设施,形成良好的居住环境和投资环境。集镇规划范围内的国有土地,批租转让后产生的级差地租返回一部分,专项用于集镇内的基础设施和其他公共配套设施的建设;二是利用浦东新区特区政策,进一步加大集镇的开放力度,吸引内外资,参与新区集镇的改造和发展;三是为了鼓励个体、私营或集体、国营等各类工商企业,在集镇内开店设市,采用类似这几年在浦东新区文登路商业街的发展政策,对集镇内的商业街和新办企业实行特区优惠的税收政策,使得集镇能够繁荣热闹起来;四是在规划上把原来在浦东520平方公里土地上星星点点散布的住宅和工商业建设项目相对集中投资到集镇地区,使基础设施配套产生规模效应,可以起到投资少、产出高、各类建筑用地省、集约度高的效果。(本报记者 王伟 本报通讯员 胡建平)

《解放日报》1994年3月18日)

虹桥镇加快城市化步伐 兴建工业城
新辟8个工业小区 近半数农户住进统建新房

本报讯 一片片新颖别致的农民住宅区代替了小而散的村庄;一座座乡村工厂向工业小区集中;传统乡村社会开始向城市社会明显转变,这些激动人心的变化发生在闵行区虹桥镇。虹桥镇党委书记陆德荣认为,虹桥的进一步发展已有条件向农村城市化转化。他们委托市规划部门制定了总体规划。

虹桥镇把开辟建设工业小区,作为发展农村城市化的重点,在虹桥镇旁建立了占地800亩的工业城,在10个村里开辟了8个工业小区,全镇新办和已批准立项的"三资"企业目前已达97家,协议吸引外资1亿多美元。虹桥镇90%以上的劳动力已进入二、三产业,去年农民人均收入接近4 000元。

这几年虹桥镇大力改造乡村环境,已在镇区范围内规划建设上虹新村等6个农民住宅区,全镇近半数农户住进了统一规划建造的新房。过去只有城市拥有的大型商场以及保龄球场、高尔夫球场等如今也已在虹桥悄然兴起。

虹桥镇更致力于全面提高农民的思想、文化素质,投资800万元全面发展

教育事业,在全镇普及高中并使成人教育面增至全镇总人口的28%。(记者朱民权)

(《解放日报》1994 年 4 月 30 日)

镇管村的体制　历史性的变革
上海镇多了　乡少了

苏应奎

"郊区变了!"变得连一些"老郊区"也不认识了。

记者曾在上海郊区工作 30 余年,最近重访郊区,深感变化之大。改革开放后的上海郊区,处处欣欣向荣,完全可以用"日新月异"、"刮目相看"加以形容。镇多了,乡少了,就是其中的变化之一。

上海郊区原有 206 个乡,33 个县属镇。现在是:148 个镇,77 个乡。

不要小看了这段由乡"变镇"的历程。这不是简单意义上的名称移位,而是历史性的重大变革。

因为由乡变镇(撤乡建镇或乡镇合并)需要条件。这些条件包括了在人口结构、产业结构、经济发展水平、乡政府驻地的社会保障、基础设施等方面必须达到的标准。例如,总人口在 2 万以上的乡,乡政府驻地非农业人口应占全乡人口的 10%以上;全乡劳动力人数比例,第一产业占 25%,第二产业占 60%,第三产业占 15%;全乡具有初级职称以上科技人员总数在 100 人以上。建镇乡的人均国民生产总值要达到 3 200 元,人均国民收入达到 2 500 元,全乡工农业总产值 2.5 亿元,社会总产值 2.8 亿元。乡政府驻地要有一定规模的文化中心、图书馆、影剧院、中小学、幼儿园、敬老院、卫生院,集镇的自来水普及率 100%,绿化林木覆盖率 7%等等。总之,由乡"变"镇是经济实力和社会发展综合实力的结果,并须经审核后报市政府批准后公布。

就记者所知,撤乡建镇实行镇管村体制,是从 1983 年开始的,经过 10 年努力,随着市郊经济实力的增长,市郊正逐步从乡村走向城镇。为适应形势发展的需要,原宝山县和嘉定县已撤县建区,上海县合并闵行区,川沙县合并浦东新区,原上海县、嘉定县、松江县所属的乡已全部建镇。在习惯上,即使划归区属的乡镇,仍被视为郊区。这是农村城市化、城乡一体化的先兆,是现代化大都市的必经之路!(本

报记者　苏应奎)

(《新民晚报》1994 年 7 月 22 日)

形态结构逐步完善　土地使用日趋合理
上海城市布局大置换初露端倪
出现中央商务区、中心商业区、集中居住区、
无污染城市型工业区、市级大规模工业区、
郊区大型工业基地等区域

本报讯　上海城市布局,以"三、二、一"产业发展排列为序,正进行着一场大置换,三年来已初露端倪。目前,已出现中央商务区、中心商业区、集中居住区和无污染城市型工业区、市级大规模工业区、郊区大型工业基地等区域,城市形态结构逐步完善,土地使用日趋合理。

解放后,上海从消费性城市转为生产性城市,致使全市 44% 的工厂企业集中在市区环路范围内。长期来,城市内工厂区与居民区犬牙交错,造成市区人口密集、交通拥挤、环境污染。

九十年代,上海确定了"一个龙头、三个中心"的城市发展战略。由此揭开了城市空间大置换的序幕。一方面,将产生污染的工厂搬离市区;一方面,将受污染影响的居民迁至新区。1992 年至今,从市区内迁走百余家污染严重而无法就地治理的工厂企业,拔掉污染生产点近 200 个。同时,结合工业结构调整,关、停、并、转300 多户。解决居民受污染影响,近年内本市建造了动迁用房 25 万平方米,搬迁受"三废"影响的居民 3 000 多户。前几年,环路内工业用地占总面积的 25%,去年已下降至 20%。从现在起到 2010 年,本市将每年调整迁建 50 家市属大中型工厂。届时,工业在环路内的用地只能占总面积的 5%。与此同时,上海加快旧城改造步伐,改善市民居住条件。1992 年以来,共拆除旧房 400 万平方米,新建居民住宅近2 000 万平方米。大量工厂的搬迁,为三产的发展腾出了空间。1992 年至今,环路内新增商业用房面积 300 余万平方米。除此,新增 102 家外资金融机构、1 700 多家房地产公司、2 818 家外事机构、11 503 家外省市沪办机构、8 983 家三资企业的办公楼,连同旅游、服务、信息业的用房,在市区占据了相当的地位。本市已批租的 600

多幅土地中,三产用地占总面积的 25.5%。

上海已确定的以金融、贸易、房地产、旅游、服务、信息为主体功能的中央商务区的范围,北起长治路,南至新开河,东起陆家嘴金融贸易区,西至河南路。在黄浦区境内的中央商务区范围,工厂已基本腾退。境内一些非商务机关正在与外商进行置换洽谈,并将陆续搬离中央商务区。

中山路环路以内定为中心商业区,其中张杨、江湾、曹家渡、徐家汇、豫园和不夜城为6个市级辅中心。这个大区域以批发贸易、房地产、购物中心、中介服务、文化娱乐为主体。

两环工业圈和夹层居住区亦已定局。内环线内壁是第一层工业圈,它包括杨浦、南市、长宁、静安、闸北和普陀6个区的70个工业街坊,连同其间的分散工业点,它们大多是无污染城市型工业。在外环线内壁,形成高桥、金桥、张江、周家渡、长桥、漕河泾、北新泾、桃浦、彭浦9个工业区,这是第二个工业圈。这9个区分三档:无污染的积极发展;小污染的控制规模;污染严重的厂家集中到金山、吴淞、漕泾、金山卫和星火开发区。两个工业圈的中间是成片的居住区。

郊区大工业基地已进入规划。决定在南汇、松江、青浦圈定三个工业区,将原来一村一厂的小型企业拆、并、改,相对集中。(记者　乐缨)

(《解放日报》1994年9月25日)

建机构外商称便　造路桥南北呼应
奉贤县投资环境日臻完善

本报讯　奉贤县着力营造良好投资环境见成效,外向型经济呈跳跃式发展的强劲势头,今年头7个月,全县"三资"企业产值、利润和出口创汇分别比去年同期增长130%、110%和120%,增幅名列市郊前茅。

奉贤营造良好的投资环境,首先建了一批方便外商投资的机构,前年投资400多万元,在市郊率先建成上海奉贤海关,并成立县外商投资服务中心和上海外轮代理公司奉贤国际货运公司。翌年10月,中国银行奉贤支行正式对外营业。今年6月,具有招商引资"桥梁"作用的中国国际商会上海奉贤商会、中国国际贸促会上海奉贤分会投入运转。由县财政投入480万元,上海奉贤进出口商品检验局大楼建设工程即将竣工。这些机构运转后,,前来投资的外商不出奉贤县城,即可迅捷地办妥从原料进口到产品出口,包括报关、商检、货运等一整套服务。

奉贤县从全市总体规划出发,以路桥为重点,加快"硬件"设施建设。县委、县政府根据量力而行分步实施的原则,目前横贯全县东部全境的市郊外环公路干线——亭大公路,已于今年上半年完成八车道六快二慢土路基工程,今年秋冬可实施路面结构工程。由奉贤县牵头多方筹资数亿元,沟通沪南地区与上海市区陆上交通的黄浦江上第四座大桥——奉浦大桥,其水下基础工程已完工,已进入水上钢筋混凝桥墩施工阶段,明年年底正式通车。此外,上海市区外环线与浦东星火工业区衔接的国家公路干线——四号线快速干道,奉浦大桥南侧至肖金公路3公里土路基工程已基本完成,建成后四号线与亭大公路在奉贤境内形成"十字"交叉,从而使奉贤至上海市区的行车时间仅需40分钟。据介绍,近一、二年内"十字路"工程建成后,与前几年国家在县内建成的远东最大的50万伏南桥变电站相配套,形成良好的投资硬环境,进一步带动全县南北呼应、沿江沿海经济开发及奉浦大桥南侧17平方公里经济区的全面启动。(朱瑞华 王士斐)

(《解放日报》1994年10月4日)

黄菊在市规划工作会议上提出
立足四方面修订规划 描绘下世纪上海蓝图
有关方案征询展示会今起在展览中心举办

一是立足于把上海建成国际经济、金融、贸易中心之一的目标;二是立足于面向廿一世纪的长远发展;三是立足于发展阶段、进程上的跨跃;四是立足于经济、社会、城市规划的有机统一。

本报讯 上海市规划工作会议昨天开幕。中共中央政治局委员、上海市委书记、市长黄菊出席会议并作了题为《新阶段、新起点、新蓝图:修订好迈向21世纪的城市总体规划》的重要讲话。

黄菊指出,市委市府历来十分重视规划工作。早在八十年代初,上海在广泛深入讨论的基础上,经过国务院批准形成了《上海经济发展战略汇报提纲》和《上海城市总体规划方案》。近十年来,这两个纲领性文件经受住了历史的检验,对正在进行改造振兴的上海发挥了重大的战略指导作用,对于提高上海城市的经济效益、社会效益和环境效益,提高城市的整体素质,实现城市的经济和社会发展目标都具有十分重要的意义,至今仍然发挥着重要指导作用。

黄菊指出,城市规划是一个动态过程,不可能停留在一个起始状态,也不可能有一个终极状态,它必须随着城市的发展而发展。近十年来,特别是进入九十年代以来,上海的战略地位、城市规模、城市布局结构发生了巨大而深刻的变化。这就迫切需要我们用发展的眼光重新审视原来的城市总体规划,要求我们更新观念,探索新思路,选择新起点,改革和完善城市规划的内容和方法,提高城市规划的科学性和预见性,在更新、更高的基点上,尽快修订和完善城市总体规划,为21世纪上海的发展制定一个科学合理的空间布局规划。

黄菊充分肯定了近几年本市规划工作取得的成绩。他说,去年市规划工作会议以来,在市和区、县各级政府和各有关部门的重视和努力下,通过组织《迈向21世纪上海》经济社会发展战略研究,调整充实市规划委员会,完善"两级政府、两级管理"的规划管理体制,动员国内外各方面力量参与规划的修订,本市修订城市总体规划的工作全面推进,并取得了积极成效。

关于修订上海城市总体规划总的指导思想,黄菊强调要体现"四个立足于":一是立足于把上海建成国际经济、金融、贸易中心之一的目标。这是上海城市性质的最重要的核心。要围绕这一核心开展设计,体现面向世界、服务全国的要求,体现资源配置中心的要求,体现成为连接国内外桥梁的要求。二是立足于面向21世纪的长远发展。修订规划必须体现超前意识,把握住影响今后一、二十年城市现代化过程的重大因素,着眼于上海21世纪的长远发展,充分体现"现代化"和"国际化"这两个基本面。三是立足于发展阶段、进程上的跨跃。上海要在较短的时间内崛起成为又一国际经济中心城市,必须有一个起点高、能反映上海未来经济社会发展趋势、实现后来居上的城市总体规划。四是立足于经济、社会、城市规划的有机统一。要体现经济社会发展战略的总目标,实现城市形态发展与城市经济社会的发展在目标层次上的统一;体现城市的整体利益,实现局部利益、眼前利益与全局利益、长远利益的统一;体现可持续发展,实现经济效益、社会效益和环境效益的统一。

在谈及"描绘未来发展新蓝图"问题时,黄菊提出了四个方面的大致设想:一是确立创建国际经济中心城市的战略目标,到2010年,上海要基本形成世界大都市的经济规模和综合实力,具有世界一流水平的现代化城市格局、国内外广泛经济联系的全方位开放格局、符合国际惯例的市场经济运行机制、现代化国际城市基础设施的构架、社会发展协调、生态环境优化的城市生活体系；二是培育服务全国、面向世界的城市集散、生产、管理、服务和创新的五大功能；三是形成合理的城市空间布局和产业结构布局，调整、发展和改造中心城区，优化建设新一代中央商务区，加快郊区城镇建设，优化住宅发展规划布局和产业结构布局；四是建设现代化城市基础设施，包括规划和建设现代化深水大港、国际航空港、国际信息港、快速便捷的城市交通体系，加强城市生态绿化建设。

黄菊最后说，制定国民经济和社会发展"九五"计划，以及长远经济、社会发展规划，都需要有一个跨世纪的城市总体规划。目前，上海修订城市总体规划的工作已经进入关键阶段。我们打算再花一年左右时间，在充分讨论、认真吸收各方面意见的基础上，把总体规划修改好。全市上下都要牢固树立规划是城市建设的"龙头"的观念，胸怀发展全局，脚踏实地工作，为上海建设"一个龙头、三个中心"，并崛起成为国际经济中心城市的战略目标而努力奋斗。

会议由副市长徐匡迪主持。副市长夏克强和市府副秘书长蔡来兴在会上分别作关于城市基础设施和迈向 21 世纪的上海经济社会发展战略研究报告。市人大常委会副主任孙贵璋、市政协副主席石祝三以及各委办、各区县局的有关领导 400 多人出席了昨天的开幕式。此次规划工作会议将举行三天，为配合市规划工作会议，市规划管理局从今天起在上海展览中心举办迈向 21 世纪的上海——城市发展总体规划方案征询展示会，广泛听取上海各界人士对修订上海城市总体规划的意见。

（记者　陈发春）

（《解放日报》1994 年 10 月 18 日）

徐匡迪在上海规划工作会议闭幕会上指出
坚持以人为本　树立整体观念
把上海建成国际经济中心城市

本报讯　为期三天的上海市规划工作会议昨天降下了帷幕。上海市副市长徐匡迪、夏克强出席了闭幕式。

徐匡迪在会上总结了会议形成的共识，并就如何修订好上海城市总体规划提出了五点要求。他说，修订规划一定要充分体现上海发展的战略目标，把规划的目标定位在建成国际经济、金融、贸易中心之一,崛起成为国际经济中心城市上。规划要有前瞻性,把握国际大城市发展趋势,融汇贯通,博采众长,力争后来居上。城市总体规划是跨跃时空、继往开来的大工程,将接受历史的检验,在考虑城市的形态布局、产业结构布局、城市用地结构、人口分布以及市政基础设施的配置时,都要按国际经济中心城市的标准和规模来规划,不能轻易地降低国际公认的标准。在修订城市规划中,要更多地运用先进的技术手段,使我们在规划的技术和方法上接近国际水平。

徐匡迪指出,修订规划一定要坚持以人为本的宗旨。一个规划的成功与否,要由人民来评判。在考虑城市的人口密度、功能区分、住宅布局、交通网络等具体问题时,要把人民群众的居住和出行要求放在第一位,为人民群众提供尽可能多的便利、舒适的条件。在城市绿化、水资源保护、空气净化等方面,要有发展眼光,多留有余地,并在财力、物力可能的条件下不断提高标准。要注意避免有些国际大都市曾经走过的弯路,力求使我们的城市规划更具有人民性,更适合人民的生活和工作。同时,也使海外人士在上海的工作、生活和游览更为便利。

徐匡迪指出,修订规划一定要体现经济社会和形态规划相统一的主旋律,一方面,城市形态规划必须服从、服务于经济社会发展,体现经济社会发展的总目标,另一方面,经济社会发展规划也必须依托城市形态规划,避免盲目性和负效应。关键是要选准社会经济发展规划和城市形态规划结合点,在不断探索和完善中把握住两者之间的内在关系。

徐匡迪强调,修订规划一定要树立整体观念。城市是一个有机的整体,城市规划作为城市发展的"龙头",将发挥着综合职能和宏观调控的作用。城市规划应该考虑的是城市的整体利益,追求的是城市总体效益的最优化和最大化,这决定了修订城市总体规划时一定要有全局观念,放眼上海长远发展的大局。由于各个地区在功能定位方面客观上的差异,不可避免地存在着局部利益和全局利益的矛盾,在这种情况下,应该强调并贯彻民主集中制的原则,局部利益必须服从全局利益。要坚决防止和克服只顾眼前经济利益,忽视社会环境效益、迁就现状、未能从城市的长远发展进行规划控制和调整、片面强调局部利益,损害整体利益的倾向。

徐匡迪希望动员全社会力量,集中全社会智慧,集思广益,修订好上海城市总体规划。修订规划要打"中华牌"和"世界牌",广泛听取国内外规划专家、学者对21世纪上海发展的意见,深入研讨,精益求精。努力形成一个既有时代特征,又有中国特色和上海特点的城市总体规划。

会议期间,市领导黄菊、陈至立、徐匡迪、金炳华、孙贵璋、胡正昌、夏克强、孟建柱、石祝三等和与会代表一起参观了由市规划管理局、市规划设计研究院举办的迈向21世纪的上海——城市发展总体规划方案征询展示会,并提出了一系列富有建设性的意见。据了解,展示会本月底结束。(记者　陈发春)

(《解放日报》1994 年 10 月 20 日)

上海美好明天振奋人心　市规划方案征询展闭幕

本报讯　历时两周的"迈向21世纪的上海——城市发展总体规划方案征询展示"昨天降下了帷幕。

连日来,约有近4万市民纷纷从市区、从远郊赶来参观,既有广大在职职工,也有大批的大中学生;有白发苍苍的老人,也有稚气未脱的孩子。许多大中学校将展示会看作是对青少年进行国情和市情、爱国主义和革命理想教育的课堂。

黄菊市长等市领导都前往参观,有的领导还来看了两次。

据悉,市规划部门将在认真吸收各方面意见的基础上,用一年时间完成修订城市总体规划的工作,再经市委、市府审议,市人大讨论通过,上报国务院审批。市政府将在市中心合适的位置,建造一个展览厅,充分运用高新技术手段,长期展示上海的昨天、今天和明天。(周伟华)

(《解放日报》1994 年 11 月 1 日)

浦东开发坚持"面向世界"的高标准
深化规划　创造未来

浦东开发是面向世界的开发。因此,浦东新区的规划工作必须基于这样的富有创意的高起点:它应立足于把上海建成国际经济、金融、贸易中心之一的目标;它应立足于面向21世纪的长远发展;它应立足于经济社会跨跃式的发展;它应立足于经济、社会、形态规划的有机统一。

1990 年浦东新区总体规划编制以来,情况发生了变化,在规划的时间上、规划的格局上、规划的层次上都提出了新要求,于是需要我们进一步深化、细化浦东新

区总体规划,共创浦东的灿烂未来。日前召开的浦东新区规划工作会议,提出了深化、细化浦东新区规划高标准,新起点的三个原则:

一要以功能调整为主。浦东要成为经济、金融、贸易中心之一,就要在功能开发上做好文章。管理功能要考虑到各个金融机构、跨国公司以及信息会集中心、商务中心的设置。服务功能要注重城市基础设施的配套和档次,能满足容纳流动人口的要求。集散功能主要是交通,要有前瞻性。浦东新区总体规划的修编要充分体现和满足这三个功能的要求。

二要体现现代化和国际化。既要了解当代世界城市已经达到的水平,作为制定规划的起点,又要瞄准今后一二十年世界大城市可能达到的水平,借鉴国内外规划科学上最新的理论成果和成功经验,使新区的规划具有前瞻性和预见性。同时,规划工作又要坚持高标准,要向国际一流水平看齐,要突破现有条件的局限性,开阔规划视野,追求更高境界,使制定的规划真正成为引导浦东未来发展的龙头。

三要以人为中心。根据城市化进程加快实际情况,以提高浦东人民的生活质量和环境质量为目标,全力编制好浦东新区外环线内200平方公里城市化地区的详细规划,对原来的规划要按照国际大都市的要求进行修改、补充和完善。对其余农村化地区的规划设计,在层次上要向城市设计发展,要充分考虑到国际大都市特有的集聚效应、扩散效应及对农村地区的极化效应。

浦东新区要真正成为全国改革开放的"龙头"和"标志",成为21世纪上海现代化的新象征,规划工作更显得责任重大。当前存在的突出问题是,一些单位规划意识薄弱,随意侵占绿地,市政公建配套执行规划不到位。而新区的规划力量又相对薄弱,与规划建设一流的国际大都市差距很大。

规划是政府的重要职责和行为,但规划工作不只是政府的事、规划管理部门的事,而是全民的事、全社会的事。浦东新区已决心要在增强全民规划意识、提高公众参与度上切实作出成绩,绘制好浦东开发开放的宏伟蓝图。(管志仁)

(《解放日报》1994年11月22日)

突出重点　以点带面

中共宝山区委书记　姜燮富

1993年初,我区提出了"宝山三年大变样"的奋斗目标,两年来,在全区干部和群众的共同努力下,这一目标已提前实现。新三年中,宝山区将继续贯彻"经济发展区域化,产业结构多元化,农村加快城市化,城市加快现代化"的方针,使国民生产总值、工业销售产值、出口拨交额等主要经济指标在 1994 年的基础上翻一番,综合经济实力再上一个台阶,为了达到这一目的,我们要发挥优势,突出重点,以点带面,加快发展。具体做法有:

第一,以宝山城市工业园区开发建设为重点,进一步加快全区工业发展。宝山城市工业园区是我区新三年工业经济新的增长点,今年将基本完成首期 1.5 平方公里的开发,并为二期 5 平方公里的开发做好准备。同时,以此来推进全区工业区的建设,使宝山工业园区化,逐步形成"高、大、洋、特、优"的特色。

第二,以逸仙路高架建设为重点,促进宝山城市现代化建设和管理。逸仙路是宝山通往市中心的主干道。我区准备采用引进外资等多种方式来建设逸仙路高架。同时,加快中心城区建设,加快道路、水电、通信及民用燃气化进程。

第三,以沿江开发为重点,进一步推进全区第三产业的发展。充分挖掘吴淞口 400 米黄金岸线开发的潜力,同市有关部门联手建设上海港高速客运中心。同时抓紧做好沿江旅游开发规划,筹建淞沪抗战纪念馆,开辟起点高、参与性强的旅游景区,逐步形成陆域、岛域融为一体的旅游景点。

第四,以组建钢材交易市场为重点,推动全区商贸业的发展。宝山是我国现代化的钢铁基地之一,我区将加快建设钢材交易大厦,同时要抓好吴淞招商市场等商品要素市场以及集贸市场建设;开办配货中心,发展超市,推广方便店,发展特色专业店。

第五,以建设新一轮菜篮子工程为重点,促进全区农业向"高优高"方向发展。在稳定农副业生产总量的基础上,继续实施"南菜北移"和"南场北移"计划。今年着手建设一个占地 600 多亩的现代化蔬菜园艺场,在两岛发展 1 000 亩竹林,同时适当扩大柑桔、橙、柿等小水果。做好农业保护区规划,增加农业投入,落实农业领导责任制,使农业发展上新水平。

第六,以推行现代企业制度为重点推进改革深化。今年选择一批现代企业的试点,到 1997 年基本完成;再组建 5 至 6 个集团型企业;发展一批股份合作企业,建立一批有限责任公司。

（《解放日报》1995 年 3 月 20 日）

居住区如何规划——以人为本

夏丽卿

近几年来,上海的城市住宅建设以每年递增 20％的速度迅猛发展。中心城区人均居住面积从 4.7 平方米增加到 7.5 平方米。

但是,在城市住宅迅猛发展的同时,也存在着一些不容忽视的问题,就规划方面而言,一是有些住宅区选址不当,与城市总体规划有矛盾,如有些住宅区选在规划的环城绿带内;有的选在机场飞机起降的净空控制区和高噪音区;有的选在基础设施无"源"或缺"源"、可能在相当长时期内难以实施配套的地区;有些小型零星基地见缝插针地选在工业区或工业街坊的下风向。二是不按先编制详细规划经过批准后实施的规定,只画了简单的平面布置图就进行开发,住宅区内部结构不合理,区内道路与城市道路不衔接,甚至将城市干道的发展方向给堵死,不做市政公用设施的管网规划,不按先地下后地上的程序开发,以致变电站、排水泵站、煤气调压站等必要的配套设施用地未能落实,使得房屋建成后配套设施长期无法解决;三是有些开发部门只重住宅面积开发,不重公建服务设施的同步开发,按本市有关规定,新辟居住区公建服务设施配套的建筑面积应占居住区总建筑面积比例的 13％至 16％,但有些居住区公建配套的比例只有 4％到 8％,有的甚至连 4％都不到。而公建设施中的漏配和迟配现象则相当普遍。这些问题亟须通过疏理、协调,尽快予以解决,使入迁居民能消除后顾之忧,得以安其居、乐其业。

根据本市经济社会发展战略,上海的城市住宅建设还将有很大的发展,市府提出到 2000 年,中心城区的人均居住面积要达到 10 平方米,到 2010 年要达到 12 平方米。为此,在"九五"期间,本市每年要竣工住宅 1 000 万平方米。摆在市、区两级规划部门面前的规划任务是很严峻的。我们正在修编中的全市总体规划已结合城镇布局、产业布局、交通规划等为未来五年、十年、二十年的住宅建设用地作了超前的统筹安排。在上述规划按排中,打破了传统的以住宅为主的规划原则,进一步树立以人为本的规划思想,满足人对居住生活环境在物质和精神两方面的需要,即为生活在其中的居民创造安全宜人、环境优美、交往便捷、社会服务功能齐全和有利于身心健康、人的素质全面提高的现代化、高品位城市型综合社区。就像建设部一位领导不久前在上海说的:要体现"造价不高水平高,标准不高质量高,占地不多环

境美,面积不大过得去"。(作者为上海市规划管理局局长)

(《解放日报》1995 年 6 月 8 日)

上海市城市规划条例
(1995 年 6 月 16 日上海市第十届人民代表
大会常务委员会第十九次会议通过)

上海市人民代表大会常务委员会公告第二十五号

《上海市城市规划条例》已由上海市第十届人民代表大会常务委员会第十九次会议于一九九五年六月十六日通过,现予公布,自一九九五年七月十五日起施行。

上海市人民代表大会常务委员会

一九九五年六月二十七日

第一章　总则

第一条　为了科学地制定城市规划,加强城市规划管理,保障城市规划的实施,促进经济、社会和环境协调发展,实现城市现代化,根据《中华人民共和国城市规划法》以及有关法律、法规,结合本市实际情况,制定本条例。

第二条　本市行政区域内制定和实施城市规划,进行各项建设,必须遵守本条例。

第三条　城市规划是进行城市建设和规划管理的依据。本市土地利用和各项建设必须符合城市规划,服从规划管理。

城市规划必须依法制定,任何单位和个人未经法定程序不得更改或者废止。

第四条　城市规划工作实行统一领导、统一规划、统一规范、分级管理,并实行建设项目选址意见书、建设用地规划许可证、建设工程规划许可证制度。

城市规划管理工作人员实行岗位资格证书制度。

第五条　市人民政府负责全市城市规划的制定和实施。市规划委员会负责重要城市规划方案和规划管理事项的协调。

区、县人民政府根据全市城市规划的要求,按照规定权限负责本行政区域城市规划的制定和实施。

市和区、县人民政府应当每年向同级人民代表大会或者其常务委员会报告城市规划的制定和实施情况。

第六条 上海市城市规划管理局(以下简称市规划局或者市规划管理部门)是本市城市规划行政主管部门,负责全市城市规划工作。市规划局根据工作需要,可以设立派出机构,负责指定区域城市规划工作。

浦东新区及其他区、县城市规划管理部门(以下简称区、县规划管理部门)按照规定权限负责本行政区域城市规划工作,业务上受市规划局领导。

本市有关行政管理部门应当按照各自的职责,协同市和区、县规划管理部门实施本条例。

街道办事处和乡、镇人民政府应当协助市和区、县规划管理部门对本行政区域内的违法建设进行监督检查。

第七条 任何单位和个人都有遵守城市规划的义务,并有权对违反城市规划的行为进行检举和控告。

第二章　基本规定

第八条 城市规划必须符合国家和本市实际情况,科学预测城市发展,正确处理近期建设和远景发展、局部利益和整体利益、经济发展和生态环境的关系。

城市规划应当符合城市发展战略,与经济和社会发展计划相结合,与国土规划、江河流域规划、土地利用总体规划相协调。

第九条 城市规划和建设应当促进经济和社会发展,改善人民生活环境,坚持经济效益、社会效益、环境效益相统一。

第十条 城市规划和建设应当保障社会公众利益,符合城市防火、抗震、防洪、民防等要求,维护公共安全、公共卫生、城市交通和市容景观。

第十一条 城市规划和建设应当贯彻勤俭建国的方针,坚持适用、经济的原则,合理用地,节约用地,综合开发利用地下空间。

第十二条 城市规划和建设应当保护和改善城市生态环境,防止污染和其他公害,保护现有绿地、行道树和古树名木,发展城市绿化,加强环境卫生和市容建设。

第十三条 城市规划和建设应当保护具有重要历史意义、文化艺术和科学价值的文物古迹、建筑物、建筑群,重点保护有特色的历史风貌和自然景观。

第十四条　新区开发和旧区改建应当统一规划、合理布局、综合开发、配套建设和基础设施先行，相对集中地进行建设。

旧区改建应当与产业结构和布局调整相结合，合理调整用地，控制高层建筑，降低建筑密度，增加公共绿地，改善城市交通，完善基础设施，增强城市综合功能。

旧区改建的重点是危房、棚户简屋集中地区以及市政公用设施简陋和交通阻塞、环境污染、积水严重的地区。

第三章　城市规划的编制与审批

第十五条　城市规划的编制，分总体规划和详细规划两个阶段。

下列地域、城镇应当编制总体规划：

（一）本市行政区域和中心城；

（二）宝山、嘉定、闵行区和各县行政区域，包括区、县人民政府所在地镇、历史文化名镇、独立工业城镇和其他建制镇；

（三）乡、镇行政区域，包括乡、镇人民政府所在地镇；

（四）市经济技术开发区、市级工业区。

总体规划包括各专业系统规划；中心城在编制总体规划的基础上，应当编制分区规划，分区规划属总体规划范畴。

详细规划包括控制性详细规划和修建性详细规划（含城市设计）。

第十六条　各类城市规划应当以上一级城市规划为依据，其内容应当符合国家城市规划法和本市有关规定。

第十七条　全市总体规划和中心城总体规划，由市人民政府组织编制，提请市人民代表大会或者其常务委员会审查同意后，报国务院审批。

全市各专业系统规划由主管部门组织编制，经市规划局综合平衡后，纳入全市总体规划。

中心城分区规划，历史文化名镇、独立工业城镇、市经济技术开发区、市级工业区总体规划，由市规划局组织编制，报市人民政府审批。

宝山、嘉定、闵行区域规划和各县域规划以及区、县人民政府所在地镇总体规划，由区、县人民政府组织编制，经市规划局综合平衡，提请同级人民代表大会或者其常务委员会审查同意后，报市人民政府审批。

乡、镇域规划和其他建制镇总体规划，由乡、镇人民政府组织编制，经区、县规划管理部门综合平衡后,报区、县人民政府审批,并报市规划局备案。其中毗邻中心城的乡、镇域规划和建制镇总体规划,由区、县人民政府审查同意后,报市规划局审批。

　　第十八条　本市重要地区、重要道路两侧以及对城市布局有重大影响的建设项目的详细规划,由市规划局组织编制,报市人民政府审批。

　　浦东新区除中央商务区和中央大道两侧外的详细规划,由浦东新区规划管理部门组织编制,报浦东新区行政机关审批,并报市规划局备案。

　　中心城一般地区的详细规划,由区人民政府组织编制,报市规划局审批。

　　宝山、嘉定、闵行区和各县人民政府所在地镇及市级工业区详细规划,由区、县人民政府组织编制,报市规划局审批;其他建制镇详细规划,由区、县规划管理部门组织编制,报区、县人民政府审批,并报市规划局备案。

　　修建性详细规划经市或者区、县规划管理部门同意,可以由开发建设单位委托有城市规划设计资质的单位,依据控制性详细规划编制,按照本条规定的审批程序报批。

　　第十九条　市或者区、县规划管理部门受理报批的城市规划文件后,应当在法定工作日五十天内批复。

　　第二十条　根据城市经济、社会和环境协调发展需要,对已经批准的总体规划在城市性质、规模、发展方向和总体布局上作重大变更的,按照本条例第十七条的规定进行。对已经批准的总体规划作局部调整的,全市总体规划和中心城总体规划由市人民政府报市人民代表大会常务委员会和国务院备案;其他总体规划报原批准机关审批。

　　对已经批准的详细规划作修订和调整的,按照本条例第十八条的规定进行。

　　第二十一条　制定城市规划,应当有组织地听取专家、市民和相关方面的意见。

　　第二十二条　全市总体规划经国务院批准后,由市人民政府公布。其他城市规划由批准机关公布。

　　第二十三条　在本市从事城市规划的设计单位应当持有相应等级的城市规划设计证书,非本市的设计单位应当经市规划局批准。

第四章　　建设用地规划管理

　　第二十四条　各项建设用地必须符合城市规划和城市规划管理技术规定。建设单位或者个人必须按照规定申请建设项目选址意见书和建设用地规划许可证。

第二十五条 各项建设用地必须在城市规划确定的土地使用功能区内选址定点。严格控制在城市基础设施不能满足需要、又无有效措施的地区安排新建、迁建项目;禁止在公路沿线分散安排建设项目。

第二十六条 国有土地使用权出让必须按照城市规划和城市规划管理技术规定的要求进行。市规划局应当参与国有土地使用权出让计划的制定。

国有土地使用权出让合同必须有市或者区、县规划管理部门根据批准的详细规划提供的出让地块的位置、范围、规划用地性质、建筑容积率、建筑密度、绿地率、停车场地等各项规划要求及附图。

国有土地使用权转让合同必须附有原出让合同中的各项规划要求及附图。

国有土地使用权受让人在开发和经营土地的活动中,未经原审批的市或者区、县规划管理部门同意,不得变更出让合同中的各项规划要求。

第二十七条 公共绿地(含公园、街头绿地等)、生产绿地、防护绿地、专用绿地(含住宅区绿地、庭园绿地、各单位绿地等)、基本农田保护区用地、蔬菜保护区用地、公共活动场地、对外交通用地、市政公用设施用地、医疗机构用地、体育场地、学校用地等现有和规划的专用土地,必须妥善保护。未经法定程序调整规划,不得改变用途。

禁止占用城市道路、广场、河道、高压供电走廊和压占城市地下管线或者依附防汛墙建造建筑物、构筑物。

第二十八条 按照规划建成的地区和规划保留的旧区居住街坊、里弄、花园住宅、公寓,未经法定程序调整规划,不得拆除、插建、扩建(含加层)各类建筑。

第二十九条 市和区、县人民政府根据市政建设需要,按照规定权限和法定程序作出的调整用地决定,任何单位和个人必须服从。

第三十条 沿城市规划道路、河道、绿化带等公共用地安排的建设项目,建设单位应当按照规划带征公共用地。

第三十一条 因建设需要临时使用土地的,使用者应当按照规定申请临时用地规划许可。

临时用地必须按照市或者区、县规划管理部门批准的用途使用,不得改作他用或者转让,不得建造永久性建筑物、构筑物。使用期满由使用者负责拆除一切临时设施,恢复土地原状,退还原土地所有者或者使用者。

第五章　建设工程规划管理

第三十二条　各项建设工程必须符合城市规划和城市规划管理技术规定。建设单位或者个人必须按照规定申请建设工程规划许可证。

第三十三条　沿道路新建、改建的建筑物、构筑物(含地下构筑物)及其附属设施,不得逾越道路规划红线,并应当按照规定距离后退。

道路规划红线范围内现有建筑物,经市规划局批准暂缓拆除的结构较好的建筑作局部改建时,应当将逾越道路规划红线的建筑底层辟作骑楼,设置人行道。

沿道路建设的建设工程,建设单位或者个人应当向市或者县规划管理部门申请设置道路规划红线界桩。

第三十四条　新建、改建、扩建建设工程,应当按照规定配置绿地和机动车、非机动车停车场(库),按照规划要求配建公共厕所,并与建设工程统一设计、同步建设、同时交付使用,不得改作他用。

第三十五条　新建、改建公共建筑和城市道路,应当设置无障碍设施。

第三十六条　对文物保护单位和优秀近代建筑,应当按照规定进行保护。在保护范围内不得新建建筑物。在保护范围内改建建筑物或者在建设控制地带内新建、改建建筑物,应当符合有关规定,不得破坏原有环境风貌。

第三十七条　沿道路的建筑物、构筑物、城市雕塑、户外广告等设施,应当符合城市规划和市容要求。

沿主要道路不得布置零星、简陋的建筑物和构筑物。沿其他道路设置的建筑附属设施,不得妨碍市容景观。新建、改建中心城主要道路时,沿路的架空线应当埋入地下。

第三十八条　建设物的室外地面标高,应当符合详细规划的要求;尚未编制详细规划的地区,可以参照该地区城市排水设施情况和附近道路、建筑物标高确定。

新建、改建道路路面标高,应当与相邻街坊以及沿路建筑地坪标高相协调,不得妨碍相邻各方的排水。

第三十九条　管线、道路、桥梁和轨道交通工程建设,应当进行综合平衡,统筹安排。

第四十条　建设工程涉及环境保护、环境卫生、卫生防疫、劳动安全、消防、交通、绿化、供水、排水、供电、供热、燃气、通讯、地下工程、河港、铁路、航空、气象、防汛、抗震、民防、军事、国家安全、文物保护、建筑保护、测量标志以及农田水利等方面管理要求的,必须符合国家和本市的有关规定。

第四十一条　设计单位必须按照城市规划、城市规划管理技术规定和市或者区、县规划管理部门提出的规划设计要求进行建设工程设计,并对设计质量负责。

施工单位必须按照建设工程规划许可证所附的图纸施工,并对施工质量负责。

第四十二条　建筑工程和管线、道路、桥梁工程现场放样后,建设单位或者个人必须按照规定向市或者区、县规划管理部门申请复验,并报告开工日期,经复验无误后方可开工。市或者区、县规划管理部门受理申请后,应当在法定工作日七天内复验完毕。

第四十三条　建设单位或者个人必须按照建设工程规划许可证及附图的要求,全面完成建设基地内的各项建设和环境建设。

第四十四条　建设工程竣工后,建设单位或者个人必须向市或者区、县规划管理部门申请规划验收。规划验收不合格的,市或者区、县规划管理部门不予签证;房地产管理部门不予房地产权登记。

建设工程竣工验收后,建设单位应当在两个月内拆除建设基地内的临时设施。

建设工程竣工验收后六个月内,建设单位或者个人应当按照规定向市城市建设档案馆或者区、县城市建设档案机构无偿报送建设工程竣工档案。

第四十五条　建筑物的使用应当符合建设工程规划许可证核准的使用性质。需要变更建筑物使用性质的,必须报原审批的市或者区、县规划管理部门批准。

第四十六条　临时建筑不得超过两层,使用期不得超过两年;确需延期的,可以申请延期一次,延长期不得超过一年。临时建筑不得改变用途或者买卖、转让;使用期满后,建设单位或者个人必须负责拆除。

第四十七条　棚户简屋地区的房屋应当按照城市规划进行改建;尚无改建计划的,经批准后,可以进行修建,但应当在排水、通风、采光等方面处理好与相邻建筑的关系,不得扩大原有建筑占地面积,不得妨碍交通、消防安全。

第四十八条　农村个人住房建设应当根据城市规划要求,统一规划、相对集中、与村镇建设相结合。具体办法由市人民政府制定。

第六章　城市规划管理审批程序

第四十九条　各项建设的建设项目选址意见书、建设用地规划许可证和建设

工程规划许可证,按照下列规定审批:

(一)重要地区和重要道路两侧一个街坊内的建设工程、对城市布局有重大影响的建设工程、全市性市政公用设施建设工程、部队和保密建设工程以及市人民政府确定的其他重大建设工程,由市规划局审批;

(二)除前项以外的建设工程,由所在区、县规划管理部门审批,并在批准后十五天内报市规划局备案,其中外环线以内和主要公路两侧变更原批准规划或者未经批准规划的建设用地,以及十八层(含十八层)以上建筑设计方案,应当报经市规划局审核同意;

(三)浦东新区的建设工程,除对城市布局有重大影响的建设工程、全市性市政公用设施建设工程、部队和保密建设工程外,由浦东新区规划管理部门审批,并在批准后十五天内报市规划局备案,其中中央商务区、中央大道两侧的建筑设计方案应当报经市规划局审核同意。

第五十条 建设项目有下列情形之一的,应当按照规定申请建设项目选址意见书和建设用地规划许可证:

(一)新建、迁建单位需要使用土地的;

(二)原址扩建需要使用本单位以外的土地的;

(三)需要改变本单位土地使用性质的。

第五十一条 建设单位在上报建设项目可行性研究报告前,应当按照规定向市或者区、县规划管理部门申请建设项目选址意见书。

建设单位或者个人申请建设项目选址意见书,应当填报《建设项目选址申请表》,并按照规定附送有关文件、图纸。大中型建设项目,应当事先委托有相应资质的规划设计单位作出选址论证。

市或者区、县规划管理部门受理申请后,应当在法定工作日四十天内审批完毕。经审核同意的,发给建设项目选址意见书,并核定设计范围,提出规划设计要求;经审核不同意的,予以书面答复。

各有关部门在审批建设项目可行性研究报告时,应当验证按照本条例第四十九条规定权限核发的建设项目选址意见书。

建设单位在取得建设项目选址意见书后六个月内,建设项目可行性研究报告未获批准又未申请延期的,建设项目选址意见书即行失效。

第五十二条 建设单位或者个人申请建设用地规划许可证,应当填报《建设用地规划许可证申请表》,并按照规定附送建设项目可行性研究报告和设计方案以及有关文件、图纸。

市或者区、县规划管理部门受理申请后,应当在法定工作日四十天内审批完毕。经审核同意的,发给建设用地规划许可证;经审核不同意的,予以书面答复。

国有土地使用权出让、转让地块的建设工程,在出让、转让合同签订后,应当按照规定向市或者区、县规划管理部门申领或者更换建设用地规划许可证。

建设单位或者个人在取得建设用地规划许可证后六个月内,未取得建设用地批准文件又未申请延期的,建设用地规划许可证即行失效。

施工临时用地规划许可,可以随同建设用地规划许可证一并申请审批。

第五十三条 下列建设工程,应当按照规定申请建设工程规划许可证:

(一) 新建、改建、扩建的建筑工程;

(二) 新建、改建城市道路、公路、桥梁、管线、隧道、轨道交通工程;

(三) 文物保护单位和优秀近代建筑的大修工程以及改变原有外貌或者结构体系或者基本平面布局的装修工程;

(四) 需要变动主体承重结构的建筑大修工程;

(五) 沿道路或者在广场设置的城市雕塑工程。

第五十四条 建设单位或者个人申请建设工程规划许可证,应当填报《建设工程规划许可证申请表》,并按照规定附送有关文件、图纸。

市或者区、县规划管理部门受理申请后,应当在法定工作日二十五天内审批完毕。经审核同意的,发给建设工程规划许可证;经审核不同意的,予以书面答复。

利用原址建设的建筑工程或者不需要申请用地的管线、道路工程,建设单位或者个人应当按照规定向市或者区、县规划管理部门申请核定设计范围和规划设计要求,并按照规定报送设计方案,经市或者区、县规划管理部门核定设计方案后,按本条第一款规定申请建设工程规划许可证。

单项建设工程的建设工程规划许可证必须按照规定向市或者区、县规划管理部门报批。建设单位或者个人不得化整为零,分别报批。

建设单位或者个人领取建设工程规划许可证时,应当按规定缴纳执照费,并在六个月内开工。逾期未开工又未申请延期或者申请延期未经批准的,建设工程规划许可证即行失效。

第五十五条 下列零星建设工程应当向所在区、县规划管理部门申请建设工程规划许可证(零星),受理部门应当在法定工作日二十天内予以审批:

(一) 棚户简屋的修建;

(二) 建制镇的个人住房建设;

(三) 沿城市道路的房屋门面装修;

(四) 户外广告设施的安装。

零星建设工程涉及人民广场地区、中央商务区、市级商业街和文物保护单位、优秀近代建筑的,其设计方案应当报市规划局审核同意。

第五十六条 建设单位或者个人建造临时建筑,应当向所在区、县规划管理部门申请建设工程规划许可证(临时),受理部门应当在法定工作日二十天内予以审批。

第五十七条 需要变更建设用地规划许可证核准的用地性质、位置、范围和建设工程规划许可证核准的建筑性质、位置、面积、高度、结构,道路位置、宽度,桥梁位置、梁底标高,市政公用管线位置、口径的,建设单位或者个人必须报原审批部门批准。

第五十八条 因建设需要拆除原有基地内房屋的建设单位或者个人,应当向市或者区、县规划管理部门申请规划许可。其中拆除本单位或者个人所有房屋的,必须持有房产权属证明;申请拆除其他单位或者个人所有房屋的,应当持有产权人同意证明。

第七章 城市规划实施的监督检查

第五十九条 市或者区、县规划管理部门及其规划管理监督检查机构,负责城市规划实施的监督检查,并依法制止和处理违法建设活动。

规划管理监督检查人员执行公务时,应当佩戴标志,出示证件,并为被检查者保守技术秘密和业务秘密。

第六十条 城市规划监督检查的内容如下:

(一) 未经规划许可的建设用地和建设工程;

(二) 建设用地规划许可证的合法性及其执行情况;

(三) 建设工程规划许可证的合法性及其执行情况;

(四) 按照规划建成和保留地区的规划控制情况;

(五) 建设工程放样复验;

(六) 建设工程竣工规划验收;

(七) 建筑物、构筑物的规划使用性质;

（八）按照本条例规定应当监督检查的其他内容。

第六十一条 对按照本条例规定应当给予行政处罚的建设单位、设计单位、施工单位或者个人,市或者区、县规划管理部门应当立案调查,查勘取证,作出行政处罚决定,送达当事人。

第八章 法律责任

第六十二条 未取得建设用地规划许可证而取得建设用地批准文件占用土地的,批准文件无效,占用的土地由市或者区、县人民政府责令退回,并按照非法占用土地处理。

第六十三条 未取得建设工程规划许可证或者未按照建设工程规划许可证的规定进行建设的建设单位或者个人和施工单位,市或者区、县规划管理部门应当责令其停止施工,并视违法建设工程对城市规划和城市管理的影响程度,按照下列规定给予处罚:

（一）有严重影响的,责令限期拆除,或者予以没收,上缴市人民政府;

（二）有影响尚可采取措施消除的,责令限期改正,并处以建设工程土建造价的百分之五至三十的罚款;

（三）尚无不良影响的,处以建设工程土建造价百分之二至二十的罚款,并责令其补办建设工程规划许可证。

违反本条例第二十七条、第二十八条、第三十三条第一款、第三十六条规定的建设工程,责令限期拆除。

第六十四条 逾期不拆的临时建筑或者建设基地内的临时设施,由市或者区、县规划管理部门责令建设单位或者个人和施工单位限期拆除,并从逾期之日起处以建筑面积每日每平方米十元至五十元的罚款。

第六十五条 对违反本条例规定未申请施工放样复验的,处以二千元以下的罚款;未按复验后施工放样要求施工并造成后果的,按照本条例第六十三条规定处罚。

第六十六条 对违反本条例规定造成违法建设的设计单位,由市或者区、县规划管理部门处以设计费百分之十至一百的罚款。

对违反本条例规定造成违法建设的施工单位,由市或者区、县规划管理部门处以施工管理费用的百分之十至一百的罚款。

对违反本条例规定造成违法建设的设计单位、施工单位,由主管部门根据情节轻重给予通报批评、停业整顿直至吊销资格证书的处分,或者按有关规定处理。

第六十七条 对违反本条例规定擅自变更建筑物使用性质的,由市或者区、县规划管理部门责令限期改正,并处以当年重置价百分之二至二十的罚款。

第六十八条 对违反本条例规定逾期未报送建设工程竣工档案的,由市或者区、县规划管理部门责令限期报送,并按照《上海市档案条例》的规定处以罚款。

第六十九条 对违反本条例的单位和个人处以罚款时,应当向当事人出具由市财政部门统一印制的罚没款收据。罚没款按照规定上缴财政。

罚没款必须在规定期限内缴纳,逾期不缴纳的,每日加收千分之三的滞纳金。

第七十条 建设单位或者个人和施工单位接到停止施工的通知后继续施工的,市规划管理部门可以通知供电、供水部门停供施工用电、用水,有关部门应当协同实施。

对妨碍公共安全、公共卫生、城市交通和市容景观等的违法建设工程,市和区、县人民政府可以组织有关部门拆除,所需费用由违法建设的单位或者个人负责。

第七十一条 越权编制或者违法编制城市规划的,审批机关不予审批。

违法审批或者违法变更城市规划的,由上级人民政府或者市规划局予以撤销。

第七十二条 市或者区、县规划管理部门违反本条例规定核发建设项目选址意见书、建设用地规划许可证和建设工程规划许可证,或者作出其他错误决定,由市人民政府或者市规划局责令其纠正,或者予以撤销,并对违法建设工程作出处理;造成直接经济损失的,由原发证部门依法赔偿。

第七十三条 市或者区、县规划管理部门未按期审批建设项目选址意见书、建设用地规划许可证(含临时)、建设工程规划许可证(含临时、零星),造成直接经济损失的,应当依法赔偿。

第七十四条 对违反本条例规定造成违法建设的建设单位责任人,由市或者区、县规划管理部门处以三千至一万元的罚款;并由其上级机关或者所在单位给予行政处分。构成犯罪的,依法追究刑事责任。

第七十五条 对违反本条例规定造成违法建设的审批责任人,由其所在单位或者上级机关给予行政处分和经济处罚。

市或者区、县规划管理部门工作人员玩忽职守、滥用职权、徇私舞弊的,由其所在单位或者上级机关给予行政处分;构成犯罪的,依法追究刑事责任。

第七十六条 当事人对具体行政行为不服的,可以在知道具体行政行为之日起十五日内,向作出具体行政行为的行政机关的上一级机关申请复议;对复议决定不服的,可以在接到复议决定之日起十五日内,向人民法院起诉。当事人也可以在知道具体行政行为之日起十五日内,直接向人民法院起诉。

当事人对行政处罚决定逾期不申请复议、不向人民法院起诉,又不履行的,由作出行政处罚决定的行政机关申请人民法院强制执行。

第九章　附则

第七十七条　本条例下列用语的含义是:

重要地区,是指城市规划确定的人民广场地区、中央商务区、城市副中心、市级专业中心、市综合开发居住区、市经济技术开发区、历史风貌保护区、淀山湖和佘山风景区、军事设施保护区,金山卫、宝钢、安亭、吴淞、闵行和吴泾地区,市级以上文物保护单位和优秀近代建筑保护单位建设控制地带、外环绿带等。

重要道路,是指市级商业街(南京路、淮海中路、四川北路、西藏中路等),浦东新区中央大道,内环线和外环线,内环线范围内三条东西向主干道和三条南北向主干道。

对城市布局有重大影响的建设工程,是指航空港、铁路及其站场、水运港区、地下铁道沿线及其站场、黄浦江大桥隧道及其出入口、轨道交通线路及其站场和高压供电走廊等。

重要地区、重要道路、对城市布局有重大影响的建设工程的具体范围由市规划局划定。

第七十八条　本条例的具体应用问题,由市规划局负责解释。

第七十九条　本条例自 1995 年 7 月 15 日起施行,上海市第九届人民代表大会常务委员会第九次会议通过的《上海市城市建设规划管理条例》同时废止。

（《解放日报》1995 年 7 月 3 日）

浦东新区实施"列车工程"
15 个乡镇城乡一体化,3 万多农民已安置就业

本报讯　浦东 10 万农民开始登上共同致富的"列车"。这项称之为"列车工程"

的计划实施以来，已使开发小区周边15个乡镇逐步走上城乡一体化的道路，35 000余农业人口解决了安置就业问题。

浦东的"列车工程"，是由城市开发带动的。位于陆家嘴金融贸易区的原黄浦区浦东块和川沙洋泾乡、严桥乡地区，由陆家嘴开发公司分别与两个乡共同开发建设桃林、桃源和临沂小区，这些小区集商业、住宅、教育卫生和文化娱乐设施等为一体，促进乡镇向城市化平稳过渡。金桥出口加工区开发公司分别与当地金桥乡、张桥乡和洋泾乡合资开发，利用金桥开发区资金、技术、管理、人才等方面的优势，带动乡镇经济发展。

各开发小区在与周边乡镇合作开发的过程中，帮助乡镇企业进行产品结构调整和升级换代，使之跃上新的台阶。金桥4家乡镇企业实行"关、停、并、转"后，集中资金、设备和人才，与江苏省阳光毛纺集团合资建厂，今年已投入试生产，年产值将达1亿多元。金佳公司通过建造标准厂房为乡镇企业结构重组创造条件，目前已与香港金山集团合资，开发生产钮扣式电池，年产值也可达到1亿元。在实施"列车工程"中，开发小区还与当地乡镇积极探索城乡一体化的新模式。张江开发公司党委与当地张江乡党委成立了张江开发地区联合党委，对周边乡村深入调查研究，在对张江高科技园区进行总体规划的基础上，由开发公司出资邀请澳大利亚著名规划设计师，对毗邻园区的张江镇进行规划设计，按照园区产业导向绘就城乡一体化的蓝图。（记者　贾宝良　通讯员　陈建明）

（《解放日报》1995年7月26日）

以"中心开花　四角顶立"为格局
南汇构建浦东后花园蓝图

坚持超前性和现实性相结合，这是南汇县构筑城镇规划总体构想的基点。该县将建设以"中心开花，四角顶立"为布局的城镇体系，形成与上海这个国际化大都市相适应的组团式城圈，把南汇建成名副其实的浦东南大门和后花园。

南汇城镇总体规划建立在充分发挥三大优势的基础上，即与浦东新区接壤的地理和政策优势、45公里海岸线具有的滩涂资源、海陆空皆备的交通优势。南汇县在确立"沿浦东新区、沿海、沿路"的经济发展思路的同时，在城镇规划上做到"相对集中，布局合理，功能互补，各有特色"，形成以惠南镇为中心城，周浦——康桥地区,新场——航头地区、祝桥地区,芦潮港地区为四个辅中心城,形成"中心开花,四角顶立"的格局。

所谓"中心开花",就是把惠南中心城建设成国际航空港的南翼辅城和绿树成荫的生态城市,具有行政管理、商业金融贸易、文化教育、旅游、工业、居住六大功能区。整个城市绿化面积为 5 平方公里,占城市总面积 15%,使南汇中心城成为花园城市。"四角"中的周浦镇,素有"小上海"之称,它和康桥工业开发区一起定位为浦东新区南沿的重要工业和商贸基地。新场镇是有名的江南水乡和文明卫生城镇,随着浦东铁路的建设,新场——航头地区将成为交通枢纽和新兴的工业商贸园区。祝桥是浦东国际航空港的所在地,它将以此为重要依托,发展成为空港城市的组成部分。芦潮港是一个新兴的港口城镇,它将依托港口和旅游资源,建设成为集交通港、贸易港、旅游港和渔港为一体的港口城镇,发展前景十分广阔。

目前,南汇县正在实施建设"一点、一带、一圈"为内容的旅游规划,一点即是占地 186 公顷的上海野生动物园,可望年内迎客;一带即是把东海 33 公里的海岸建成滨海旅游带,现已有上海影视乐园、白玉兰渡假村、国际乡村射击俱乐部等相继建成;一圈即是以芦潮港为圆心,向嵊泗、舟山辐射,发展陆岛旅游。(本报记者 徐家麒)

(《解放日报》1995 年 8 月 17 日)

城区、区级镇、现代农民新村有机组合
建设城乡一体新宝山

驱车在数公里长的牡丹江路上,只见两旁商业网点成片连线,新的建筑工地不时出现。高楼、宾馆、体育中心,各种建筑物新颖别致,这里是宝山区规划建设中最繁华的商贸一条街。

从建设现代化城市的目标出发,宝山区在城镇发展中突破原有城市分散狭小的空间,进一步增加集中城市化地域面积,重视和加强城市功能的完善,同时加快区级镇发展,推进现代农民新村的规划建设,逐步把宝山建设成为由城区、区级镇和现代农民新村组合的现代化的上海辅城。

宝山城区将由辅城中心、中心城区及产业区和生活居住区等三个层次构成。集商贸、文化、旅游、办公、信息为一体的辅城中心,其面积约 58 公顷,形成商住行政区、体育中心区、文化教育区、科技贸易区,并设置体育中心、文化中心、科技馆等区级的重要社会服务设施;中心城区由淞宝地区组成,重点抓好城市功能的完善和优化,以开发建设牡丹江路、吴淞客运中心、沿江游乐中心为重点,逐步形成旅游功能、交通枢纽功能、商贸功能和社会服务功能;第三个层次是在淞宝中心城区以外至规划城区的范围内,建设形成以二、三产业为主的产业区和现代化生活居住区。

为实现城市合理布局,宝山区又规划6个镇区为区级镇。区级镇既是宝山区集中化城区城市功能的辐射,又是当地区的政治、经济和文化中心,具有相对的独立性。现代农民居住新村将是宝山城市的组成部分之一。宝山区现有大小自然村、农村居住点几百个,这些农民居住点难以适应建设城乡一体新宝山的需要。根据宝山城市发展方向和布局结构,这些农民居住点将逐步进行改造,规划建设65个现代农民居住新村,使其成为城市化的居住区。(本报记者　徐家麒)

(《解放日报》1995年8月31日)

中央给予浦东政策　增强新区功能开发
强调浦东和各省市一样贯彻
统一的财税、外贸等体制

本报讯　为尽快落实中央对上海提出的"一个龙头、三个中心","带动长江流域地区经济的发展"的目标与要求,中央决定给予浦东"九五"期间进一步加强功能开发和为全国服务的新政策。这些政策包括:

1. 经外经贸部批准的有进出口经营权的年出口额在1亿美元以上的外贸企业、出口额在2000万美元以上的自营生产企业,可以在浦东新区设立子公司,授权上海市审批。该政策将促使上海和浦东向全国放开外贸市场,展开平等竞争,共建我国外贸新格局。

2. 允许在浦东新区选择有代表性的国家和地区,试办3—4家中外合资的外贸企业,由上海市提出具体方案,经外经贸部核定经营范围和贸易金额,报国务院审批。

3. 外高桥保税区内可以开展除零售业务以外的保税性质的商业经营活动,并逐步扩大服务贸易。

4. 一旦中央政府同意外资银行经营人民币业务，将允许首先在浦东试点，进入浦东的个别外资银行将获得优先权。

5. 在具备条件以后，经中国人民银行审批，在陆家嘴注册的外资金融机构可以在浦西和外高桥保税区内设立分支机构；可以在浦东新区再设立若干家外资和中外合资保险机构。

这些新政策不仅为浦东开发注入了新的动力，而且也将为进入浦东的中资和外资企业注入新的活力。

中央在明确上海浦东开发“九五”期间的政策时，强调了浦东新区总体上要与全国其他省市一样，坚决贯彻国家统一的财税、外贸等体制。在执行这些政策时，则要求操作上的统一与规范。主要表现在四个方面：在财政税收方面，强调“九五”期间，浦东新区财政按全国统一的财税体制——分税制运行，不再实行新增收入全留政策；在金融方面，“九五”期间浦东新区的外汇信贷计划由中国人民银行下达。贷款的借、用、还都必须严格符合人民银行的规范；在保税区管理方面，要加强对保税区的关口管理，严厉打击走私。在基本建设方面，要求浦东开发继续坚持总体规划、分步实施的方针，开发一片，建成一片，投产一片，既要充分发挥优势，积极进取，又要量力而行，讲求实效，集中力量，突出重点。

（《解放日报》1995 年 9 月 19 日）

加快危棚简屋改造　新区出台优惠政策

为加快浦东新区范围内危房、棚户、简屋住宅的改造步伐，浦东新区管委会最近制订了对“危棚简”住宅地块改造开发的实施意见。

在符合城市总体规划，立足于新区长远发展，坚持土地有偿使用的原则下，“危棚简”住宅地块的改造开发可采取成片改造开发；因地制宜，实行改、留、拆、建多种方式并举；成片和分片改造相结合等各种形式。“危棚简”住宅地块的改造可交由一个或几个单位参与开发。开发单位可承担或参与从动拆迁到基地建设的全过程改造开发，也可只承担或参与前期基地开发或后期基地建设。“危棚简”住宅地块通过土地出让方式获得土地使用权，其间可实行毛地（未动迁地块）出让开发或熟地（完成“七通一平”地块）出让开发。

浦东新区制订了危旧房改造的优惠政策。投资回报率低于10％的"危棚简"地块,土地出让金全额返还。投资回报率在10％至30％范围内的,土地出让金返还50％,投资回报率高于30％的,土地出让金酌情返还。对部分税费暂予减免,如免缴市政配套费、固定资产投资方向调节税、新型墙体材料基金,人防建设费和城市房屋拆迁管理费。公建配套费按费随事转原则,采取包干使用的办法,全都留给开发单位,用于区内公建配套建设。此外,"危棚简"地块改造项目可适当调整建筑容量,还可申请住房公积金贷款等。(本报记者　徐家麒)

（《解放日报》1995年10月12日）

虹口区开始实施大规模总体规划
改造本市两个最大棚户区

本报讯　虹口区实施大规模改造危棚简屋总体规划。昨天推出"四达花苑"、"天宝京城"两个重点项目,本市最大的两个棚户区新港和虹镇地区可望得到彻底改造。该区危棚简屋改造总指挥部已于日前挂牌成立。

虹口区目前尚有危棚简屋73.5万平方米。区政府确定的全区棚改总体目标是到2000年将基本完成全区89幅地块、73.5万平方米的改造任务,平均每年完成改造任务15万平方米。为实现这一总体目标,区政府确定了成片改造、分块实施、突出重点、综合开发的改造方针,将新港、虹镇、同心和颜家浜等地区作为改造重点。首先选择辟通曲阳路和安丘路沿线两侧的开发改造作为突破口,推出"四达花苑"、"天宝京城"两大重点项目。

辟通曲阳路、建造"四达花苑",将带动周边地区改造,使目前居住与工业混杂、环境质量差的颜家浜地区城市布局得以合理调整,成为虹口区点、线、面的联系纽带。周边的2万平方米棚户得到改造,将建成一个跨世纪高水准的居住区。将建造"天宝京城"的虹镇地区,面积约181.2公顷,是本市有名的棚户区。在改造过程中,虹口区将以人口密度最高的安丘路为突破口,中心开花,创造规模效应,使这一地区的面貌得到根本的改变,目前该地区有的地块已正式启动。

在昨天虹口区加快危棚简屋改造新闻发布会上,薛全荣代区长宣布了区政府为加快危棚简屋改造所制定的一系列措施和优惠政策,其中包括让利于开发商和投资者;对确认的棚改项目将提供快捷方便的"一站式"审批和"一揽子"服务等。

（记者　洪梅芬）

（《解放日报》1995 年 11 月 9 日）

张杨路商业街总体规划编定

浦东第一商业街——张杨路商业街总体详细规划日前编定。

"规划"将整条张杨路划分为 3 个中心：一是市级商业中心，由东方路以西至浦东南路，有新上海商业城、竹园商贸中心等；二是东方路以东、罗山路以西，以桃林旅游体育中心为主，建成集购物、餐饮、文化娱乐为主的旅游娱乐中心；三是地区性商业中心，建在罗山路以东至金桥路的黄山新村、金杨新村等住宅区内。（小雨）

（《解放日报》1995 年 12 月 1 日）

市委市府召开农村工作会议提出今年任务
加快农业科技化集约化　加快工业园区化集团化
按照卫星城的标准，加快郊区基础设施和中心城镇建设
黄菊到会作重要讲话　徐匡迪给大会致信

于沛华　李　翔

本报讯　（记者于沛华　李翔）　正当全市人民在市委六届四次全会精神指引下，以饱满的热情、高昂的斗志跨入"九五"征途之际，一年一度的上海市农村工作会议昨天在东海农场开幕。市委、市政府有关委办局负责同志和郊区千余名干部共商开创上海农村工作新局面大政方针，明确了农业重要地位，发展目标、方针政策，以及今年任务，即加快提高农业科技化、集约化水平，加快工业园区化、集团化建设，大力拓展第三产业，继续加大对外开放力度，并按照卫星城的标准，加快郊区基础设施和中心城镇建设步伐。

这次大会是上海农村深入贯彻党的十四届五中全会、中央农村工作会议和市委六届四次全会精神的重要会议。会议之前，市委书记黄菊等深入郊区各县广泛开展调查研究，同郊区广大干部共商"九五"时期和今年农村工作的主要任务和政

策措施,为会议的召开作了充分准备。黄菊到会作了重要讲话,市委副书记、市长徐匡迪致信大会。市委副书记王力平作了题为《确立新目标,再上新台阶》的报告,市委常委、副市长孟建柱主持会议。会议认真讨论了"九五"时期和今年农村工作的主要任务和政策措施,围绕农业适度规模化、乡镇工业园区化、农村集镇城市化三个专题交流发言,并表彰了在郊区两个文明建设中取得突出成绩的 33 个标兵乡镇、标兵村和标兵企业。

黄菊首先肯定郊区在"八五"期间所取得的巨大成绩。他指出,在过去的五年里,郊区广大干部群众以邓小平同志建设有中国特色社会主义理论为指导,坚持党的基本路线,全面贯彻市委、市政府对郊区工作的一系列方针、政策,抓住机遇,奋力拚搏,郊区经济发展迅速,经济实力明显增强;对外开放成效显著,郊区已成为外商投资热点;努力服务城市,促进社会稳定,整个郊区呈现出一派经济繁荣、各业兴旺、社会安定、人心思上的喜人景象。过去的五年,是郊区生产力大发展的五年,也是郊区在全市发展中的战略地位大提高的五年。黄菊指出,郊区的发展是上海经济与社会发展总体规划中的重要组成部分,是上海经济与社会发展中最具潜力、最有希望的重要区域。在进一步加快郊区经济和社会发展进程中,一要进一步加强农业基础,继续坚持"两个立足点",高标准地建设好都市型"菜篮子"、"米袋子"工程。二要大力发展郊区经济新的增长点,不断提高郊区经济在全市经济中的比重。三要高起点规划和建设郊区城镇体系和基础设施。要十分注意节约用地和保护生态环境。四要加强农村基层政权建设,加强社区管理,加强农村社会主义精神文明建设,加强农村民主法制建设,进一步促进郊区经济和社会协调发展。

黄菊强调,必须加强和改善党对农村工作的领导,党在农村的各项方针政策和工作任务,最终要靠农村基层组织和干部党员团结带领广大农民群众去落实。一定要按照中央的部署,下功夫把农村基层组织特别是以党支部为核心的村级组织建设好,为实现郊区今年和"九五"时期的发展目标提供坚强的组织保证。黄菊要求郊区广大干部认真学习,廉政勤政,努力提高自身的政治素质和政策水平,改进工作方法和工作作风,以更昂扬的姿态、更充沛的热情、更主动的精神,解放思想,开拓创新,突出重点,狠抓落实,在以江泽民同志为核心的党中央的领导下,开创郊区各项工作的新局面,努力为上海的改革开放和现代化建设作出新的更大的贡献。

徐匡迪在给大会的信中代表市政府,向郊区广大干部群众,向关心、支持农业和农村工作的全市各行各业的同志,表示崇高的敬意和亲切的慰问!他说,今年是实施"九五"计划的第一年。根据中央经济工作会议和中央农村工作会议的精神,按照市委、市政府的部署,郊区的农业生产和农村工作要扎扎实实地开好局、起好步。

徐匡迪在信中强调,郊区形象,关系到整个上海的形象;农业素质,关系到整个上海的经济运行质量。要站在上海改革、发展、稳定这个全局的高度上,切实加强对郊区农业和农村工作的领导,特别是在制定政策、部署工作时,都必须优先把农业和支农产业安排好。全市各行各业都必须比以往任何时候更加关心和支持郊区的农业与农村工作。

王力平在讲话中回顾了"八五"期间上海郊区农业和农村工作取得的巨大成绩,明确了"九五"时期和2010年的发展目标。王力平指出,为了确保实施"九五"计划的第一年开好局、起好步,今年农村工作的主要任务是:第一,提高农业科技化、集约化水平,继续加大对农业投入的力度,千方百计提高农业的科技含量,大力发展产加销、贸工农一体化的企业集团,促进郊区从传统农业向现代农业的转变。第二,加快工业园区建设,结合建立现代企业制度,进一步转变企业经营机制,积极培育和发展企业集团,促进郊区工业上规模、上等级、上水平。第三,大力拓展第三产业,重点发展旅游业、商业、储运业、房地产等行业,使第三产业进一步成为郊区经济发展新的增长点。第四,继续加大对外开放力度,提高利用外资的质量,调整出口商品结构,努力形成郊区外向型经济的新格局。第五,高起点制订郊区道路交通、城镇体系和产业布局的形态规划,逐步形成多元化的投资机制和还贷机制,加快郊区基础设施和中心城镇的建设。王力平强调,推动郊区经济建设和社会发展再上新台阶,必须进一步完善市与郊县(区)"三级政府、三级管理"的体制,要按责权利相一致的原则,增强郊县(区)在经济发展、城市建设、城市管理等方面的责任,并在财政税收、建设费用、城市规划、外资外贸项目审批等方面相应下放权力;要深化农村金融体制改革,增强郊县(区)融资功能;要逐步建立集体资产管理新体制,使集体企业真正成为市场竞争的主体和法人实体;要改革郊县城镇户籍管理制度,加快城镇发展步伐,充分调动郊县(区)各级干部和广大群众的积极性,为郊区的发展注入新的活力。

(《文汇报》1996 年 1 月 25 日)

加快产业布局调整　优化城市形态布局

本报讯　徐匡迪市长在《纲要》(草案)报告中提出,"九五"期间,要根据城市总体规划的要求,加大产业布局和城市空间布局调整的力度。

徐匡迪说,要加快建设中央商务区。基本完成浦西外滩地区的房屋置换和浦东小陆家嘴地区的开发建设,广泛吸纳中外金融机构、商务机构和大型企业集团,逐步形成金融、贸易、管理、信息、中介服务等主体功能。要加强中心城区的分片合作和功能调整。市区的东、南、西、北四片以及片内各区之间,要加强合作、优势互补、联手开发、协调发展。各片要集中力量建设市级副中心、专业分中心和主要商业街区,共同建设区域性交通、市政公用设施以及文化、教育、卫生、体育事业。要加快环城绿带建设。在中心城区外围,建设宽500米的大型环城绿带,并对绿带外的规划控制区实施严格管理,形成城市隔离带,防止中心城区过度蔓延。"九五"期间要建成环城绿带一期工程。同时,要结合旧区改造、工厂搬迁,大力开辟城市公共绿地,到2000年市区人均公共绿地面积不低于3平方米。要加快郊县集中城市化地区建设。六个郊县要按照建设中等规模城市的要求,高起点、高标准地进行规划,建设相应的市政公用设施和社会事业设施。每个郊县集中建成一个各具特色的市级工业区。

（《解放日报》1996年2月4日）

城市建设发展规划一要立法二要管理

王大璞委员:对城市建设发展的总体规划,要抓好两件事,一要立法。比如新造公房明确要有公共通风烟道,通风出口设计要从净化环境、保障居民健康角度制定相应方案。二要加强管理。比如破墙开店,要避免开墙造成房屋建筑结构的损坏,有关部门应加强这方面的管理。

（《解放日报》1996年2月6日）

本市加快农村城市化建设
郊区建"卫星城" 农民当"都市人"

　　农村住宅格局一改满天星式的旧貌,随着一座座有相当规模的卫星城镇的崛起,越来越多的农民居住向城镇集中。到目前为止,全郊区有 180 万左右人口告别世代居住的乡间宅基,喜盈盈迁居入镇,当上"都市人"。

　　经济的快速发展,使郊区农民日渐富裕,他们纷纷追求城市化生活,进镇购房、安居新村、农村人口向城镇流动已成为一大潮流。郊区各地因时制宜,把推进现代化卫星城镇体系建设,加快农村城市化步伐作为重要内容来抓,按照"多心、多层、组团式"的规划要求,采取配合市区旧城改造与郊区房地产开发相结合,发展工业、商贸、旅游园区与建设农民住宅小区相结合,个人入股集资与政府拨款投资相结合,吸引外资与扩大内联相结合等多种办法,有步骤地建起一座座卫星城镇。据统计,"八五"期间郊区集镇新建城区面积 200 平方公里,如今已涌现出像奉贤县洪庙镇、松江县小昆山镇和嘉定区马陆镇等一批农村现代化城镇的典型,这些城镇规模相当、布局合理、设施齐全、功能完善、建筑别致、环境优美,呈现出一派社会主义现代化新农村的面貌。

　　各地还按"新型城镇、农民乐园"的标准,建设好卫星城镇,做到商业、文化、教育、医疗和娱乐等设施配套齐全,从而使农民白天参加生产劳动,晚上能进剧场看戏看电影,到图书馆读书阅报,到娱乐中心下棋唱歌。子女入托就学、就近看病求医等等,都无后顾之忧。奉贤县南桥镇贝港小区各种设施完善,仅学校就有 4 所,这里的农民高兴地说:"现在我们的生活质量跟城市居民一个样了"。洪庙镇还建造了托老公寓,使多病老人在那里休养治疗,生活过得十分美满。

　　郊区卫星城镇的建设,还使土地资源得到充分利用。据对松江县小昆山镇、崇明县新河镇和宝山区淞南镇等地测算,原来农民分散建房,宅基地、活动场地,再加上道路等设施,人均占地面积 80 至 100 平方米,居住向城镇集中后,住房向空间要面积,连同配套设施的共享性,农民居住更宽敞,而人均占地面积只有 30 平方米左右。(魏光)

(《解放日报》1996 年 2 月 9 日)

关于上海市国民经济和社会发展
"九五"计划与 2010 年远景目标纲要的报告

——1996 年 2 月 2 日在上海市第十届人民代表大会第四次会议上

上海市市长　徐匡迪

各位代表：

现在，我代表上海市人民政府，向大会作关于上海市国民经济和社会发展"九五"计划与 2010 年远景目标纲要的报告，请各位代表连同纲要草案一并审议，并请市政协委员和其他列席人员提出意见。

一、"八五"期间的历史性成就为上海跨世纪发展奠定了基础

从 1991 年到 1995 年的第八个五年计划时期，是上海实施党中央、国务院关于开发开放浦东和尽快把上海建设成为国际经济、金融、贸易中心之一战略决策的重要时期。五年来，上海人民在邓小平同志建设有中国特色社会主义理论和党的基本路线的指引下，在党中央、国务院和中共上海市委的正确领导下，抓住机遇，开拓进取，实现了"一年变个样，三年大变样"的奋斗目标，完成了"八五"计划确定的国民经济与社会发展的各项任务，开创了上海社会主义现代化建设新局面。

——国民经济保持持续、快速、健康发展。进入九十年代，上海的国民经济开始进入持续快速增长的新阶段，总体经济效益逐年提高。1992 年以来，全市国内生产总值的增长速度连续四年达到 14％以上，比八十年代平均增长水平高出近 1 倍，比全国同期平均增长水平高 3 个百分点左右。1995 年全市国内生产总值达到 2 462.7 亿元，人均国内生产总值超过 18 000 元，地方财政收入 227.3 亿元。

——产业结构调整取得重大进展。"八五"期间，"三、二、一"产业方针得到全面实施。以金融、商贸、交通通信等为重点的第三产业发展迅速，占国内生产总值的比重由"七五"期末的 30.8％提高到 1995 年的 40.1％。工业保持快速增长，汽车、家用电器等六大支柱产业已经崛起，传统工业改造步伐加快，高新技术产业不断发展，工业总产值年均增长 17.9％，支柱产业占全市工业总产值的比重从 1990

年的 34.5％提高到 45.1％。"高产、优质、高效"农业和"菜篮子"、"米袋子"工程建设取得显著进展。

——城市面貌发生深刻变化。"八五"时期,是上海城市基础设施建设步伐最快的时期。相继建成南浦大桥、杨浦大桥、地铁一号线、内环高架路、南北高架路等一批重大工程,城市骨干交通网络正在逐步形成;完成了合流污水综合治理一期主体工程及一批电力、通信、燃气工程,城市基础设施得到改善。旧区改造取得了较大进展,外滩、人民广场、徐家汇、新客站、豫园、南京路、淮海路、四川路面貌焕然一新。

——经济体制改革实现重大突破。进入九十年代,上海改革步伐加快,经济运行的市场化程度明显提高。证券、外汇、金属、粮油等一批商品和要素市场相继建立,国家指令性计划下降到目前的 3％左右,80％以上的生产资料已实现由市场配置。社会保障体系框架正在形成。已有 90％的职工参加了养老保险。住房制度改革全面推行,参加公积金的职工已达 98％,住房商品化进程加快。企业改革逐步深化,140 家国有企业正在进行现代企业制度改革试点。金融、财税、外汇、外贸等领域的新体制初步确立,国有资产管理体制改革取得实质性进展,政府对经济的调控方式正在不断完善。

——浦东开发和对内对外开放取得显著成绩。五年来,浦东开发开放保持良好势头。第一批十大基础设施工程提前完成,陆家嘴、金桥、外高桥、张江等四个功能小区初具规模,开发面积达 20 平方公里。浦东的开发开放,推动了全市开放型经济新格局的形成。对外贸易迅速扩大,五年进出口总额累计 654 亿美元,平均每年增长 20.7％,利用外资呈现规模大、领域宽、大项目多、成功率高的特点,外商直接投资协议金额 314 亿美元,实际利用外资 151 亿美元,有 200 多家跨国公司和 154 家外资金融机构及代表处进驻上海。上海与全国各地经济合作和交流更为密切,内资企业已达 13 000 多家。

——社会各项事业蓬勃发展。"八五"期间,上海科技经济一体化进程逐步加快,共获得重大科技成果 1.02 万项。教育事业进一步得到加强,培养了大批专业人才。人口增长得到有效控制,人均期望寿命、婴儿死亡率等指标已达到发达国家水平。文化、体育事业积极探索自我积累、自我发展的新路子,东方明珠广播电视塔、上海博物馆等一批标志性文化设施相继建成。精神文明建设成绩显著,社会效果良好,广大市民自信心和凝聚力不断增强。

——人民生活明显改善。"八五"期间,城乡居民收入水平和生活质量逐年提高。扣除物价因素，市区居民家庭人均年生活费收入年均增长 9.1％，郊县农民家庭人均年纯收入年均增长 3.3％。城乡居民年末储蓄存款余额比 1990 年增长 4.5 倍。与人民生活密切相关的实事项目全面完成。住宅竣工面积 3 526 万平方米，市区人均居住面积近 8 平方米，煤气普及率达 85％，电话用户达 223 万户。家庭耐用消费品拥有量快速增长，生活服务消费发展迅速，精神文化消费呈增长趋势。

上海改革开放和现代化建设的成就，是全市人民辛勤劳动和智慧的结晶，是在历届市委、市政府工作的基础上取得的，也是与全国各地的大力支持分不开的。在此，我谨代表上海市人民政府，向全市人民，向中央各部门、兄弟省市和人民解放军、武警部队，向关心上海建设和发展的港澳台同胞、海外华侨和国际友人，向所有关心和支持上海振兴和发展的同志们、朋友们，表示衷心的感谢！

上海在前进中也面临着不少困难和问题，比较突出的有：国有企业的资产负债率高、冗员多、社会负担重，企业转制与改造任务仍十分艰巨。产业结构与布局调整过程中的劳动力转移使就业的压力增加。通货膨胀压力较大，部分市民的生活尚有不少困难。城市基础设施建设和旧区改造的任务繁重，动迁安置和市政公建配套的问题还相当突出。城市管理、市内交通、环境治理、社会治安等方面还存在不少薄弱环节。为此，我们必须继续正确处理好改革、发展、稳定三者关系，充分依靠全市人民，调动各方面的积极性和创造性，进一步深化改革，加快发展，扎实工作，切实解决好前进中的矛盾和问题。

二、跨世纪的奋斗目标和指导方针

今后 15 年是上海改革开放和社会主义现代化建设承前启后、继往开来的重要时期。党的十四届五中全会进一步明确了上海在长江三角洲及沿江地区经济带中的龙头地位，为上海迈向 21 世纪指明了前进方向。改革开放以来，特别是"八五"时期的重大成就，为上海未来发展奠定了良好的基础。《纲要》（草案）提出的奋斗目标是：到 2010 年，为把上海建成国际经济、金融、贸易中心之一奠定基础，初步确立上海国际经济中心城市的地位。这一战略目标，体现了国家的发展战略要求，展示了上海宏伟的发展前景。

到 2010 年，上海要基本形成世界大都市的经济规模和综合实力；基本形成具有世界一流水平的中心城市格局；基本形成国内外广泛经济联系的开放格局；基本形成符合国际通行规则的市场经济运行机制；基本形成现代化国际城市基础设施的构架;基本形成以促进人的全面发展为中心的社会发展体系和人与自然较为和谐的生态环境。

在经济发展方面——产业结构实现高度化,形成高新技术产业群和发达的第三产业体系。建成沟通国内外资金流、商品流、技术流、人才流、信息流的现代市场体系,发挥国际经济中心城市的集散、生产、管理、服务和创新功能。综合经济实力显著增强,形成可持续发展的局面。

在城市发展方面——形成由主城、辅城、郊区城市和集镇构成的"多心、多层、组团式"的城市形态布局框架,城市化水平达到85%。建成国际航空港、上海国际航运中心、国际信息港,基本形成市内轨道交通骨架和对外快速交通网络,发挥国内外交通通信的枢纽功能。

在人民生活方面——在实现小康的基础上,居民生活质量全面提高。居民消费结构进一步优化,住房消费和文化、教育、旅游等精神生活消费逐步成为社会消费主流。居住条件在提高住房成套率的基础上,逐步向家庭人均一个房间的"康居"标准过渡。黄浦江、苏州河污染得到有效的治理,城市的生态环境显著改善。

实现上述远景目标,关键是抓住本世纪最后五年的发展机遇。《纲要》(草案)提出,"九五"期间全市国内生产总值平均每年增长10—12%。这个安排是积极的,也是量力而行的。到本世纪末,上海的经济总量规模将进入亚洲地区大城市前列。到2000年,三次产业结构比例达到2∶53∶45,初步实现产业结构合理化。"九五"期间,全市工业总产值年均递增14%,农业总产值年均递增3.5%。到2000年,外贸进出口总额380亿美元,其中出口200亿美元。社会消费品零售总额年均增长15%以上。物价上涨率低于经济增长率。财政收入与国民经济同步增长。外商直接投资协议金额375亿美元,实际利用外资力争达到240亿美元。到2000年,户籍人口控制在1 350万以内,常住人口控制在1 500万左右。人民生活水平稳步提高,扣除物价因素,城乡居民实际收入每年递增3—5%,居民生活质量明显改善。

全面实现今后15年上海奋斗目标总的指导思想是:始终坚持邓小平同志建设有中国特色社会主义理论和党的基本路线,全面贯彻"抓住机遇,深化改革,扩大开放,促进发展,保持稳定"的基本方针;解放思想,实事求是,锐意进取,继续探索具有中国特色、时代特征、特大城市特点的发展新路;努力实现经济体制从传统的计划经济体制向社会主义市场经济体制转变,经济增长方式从粗放型向集约型转变;拓展城市功能,面向世界,服务全国,带动长江三角洲及沿江地区经济带共同发展繁荣;物质文明建设和精神文明建设紧密结合,实施科教兴市战略,经济发展、社会进步和生态环境相互促进,为把上海建成国际经济、金融、贸易中心之一奠定基础。按照上述指导思想,"九五"期间在各项工作中要切实贯彻以下指导方针:保持国民经济持续、快速、健康发展的势头,努力实现速度和效益相统一;正确处理改革、发展、稳定三者关系,把握改革、发展、稳定的最佳结合点;大力推进产业结构战略性调整,继续坚持"三、二、一"产业发展方针,加快科技进步,促进产业结构合理化、高度化;整体推进以建立现代企业制度为中心环节的综合配套改革,加快上海率先建立社会主义市场经济运行机制的进程;进一步扩大对内对外开放,坚持辐射长江,服务全国,面向世界;集中力量打歼灭战,把有限的人力、物力和财力集中起来,办好一批对经济建设和社会发展起关键作用的大事;不断完善"两级政府,两级管理"体制,进一步强化区县政府职责,充分调动市、区县和街道乡镇等各方面的积极性;坚持两手抓,两手都要硬,促进经济与社会协调发展,物质文明和精神文明共同进步。

三、加快实现两个根本性转变,努力完成"九五"期间经济建设和改革开放的各项任务

"九五"期间,上海的国民经济要继续保持持续、快速、健康发展,必须紧紧围绕经济体制和经济增长方式两个根本性转变,进一步提高经济整体素质和综合实力。为此,必须深化改革,进一步理顺各方面经济关系,加快建立社会主义市场经济新体制和运行机制;必须切实把经济增长的立足点转到依靠科技进步和提高劳动者素质上来,提高经济增长的结构效益、规模效益、质量效益、布局效益,加快经济发展的集约化进程。《纲要》(草案)对"九五"期间上海经济建设和改革开放的目标、任务已作了具体阐述,在这里我就重点工作作一说明。

(一)大力发展优势产业,培育新的经济增长点

"九五"期间,要继续贯彻"三、二、一"产业发展方针,以市场为导向,进一步加大产业结构战略性调整力度,形成一批支撑全市经济发展的新的增长点,不断提高经济发展的整体效益和抗波动能力。

第三产业,要大力拓展空间,扩大领域,增强城市的服务功能。大力发展金融保险业,积极推进专业银行商业化,发展各类金融保险机构,丰富金融保险商品,形成市场化融资中心。加快发展现代流通业,建设大型配货中心,促进批发商业和连

锁商业向全国拓展,完善中心商业区"四街四城"功能开发,大力发展居住区商业和服务业。建设上海国际航运中心,建立上海航运市场,重点发展现代集装箱运输。加快发展邮电通信业。继续推进住房商品化,盘活房地产存量,严格规范、放开搞活房地产市场。加快旅游产业化步伐,推进旅游规模经营,集中建设佘山国家级旅游度假区、淀山湖风景游览区等大型项目。积极培育信息、咨询、技术、审计、会计和法律服务等中介服务行业。

第二产业,要继续壮大和优化支柱产业,加快培育高新技术产业。汽车、通信设备、电站成套设备及大型机电设备、家用电器、石油化工及精细化工和钢铁等支柱产业,要进一步提高集约化程度,提高国内外市场占有率,"九五"期末,分别形成500亿元以上的销售规模,六大支柱产业产值占全市工业总产值的比重提高到50%以上。高新技术产业的发展,要集中力量加快培育集成电路与计算机、现代生物技术与新药、新材料三大产业,积极扶持航空航天等产业。加大对传统工业调整改造的力度,广泛采用先进技术,加强技术含量高、市场占有率高、出口换汇高的产品开发,进一步拓展传统工业的发展领域,全面提高产品质量。传统工业技术改造的投资要突出重点,适当集中。积极扶持一批高附加值、少污染的精密元器件、食品加工、印刷包装、服装加工等城市型工业。

第一产业,要走集约化、规模化、设施化道路,促进城郊型农业向都市型农业转变,使上海的农业现代化走在全国的前列。各行各业都要支持农业,多渠道增加对农业的投入,重点建设农田保护区、"高优高"农业示范区和"菜篮子"、"米袋子"工程。应用先进技术,发展名特产品和绿色食品,促进农业结构调整,重点建设一批大型良种繁育基地、现代化温室和保护地设施。大力推进农业规模经营,完善农业社会化服务体系,促进农田和主要农副产品生产向专业大户和农场集中。加快农副产品生产、加工、销售一体化的步伐,结合利用外资,发展一批大型现代化农业企业集团。

进一步完善产业政策。要按照社会主义市场经济发展的要求,实行市场调节和政府调控相结合,建立开放、竞争、有序的产业进步新秩序。要按照《纲要》(草案)确定的产业发展规划,制定政策措施,发挥政府产业政策的导向作用,对重点发展产业实行政策倾斜。要建立高效、灵活的投融资机制,对重大项目要积极采用招标竞争的方法选择投资主体,对投资额大的项目要鼓励企业通过参股等方式进行投资。同时,对呈现结构性衰退的行业、落后企业和严重污染企业,要采取切实有效的政策措施,帮助其顺利地转业、转产。

（二）深化企业改革，提高国有企业的整体素质

"九五"时期，是加快建立社会主义市场经济运行机制的关键时期。要坚持以公有制为主体、多种经济成分共同发展的方针。要进一步深化国有企业改革，以建立现代企业制度为重点，把国有企业的改革同改组、改造和加强管理结合起来，构造结构优化和高效运行的微观经济基础。要着眼于搞好整个国有经济，通过存量资产的流动和重组，对国有企业实施战略性改组，实现国有资产的集约经营，确保公有制经济的主体地位。

率先建立现代企业制度。要按照"产权清晰、权责明确、政企分开、管理科学"的要求，加快国有企业改革步伐。"九五"前两年基本建立以国有企业为重点的现代企业制度框架，后三年进一步完善现代企业制度体系及其配套改革。要建立科学的组织结构和管理制度，形成适应市场经济要求的企业经营机制，使企业真正成为法人实体和市场竞争主体。要集中力量解决国有企业改革中的难点问题，切实落实增资减债的各项措施，到1997年全市国有企业的资产负债率由目前的78%降至60%，并建立企业资本金自补机制，增强企业自我发展的能力；进一步实施"再就业工程"，促进劳动力在产业间的转移，多渠道分流企业的富余人员，提高企业的劳动生产率；清理企业的社会负担，制止不合理的摊派，分离企业办社会的职能。要推进国有资产管理体制改革，建立国有资产的管理、监督和营运体系，完善国有资产授权经营，进一步明确投资主体，实行政企分开，落实资产保值增值责任。

抓大放小，扶强并弱，促进企业组织结构优化。培育大企业、大集团，加快资本、生产的集中经营，是实现集约化增长的有效途径。要建立国有资产的重组和流动机制，以市场和产业政策为导向，推动企业联合、兼并、破产，促进优势企业扩张。特别是要突破地区、行业、部门的行政障碍，以资产为纽带，以大项目为支撑，培育一批集科工贸为一体的综合型大集团和跨国公司。"九五"期间，力争形成几家年销售额在1 000亿元以上的特大型企业集团，进入世界500强；形成一批年销售额在100亿元以上的大型企业集团和综合商社，进入全国100强。要放开放活国有小企业和集体企业，区别小企业实际状况，采取改组、联合、兼并、股份合作、租赁、承包经营和出售等多种形式，加快国有小企业和集体企业的改革步伐。只要有利于生产力的发展，确保国有资产不流失，并且对企业职工认真负责，各种改革方式都可以探索。要规范、稳妥地发展产权交易市场，促进存量资产优化组合，释放存量资产的潜能。搞好国有企业，要全心全意依靠工人阶级，充分调动广大职工群众的积极性和创造性，全面提高国有企业的素质和效益，发挥国有经济的主导作用。

(三) 加快科技进步,增强对经济发展的推动力

科学技术是第一生产力。"九五"期间,要全面实施"科教兴市"战略,进一步发挥上海科技、人才的优势,促进科技面向市场,建立科研、开发、生产、市场紧密结合的机制,确保科技进步成为上海经济发展的主动力。到 2000 年,研究开发经费占全市国内生产总值的比重提高到 2.5%,科技进步对经济增长的贡献率达到 50% 以上,高新技术产业产值占工业总产值的比重达到 20%,高新技术产品出口额占外贸出口总额的比重达到 15%。

加速科技成果商品化、产业化进程。这是上海产业实行跨越式发展的必由之路。在鼓励企业高起点引进国外先进技术的同时,更要注重增强消化吸收和自我开发创新能力。要集中力量,重点开发现代生物与医药、信息、新材料等高新技术,加速产业化进程。继续抓好重点科技项目攻关,着力解决各产业发展中的共性技术和关键技术。加强高新技术对各个产业的渗透,抓好"科技成果推广计划"和"火炬计划"工作,提高传统产业的技术水平和竞争力;加快"金卡"、"金桥"、"金关"工程建设,推进金融、税收和对外贸易手段的电子化,加快国民经济信息化进程;加强高技术在城市基础设施、环境保护、防灾减灾等领域的应用;加快先进技术在农业生产中的推广,使上海农业向设施化、生态化转变。加快企业技术开发。上海经济的集约化,很大程度上取决于企业的技术进步,特别是大企业集团的技术装备水平和技术开发能力。要加快科技体制改革,促进科研机构采取多种形式同企业结合,重点鼓励科研机构进入大型企业集团,使企业真正成为技术开发和成果转化的主体。引导企业增加研究开发和技术改造的投入,提高装备现代化水平,增强技术消化和创新能力,创造企业的名牌和知识产权,大幅度提高上海企业整体技术水平。积极发展民营科技企业。对产业和行业发展至关重要的研究开发项目,政府给予必要的经费资助;对列入中试、新产品开发计划的产品,给予优惠政策。

创造科技新优势。切实加强基础研究,依托高等院校、科研机构,建设好一批重点实验室和研究中心,努力在若干国际前沿学科有新的突破。突出重点,抓好信息技术、现代生物技术、先进制造技术、新材料技术和绿色技术的研究开发。加强教育、科研、生产之间的联系,完善科技成果转化和风险投资机制,建立共同研究开发新体制,建设若干个联合、开放、流动、竞争的科研中心。

(四) 充分利用两个市场,提高对内对外开放水平

"九五"期间,根据我国区域经济发展的要求,上海要加快现代市场体系建设,增强经济中心城市的辐射和服务功能,发挥连结国内、国际市场的枢纽作用。

增强上海为长江三角洲和沿江地区服务功能。完善开放、有序的市场体系,进一步拓展证券、期货、外汇、货币、保险等金融市场,扩大金融市场辐射范围,加快与长江三角洲及沿江城市联网。采取联合、兼并、互相参股等形式,促进上海和各地企业进行跨地区的资产流动和优化组合,推动上海产业和技术向沿江地区转移。吸引沿江地区和全国的企业到上海进行投资、经营活动,欢迎大公司、大集团总部或地区总部进驻上海。充分发挥上海的信息、资源集散地优势,为长江三角洲和沿江地区提供更多的进入国内外市场的商业机会。在吸引各地产品进入上海市场的同时,上海工商业也要改"坐商"为"行商",在长江三角洲、长江沿岸中心城市和全国主要城市,建设一批集展示、批发、零售为一体的工业品配货中心和综合商业中心,提高上海产品的市场占有率,形成长江商贸走廊和连结全国主要城市的商品流通网络,共同推动沿江地区商贸发展。

进一步拓宽利用外资领域,提高利用外资质量。要结合上海产业发展规划,引导外资投向,优化投资结构,继续吸引国际跨国公司投资,建设一批技术含量高、规模优势大、出口比重高、经济效益好的大项目,推动支柱产业、现代农业和高新技术产业发展。继续引导外商参与金融、保险、商业、贸易、旅游等第三产业的发展,积极推动外资内销房建设。要按照市场经济通行规则,改善投资环境,争取更多的国际著名大集团、大银行把中国总部、地区总部迁到上海。积极探索运用 BOT、转让基础设施专营权、利用海外共同基金、扩大 B 股发行和海外上市等多种形式,拓宽利用外资渠道。

大力开拓国际市场。要充分发挥上海口岸优势,提高转口贸易比重。建立国际、国内营销网络,逐步形成进出口订单中心和代理中心。加快技术贸易和服务贸易发展,到 2000 年,技术、服务贸易在外贸总额中的比重要提高到 25%左右。外贸企业要适应税制改革,加快经营机制和贸易增长方式的转变,提高市场竞争能力。外贸出口要坚持以质取胜战略和市场多元化战略,积极开拓新市场,着力提高出口产品的技术档次和出口效益。继续实施外贸出口"龙头"计划,扩大机电产品、高新技术产品和支柱工业产品出口,重点扶持 100 个年出口额在 5 000 万美元以上的拳头产品,稳定国际市场的占有率。改善进口结构,鼓励和支持有利于产业结构升级和产品档次提高的技术和装备的进口。

(五)坚持基础开发与功能开发并举,继续推进浦东开发开放

"九五"期间,要继续高举浦东开发开放大旗,加大开发开放力度,理顺新区管理体制,增创浦东新优势,尽快把浦东建设成为外向型、多功能、现代化的新城区。

要继续贯彻"以东带西,东西联动"的方针,发挥浦东在经济体制改革方面的示范带头作用,进一步带动长江三角洲及沿江地区对外开放。

继续加快基础开发。要进一步完善总体规划,提高管理水平,降低开发成本,重点建设好基础设施的骨干工程,加快沿黄浦江地区和轴线两侧的建设,基本完成陆家嘴—花木等五大综合分区的开发。积极推进城乡一体化建设。到2000年,形成60平方公里的新建城区,浦东外环线以内的城市化面积达到100平方公里。

强化功能开发。要进一步发挥浦东新区改革开放的示范功能和创新功能。扩大金融业的对外开放度,积极争取尽快在浦东新区首先进行外资银行经营人民币业务试点,试办离岸金融业务,增强金融功能。加快设立中外合资外贸公司,积极引进外省市及中央部委外贸企业设立子公司,逐步开放保险、广告、商务咨询、会计等服务贸易。抓紧陆家嘴金融贸易区大楼的招商招租,积极引进中外金融、贸易、商务机构,尽早发挥中央商务区的功能。加快外高桥保税区港区合一开发步伐,大力发展转口贸易、保税仓储和国际航运业。金桥出口加工、张江高科技园区要重点引进高新技术产业,加快发展出口加工业,建成以现代电子通信设备、新一代家用电器、机电一体化为主体的现代工业园区和以生物医药、微电子为主体的高科技园区。同时,形成若干现代农业、文化旅游等各具特色的功能小区。

(六)加快产业布局调整,优化城市形态布局

"九五"期间,要根据城市总体规划的要求,加大产业布局和城市空间布局调整的力度,重点要抓好四个关键环节。

加快建设中央商务区。基本完成浦西外滩地区的房屋置换和浦东小陆家嘴地区的开发建设,广泛吸纳中外金融机构、商务机构和大型企业集团,逐步形成金融、贸易、管理、信息、中介服务等主体功能。要避免中央商务区功能单一化,适当保留和发展商业、餐饮、宾馆、文化娱乐等设施及高档公寓。合理控制区内的建筑容量和密度,增辟绿化用地和公共活动空间,提高中央商务区的环境质量。

加强中心城区的分片合作和功能调整。市区的东、南、西、北四片以及片内各区之间,要加强合作、优势互补、联手开发、协调发展,推动产业布局调整和区域功能优化。各片要集中力量建设市级副中心、专业分中心和主要商业街区,避免分散布点和重复建设。要加强区域联合,共同建设区域性交通、市政公用设施以及文化、教育、卫生、体育事业。合理调整区域内居住、就业的分布,促进经济与社会协调发展。

加快环城绿带建设。在中心城区外围,建设宽500米的大型环城绿带,并对绿带外的规划控制区实施严格管理,形成城市隔离带,防止中心城区过度蔓延。环城绿带建设要坚持以绿为主,综合发展林业、花果业、观光农业等,实行总体规划,分步实施。"九五"期间要结合外环线建设,抓紧建成环城绿带一期工程。同时,要结合旧区改造、工厂搬迁,大力开辟城市公共绿地,形成由点、线、面、楔、环组成的城市绿化系统,建成浦东中央公园、陆家嘴滨江绿地、黄兴绿地、大宁绿地,到2000年市区人均公共绿地面积不低于3平方米。

加快郊县集中城市化地区建设。六个郊县要按照建设中等规模城市的要求,高起点、高标准地进行规划,合理扩大城区面积和人口规模,建设相应的市政公用设施和社会事业设施。要按照郊县"二、三、一"产业发展方针,结合市区工业向郊县迁移,采取"中中外"合资等模式,加快郊县工业发展,每个郊县集中建成一个各具特色的市级工业区。要合理规划乡镇工业布局,促进乡镇工业向城镇集中,防止零星布点,保护郊区生态环境。郊县开发区的建设,必须坚持统筹规划,分步实施,量力而行,提高开发效益。

(七) 加快基础设施建设,提高城市现代化水平

"九五"期间,要重点建设枢纽型重大交通通信设施,加大市政公用设施改造力度,切实抓好与群众生活密切相关的实事项目建设,提高城市基础设施现代化水平。

集中力量建设航空港、信息港和航运中心。基本建成浦东国际机场一期工程,全面完成虹桥机场改扩建工程。加快以集装箱运输为主的上海国际航运中心的建设步伐,改建和新建沿江顺岸式集装箱码头,做好集装箱深水港建设的前期准备工作,加快组建上海航运交易所,尽快与长江三角洲各集装箱港口形成组合型的国际枢纽港。加快信息港建设,建成公共主干信息传送网、上海卫星传送网以及一批信息应用系统,并先行与长江三角洲地区实现信息联网。完成沪杭、沪宁高速公路上海段工程。

继续加强城市市政公用设施建设。交通、水、电、气等设施建设要突出重点。加快形成城市立体交通网络,城市道路要基本建成"三纵三横",加快建设"三环十射";继续建设黄浦江越江工程,并着手规划建设长江口越江工程;轨道交通建设要完成地铁一号线南北延伸段、二号线一期以及莘闵轻轨等工程。切实抓好与群众生活密切相关的基础设施建设,增强公用设施服务能力。重点建设石洞口煤气厂和东海天然气工程;加快建设黄浦江上游引水工程、长江引水工程以及大型水厂;重点建设一批大型电力项目,继续搞好市区中低压电网改造工程。加快建设综合

防灾、救灾系统,加强防洪、防涝设施建设,提高城市抗灾能力。

努力改善环境质量。严格环保执法,加强环境综合整治。实行污染物排放总量控制。强化黄浦江上游和重点水源区的保护。加快重大环境保护工程的建设,基本建成苏州河合流污水一期工程的配套项目和合流污水二期工程,开展苏州河污染综合治理,力争在 2000 年之前有效控制污染源,基本消除黑臭。增强城市的排水能力,基本建成内环线以内的雨水排放系统。加快生活垃圾无害化、资源化步伐,建设浦东垃圾焚烧厂。初步完成内环线以内地区"三废"工厂和车间的改造和搬迁,实现桃浦工业区污染摘帽。开展燃煤脱硫工程和车辆尾气污染的治理,改善大气环境质量。严格城市卫生管理制度,加强居住区环境整治。

开辟城市建设资金筹措渠道。积极推进城市建设投资体制改革,充分发挥大企业集团为基础设施融资和投资的功能,强化区县政府建设基础设施的职能,形成多元投资、多元还贷的新格局。理顺市政公用事业价格体系,增强项目的自我还贷能力。改革公用事业管理体制,引进竞争机制,探索实行股份化,吸纳社会资金投资于公用事业。

(八) 转变政府职能,完善特大城市管理体制

"九五"期间,要进一步推进政府机构改革,转变政府职能,增强宏观调控能力,完善分级管理体制,提高政府部门办事效率和依法行政水平。

建立健全经济调控体系。强化综合经济部门职能,改进经济调控方式,综合协调经济政策,有效运用经济杠杆,形成新的调控机制。合理运用土地资源、存量资产和社会保障基金、调节基金、各类发展基金等地方经济调控手段,增强政府经济调控能力。按照"适当集中、兼顾均衡、因素调节、激励区县"的原则,建立新的财政转移支付制度,逐步解决各区、县之间经济、社会发展不平衡的矛盾。要形成与市场经济相一致的农产品及公共服务的财政补贴机制,改普遍补贴为特殊补贴,垄断性补贴为竞争性补贴。在公共服务领域中适度引入竞争,实行市场化经营,提高经营管理效率和服务质量。

完善特大城市统一领导、分级施政的管理框架。要在加强和完善城市总体规划宏观管理的前提下,进一步明责放权。根据决策效率和最佳规模的原则,区域性的城市基础设施建设和大部分城市公共管理职能要转移到区县。事权下放要从政策上予以保证,实行费随事转、财随事转、事权与财权相统一,并积极创造条件,增强区县的融资能力。

加强社会主义民主与法制建设,提高政府工作的透明度,增强和改善政府的服

务功能。要运用法律、法规、规章以及体现市场经济一般规则的管理方式,规范政府管理经济和社会的行为,推行政府部门办事的程序化、制度化,公开办事制度,完善办事程序。严格行政执法,强化执法监督和审计监督,提高全体公务人员依法行政、依法管理的水平和能力,建立高效、开放、廉洁、依法行政的运行机制。反腐败斗争要坚持标本兼治,建立健全监督约束机制,抓巩固、抓落实、抓深入、抓成效。进一步纠正部门和行业不正之风,把纠风工作纳入部门和行业管理。各级政府都要自觉接受人大及其常委会的监督,重视和发挥人民政协、各民主党派参政议政的作用,充分发挥工会、共青团、妇联等群众组织的桥梁和纽带作用。认真做好侨务和对台工作,全面贯彻党的民族和宗教政策。加强社会科学和决策咨询研究工作,实现决策的民主化、科学化。

四、坚持经济与社会协调发展,不断提高人民生活质量和社会文明程度

社会主义精神文明和社会发展是改革开放和现代化建设的重要目标和保证。必须强化以人的全面发展为中心的思想,坚持物质文明和精神文明两手抓,把社会发展放在重要的地位,推动社会的全面进步。"九五"期间,要把提高生活质量、增加就业、调节社会分配关系作为社会发展的重要任务,把精神文明建设落实到基层,落实到载体,落实到管理;要以政府为主体,社区为基础,发动社会各方广泛参与,建立起与社会主义市场经济相适应的社会事业发展新机制,使社会发展水平与经济实力增强相适应,精神文明建设再上一个新台阶。

(一) 努力改善生活条件,提高人民生活质量

"九五"期间,在保持城乡人民实际收入稳步增长的同时,要更加注重人民生活质量的提高,继续办好与人民群众生活密切相关的实事。

进一步加快住房建设,完善公建配套。"九五"期间,要新建住宅5 000万平方米,加快实施"安居工程"、"广厦工程",基本解决人均居住面积4平方米以下的困难户和无房户,市区人均居住面积达到10平方米,住房成套率70%。要对市区旧房改造实行倾斜政策,完成市区365万平方米危棚简屋的改造任务。加强居住区公建配套设施的建设,健全物业管理,进一步发展居住区的公共交通,方便居民生活。重点规划和建设好一批交通方便、环境优雅、居住舒适、设施配套的,集居住、就业和社会活动为一体的新型居住区。

丰富消费内容,改善消费结构。推进新一轮"菜篮子"工程建设,丰富农副产品供应,加快与人民生活密切相关的第三产业发展,大力发展连锁超市、便民店,充实社会服务设施。提高居民在文化、教育、娱乐等服务性消费方面支出的比重。

提高市民健康水平。继续发展卫生事业,坚持"预防为主"的卫生工作方针,努力降低传染病发病率。加快预防、医疗设施建设,加强老年病、常见病的防治,提高城乡医疗水平和服务质量,全面达到初级卫生保健的目标。坚持计划生育,推行优质服务、优生优育。要大力开展全民健身运动,提高市民身体素质。积极发展体育事业,提高体育竞技水平。建成八万人体育场等大型体育设施,承办好全国农运会、八届全运会等一系列重大体育比赛。

(二)广泛开拓就业渠道,健全社会保障体系

大力推进"再就业工程"。要努力创造就业机会,缓解结构调整和机制转换带来的就业压力,将失业率控制在较低水平。积极发展附加值高的劳动密集型城市工业、商业和生活服务业,引导就业人口从第二产业向第三产业转移。大力发展城乡集体经济,鼓励发展私营经济和个体经济,拓宽就业渠道。完善就业政策与法规,鼓励企业尽可能多吸纳下岗待工人员再就业,设立再就业基金,对年龄较大的下岗待工人员自谋职业给予必要政策扶持,有控制地使用外来劳动力。加快培育劳动力市场,大力发展各种就业服务机构,加强职业培训和转岗培训,提高劳动者的就业技能。

完善社会保障体系。继续拓宽养老、失业、医疗保险的实施范围,提高基本保险的社会化程度,扩大补充保险;发展和完善农村养老保险和合作医疗保险,到本世纪末力争使农村养老保险投保人数达到应投保人员的90%以上。要完善最低工资、最低生活费收入等保障制度,切实安排好困难企业职工的生活,完善帮困卡等措施,帮助低收入者解决生活中的困难。建立救助管理网络,积极发展社会救助事业。

社会分配要坚持效率优先、兼顾公平的原则。保护合法收入,取缔各种非法收入,同时,通过完善分配政策,加强个人所得税征管,努力解决社会分配差别过大问题,走共同富裕的道路。

(三)大力发展教育事业,提高市民整体素质

坚持把教育放在优先发展的战略地位,全面贯彻《教育法》,抓紧实施教育"八大工程"建设,为现代化建设培养全面发展的跨世纪人才。高质量实施九年制义务教育,落实减轻中小学生过重课业负担的各项措施,加快薄弱学校的更新改造,基

本实现基础教育由应试教育向素质教育的转变。扩大普通高中和职业技术教育规模,调整学校布局,新建一批质量较好的高级中学,到2000年,全市高中阶段入学率达到90%。调整高校布局和学科专业结构,提高办学规模效益,积极培养复合型高层次人才,力争到2000年,全市每万人口中在校大学生达到200名。大力发展成人教育,努力完成"九十年代紧缺人才培训工程"。不断增加教育投入,到2000年,财政性教育经费支出占全市国内生产总值比例达到3%。

继续深化办学体制和管理体制的改革。推动多种形式的联合办学。到2000年,基本形成政府办学为主与社会各界参与办学相结合的新体制,基本形成市与区县分级管理基础教育、行业积极参与职业教育、地方政府为主管理高等教育的新格局。

努力造就一支跨世纪优秀人才队伍。要采取扎实措施,致力于培养一批能够跨世纪担当重任的领导人才,致力于培养一批能参与国际科技竞争的优秀科技人才,致力于培养一批懂技术、善管理、会经营的企业家,致力于培养一批发展社会主义市场经济所迫切需要的资产管理和经营的高级人才。要不断完善人才激励机制和双向选择机制,进一步调动各类专家、学者和工程技术人员的积极性,形成人才脱颖而出和人尽其才、才尽其用的良好环境。推进人才市场建设,完善优惠政策,积极引进国内外高层次人才,使上海尽快成为人才集聚中心。

(四)加强社会主义精神文明建设,促进社会全面进步

加强思想道德建设。深入学习和宣传邓小平同志建设有中国特色社会主义理论,把精神文明建设放到更加突出的地位,以科学理论武装人,以正确舆论引导人,以高尚精神塑造人,以优秀作品鼓舞人。坚持不懈地加强爱国主义、集体主义、社会主义教育,弘扬江泽民同志倡导的新时期的创业精神,艰苦奋斗,勤俭建国。要引导人们树立正确的世界观、人生观、价值观,在全社会形成良好的职业道德、社会公德和健康的家庭伦理道德。提倡健康文明的生活方式,形成良好的社会风尚。要以提高市民素质和城市文明程度为目标,继续抓好形式多样的精神文明活动,广泛开展市民"七不"规范的宣传教育,对青少年加强高尚道德情操的培养。塑造面向21世纪的上海人形象,创造现代化的都市文明。大力开展科普工作,提高市民科学文化素质。进一步做好民兵、预备役工作,加强国防教育和双拥工作,增进军民团结。进一步繁荣文化事业。坚持"为人民服务,为社会主义服务"的方向,坚持"百花齐放,百家争鸣"的方针,继承优良传统文化,弘扬主旋律,提倡多样化。加强新闻出版、广播电影、电视工作,不断繁荣文艺创作,加强国内外文化交流,努力满

足人民群众日益增长的文化需求。要争出一批文化精品,造就一支优秀队伍。加快文化设施建设,建成上海大剧院、上海图书馆新馆、东方音乐厅、上海科技城、上海书城等市级标志性重大文化设施项目,重点充实完善社区公共文化设施,加强历史文化遗迹遗址和近现代优秀建筑的保护、开发、利用。深化文化体制改革,完善文化经济政策,积极发展文化产业,增强文化事业自我积累、自我发展能力。坚持一手抓繁荣,一手抓管理,坚持不懈地开展"扫黄"、"打非"斗争,促进文化市场健康、有序发展。加强社会治安综合治理。严厉打击各种严重刑事犯罪分子和严重经济犯罪分子。坚持打防结合,完善防范机制,加强公共安全管理,逐步形成安全防范网络,推进安全小区建设,创建安全城区。依法加强对营业性公共场所的治安管理和外来流动人口管理,坚决查禁"六害"等社会丑恶现象。正确处理人民内部矛盾,努力化解各种不安定因素,防止矛盾激化,全面维护社会稳定。加强法制宣传教育,不断增强公民的法律意识和法制观念。

(五) 加快社区发展,完善社区功能

积极推进现代化社区建设。在"两级政府,两级管理"的基础上,积极探索市区"两级政府,三级管理"和郊县"三级政府,三级管理"的新体制,强化街道办事处管理社区的职能,并切实赋予必要的管理权限和相应的财力支持;加强居委会建设,提高居委会的管理、服务水平和干部队伍的素质。

强化社区综合服务保障功能。搞好社区服务设施配套,完善社区救助网络,切实解决社区居民面临的突出问题。加强对社区治安、交通、环境、卫生、绿化等综合管理,不断优化社区环境。加强社区的社会福利设施建设,做好优抚安置工作,保障老年人、残疾人、妇女儿童的合法权益,重视人口老龄化问题,积极发展社区老龄事业。

积极探索以政府为主导,社会各方参与的社区管理和服务新路。要继续扩大社区志愿者队伍,培养和建立一支专业化社会工作者队伍。大力提倡居民间互帮互助,动员组织社区各方面力量关心青少年健康成长,寓职业道德、社会公德和家庭伦理道德教育于社区生活之中,努力营造良好的社区文化氛围和育人环境。要建设一批配套设施齐全、环境舒适优雅、管理规范有序、保障功能完善的示范社区。同时大力开展创建文明小区活动,促进社区发展水平的全面提高。

为了全面完成《纲要》(草案)提出的各项任务,广大政府工作人员特别是各级领导干部一定要讲学习、讲政治、讲正气,振奋精神,保持勇于探索的锐气和旺盛的工作热情,不断开创新局面。要坚持从严治政,继续推进勤政廉政建设,完善领导

干部廉洁自律行为规范,提高政府工作人员防腐拒变能力,廉洁从政,勤政为民。要坚持全心全意为人民服务的宗旨,同人民群众保持最广泛最密切的联系,调动全社会各方面的积极性,齐心协力,把上海的改革开放和现代化建设不断推向前进。

各位代表:

历史已经进入世纪之交的重要时期。我们一定要抓住本世纪最后的发展机遇,扎实做好各项工作。让我们在建设有中国特色社会主义理论和党的基本路线的指引下,在以江泽民同志为核心的党中央和中共上海市委的领导下,在全国人民和兄弟省市的支持下,更加紧密地团结起来,为实现上海的宏伟发展目标努力奋斗,以优异的成绩和崭新的面貌迈向新的世纪!

(《解放日报》1996 年 2 月 11 日)

国务院通知强调城市规划要加强管理
严格控制大城市规模　合理发展中小型城市

据新华社北京 5 月 26 日电　《城市规划法》实施以来,一些地方仍存在有法不依、执法不严,随意调整城市规划,盲目扩大城市规模,擅自设立开发区、下放规划管理权等问题。对此国务院近日发出通知,强调要进一步加强对城市规划工作的管理。

通知指出,城市建设和发展要按照已经批准的城市总体规划,量力而行,逐步实施。城市规划应由城市人民政府集中统一管理,不得下放管理权。通知要求,必须切实节约并合理利用土地,严格控制大城市规模,合理发展中等城市和小城市。大城市的建设用地和人口规模,到 2000 年应控制在已批准的范围内,不得扩大。非农业人口 100 万以上大城市的建设用地规模,原则上不得再扩大。城市建设用地应充分挖掘现有用地潜力,利用非耕地和提高土地利用率。

(《解放日报/新华社》1996 年 5 月 27 日)

加快城镇建设　转换存量土地
让农民进集镇造房

随着农村城镇化建设步伐的加快和市区大工业向郊区扩散,农民在集镇务工经商的越来越多,加上富裕起来的农民也想在集镇有自己的住房,所以郊县农民建房地理位置选择越来越趋向集镇。但现时农村农民宅基地采用单一的批准使用土地的供应方式,不搞征地和出让的供应方式,农民的宅基地只能局限在本生产队范围,既不能到超越队界的中心村规划区用地建房,更不能进入集镇用地建房。这样,不仅影响中心村规划的实施和农村集镇化的实现,也造成一些已到集镇购买商品房的农民,多占和非法转让宅基地的不正之风蔓延。

为了节约用地,行家们建议:郊县各乡(镇)人民政府,最好在集镇总体规划区内,确定一、两个农民建房用地规划小区,允许本乡(镇)范围内农民、城镇居民在那里建房。其他地方,一律不增新的建房规划区,更不能开大田给农民建住宅。为了保证当地农民的利益不受侵害,可由所在乡(镇)政府统一办理建设项目立项、规划选址、征用土地手续,并按规划要求统一进行基础设施建设。进集镇建房的农民,凡原住房已拆除,可用划拨方式供地,其供地标准应高于集镇个人建房的标准,略低于粮棉区农村个人建房的用地标准。

行家认为,郊县农民进集镇建造住宅,既可以转换出大量的存量土地,也可以改善农民居住环境,提高农民素质,这对土地资源有限,又要与国际大都市接轨的上海来说,是大有好处的。(龚金花　泗水)

(《解放日报》1996 年 6 月 27 日)

水利规划纳入城市总体规划

本报讯　昨举行的市水利规划工作会议宣布,本市水利规划将正式纳入城市总体规划。本市水利规划主要分为:配合江河流域规划;水利总体规划;区域水利规划;工业区、技术经济开发区、居住区等城市水利规划;骨干河道整治规划;农田水利以及水源地开发利用与保护,海塘、防汛墙、滩涂等专题规划。(朱瑞华　吴树福)

《解放日报》1996 年 7 月 5 日

廿一世纪居住区：生态环境型
专家提出：舒适住宅、洁净环境、便捷交通

如何使新建小区更适合 21 世纪人的生活需求？上海市建委组织专家经过一年多时间的调查研究后，最近提出：新建居住小区必须是人与自然协调共存的生态环境型居住区，既体现"以人为本"，又不影响和破坏生态平衡。专家们认为，新建居住小区应具备以下主要特征：

舒适的住宅　根据市委制订的目标，本世纪末上海人均居住面积 10 平方米，做到人均一室、户均一套外，专家们提出，小康型住房设计应为：1. 空间齐备。起居室、厨房、浴盥、卧室齐全。每个卧室应有 1.4 米×0.65 米的壁柜。进厅具有更衣柜、贮鞋、藏伞等储藏室。2. 布局合理。起居室、餐厅相对热闹，卧室与书房相对安静，不应互相交错；生活阳台应与起居室相连而不是与卧室相连；厨房应远离卧室，厕所按其私密性宜与卧室邻近，也可与厨房相近布置。3. 设施先进。采用先进设计和先进的技术设备材料，以节约用地，避免二次装修。4. 形态创新。上海在本世纪初创建的大量里弄住宅已成为上海地域建筑文化的重要遗产，新居住小区的住房形态设计要加强地方文化的乡土性、延续性和开创性。5. 户型多样。经过调查，沪上许多青年夫妇和老年夫妇希望能彼此照顾，又分吃分住。不妨设计"屋中屋"、"户中套户"的房型，以适应祖孙三代合住而又分食分住的需要。专家们对今后住宅户型的预测是：建筑面积为 47.2 平方米的一室户小套将占 12％，建筑面积 59.7 平方米的二室户中套将占 60％，建筑面积 81.9 平方米的三室户大套将占 10％，建筑面积 100 平方米的三室半户大套将占 18％。

洁净的环境　当今世界对生态环境的评定中，水与绿化是两个十分重要的因素，碧净的水体，浓郁的绿化是人们向往回归大自然的一种享受。因此，居住区要积极发展亲水型绿化，如保留滨河绿带（8 米以上植树林带）作为公共绿地。要综合利用高层商住楼裙房，开辟公共绿地性质的屋顶花园；提倡楼房底层架空，作为公共绿地和儿童游戏老人休闲的场地。要推广地下停车库与地面绿化相结合，把停车库建在地下或半地下，上面再布置绿地。扩大阳台或窗台面积，发展阳台（窗台）绿化，使身居高楼也能接触自然。一般阳台宜扩大 50—60 厘米，深 1 米左右。扩大墙面垂直绿化，尤其是对西山墙和高层公寓垃圾井筒的垂直绿化。

专家们认为,目前许多居住区的绿化设计缺乏对住户行为需求和生理、心理的周密研究,西晒的居室前缺少大树遮阴,南向的居室前却常绿乔木高大。居住区绿化要首先考虑居民生活上的各种需求,从绿化功能出发,兼顾景观。宅前 10—20 米处宜种排落叶乔木,宅前近处种植灌木和草地;朝西山墙外侧种植两排乔木对夏季有明显的降温作用。要推广"春有花、夏有荫、秋有果、冬有青"的种植设计。新村绿化应以植物造景为主,建筑小品不宜过多。在公共绿地可放置一些亭、廊、花架、椅供老人休息,也可设置一些简单、牢固、安全、造型优美的小型设施供儿童游乐。

洁净的环境还要做到污水治理先行,公路废气和噪声得以隔离,物业管理清扫系统周全,生活垃圾收集方法科学先进。

便捷的交通 据调查,一般步行出行的距离以 300—500 米较合适,超过 1 000 米市就不再感到舒适和轻松。新建居住小区大多在内外环线之间,因此人们出行对机动车的依赖性将越来越大。专家们建议结合大运量公共交通的建设开发新居住园区,并按照上海城市总体规划的快速有轨交通网络的线路优先开辟道路和大站快速公共汽车,其车站的位置应同有轨交通的车站位置相一致。同时还可开辟居住园区内的梭形地方公共汽车,便于市民出行。

为了减少交通压力,专家们还建议创造就近就业机会。在相邻的居住园区之间开辟一定的工业园区,工业用地可占居住区用地的 10%—15% 左右。(本报记者 汪敏华)

(《解放日报》1997 年 1 月 23 日)

政府工作报告
——1997 年 2 月 18 日在上海市第十届人民代表大会第五次会议上
上海市市长 徐匡迪

各位代表:现在,我代表上海市人民政府,向大会作政府工作报告,请予审议,并请政协委员和其他列席人员提出意见。

一、1996 年上海实现了"九五"计划的良好开局

1996 年,在党中央、国务院和中共上海市委的领导下,全市人民团结奋斗,开拓

前进,全面完成市十届人大四次会议确定的全市经济和社会发展的各项任务,实现了"九五"计划起好步、开好局的要求。

（一）国民经济持续快速增长。

去年,在坚持服从国家宏观调控的前提下,上海积极推进两个根本性转变,努力提高经济运行的质量,全市国民经济快速增长,出现了低通胀、高增长的良好局面。全年完成国内生产总值2 877.8亿元,比上年增长13%,继续高于全国平均水平。工业总产值增长15.5%,产销率为97.8%,工业经济效益综合指数达到122。城乡市场繁荣活跃,社会消费品零售总额比上年增长19.7%。全社会固定资产投资总额比上年增长23.6%,投资结构进一步优化。地方财政收入比上年增长26.9%,继续高于全市国内生产总值的增幅。全年商品零售价格上涨5%,涨幅比上年降低8个百分点,控制物价上涨已取得显著成效。

（二）产业结构调整步伐加快。

支柱产业和高新技术产业已成为上海工业发展的主要推动力。汽车、通信设备等六大工业支柱产业的产值比上年增长18.6%,占全市工业总产值的比重达到50.7%。高新技术产业迅速成长,现代生物与医药、集成电路与计算机产业的产值分别比上年增长25%和50%。与此同时,又有一批技术含量高的工业骨干项目开始建设。以金融、交通、通信、房地产为重点的第三产业加速发展,全年实现增加值1 213.2亿元,比上年增长16.4%,占全市国内生产总值的比重上升到42.2%。证券业增长较快,全年证券成交额达到27 661.5亿元,房地产二、三级市场开始启动,旅游业趋于活跃。现代化农业建设取得初步成效,粮食获得丰收,主副食品生产与流通"一条龙"建设有新的突破,菜篮子供应充裕,价格涨幅有所回落。随着产业结构进一步优化,上海经济的抗波动能力正在逐步增强。

（三）城市基础设施建设继续推进。

去年是城市基础设施建设的又一个丰收年。沪宁高速公路上海段建成通车,增强了与苏南地区的交通联系。延安高架路西段、延安东路隧道南线、地铁一号线延伸段等工程全面竣工,进一步改善了市内交通状况。一批事关上海发展全局的重大基础设施工程相继展开,浦东国际机场及其配套工程、外环线一期、地铁二号线等工程开始启动,信息港、沪杭高速公路上海段等工程正在抓紧建设,东海天然气工程开工建设,上海航运交易所挂牌运作。城市环境整治力度加大,苏州河综合治理工程正在启动,市区人均公共绿地面积比上年增加0.27平方米。旧区改造加速推进,大批新建筑相继落成。城市建设的大规模推进,增添了上海现代化气息。

（四）国有企业改革不断深化。

坚持整体搞好国有经济，全面推进和深化现代企业制度改革，试点企业由原来
140家扩大到250家，已覆盖全市国有资产总量的80％。继续实施增资减债"六个
一块"措施，地方国有工业企业资产负债率在前年下降7个百分点的基础上，去年又
下降6个百分点。"抓大放小"迈出重大步伐，跨行业、跨地区、跨所有制的企业联合
有了良好开端，已组建"华谊"、"电气"、"上海实业"等大型企业集团，有231家市属
轻工业小企业划转到区县，一批国有小企业进行了股份合作制等多种形式的改制。
全年有59家国有企业被优势国有企业兼并，43家扭亏无望的国有企业按法律程序
实施破产。再就业工程取得新进展，纺织、仪电两个系统建立了再就业服务中心，
初步形成再就业运行机制，全年共分流安置地方国有、集体企业下岗待工人员23.5
万人次，使下岗待工人数稳定在1995年末的基础上。综合经济部门积极支持国有
企业改革，有29家重点企业与银行建立了主办银行关系。此外，去年还推出了公交
体制改革和城镇企业职工住院医疗保险、机关事业单位公费医疗制度改革，为深化
企业改革创造了外部条件。

（五）浦东开发和对外开放取得新进展。

陆家嘴金融贸易区形象开发初见轮廓，市政重点工程建设全面展开，外高桥保
税区加工贸易有较大增长，金桥出口加工区又有一批大项目落户。已有5家跨国公
司总部或地区总部、3个要素市场相继迁入浦东，兄弟省市和中央部委开设在浦东
的外贸公司增加到70家，先后已有8家外资银行获准经营人民币业务。浦东开发
促进了整个上海对外开放，全市对外贸易和利用外资连续三年保持较高水平。外
贸出口完成132.4亿美元，比上年增长14.3％，增幅居全国前列。吸收外商直接投
资协议金额110.7亿美元，比上年增长5％，外商直接投资实际到位金额47.2亿美
元，比上年增长45.1％，投资额在1 000万美元以上的外资项目占全年外商直接投
资协议金额的81.4％，利用外资建设内销房有新的突破。与此同时，跨地区经济合
作全面拓展，去年本市工商企业到国内各地开厂设店项目共计280余项，直接投资
金额20亿元。实践表明，随着投资环境改善，浦东新区功能增强，上海对外开放的
前景更为广阔。

（六）区县经济活力进一步增强。

区县经济在上海经济发展中的地位日益突出。实行市区"两级政府，三级管
理"、郊区"三级政府、三级管理"体制，制定和实施了相应的配套政策，扩大了区县
的发展权，各区县以更加积极的姿态创造性地开展工作。区县经济继续保持快速

增长,在全市工业新增产值中郊区工业新增产值占60%以上。上海经济已经形成市与区县共同发展的新格局。同时,围绕全市中心工作,区县在基础设施共建、分担再就业工程、放开放活小企业、改善城区管理等方面,与市政府各委、办、局齐心协力,共同负责,开创了建设和管理的新局面。

(七)社会各项事业蓬勃发展,精神文明建设不断加强。

科技与经济结合有新的进展,进行了科研机构进入企业的多种模式改革试点。以水稻基因组研究为代表的生命科学研究获重大突破,整个高新技术领域又取得一批新的科研成果。科普工作深入开展。教育改革和发展步伐加快,实施素质教育、推进高校布局结构调整和改革办学体制取得新的进展。医疗服务质量有所改善,医疗费用得到有效控制,中心城区的市容卫生整治初见成效。文化事业繁荣发展,上海博物馆、上海图书馆新馆建成开馆。成功举办了首届亚太地区特奥会和第三届全国农运会。法制建设取得新的成效。反腐倡廉深入推进,"严打"斗争取得明显效果,社会秩序稳定。群众性精神文明创建活动进一步引向深入。全市精神文明建设呈现积极、健康、向上的发展态势。

(八)人民生活继续改善。

去年,市政府坚持把加快住宅建设、提高公建配套水平,作为改善人民生活的重要实事项目来抓,全年住宅竣工1 230万平方米,公建配套比例达到10.1%,比上年上升1个百分点,拆除危棚简屋71.1万平方米,又有8.6万户居民迁入新居。城乡电话、自来水、燃气普及率进一步提高。在全社会的共同关心下,社会帮困正在形成网络化、制度化的工作机制,困难企业职工和低收入市民的基本生活得到保障。全市职工年平均工资和农民家庭人均年纯收入,扣除物价因素实际分别增长4.3%和4.5%。城乡居民消费水平不断提高,消费结构渐趋合理,城乡居民生活质量进一步提高。

同志们!在过去的一年中,上海的改革开放、经济建设和社会发展都取得了新的成绩。在此,我谨代表上海市人民政府,向奋战在各条战线上的全体市民,向给予政府工作热忱支持与监督的人大代表和政协委员,向中央各部门、各兄弟省市和驻沪三军、武警部队,向台湾同胞、港澳同胞、海外华侨和国际友人,向所有关心和支持上海振兴发展的同志们、朋友们,表示衷心的感谢!

当然,我们也清醒地看到,上海在前进中还面临着不少困难和问题。部分国有企业仍处于经营困难,效益下降的被动局面,其原因主要是,老企业的历史包袱和社会包袱还相当沉重,企业经营机制还不适应市场经济发展。同时,随着产业结构调整和国有企业改革力度加大,劳动力转移与再就业的任务还会加重。在环境整治、物业管理、社会治安、反腐倡廉等方面也还存在薄弱环节。所有这些,都必须引起我们高度重视,在继续深化改革、加快发展中认真加以解决。

二、1997 年工作的主要目标与任务

1997 年是我国历史发展上重要的一年。我国将恢复对香港行使主权,召开党的十五大,这是两件举世瞩目的大事。上海要从这一大局出发,努力创造良好的政治、经济、社会环境和条件,全面实现新三年发展目标。

1997 年上海政府工作的总体要求是：始终坚持以邓小平建设有中国特色社会主义理论和党的基本路线为指导,认真落实党的十四大以来的一系列战略部署,正确处理改革、发展和稳定的关系,保持稳定的政治、经济和社会环境;切实推进两个根本性转变,加大结构调整力度,继续保持国民经济持续、快速、健康发展,加大改革开放力度,继续深化国有企业改革和提高对外开放水平;切实推进两个文明同步建设,强化基层基础工作,继续保持社会秩序稳定,加快社会事业发展,继续促进社会全面进步,进一步加强社会主义精神文明建设。全面完成新三年上海国民经济和社会发展的各项任务,以两个文明建设的新成绩迎接党的十五大胜利召开。

1997 年上海经济社会发展的主要预期目标是：

——国内生产总值增长 10％;

——第三产业占国内生产总值的比重达到 43％以上;

——工业总产值增长 14—15％;

——全社会固定资产投资安排 2 200 亿元,增长 11％;

——社会消费品零售总额增长 15—16％;

——外贸出口总值 145 亿美元,增长 10％;

——直接利用外资实际到位金额 48 亿美元,基本保持上年水平;

——商品零售价格上涨幅度控制在 6％左右;

——地方财政收入增长 13％。

按照上述总体要求和发展目标,在新的一年中,我们必须全面完成经济和社会发展的各项任务,再创上海工作的佳绩。

(一) 保持工业的稳定增长。

坚持速度与效益相统一,优化产品结构,加快技术改造,狠抓企业经营管理,保

持工业在有市场、有质量、有效益的前提下增长。要把产品开发作为开拓市场的关键,全市重点抓好 200 项年新增产值 1 000 万元以上的新产品投产,确保全市工业新产品产值率达到 20%。加大技术改造力度,确保技改资金投入比上年增长 20%,抓紧 50 个工业重点技改项目的竣工投产。各行各业都要制定质量振兴实施计划,努力提高产品质量,装备类产品要全面提高技术先进性,扩大按国际标准生产的比重,消费类产品要重点加快发展名品、精品和新产品。企业要加强管理,立足于向管理要效益,建立和健全以成本管理为中心的各项基础管理制度,加快资金周转,降低能源、原材料消耗,减少富余人员,提高资源利用效率和劳动生产率。要进一步抓好企业的扭亏增盈工作,落实目标责任制,帮助亏损企业走出困境,努力消除行业亏损。

(二)抓紧浦东开发,加快区县发展。

浦东开发开放要成为上海继续扩大开放的一面旗帜,尽快出形象、出功能,努力发挥促进全市经济发展的带头作用。新区要确保国内生产总值增长 18% 以上,固定资产投资增长 40% 以上,实际利用外资金额占全市三分之一。要抓好浦东新区新一轮十大基础设施建设,继续培育和壮大重点开发小区的产业功能。加快推进陆家嘴地区的市政重点工程建设,完成 1.5 公里滨江大道建设,建成 10 万平方米中心绿地。外高桥保税区要加快港区合一步伐,增强转口贸易功能。张江高科技园区要加快建设生物医药科技产业基地,强化技术创新和扩散功能。金桥出口加工区要提高产出效益,拓展进口替代和出口加工功能。

按照市区要体现繁荣和繁华、郊区要加强实力和水平的要求,区县经济要在发展中形成各自的经济特色,优化布局,努力保持高于全市 8—10 个百分点的经济增长速度。中心城区要继续发挥第三产业的优势和保持传统商业特色,控制高档办公楼和大型商厦的建设,积极发展适应大众消费的购物旅游和各类服务业。郊区要实现工业布局相对集中,各个市级工业区要积极与大工业发展相结合,有重点地开发建设,避免产业结构雷同,尽快形成各自的产业优势。要进一步完善市与区县两级政府管理体制,结合事权和责任下放,增强区县融资功能,逐步建立"自筹、自用、自还"的融资机制。区县政府要进一步提高综合管理水平,在市政建设、集镇建设、社区发展、实施再就业工程等方面发挥更大的作用。

(三)进一步提高对外贸易和利用外资的水平。

对外贸易要加快转变增长方式,从注重数量转到注重质量和提高效益上来,大力拓展对外贸易的领域和空间。要继续优化出口商品结构,努力提高出口商品的质量、档次和加工深度,今年机电产品出口创汇比重提高到 30％,龙头计划出口商品扩大到 70 个,出口总值达到 55 亿美元。要大力提高区县外贸出口在全市出口总值中的比重,每个区县都要建设一批出口拳头产品和龙头企业。要加快实施市场多元化战略,巩固和扩大现有市场,积极开拓新兴市场。要积极推动工、商、贸、技结合和国际经贸合作,组建一批有实力的外经贸企业集团。要积极发展服务贸易和技术贸易,扩大科技产品和计算机软件出口,大力发展对外工程承包。

利用外资要坚持"积极、合理、有效"的方针。积极研究外商投资的新特点,着力抓好招商引资工作,增加规模大、技术含量高的外商投资项目储备。拓宽外商投资领域,积极探索大项目融资和合作的新途径。完善外商投资的产业政策,依法加强监管,提高服务效率,改善投资环境。

(四)加快推进农业现代化。

坚持把农业放在突出的位置,发挥上海的科技与综合经济实力优势,切实抓好"菜篮子"、"米袋子"工程,加快推进农业现代化。一要积极发展农业适度规模经营。稳定家庭联产承包责任制,在农民自愿的前提下,逐步把分散的小规模经营引向集中的规模化经营。二要大力扶持产加销一体化的农工商企业,促进生产向流通拓展、流通向生产延伸。粮食和蔬菜、猪、禽、蛋、奶、鱼等保障市民基本生活的主副食品,要积极调整生产布局,建设好一批集约化、科技含量高的生产基地,注重扩大名、特、优、新产品比重。三要继续完善多渠道、少环节、开放式的农副产品流通体系。重点建设好北蔡等大型农副产品批发交易市场,现有 100 多家农副产品流通公司要加强联合,完善设施,拓展市场网络。要围绕农业现代化这一中心,增加对农业的投入,抓好科教兴农,加快"种子、生物、温室、绿色"四大工程的建设,积极发展创汇农业,加强农田水利基本建设,发展农业社会化服务体系。同时,进一步完善重要农副产品收购保护价制度、储备制度和风险基金制度,确保农业增产、农民增收、市民满意。

(五)继续加快城市建设。

集中力量抓好城市基础设施的建设,确保重大工程建设安全、优质、高效。延安高架路东段、徐浦大桥、外高桥电厂四号机组、临江 40 万吨水厂等项目要确保年内竣工使用,其中延安高架路东段列为今年的一号工程;浦东国际机场及其配套工程、地铁二号线、沪杭高速公路上海段、吴泾电厂八期扩建工程等项目要确保达到阶段性目标;外环线西南段等项目要确保按期开工。要继续加快住宅建设,住宅竣工1 400万平方米,公建配套比例提高到11%,年末市区人均居住面积上升到9平方米以上,住房成套率达到60%以上。集中力量搞好成片居住区建设,提高住宅建设规划、设计、施工的整体水平,推进住宅产业现代化。

切实加强规划对城市建设的指导作用。完成城市总体规划修订工作,抓紧制订和完善各地区的详细规划,进一步提高规划管理和调控的水平,提高土地利用的集约化程度,改善城市和农村的生态环境。郊区要高标准地搞好城镇建设规划,体现特色,分步实施。中心城区要优化功能布局,促进协调发展。

继续推进公用事业改革,重点是燃气行业。要实行煤气生产同经营分离,打破垄断经营和产销一体的体制;区分政策性亏损和经营性亏损,完善补贴机制;逐步理顺煤气价格,采用"小步快走"的方式,缩小产销价差,实行两步计价、季节差价办法,调节季节性的供求矛盾,改变多用多补的不合理状况。同时,要进一步完善公交改革。

(六)大力发展各项社会事业。

坚持以建设一流教育为目标,推进教育的改革和发展。基础教育的重点是,进一步加快从应试教育向素质教育的转变,努力办好每一所学校,提高教育质量。全面实施小学升初中免试就近入学,加快重点中学的初高中分离办学,基本完成薄弱学校更新工程,启动建设几所寄宿制高级中学,稳妥解决高中阶段入学高峰的矛盾。继续做好高等教育布局结构调整工作,发展高等职业教育,办好有特色的中等职业学校。加大对教育的投入,完善农村教育费附加的征收办法。努力发展文化事业,加强文化设施建设,抓紧建设上海大剧院、上海书城、青松城等一批重大项目,积极筹建上海科技城,规划和建设好区域性文化中心和社区文化设施,加强新居住区文化设施配套建设,每个区县都要建成一、二个达标的街道(乡镇)文化馆。积极推进文艺院团的体制改革,完善文化经济政策,大力发展出版业,培育和完善文化市场。办好第三届国际电影节、97上海国际少年儿童文化艺术节等一系列大型文化活动。医疗卫生事业要坚持贯彻预防为主的方针,继续深化改革,规范医疗行为,提高医疗服务质量,巩固和发展农村合作医疗,加快社区卫生服务网络建设,进一步提高市民的健康水平。坚持计划生育,控制人口增长。抓紧建成八万人体育场等一批场馆设施,提高体育竞技水平,精心承办好第八届全国运动会,推动全民健身运动的蓬勃开展。

三、扎扎实实推进两个根本性转变

目前上海的人均国内生产总值已逼近 3 000 美元大关,经济发展进入以资金、技术密集型产业为主导的阶段,迫切需要加快推进两个根本性转变,坚持实施科教兴市战略和可持续发展战略,切实提高经济运行的质量和效益,求得经济既快又好地发展。要从经济中心城市的基本特征出发,解放思想,拓宽思路,抓住功能拓展、技术创新、资产重组和管理规范等关键环节,进一步优化投资结构,以增量带动存量调整;继续深化改革,加快建立新的经济运行机制。

(一)大力拓展第三产业功能。

要以浦东陆家嘴金融贸易区功能开发为重点,大力培育中央商务区功能,增强上海经济中心城市的辐射能力。加快要素市场向陆家嘴地区集中的进程,完成证券交易所和人才市场的东迁工作,并做好商品、金属、技术等交易市场的迁移准备。抓住外资银行经营人民币业务试点的契机,进一步完善投资经营环境,吸引众多的海内外金融机构、跨国公司地区总部和国内大公司总部进入中央商务区。各类要素市场要在规范中发展,拓展服务领域,增强服务功能,努力建成全国性的中心市场。加快发展金融市场,发挥证券市场的筹资功能,设立产业投资基金,引入投资银行机制,拓展资本市场;积极发展同业拆借、短期国债市场和票据转让、贴现市场,完善货币市场的整体功能;加快发展保险市场;探索建立离岸金融市场和黄金市场。

进一步搞活房地产市场,推动相关产业的发展。全面推开已售公房的换房交易,规范房屋租赁市场,加强物业管理,加大空楼和在建楼宇的招商招租力度。深化住房制度改革,合理降低房价,扩大居民购房抵押贷款,增强居民购房能力,试行住房有偿分配,做好住房分配货币化试点,进一步搞活房地产二、三级市场。探索建立政府的土地收购储备制度,加强土地市场调控,引导房地产业健康发展。

大力发展旅游业。发挥大都市人文资源和城市新景观的吸引力,把发展旅游业与发展商业服务业结合起来,组织好国内外游客来沪购物、观光、商务活动,获取旅游业的综合效益,进一步繁荣上海商业。进行旅游业管理体制改革,提高旅游服务业的管理协调能力。结合佘山国家旅游度假区开发建设,合理调整旅游景点布局,有重点地充实和改善一批旅游设施,提高旅游文化品位,形成大都市旅游特色。

加快国民经济信息化进程。着力抓好信息港工程,抓紧高速大容量信息传递平台、计算机网络骨干工程和计算机应用系统建设。加快发展各类中介服务业,有重点地培育一批符合国际通行准则的、具有权威的投资咨询、资产评估、会计、审计、法律咨询等中介机构。

(二)依靠科技进步,推动产业发展。

工业六大支柱产业要下功夫提高技术能级,壮大规模优势。新型轿车、不锈钢卷板、大屏幕彩电、化学工业区等大项目要加快建设,尽快竣工投产。汽车、钢铁、家电、石化等产业,要结合上大项目,积极引入科研机构,集聚科技力量,消化吸收先进技术,形成自主开发创新能力,确立产业发展的新优势。

要不失时机地把高新技术产业搞上去,率先把现代生物与医药产业和集成电路与计算机产业培育成新的支柱产业。上海具有发展现代生物与医药产业的人才和科技开发优势,要瞄准国际一流水平,下大力气壮大其产业规模,全年实现销售150亿元。集成电路与计算机产业要加快大规模集成电路项目和信息港工程的建设,狠抓硬件建设和软件开发,尽快形成信息产业链。要加大对高新技术产业的投入,尽快建立产业投资基金,重点扶持现代生物与医药产业和集成电路与计算机产业的发展。

全力推进科技经济一体化,促进科技与经济的结合。建设好一批国家级科学研究中心、工程研究中心和企业技术开发中心,抓好50个重点单位科技体制改革试点,推动产学研结合,引导科研机构通过技术入股等多种形式与企业合作。选择一批关键的创新技术和应用技术,组织力量进行科技攻关,加快新产品的开发和新产业的形成。进一步拓宽科技成果产业化的融资渠道,加大科技风险投资,促进技术市场与资本市场结合,逐步形成新的科技投入机制。进一步深化科技体制改革,强化科技和经济的结合,使科技进步、技术创新落到实处。

(三)把开拓市场提高到新水平。

市场开拓要主动适应消费需求的变化,以产品创新为主导,大力发展现代营销,力求在深度和广度上有新的突破。要发挥现代商业对经济发展的驱动力作用,着力建设好覆盖面大、综合性强的大型物流中心和商品配送中心,发展现代批发体系。进一步加强工商贸联手合作,贯彻实施好"点、线、面"市场开拓方针,对已在国内各地拓展的工商企业,要强化营销网点的批发功能,增强网络渗透力,逐步形成跨地区的分级配送体系,增强上海产品的配送能力。

以资产经营带动国内外市场开拓。引导有实力的企业实施跨地区的收购兼并,通过资产经营带动生产经营,壮大企业规模。结合本市产业和产品结构战略性调整,把市场容量大的一般产品生产转移到内地,扩大上海产品在国内市场的占有率。

以优势产业和优势技术带动向海内外直接投资。通过输出品牌、管理、技术和人才,发挥上海无形资产的优势,提高跨地区投资的水平。充分利用上海在造桥、建楼、电站设备制造与成套工业设备等方面的技术优势,大力发展海外工程承包,带动机电产品和大型成套设备出口,积极有效地开展海外直接投资,有步骤地在重点地区开拓海外投资基地,发展境外企业。

(四) 建立现代企业制度的基本框架。

按照上海新三年发展确定的目标,即用三年时间率先建立现代企业制度基本框架,今年深化国有企业改革,要侧重于培育新的运行机制,增强国有经济整体活力,初步形成五个机制:即企业优胜劣汰机制,重点抓好兼并破产工作;职工能进能出的就业机制,重点抓好再就业工程;覆盖全社会的保障机制,重点深化社会保障管理体制改革,深化医疗保险制度改革;国有资产保值增值机制,重点落实"抓大放小"、增资减债的各项措施;经营者择优录用的竞争上岗机制,重点抓好职业化、市场化的经营者队伍建设。

集中力量搞好大型企业和企业集团。对一批基础好、有实力的大型企业集团,要加强政府的产业指导,大力推进跨地区、跨行业的联合和工技贸结合,提高它们的竞争能力,带动相关企业发展,成为国有经济的台柱。重点抓好"汽车"、"上海实业"、"华谊"、"电气"等大型企业集团,要强化资产运作,尽快形成一业为主、多种经营的格局,壮大企业规模,开创上海大型企业集团发展的新局面。对重点扶持的大型企业集团要赋予融资、投资、国有资产处置等管理权限,使其具备自我发展和壮大的能力。国有控股公司要完善内部运作机制,积极创造条件,逐步向投资型财团公司发展。进一步放活国有小企业。要推动小企业面向市场,加快企业改组、改造和转换机制,使大批国有小企业焕发生机活力。市属小企业下放到区县,要从轻工系统扩大到面上其他行业。区县要发挥各自的优势,采用股份合作、租赁承包和出售等多种形式,大胆探索实践。要结合"抓大放小",用足用好国家鼓励兼并、规范破产的政策措施,加大推进兼并的力度,促进企业优胜劣汰。通过兼并和联合,逐步扭转企业中存在的"大而全、小而全"、产品重复布点的状况,促进专业化分工和规模生产,提高企业的竞争能力。企业的兼并破产要严格按国家规范进行,也可通过产权交易市场和证券市场实现资产重组,逐步形成规范的资产运作机制,严防国有资产流失。要加强行业协会、商会等中介组织的建设,发挥它们的服务、自律、协调、监督和管理作用。

切实加强企业领导班子建设，对国有企业领导班子进行考核、调整和充实，对经营者实行优胜劣汰。实践证明，企业的生存发展，无论是改革、改组、改造和加强管理，还是产品开发、市场开拓，都与有没有一个坚强有力的领导班子有着密切的关系。要结合推进现代企业制度试点和"抓大放小"，为大型企业集团配备好强有力的领导班子，对大量中小企业经营者的选拔，要稳妥引入竞争上岗机制，培育经营者择优录用、优秀人才脱颖而出的市场环境。要全心全意依靠工人阶级，加强企业民主管理，发挥职工代表大会的民主评议和监督作用，推动企业改革的不断深入。

四、大力加强社会主义精神文明建设促进城市文明进步和社会安定团结

建设社会主义精神文明是中国特色社会主义的基本特征之一，也是我国现代化建设的重要目标和重要保证。上海在实施跨世纪宏伟蓝图的进程中，要把精神文明建设提到更加突出的地位，坚持以科学的理论武装人，以正确的舆论引导人，以高尚的精神塑造人，以优秀的作品鼓舞人，努力提高市民素质和城市文明程度，开创两个文明建设协调发展的良好局面。

（一）提高市民思想道德素质和城市文明程度。

切实加强思想道德建设，扎扎实实地开展爱国主义、集体主义、社会主义教育，弘扬正气，树立新风，学习先进模范人物，开展创业者风采活动。要坚持艰苦奋斗、勤俭建国，在全社会倡导助人为乐、奉献社会的精神，确立爱岗敬业、诚实守信的职业道德；倡导文明、健康的生活方式，加强社会公德和家庭美德建设，树立建设有中国特色社会主义的共同理想。加强民兵、预备役和"军民共建"工作，深入开展"双拥"活动，巩固军政、军民团结。要进一步繁荣文化艺术创作，坚持为人民服务、为社会主义服务的方向，弘扬主旋律，提倡多样化，抓好"五个一工程"，创作更多的优秀作品，丰富人民群众的精神生活，同时要坚持不懈地开展"扫黄"、"打非"活动。要发挥现有文化设施的作用，推动群众性文化活动广泛开展。要深入开展群众性精神文明创建活动，继续加强"七不"宣传教育和管理、执法；推进行业规范服务达标活动，从现有的9个行业扩大到16个行业，创建一批文明行业；积极开展创建文明社区、文明城区和文明单位的活动，新创建50个市级文明小区，促进群众性精神

文明创建活动规范化、制度化。

（二）提高城市管理水平。

坚持城市建设与管理并重的方针,把加强城市管理作为政府的一项重点工作。要从完善城市管理体制入手,努力提高城市管理效能,确保规范有序运行。一是强化市容和环境卫生整治。按照国家卫生城市的标准,加强城市环境卫生基础设施建设,强化环境卫生整治力度,提高市民卫生意识,逐步建立长效管理制度。要全面提高中心城区和景观路线的环境卫生水准,重点开展中小道路、居住区、城乡结合部的整治,改变重点区域的脏、乱、差状况。二是加强社区管理。根据《上海市街道办事处条例》,进一步健全街道管理机构,增强街道工作职责,发挥街道监察队的作用。加强社区建设,推进与居民生活密切相关的各项社区服务,切实解决居民关心的生活环境、社区治安及帮困扶贫等问题。三是加强交通、防灾和安全生产管理。发挥交通设施的功能,提高交通组织水平,缓解交通阻塞"瓶颈口"。坚持防患于未然,掌握季节特点,加强防灾设施建设,提高防灾、抗灾能力。高度重视城市防火工作,重点加强公共场所、居民住宅的消防检查,及时消除隐患,确保人民生命财产安全。进一步做好安全生产、文明施工,防止重大事故的发生。

（三）强化生态环境建设。

坚定不移地走可持续发展道路,增强环境保护意识,加大环境保护和城市绿化的力度,不断改善城市生态环境。环境保护工作的重点是继续严格控制污染物排放总量,各行业、各地区都要严格按照分解指标,抓紧治理。实施苏州河综合治理工程,年内修建支流挡污闸,搬迁一批散货和垃圾粪便码头,清理水面污染物,完成四个样板段建设,为实现本世纪末消除苏州河黑臭的目标奠定基础。继续加强黄浦江上游水源保护,在控制工业污染的同时,加大对生活污染和大中型畜禽饲养场污染的治理。严格限制市区助动车发展,搞好机动车尾气排放净化处理,控制建筑工地粉尘污染,使城市大气状况逐年有所好转。高度重视城市绿化工作,按照点、线、面、环的绿化规划全面推进。加紧建设黄兴绿地、浦东中央公园和大宁绿地,推进外环绿带建设,完成延安高架路东段绿化,结合旧区改造和高压电线走廊整治,开辟新的绿化基地,全市共新增绿地100块。要广泛动员企事业单位和全体市民搞好门前周围的绿化,采取开墙透绿、立体建绿、屋顶植绿、阳台种绿等办法,见缝插绿,增加绿色。要加强绿地的养护管理工作,严格绿化责任制。加快郊区植树造林步伐。今年要确保全市新增公共绿地270公顷,市区人均绿地面积扩大到2.3平方米,绿化覆盖率提高到17.8%。

（四）加快人才的培养与开发。

实现上海宏伟发展目标的关键是人才。要立足于构建上海人才资源高地，加快人才的培养与开发，逐步形成人才辈出、人尽其才的局面。要围绕上海产业发展的目标和要求，加大人才培养和引进力度，注重吸引一批高层次的海外留学人员，培养和造就一批高新技术学科带头人和数以千计的学科技术骨干。进一步调整高校学科和专业结构，采取国际合作、校企合作等多种方式，加快紧缺高级专门人才的培养。通过技工学校的联合和重组，切实提高技工教育的质量，继续加强在职职工的培训，尽快形成一支与产业结构调整相适应、素质优良的技术工人队伍。拓展和健全人才市场，加强人才市场的网络化、规范化、法制化建设，创造公开、平等、竞争、择优的用人环境。配合放开放活小企业，搞好厂长经理的竞争上岗，促进经营和技术人才的合理流动。设立"上海市人才发展基金"，重奖有突出贡献人员，探索在高新技术领域中技术入股方式，完善专利制度，保护知识产权，推动科技成果转化为生产力。

（五）进一步实施再就业工程，健全社会保障体系。

推进再就业工程，是上海在加快产业结构调整和企业改革中的重大举措，也是维护社会稳定的重要保证。今年实施再就业工程，要在开拓就业渠道和完善就业机制方面有新的突破。解决再就业的关键是增加就业机会，要重视挖掘中小企业的就业潜力，结合商业服务业的发展，增辟就业岗位；大力发展城乡集体经济，鼓励发展私营经济和个体经济；积极发展彩色精印、食品加工、时装服饰等城市型工业；大力组建服务公司，扶持家务、维修、餐饮、清洁等服务业。要特别重视再就业培训的针对性和实效性。引导下岗人员转变择业观念，参加各种技能培训，增强就业适应能力。要认真总结纺织、仪电再就业服务中心工作经验，把试点工作扩大到轻工、化工、冶金、机电和建材等系统。要进一步完善再就业服务中心模式，确保政府、社会和企业三方资金落实到位，尽快形成企业优胜劣汰和下岗人员再就业的良性循环机制。加强劳动力市场建设，实现全市劳动力市场联网。切实加强分类指导，重点扶持就业愿望迫切的下岗人员再就业。通过充分发挥社会各方面的积极性，切实抓好再就业工程，使年末下岗待工人数不超过上年水平。

健全社会保障体系。建立市社会保障委员会，理顺社会保障管理体制。社会保险要进一步扩大基本保险的覆盖面，深化医疗保险制度改革，发展各类补充保险。大力开展社会帮困工作，加强政府帮困扶贫力度，动员和组织全社会力量，促进帮困工作社会化、制度化和经常化，重点为生活最困难人员做好排忧解难工作。

积极发展社区福利性服务,扩大志愿者队伍,努力为老年人、妇女儿童和残疾人提供更多的服务和方便。

(六)进一步加强民主与法制建设。

增强民主法制观念,坚持依法办事、依法行政,严格执法。要认真落实"三五"普法规划,加强民主与法制的宣传教育力度,增强全市人民的民主法制意识。各级政府要高度重视人大代表、政协委员的各项议案、提案,注意采纳各民主党派和社会各界人士的意见和建议,进一步发挥工会、共青团和妇联等群众组织的桥梁和纽带作用。坚持决策的科学化、民主化,发挥各类专家、学者的决策咨询作用。继续做好侨务工作和对台工作,全面贯彻执行党的民族政策、宗教政策和有关法规。要加强经济和社会管理领域的法制建设,认真贯彻实施《行政处罚法》,建立健全执法监督机制,加强审计监督,增强行政机关依法行政的意识和能力。深入开展反腐败斗争,加大办案力度,集中力量查处大案要案,坚决治理人民群众反映强烈的不正之风。积极推行政务公开制度,加强勤政廉政建设,加强执法监察和监督工作。继续抓好行风评议工作,加强行风建设,把纠风工作纳入部门和行业管理之中,重点做好卫生、公用事业、税务三个行业系统的行风评议,开展好专项治理工作。切实加大本市打假治劣工作的力度,保护企业合法经营,维护消费者合法权益。要研究治安工作中的新情况、新问题,加强社会治安综合治理,健全防范机制,提高基层治安防范能力,积极疏导和化解不安定因素,进一步搞好创建安全小区活动;坚持深入持久地开展"严打"斗争,严厉打击严重刑事犯罪和经济犯罪,维护良好的社会治安秩序。

各位代表,完成今年上海经济和社会发展的各项任务,推进两个文明的建设,需要全市人民齐心协力,开拓进取,更需要各级领导干部和政府工作人员振奋精神,作出更大的努力。各级领导干部一定要坚持"讲学习、讲政治、讲正气",不断提高政治业务素质,把握工作大局,增强整体意识,正确处理好改革、发展、稳定的关系;要谦虚谨慎,身先士卒,深入实际,务求实效,作解决难题的能手。广大政府公务员,要认真执行《国家公务员暂行条例》,坚持全心全意为人民服务的宗旨,想群众之所想,急群众之所急,廉洁高效,勤政为民,切实重视人民群众的来信来访,对于严重危害人民群众权益的事,要一查到底,决不姑息。要积极开展"让人民高兴、使人民放心"和"争当好公仆"的活动,使政府机关的工作作风有进一步的改进,工作效率有新的提高。

各位代表:

新的一年中,改革和发展的任务十分繁重。让我们在邓小平建设有中国特色社会主义理论和党的基本路线指引下,紧密团结在以江泽民同志为核心的党中央周围,把握抓住机遇、深化改革、扩大开放、促进发展、保持稳定的大局,充分调动各方面的积极性,增强改革意识和创新精神,创造性地做好各项工作,为迎接党的十五大胜利召开,进一步开创上海振兴发展的新局面而努力奋斗!

(《解放日报》1997年2月25日)

市郊小城镇建设带来新变化
廿五个乡镇成为"卫星城"
十二万农民成为"都市人"

本报讯 12万农民成为"都市人",25个乡镇成为"卫星城",这是市郊去年加快小城镇建设带来的新变化。昨天召开的上海市1997年村镇工作会议提出,今年的小城镇建设要全面提高总体水平,加大环境的净化、绿化、美化力度,加强村镇文明管理,力争使上海的村镇建设领先全国。

本市各区县集体和个人去年对小城镇建设投入资金约60亿元,各类建筑竣工总面积达864万平方米,其中住宅556万平方米,明显改善了小城镇的生活环境和投资环境。本市还在5个镇试行户籍管理制度改革,去年共有5 149户、10 246人由农村户口转为城镇户口。青浦县方东村、崇明县新洲村等一批试点村,为解决农村人口的相对集中问题和建设田园型居住小区提供了经验。

今年本市将发挥科技优势,注重规划的综合效益,切实把小城镇的规划质量搞上去。在建筑设计方面,将改变目前存在的单纯模仿甚至照搬城市的做法,吸收传统文化,反映地方特色,建成一批总体协调、与自然环境和谐、有现代化功能的郊区小城镇。今年还将继续从技术上和政策上支持试点镇的建设与改革,继户籍改革制度之后,将继续推出土地置换的具体措施,并且争取在财政体制和社会保障体系等方面取得进展和突破。(实习生 李艳秋)

(《解放日报》1997年4月17日)

与上海石化联合建政　金山撤县建区

昌　山

本报讯　(记者昌山)经国务院批准,撤销上海市金山县,由上海市金山县与中国石化总公司上海金山实业公司联合建政,设立金山区。市委、市政府为此于昨天下午召开金山建区干部大会,市委、市人大、市府、市政协及中国石化总公司的领导出席了会议。

据了解,金山区以原金山县的行政区域为行政区域,人口为 55.37 万,区政府驻金山卫镇。会上宣布了中共金山区区委常委会组成人员名单,他们是刘国胜、周耘农、张健鑫、沈振新、沈效良、陆富林、李芬华(女)、张布尔、杜飚、沈永根,刘国胜任书记。

市委副书记孟建柱到会讲话。他说,联合建政、撤县建区标志着金山已进入一个新的历史发展阶段,建立金山区是实施上海发展战略、推动经济和社会全面发展的迫切需要,也为上海南翼发展,从体制上打下了一个很好的基础。金山区的建立还有利于进一步发挥石化优势,形成新的支柱产业,同时也是进一步加快城乡一体化进程、壮大金山经济实力的需要。

（《新民晚报》1997 年 5 月 13 日）

旧城改造与郊区开发结合
个人集资与政府投资结合
吸引外资与扩大内联结合
沪郊农村城市化水平领先全国
200 多乡镇重新规划建设,12 万农民告别乡间迁居城镇

本报讯　一座座规模相当、布局合理、功能完善、环境优美的新兴"农民城"正在沪郊崛起。据市有关部门透露,5 年来郊区 12 万农民告别世代居住的乡间宅基,

喜盈盈迁居城镇,200多个乡镇集镇经过重新规划建设,已初步显现出现代化小城镇框架和容貌,上海农村城市化水平达到37.15%,比5年前提高近10个百分点,居全国领先水平。

农民向城镇流动,居住向城镇集中,已成为当今郊区的一大潮流。各区县认清农村城市化是上海郊区经济发展所伴生的社会发展新趋势,纷纷高起点规划、多元化投资,在蛙声一片的乡村田野上建设现代化小城镇,构筑起城乡一体的新型城镇体系。奉贤县洪庙镇农民不靠国家投资,自筹资金建起了一座宏伟壮观的现代农民新城,1.2万农民相继从原来的旧村落搬进新城镇落户。不少区县也按照上海市总体规划的目标要求,采取配合市区旧城改造与郊区房地产开发相结合,个人入股集资与政府拨款投资相结合,吸引外资与扩大内联相结合等多种办法,有步骤地加快农村城市化建设。短短5年中,沪郊涌现出如松江小昆山镇、青浦华新镇、嘉定马陆镇等一大批既有现代气息又各具特色的新型城镇,沪郊"小城镇"的镇区面积也从143.52平方公里迅速扩大到235.07平方公里,"小城镇"住宅的竣工面积新增2倍多。伴随着新型城镇的崛起,沪郊撤乡建镇的步伐也不断加快,迄今为止有96.1%的乡镇完成了撤乡建镇,以35个试点镇为重点,进行了城市化配套、管理及户籍等改革,沪郊12万农民完成从村庄到城镇的大迁移,非农业人口从1992年的156.36万增至216.4万,增幅达27.74%。

在建设新型城镇中,市郊各区县还注重产业支撑,实行工业、商贸、旅游业发展与城镇建设相互依托,优化规划、合理布局、创造特色,使城镇建设表现出明显的时代特征和地方特色。奉贤县新寺镇以农业经济为依托,以田园风光为特色,建起了融大自然与城区为一体的"庭院式"现代化城镇。松江县松江镇以新兴工业区和工业主导产业为依托,发展起一大批与工业生产相配套的产业人员住宅楼(群)、商贸饮服带,建造"工业城式"的新城镇。奉贤县洪庙镇以旅游商贸等三产经济为依托,重点建设"休闲式"城镇,成为上海郊区颇具影响的新兴旅游度假城。

市郊各区县还按照"新型城镇,农民乐园"的标准,强化基础设施建设,优化生态和生活环境。南汇、闵行、嘉定、金山等地都投以巨资来搞好城镇配套设施建设,做到商业、文化、教育、医疗和娱乐等设施齐全,农民白天参加生产劳动,晚上能到图书馆读书看报,进剧场看戏看电影,上娱乐中心下棋唱歌。同时,各区县还新建扩建了大批水电路气通讯等设施,通过植树铺绿种花和农村改水、改厕,净化、绿化、美化城镇环境,营造田园都市氛围。5年中,郊区城镇电话交换机总容量增长近5倍,主干道路新增长度1 300公里,绿化覆盖面积增加近2倍,并在全国大中城市

的郊区中率先实现电话自动化、程控化,如今郊区有 82.6％的人口用上煤气和液化气。(苏平　马晓青)

(《解放日报》1997 年 9 月 2 日)

金山将成"二级市"　滨海新城"金灿灿"

张晓然

本报讯　(记者张晓然)金山于去年 5 月撤县建区后,成为上海辖区里面积最大的一个区。虎年来临,它将往何处发展? 以怎样的容貌展示在人们面前? 记者日前在金山卫听取该区负责人介绍获悉,金山区依托境内大化工的优势,将把该区建设成为上海南翼的一座具有"二级市"功能的滨海新城。

金山区是上海大浦东格局的重要组成部分,23.3 公里的陆地海岸线,可建 100 个万吨级深水泊位,是本市通往浙江和南方各省的门户。尤其是该区境内坐落着上海石化总公司,以及正在开发的上海化学工业区,随着 65 万吨乙烯工程上马,金山将建成中国第 1 个乙烯产量超过 100 万吨的特大化工基地。该区的优势还在于面积多达 586.05 平方公里,是上海辖区里面积最大的区,除确保农业用地外,工业和第三产业用地也能得到保证。随着金山的撤县建区,管理体制形成了城乡一体的优势,更有利于资源的合理配置和充分利用。

基于金山上述令人振奋的最新区情,该区在上海总体规划指导下,以正在迅速发展的化学工业为主导的大工业为依托,以逐步形成的公路、铁路、海港、内河连结成网的大交通为支撑,以向都市型、产业化发展的大农业为基础,按照二、三、一产业发展顺序,立足于全心全意为"石化"和化工区服务,进行"配合、参与、延伸"的发展,到 2002 年,实现国内生产总值 128 亿元、工农业总产值 272 亿元、财政收入 19 亿元的目标,把金山建设成城乡一体的、现代化的上海南翼滨海新城。

(《新民晚报》1998 年 1 月 29)

修编城市总体规划　优化城市空间布局

本报讯　徐匡迪市长在市人代会上所作的《政府工作报告》中说,要集中全市人民的智慧,高起点、高标准修编好上海城市总体规划,勾画好21世纪的发展蓝图,优化城市空间布局。

徐匡迪说,要抓紧修编新一轮城市总体规划,按照远近结合的原则分步实施,用两年左右时间完成总体规划方案的修编、报批工作。新一轮城市总体规划必须体现国际经济中心城市的功能要求。合理安排城市的空间布局、产业布局、用地结构、人口分布及基础设施建设;必须体现可持续发展战略,促进经济、人口、资源和环境的协调发展;必须体现以人为本的宗旨,为市民创造良好的生活、工作、学习和休闲的环境;必须体现大都市圈发展的思想,从长江三角洲地区的整体发展出发,安排上海的产业、能源布局和交通、水利体系建设。

徐匡迪说,要按照城乡一体协调发展的原则,安排好中心城——新城、县城——中心镇——集镇以及农村中心村的规划建设。

产业布局按区域功能定位划分为三个层次,内环线以内地区,重点发展第三产业,建设好中央商务区,推动市中心区工业的置换,适当发展无污染的城市型工业;内、外环线之间地区,重点发展科技含量高、附加值高的工业,建设好一批环境良好、设施齐全、交通便捷的现代生活园区;外环线以外地区,重点建设市级工业园区和现代化农业生产基地,严格限制工业项目的随意布点,加快工业向工业园区集中,注意节约用地,切实保护耕地资源,建设好商品粮、蔬菜、副食品生产基地。加快崇明岛生态农业建设和沿江一线开发,启动建设国家级绿色食品园区。

徐匡迪说,要增强总体规划的权威性和严肃性,严格按规划办事,任何人不得随意改变规划。按照总体规划的要求,抓紧编制下一层次的各类规划。要强化政府对土地市场的调控,制定土地利用总体规划,建立土地调控机制,完善土地收购、储备、转让机制,严格控制新的土地供应,限制高档办公商业楼宇建设用地。

(《解放日报》1998年2月14日)

高瞻远瞩:勾画21世纪发展蓝图
——部分市人大代表谈修编城市总体规划

城市规划是百年大计。处在世纪之交的上海如何勾画好21世纪的发展蓝图,充分发挥规划对城市建设和发展的导向、调控作用?许多市人大代表对此发表了意见和建议。

凡事预则立,不预则废。上海市城市规划管理局局长夏丽卿代表认为,修编新一轮的城市总体规划,必须要有一定的前瞻性,要有科学的预见性。要把未来将要发生的事情提前考虑进去,并在规划中留有充分的余地,留有发展的空间。

"规划如果没有超前意识,就会导致重复建设,浪费宝贵的资源。"上海清真洪长兴羊肉馆总经理马宗礼代表深有体会地说。洪长兴羊肉馆始建于清朝光绪年代,迄今已有100多年的历史,是本市独一无二的具有伊斯兰建筑风格的清真餐馆。1991年,经有关部门批准,洪长兴投入巨资在原地拆建。可是,重新营业没几年,洪长兴因建造延安路高架道路而拆除。刚建成的黄浦区图书馆也因建造南北高架道路而炸毁,如果规划有一定的前瞻性,就不会发生或者可最大限度地减少此类遗憾的事。

一些代表在发言中指出,修编总体规划只有坚持徐匡迪市长在政府工作报告中提出的三条原则,才能高起点、高标准,充分发挥规划对城市建设和发展的导向、调控作用。

发展的目标十分明确:要把上海建成现代化的国际大都市。那么,现代化国际大都市的内涵是什么呢? 浦东新区城市建设局副局长汪尧昌代表认为有四条标准:第一,是世界的经济、金融、贸易中心之一,有完善的市场经济体系,高度发达的第三产业和完善的中央商务区,不仅在世界的某一区域对经济起主导、中心作用,而且是许多跨国公司、财团总部或分部的集中地,多种高层次人才的居住地;第二,具有完善的、一流水平的城市基础设施,包括发达便捷的交通体系、全球网络化的电讯、信息等等,"五流"(人才、物资、资金、技术、信息)畅通;第三,是科学文化交流的国际化城市,不仅具有举办各种大型国际交流活动的设施和能力,而且拥有高质量的工作、生活条件和环境;第四,城市的人口除了要达到一定的数量和质量标准外,还要有一定数量的高层次的外籍居民。

这位气象专家特别强调:"21世纪将是生物科学高度发展的世纪,是海洋事业大发展的世纪,上海处在太平洋的西岸、中国沿海地区的中段,是发展海洋事业的重要基地。因此,修编城市总体规划,一定要充分考虑上海特殊的地理位置及其特殊的作用,为未来的发展留有充分的余地。"

上海建筑设计研究院副院长、总工程师王迪民代表认为,合理调整城市的空间和产业布局十分重要,修编总体规划时,既要按照城乡一体化协调发展的原则,安排好中心城——新城、县城——中心镇——集镇以及农村中心村的建设;更要注重生态环境的保护,建设好一批环境良好、设施齐全、交通便捷的现代化生活园区,为市民提供共享的绿地和优雅舒适的休闲空间。

一些来自区、县的人大代表指出,修编总体规划要发挥两级政府的积极性。像上海这样的特大型城市,由于城市建设和改造的特殊性、复杂性,因此要求详细规划的精度很高。他们建议,在整个城市功能定位确定之后,可由各区、县提出本地区的规划设想,再由市规划部门和其他部门修改审定,以使城市总体规划更为完善。

规划管理是规划实施的保证。静安区城市规划管理局局长陆康明代表指出,要发挥规划对城市建设和发展的导向、调控作用,就必须增强规划的权威性和严肃性,严格按规划办事,任何人不得随意改变规划。他说:"过去之所以违反规划的事屡见不鲜,出现高压电线下搞违章建筑、侵占绿地盖房、投资商突破容积率建'水泥森林'等破坏规划的情况,在于没有依法维护规划的权威性和严肃性,在于对违反、破坏规划的行为没有依法制裁。一个不容忽视的工作,就是要提高各部门、各单位和全体市民遵守、维护规划的法律意识。"

"他山之石,可以攻玉。"许多代表深信,只要我们善于吸取世界各国城市建设的成功经验,集中全市人民的智慧,高瞻远瞩,一定能够勾画好上海21世纪的发展蓝图。(本报记者 陈斌)

(《解放日报》1998年2月18日)

政府工作报告
——1998年2月12日在上海市第十一届人民代表大会第一次会议上
上海市市长 徐匡迪

……(上略)

建议今后五年的主要工作目标是:深入推进两个根本性转变,加快实施科教兴市和可持续发展战略,经济发展稳中有进,重在有质,重在求实,在优化结构、提高质量、增加效益的基础上,保持持续健康稳定增长,并形成第三产业、支柱工业和高新技术产业共同推动经济发展的格局,第三产业占国内生产总值比重提高到50%左右,高新技术产业占工业总产值比重提高到20%以上,科技进步对经济增长贡献率提高到50%以上;深入推进国有企业改革,力争用三年左右时间,使国有大中型亏损企业摆脱困境,国有企业基本建立现代企业制度;政府职能转到以间接管理和综合调控为主,创造良好的宏观经济环境,搞好各项配套改革;浦东开发开放要发挥示范、辐射和带动作用,进一步提高对外开放水平;城市建设要增强综合交通和通信枢纽的功能,完成一批骨干型的基础设施工程;生态环境进一步改善,人民生活质量和城市文明程度进一步提高,促进经济、社会、环境协调发展。

实现上述工作目标,关键是抓住本世纪最后三年,全面完成"九五"计划确定的各项任务。今后三年重点要做好十个方面的工作:

……(中略)

(五)加快修编城市总体规划,优化城市空间布局

城市规划是百年大计。要集中全市人民的智慧,高起点、高标准修编好上海城市总体规划,勾画好 21 世纪的发展蓝图,充分发挥规划对城市建设和发展的导向、调控作用。

抓紧修编新一轮城市总体规划。规划修编要按照远近结合的原则分步实施,用两年左右时间完成总体规划方案的修编、报批工作。新一轮城市总体规划必须体现国际经济中心城市的功能要求,合理安排城市的空间布局、产业布局、用地结构、人口分布及基础设施建设;必须体现可持续发展战略,促进经济、人口、资源和环境的协调发展;必须体现以人为本的宗旨,为市民创造良好的生活、工作、学习和休闲的环境;必须体现大都市圈发展的思想,从长江三角洲地区的整体发展出发,安排上海的产业、能源布局和交通、水利体系建设。

合理调整城市的空间和产业布局。要按照城乡一体协调发展的原则,安排好中心城——新城、县城——中心镇——集镇以及农村中心村的规划建设,严格控制中心城规模;加快发展新城、县城,逐步形成具有综合功能的中等规模城市;规划建设一批环境优美、各具特色的中心镇和村镇。产业布局按区域功能定位划分为三个层次,内环线以内地区,重点发展第三产业,建设好中央商务区,推动市中心区工业的置换,适当发展无污染的城市型工业;内、外环线之间地区,重点发展科技含量高、附加值高的工业,建设好一批环境良好、设施齐全、交通便捷的现代生活园区;外环线以外地区,重点建设市级工业园区和现代化农业生产基地,严格限制工业项目的随意布点,加快工业向工业园区集中,注意节约用地,切实保护耕地资源,建设好商品粮、蔬菜、副食品生产基地。加快崇明岛生态农业建设和沿江一线开发,启动建设国家级绿色食品园区。在城市布局调整中,要继续加强区域联合和优势互补,促进区域功能的优化。

规划管理是规划实施的保证。要增强总体规划的权威性和严肃性,严格按规

划办事,任何人不得随意改变规划。按照总体规划的要求,抓紧编制下一层次的各类规划,分区规划要按总体规划要求进行编制、实施。加强对重要地区、重要地段的规划控制,切实保护好重要历史文化景观和优秀历史建筑。对旅游设施和大型旅游景点要统一规划,合理布局。加强土地管理是实施城市总体规划的重要杠杆,要强化政府对土地市场的调控,制定土地利用总体规划,建立土地调控机制,完善土地收购、储备、转让机制,严格控制新的土地供应,限制高档办公商业楼宇建设用地。

......(下略)

(《解放日报》1998年2月22日)

推进城市化进程　加快农业产业化
——市郊区县绘就九八蓝图

嘉定区　建设管理并举
塑造城区形象

按照花园城市的目标,重点建设好嘉定中心城区。通过拓宽改建沪宜公路,带动入城口改造,加快旧区改造。要降低建筑密度,增辟公共绿地,以城市雕塑、街头小品点缀环境。完成清河广场、政府大楼广场等三块绿地建设。城河和沪宜公路、宝安公路、嘉行大道两侧要建设景观性绿地或绿带。加快南翔、安亭、江桥、真新地区城市化进程。加强中心镇和中心村建设,加强环境保护和市容整治。争取今年建成市级卫生城区,再创建一批市二级卫生集镇和市级卫生村。

金山区　依托服务宝钢
培育经济增长点

联合上海化学工业区,探索土地入股的合作方式,主动承建化工区的工程项目,搞好交通运输、商贸仓储等配套服务;利用金山石化股份公司的原料优势,发展精细化工业;联合市区大工业,开发生产化工新产品。同时,抓好联合发展的契机,建设金山嘴工业区。加快实现农业产业化,发挥本市最大粮食、油菜、生猪、奶牛生产基地的作用,加大良种引进、培育、推广力度,推行农业机械化和新农艺,争取2000年,农业总产值达到10.5亿元。

闵行区　改善生态环境
建设上海新城

推进城市建设步伐,特别要重视改善城市和农村生态环境,把闵行区建设成上海新城。今年要完成创建国家卫生城镇的各项目标任务,并通过市级验收;完成12条主干道的绿化建设和1.5万个农户的改厕工作,新增管道煤气用户1万户和10个标准化用电村;创建10个安全小区、2个市级卫生集镇和5个市级卫生村,建成5个市级完整街坊和吴泾公园;完成莘庄污水处理厂三期扩建工程;完善农村合作医疗大病统筹的保障机制,各镇、街道成立社会保障事务所。

宝山区　建设绿色食品园
发展生态农业

努力发展宝钢与宝山的战略伙伴关系,走服务宝钢、依托宝钢的发展之路,发挥宝钢特大型企业对宝山的带动作用;加大招商引资力度,培育新的经济增长点,在引进海外资本的同时,引进有实力、有市场的国内大工业和私营企业;推动科技进步,重点建设为中小企业服务的体系,推广应用专利,提高产品科技含量。深化企业改革,完善社会主义市场运行机制,推行各项配套政策,促进企业发展壮大;坚持依法行政,不断转变政府职能,逐步改善投资环境。

奉贤县　加快城市化进程
建设沿海集镇

按照"中心城——辅城——集镇——中心村"发展框架,着重抓好南桥中心城和奉城、洪庙等重点集镇的城市化建设,促进奉新等沿海集镇带和邬桥、西渡、金汇沿江集镇带的启动,坚持"主攻躯干,带动两翼"的目标,逐步形成杭州湾北岸海滨城市走廊重要组成部分的雏形。争取通过二三年的努力,使南桥镇中心城人口达到 12—15 万人,城市区域净面积扩展到 15—20 平方公里,城市绿化覆盖面力争达到 30％以上,初步形成规模较大、功能较全、环境优美的 8 大居住小区。

南汇县　修编总体规划
改善城镇面貌

做好新一轮总体规划的修编工作。结合县城总体规划的修编,做好城镇居住、文化教育发展等相关的其他分规划的编制工作。利用远东大道、城市外环线等一批基础设施项目动工的契机,使中心村建设的试点工作有实质启动。按照"经济重心北移、南北开发并举、东西优势互补"的经济发展战略,加快惠南、周浦、航新、祝桥、芦潮港等重点发展区域的规划完善以及沪南公路沿线的景观工程建设,使重点区域的发展进一步凸现自身的功能,沪南公路线路实现净化、绿化、美化。

松江县　制订新城规划
推进基础建设

高起点、高标准制订新城区 13 万平方公里总体规划方案和 2.25 平方公里核心区的详细规划;推进基础设施建设,年内建成施贤路、其昌路和 3.5 万伏变电站,并做好其他配套工程建设的实施准备工作,形成 3 平方公里的开发区域;加快住宅和一批公益性项目建设,年内开工商品房住宅面积 10 万平方米,竣工面积 8 万平方米,完成老年公寓一期项目,松江新图书馆、青少年活动中心争取早日启动。今年争取重点区域建设有新形象,农村城市化有新面貌,社会事业有新发展。

青浦县　调整产业结构
提高经济效益

抓好优化和调整产业结构。以市场为导向,大力提高交通运输设备制造、精细化工、电子电器、机械、纺织服装等五大支柱工业的技术能级,壮大规模优势,促进生产要素向优势企业集中;加快培育现代通讯、微电子、新材料等高新技术产业,进一步提高工业的技术水平、科技含量、产业层次和产品档次。要以青浦工业园区为重点,县、镇工业为配套,推进工业向园区集中,产生集聚和规模效应。工业园区要尽快形成 3.5 平方公里的核心区域,快出形象,多出成果。

崇明县　依托大化工
建设大农业

抓项目开发,上海绿岛投资有限公司日前已正式落户园区,从事绿色食品开发。已经投产的中新农业有限公司正加快二期工程建设,力争成为上海最大的生猪养殖和出口加工企业;创绿色品牌,重点推进无公害网络管理,为发展生态农业和绿色食品打好基础。今年将再申报 3 至 5 只绿色食品标志;抓形象建设,进一步制订绿色食品园区形态规划,加快优质米、洁净蔬菜和特种水产等生产基地建设,使崇明绿色食品园区逐步成为农业大规模利用外资的实验区和现代农业示范区,成为崇明经济发展的支柱。(本报记者集体采写)

(《解放日报》1998 年 4 月 3 日)

当好城市建设"先行官"
——访市城市规划管理局局长夏丽卿

在上海城市规划战线上工作了 35 年的夏丽卿,不仅直接参与 1986 年 10 月经国务院批准实施的"上海城市总体规划"编制工作,而且还直接主持和领导了 1990 年出台的"浦东新区总体规划"的制定。作为市规划局局长,夏丽卿以工作勤奋著称,她几乎没有星期天,每天的日程又都是排得满满的。记者虽然与她有约在先,但还是在足足等了两个半小时后才得以与她交谈。

"感谢党和政府再一次委我以重任。城市规划搞得好坏,直接关系到上海社会、经济、环境的协调发展。目前我正在主持新一轮跨世纪的上海城市总体规划的修编,深感责任重大。"夏丽卿三句话不离本行,一进入话题,就描绘起今后三年上海城市规划的美丽蓝图。

她说,今后三年,上海城市规划不仅要完成体现国际经济中心城市功能要求,从长江三角洲地区整体发展出发,合理安排城市空间布局、产业布局、用地结构、人口分布及基础设施建设的城市总体规划编制工作,而且还要完成与之相配套的市区的分区规划、市郊的区县域规划、中心镇规划、历史文化名镇规划、经济活跃地区建制镇规划和中心村规划等,对城市建设起到有力的调控作用。其具体标志是:城市化水平要达到 73%;建成浦东国际机场一期工程;建成中心城区高架道路骨架、"三横三纵"干道系统和浦东轴线大道;建成外环线 100 米林带、黄兴绿地、大宁绿地、浦东中央公园、高化生态林带;基本建成浦东张家浜、浦西吴中路两块楔形绿地,扩大人民公园并建成开放式绿地;每个街道均建成一块面积在 3 000 平方米以上的公共绿地;全面完成 365 万平方米危棚简屋的拆除;消除苏州河河水的黑臭,桃浦工业区污染得到基本治理;建成春申、万里、江湾和三林 4 大示范住宅小区一期工程;中央商务区功能初步形成,南京路步行商业街建成。

在谈到今年工作时,夏丽卿说,今年规划工作主要抓三件大事:一是搞好上海新一轮即 2020 年城市规划的总体框架;二是开展中心城分区规划和郊区城市化规划的深入研究,并提出中心村建设方案;三是对城市的综合交通、城市基础设施及苏州河整治进行深化研究。

夏丽卿表示,为了完成上述任务,市规划局还将加强法制建设、城市规划管理网络建设和队伍建设,努力当好先行官,保证各项城市规划工作严格按照市委、市府要求顺利开展。(本报记者　陈发春)

（《解放日报》1998 年 6 月 3 日）

市人大代表政协委员举行座谈会
陈良宇通报上海城市总体规划修编

本报讯　上海市常务副市长陈良宇、副市长蒋以任、韩正昨天召开部分市人大代表、市政协委员座谈会,向代表和委员通报上海城市总体规划的修编和吴淞工业区环境污染综合整治工作的有关情况。陈良宇说,对代表和委员的意见和提案,市政府各部门就是要坚决办、迅速办、认真办。

市规划局局长夏丽卿、市环保局局长吕淑萍汇报了有关情况。

据悉,本市从 1997 年初全面开展新一轮城市总体规划的深入、细化工作。今年上半年重点征集了市人大、市政府、有关委办局、各区县等 58 家单位对征求意见稿的意见和建议。

今年,市规划局将根据新的形势和任务,对城镇体系和中心城分区结构、城市发展方向、工业用地的规模和布局、市域综合交通网络、旧区开发容量及历史文化街区保护、城市环境建设 6 个重点问题进行深化研究。

陈良宇在会上讲话。他说,本届市委市政府下决心从战略的高度进一步搞好城市规划工作,首先要做好新一轮上海城市总体规划的修编工作。就代表和委员们关心的为什么新一轮总体规划修编的周期拖得比较长、现在为什么要加快总体规划修编和上报的步伐、新一轮上海城市总体规划的总体思路是什么等问题,陈良宇向代表和委员通报了情况。

副市长蒋以任就进一步搞好吴淞工业区环境污染综合整治工作讲话。(记者 陈秀爱)

(《解放日报》1998 年 8 月 11 日)

沪郊城乡一体化形成新格局
190 万农民搬入"农民城"
城镇建成面积 270.12 平方公里,
农村城市化率达 40%

本报讯 农民进镇落户,过城里人的生活,在沪郊已成为一种潮流。随着一座座令农民欢愉、让城里人神往的"田园都市"的崛起,已有 190 万农民成为"都市人",25 个乡镇成为"卫星城",这一切都是上海深化农村改革,加快小城镇建设,推进城乡一体化带来的新变化。

据资料显示,迄今,上海农村城镇建成面积 270.12 平方公里,农村城市化率40%左右,居全国前列。

作为与国际化大都市相配套的上海农村,如何以新的姿态面向世界? 农村城市化是重要的战略步骤。自 80 年代中期起,郊区各地就抓住撤乡建镇的大好机遇,以全新的思路推进小城镇建设。在这一进程中,奉贤县洪庙镇起了先行和示范作用。1986 年 7 月,奉贤县奉城、四团、平安 3 个乡边缘地带 11 个村 400 多名农民不花国家一分钱,自理口粮、自筹资金,在蛙声一片的田野上开展新镇建设,如今,这里已形成占地 2 平方公里、建筑面积达 60 万平方米、有 1.2 万农民落户的新型"农民城"。目前,上海郊区不仅涌现出奉贤洪庙镇、江海镇、松江洞泾镇、小昆山镇、青浦华新镇等一批新型集镇,而且绘制出与全市总体规划和县(区)域规划相衔接,构成中心城—新城、县城—中心镇—集镇—中心村完整城镇村体系发展蓝图。

在实施小城镇建设中,郊区各地积极以面向21世纪、长远发展的眼光来规划布局。不仅做到规模相当、设施齐全、功能完善,而且把以"绿"为重点的环境建设作为重点,建筑上既保持传统特色,又体现现代意识;既有江南特色,又有欧美风格。广大农民迁居到这些新型城镇,享受到城里人的生活,接受城市文明的熏陶,思想观念发生很大变化。同时,小城镇作为城乡之间的连接点,既是城乡经济、文化、科技交流的纽带,又是城乡物资交流的集散地、农村产业结构调整和劳动力转移的"蓄水池",给农村社会、经济、文化等带来深刻变化。比如,原来比较分散的乡镇企业,因小城镇的崛起向工业园区集中,使全郊区形成了36个经济开发区。

小城镇的崛起,使城乡关系从原来的分割走向一体化,城乡之间出现了相互依靠、相互渗透的良好局面。由于道路交通便捷、邮电通信发达,市区与郊区的距离"近"了,促进了城乡工商企业的联营发展,推动了市区工业向郊区战略转移,百万市民也能入主城乡结合部新居,市郊名特优新农副食品能快速直销市区,等等。现在,郊区工业的产值已在全市工业总产值中"三分天下有其一",全市工业经济中净增部分六成来自郊区。(记者　朱瑞华　马笑虹)

(《解放日报》1998年10月12日)

黄菊在嘉定区考察调研时强调
高起点规划建设小城镇

本报讯　市委书记黄菊昨天在市郊嘉定区考察调研。他深入田间地头、工业园区和居民新村了解情况,并与嘉定区领导座谈,就结合实际贯彻落实党的十五届三中全会精神,推进上海农业现代化和小城镇建设等问题,与大家进行了探讨。黄菊强调指出,上海郊区要按照中央全会精神和江泽民同志提出的"沿海地区要争取率先基本实现农业现代化"的要求,制定规划,狠抓落实,以更扎实的措施推进农业现代化,在更高的起点上规划建设小城镇,使郊区农业和农村经济发展得更快、更好。

昨天一早,黄菊和市委副书记孟建柱、副市长冯国勤等首先来到马陆镇实地考察。在严桥村丰产方粮田里,黄菊等欣喜地走下田埂,拿起刚刚收割下的谷粒,向在场的农民询问每亩产量多高、卖粮有没有困难、对收购粮价满意不满意。

接着,黄菊一行先后察看了上海正峰工业有限公司、震旦集团、上海汽车制动系统有限公司等企业以及嘉定工业区。随后,黄菊等来到市郊唯一的市级文明社区嘉定区新成街道考察。

黄菊、孟建柱等还与嘉定区领导进行了座谈。在听取了情况汇报后,黄菊指出,党的十五届三中全会和江泽民同志视察江苏、上海、浙江时的重要讲话更加明确了上海农业和农村工作的发展方向,我们要结合实际认真加以贯彻落实,做好争取率先基本实现农业现代化这篇汰文章。黄菊提出,小城镇建设也是上海郊区发展的一个重点,要结合 21 世纪上海城市发展的趋势,高起点地搞好规划,有步骤地推进建设,特别是周边几个区县的小城镇建设,要注重考虑联接上海与兄弟省市的功能,以更好地发挥上海作为经济中心城市的辐射作用,更好地为全国服务。在小城镇建设上,我们要借鉴广东、福建等省市的成功经验,同时结合自己的实际,使经济、社会和环境协调发展。

(《新民晚报》1998 年 11 月 4 日)

徐匡迪要求　宝山区发挥港口和钢铁企业两大优势　加快宝山新城区建设步伐
陈良宇参加了调研

本报讯　(记者于沛华)昨天上午,市长徐匡迪和常务副市长陈良宇率市有关部门负责人到宝山区企业、港口码头、市重点工程调查研究,徐匡迪要求宝山区要充分发挥当地港口码头和大型钢铁企业两大优势,加快宝山具有鲜明特色的新城区建设步伐。

昨天上午,徐匡迪一行首先来到中外合资企业上海韩松潜力纸业有限公司了解生产情况。接着徐匡迪一行又驱车察看了宝山区牡丹江路商业一条街,并登高俯瞰宝山区全景。在楼顶上,徐匡迪拿起望远镜,详细了解了该区道路交通和码头建设规划。随后,徐匡迪一行又来到市重点工程逸仙路高架 2.6 标处察看道路施工状况,并慰问工人。在指挥部会议室逸仙路高架模型前,徐匡迪听取了指挥部负责人关于整个工程建设情况汇报。

随后,徐匡迪召开会议,听取了宝山区委、区政府领导关于建设宝山新城区规划编制工作、重点工程建设以及明年工作思路汇报。徐匡迪肯定了宝山区的做法。他说,历史上我国第一条铁路是从北站到吴淞。陈化成抗英和淞沪抗战等事件都发生在吴淞。今天宝山新城区建设要紧紧依托两大优势,一是依托港口优势,宝山是进入上海的水上大门,要大力开发仓储业、集装箱码头和集装箱制造业,把这篇文章做大。二是要依托钢铁企业优势,要利用宝山丰富的钢材资源,开拓钢材市场,在钢结构产品延伸上要多动脑筋,使宝山区区域经济具有鲜明特色。徐匡迪还指出,宝山区在加快经济发展时,在交通建设和管理、环境整治、控制污染以及社区规划、管理等方面,要突破重点,抓住难点,不断推进宝山区的工作。

（《文汇报》1998年11月27日）

制定城市跨世纪发展蓝图
高质量建成重大基础设施

本报讯 徐匡迪市长在市人代会上所作的《政府工作报告》中说,上海要制定跨世纪的城市发展蓝图,建成一批重大基础设施。

他说,上海要认真做好城市总体规划的深化细化工作。规划跨世纪的城市发展蓝图,必须从国际经济中心城市的功能要求出发,促进长江三角洲区域经济繁荣,充分体现以人为本和可持续发展的方针,发挥城市规划对城市建设和发展的导向、调控作用。要抓紧编制中心城分区规划和城市控制要素规划,调整中心城近期重点建设地区详细规划。要重点做好城市东西景观轴线以及人民广场、陆家嘴中心区等重要地区和主要公共活动中心的城市设计。要处理好旧城保护与改造的关系,切实保护好体现上海历史文化的传统建筑和街区。要结合21世纪上海城市发展的趋势,高标准、高起点规划中小城镇,逐步形成一批规划有序、环境优美、各具特色的现代化新城镇。要严格实施城市规划,逐步将城市规划管理纳入法制化、规范化的轨道。加强对区县规划管理工作的指导、监督和服务,完善城市规划两级管理体制。要建设好规划展示厅,让市民了解规划、参与规划,展示上海未来城市形象。同时,要全面启动"十五"计划的编制工作。

高质量地完成一批重大项目的建设,夺取城市建设新丰收。浦东国际机场要按照建设一流机场的要求,抓紧工程进度,完成一期工程的设备安装和调试任务,切实做好各项运营准备工作,确保国庆节投入试运营。信息港建设要坚持"统一规划、联合建设、推广应用、发展产业、加强管理、资源共享"的指导思想,高起点、高标准地建成宽带信息网络平台,完成五项信息网络骨干工程和二十个信息应用系统建设,带动信息技术产业发展,并切实解决好计算机 2000 年问题。深水港是上海国际航运中心建设的核心工程。要抓紧做好深水港建设各项前期准备工作;完成外高桥港区二期集装箱码头建设,配合交通部推进长江口深水航道治理一期工程;加强内河航道改造和建设。要初步建成中心城区立体道路交通网络。完成延安高架路中段建设,实现"申"字形高架道路网的全线贯通;完成西藏路—和田路辟通、天目路—新疆路—周家嘴路拓宽以及肇嘉浜路改造等工程,基本建成中心城区"三纵三横"干道网络;建成逸仙路高架、浦东世纪大道等工程。加快轨道交通建设,地铁二号线一期试运行,轨道交通明珠线一期工程全线贯通。继续加快"三环十射"建设,重点建设外环线北段和同三国道上海段工程,完善中心城与郊区城镇的交通联系。要推进市政公用设施现代化建设,加快低标准排水系统的改造,消除内环线内排水系统的空白点,增强城市防汛排涝能力;继续推进市区中低压电网改造,改善市民的用电条件;建设东海天然气引入浦东工程;完成郊区海塘达标工程 53 公里;建成人民广场地下水库、污水治理二期、吴淞污水北排等工程。

(《解放日报》1999 年 2 月 3 日)

政府工作报告
——1999 年 2 月 2 日在上海市第十一届人民代表大会第二次会议上
上海市市长　徐匡迪

……(上略)

1999 年政府工作的总体要求是:在以江泽民同志为核心的党中央和中共上海市委的领导下,高举邓小平理论伟大旗帜,深入贯彻党的十五大和十五届三中全会精神,认真落实中共上海市委七届三次全会《决定》提出的各项任务,争创上海的新优势。要进一步落实科教兴市战略,把提高经济效益作为经济工作的重心,抓住国家扩大内需的机遇,努力优化结构,提高质量,增加效益,预期国内生产总值增长9%左右,居民消费价格涨幅为 5%左右,商品零售价格涨幅为 2%左右,城镇登记失业率 3.5%左右,地方财政收入增长 10%左右;要坚持上海为全国经济服务的宗旨,进一步增强中心城市的服务功能,密切与长江三角洲和长江流域地区的经济联系,促进资源合理配置,实现区域经济共同发展;要适应社会主义市场经济发展的新形势,增强改革意识,破除部门利益和地区利益的束缚,实行政企分开,提高政府调控经济的能力,创造公平、公正、有序的市场竞争环境;要围绕庆祝建国 50 周年等大型活动,掀起精神文明建设的新高潮,以物质文明和精神文明建设的新成绩迎接新世纪。

按照这一总体要求,今年要重点做好九个方面的工作:

（一）制定跨世纪的城市发展蓝图,建成一批重大基础设施

认真做好城市总体规划的深化细化工作。规划跨世纪的城市发展蓝图,必须从国际经济中心城市的功能要求出发,促进长江三角洲区域经济繁荣,充分体现以人为本和可持续发展的方针,发挥城市规划对城市建设和发展的导向、调控作用。要抓紧编制中心城分区规划和城市控制要素规划,调整中心城近期重点建设地区详细规划。要重点做好城市东西景观轴线以及人民广场、陆家嘴中心区等重要地区和主要公共活动中心的城市设计。要处理好旧城保护与改造的关系,切实保护好体现上海历史文化的传统建筑和街区。要结合 21 世纪上海城市发展的趋势,高标准、高起点规划中小城镇,逐步形成一批规划有序、环境优美、各具特色的现代化新城镇。要严格实施城市规划,逐步将城市规划管理纳入法制化、规范化的轨道。加强对区县规划管理工作的指导、监督和服务,完善城市规划两级管理体制。要建设好上海城市规划展示厅,让市民了解规划、参与规划,展示上海未来城市形象。同时,要全面启动"十五"计划的编制工作。

高质量地完成一批重大项目的建设,夺取城市建设新成绩。浦东国际机场要按照建设一流机场的要求,抓紧工程进度,完成一期工程的设备安装和调试任务,切实做好各项运营准备工作,确保国庆节投入试运营。信息港建设要坚持"统一规划、联合建设、推广应用、发展产业、加强管理、资源共享"的指导思想,高起点、高标准地建成宽带信息网络平台,完成五项信息网络骨干工程和二十个信息应用系统建设,带动信息技术产业发展,并切实解决好计算机 2000 年问题。

深水港是上海国际航运中心建设的核心工程。要抓紧做好深水港建设各项前期准备工作;完成外高桥港区二期集装箱码头建设,配合交通部推进长江口深水航道治理一期工程;加强内河航道改造和建设。要初步建成中心城区立体道路交通网络。完成延安高架路中段建设,实现"申"字型高架道路网的全线贯通;完成西藏路——和田路辟通、天目路——新疆路——周家嘴路拓宽以及肇嘉浜路改造等工程,基本建成中心城区"三纵三横"干道网络;建成逸仙路高架、浦东世纪大道等工程。加快轨道交通建设,地铁二号线一期试运行,轨道交通明珠线一期工程全线贯通。继续加快"三环十射"建设,重点建设外环线北段和同三国道上海段工程,完善中心城与郊区城镇的交通联系。要推进市政公用设施现代化建设,加快低标准排水系统的改造,消除内环线内排水系统的空白点,增强城市防汛排涝能力;继续推进市区中低压电网改造,改善市民的用电条件;建设东海天然气引入浦东工程;完成郊区海塘达标工程53公里;建成人民广场地下水库、污水治理二期、吴凇污水北排等工程。

　　……(下略)

(《解放日报》1999年2月8日)

修编中的上海市城市总体规划确定
崇明岛成为下一世纪开发重点

　　本报讯　记者最近从有关方面获悉,修编中的上海市城市总体规划确定,万里长江龙头上的一颗璀璨明珠崇明岛将成为上海下一个世纪开发的重点。这是继浦东新区之后上海确定的又一个开放开发战略重点。

　　根据新修编的上海市城市总体规划,到2010年上海要初步确立国际经济中心城市地位。作为主要标志之一,就是要形成具有世界先进水平的现代化国际大都市的城市格局和由中心城、新城、中心镇、集镇组成的与产业布局密切结合并符合城市发展方向的城镇体系,在城市化水平达到80%的同时,还要与长江三角洲地区城市共同构筑经济发达、布局合理的城市群。为实现这一新的发展目标,除要实施新一轮的城市和城镇规划外,拓展上海沿江、沿海发展新空间也是一项重要内容,崇明岛作为中国第三大岛和上海生态环境最优越的一方"净土",自然被选作了上海未来新兴产业开发的重点区域。据悉,崇明岛的开发将依托自身特有的区位优势和土地、生态环境、岸线等资源优势,重点发展自由贸易、中转航运、出口加工、生态农业、海岛旅游等五大产业,形成上海新的功能和产业发展区域。为此,国家和市有关部门将加大对崇明岛基础设施建设的投资力度,规划兴建越江隧道等重大基础项目,并进一步提高崇明岛的对外开发力度,为崇明岛开放开发创造良好条件。(记者　马晓青)

(《解放日报》1999年2月28日)

如何看待城乡一体化

编者言：农村城镇化是社会经济发展的必然趋势，是农村现代化的必要条件。党的十五届三中全会的决定指出："发展小城镇，是推动农村经济和社会发展的一个大战略。"这标志着我国农村经济社会发展到了实现农村城镇化的阶段。如何把握这一阶段的发展特点，涉及到科学地选择和理解中国农村城镇化方针的问题。上海优仕乡镇经济研究所所长孙林桥和上海经济管理干部学院研究员朱林兴最近在上海《社会科学》杂志撰文，对有关问题作了独到的分析，现将该文部分观点作一摘要，以供思考。

为了加速农村城镇化，不少地区提出了"城乡一体化"的发展方针。这一方针的提出是以改革开放为其背景的，从某种意义上说，它是改革开放的产物。从解放生产力这个根本目的出发，以搞活企业为主体的城市改革和建立家庭承包制为主体的农村改革，都从不同的侧面、重点方位改革原有的经济管理体制。同时，两者的主要阻力之一，是来自于城乡之间的封闭与分割。就城市企业而言，作为一个相对独立的生产者，由于城乡封闭和分割，商品在原材料、市场、产业结构的转换上都受到了空间的严格限制。就农村地区而言，改革开放带来了生产力的巨大发展，但是限于城乡封闭和分割，其农业剩余劳动力的出路、农产品消费市场的扩大、经济结构的转换，也与城市企业一样，受到了空间的严格限制。而且，城乡封闭和分割也使构成改革开放重要目标之一的全国统一的、完整的大市场的形成和发展，处于步履艰难的状况。因此，突破城乡封闭的经济管理体制已迫在眉睫，刻不容缓。

如果说，在改革开放初期，可以将城乡分开来，单独谋划改革思路，那么，随着改革开放的深入，将城乡作为一个整体来谋划改革思路则是经济和社会发展的大势所趋。这是因为，城乡本身是一个不可分割的社会经济整体，长期以来实行的城乡二元社会经济结构政策，已被实践证明是一种错误的政策选择。再则，作为上层建筑范畴的政策必须建立于经济基础之上，必须反映生产力的实际情况，而我国当今的经济基础是，发端于大城市的一次工业化业已完成，继之而起的是以一次工业化为基础的全社会的二次工业化，它反映在农村就是以传统农业为主体的经济结构正在被如火如荼的乡镇工业所替代，由此决定了无论从提高城市经济运行质量来说，还是从充分发挥乡镇工业这一社会资源的作用，以推进农村城镇化，包括整个国家的城市化进程来说,都必须将城乡结合起来作为一个整体来考虑,否则,就会坐失良机,影响改革开放的深入和生产力的继续发展。

自从城乡一体化的提法问世以来,不少论者加以贬斥,认为这种提法混淆了城乡界限,是提倡城乡搞"均贫富"。这种认识是对"城乡一体化"涵义的曲解。所谓"城乡一体化",指的是在发展生产力和商品经济过程中,将城乡作为一个整体,并从各自存在的优势出发,谋划社会经济运行机制和城乡协调发展、共同繁荣、共同富裕的方略,最终实现城乡融合的宏伟目标。具体而言,它有以下特殊涵义:(1)城乡一体化是一个渐进的过程,它由目前两者在社会生活和经济生活上存在的严重对立或反差,通过努力使之缩小,并最终消除这种对立或反差,达到一致和完全的融合;(2)城乡一体化是以商品经济为原则,互惠互利是联系两者的桥梁和纽带。这里既不存在城市剥削农村,也不存在农村劫城市之富的问题。(3)城乡一体化是以城乡在生产力发展过程中的辩证关系为表征的。在生产力发展过程中,乡村是面,城市是点,以点带面,以面促点,点面结合,相辅相成,从而使整个国民生产活动犹如长江之水始终充满活力,使城乡经济不断引向新的广度和深度。(4)城乡一体化是以空间结构规律为依据的。城市和乡村在地理空间上有界限,但这个界限不是一成不变的,尤其在城市郊区,这一特点表现得更为明显。社会经济发展的必然结果是,城市空间结构在不断地调整,并且不断向农村、尤其向郊区延伸;而农村,尤其是城市郊区的空间同样在不断进行新的安排,它的生产、流通需要进入城市。在深入改革开放的今天,这种趋势越来越显著。只有适应这种趋势,才能排除阻力,减少"扩展"和"进入"的成本,在时间和空间上为生产力诸要素的组合和流动创造一个良好的环境。为此,必须将城乡置于一个统一的空间下,谋划社会经济发展战略和城镇(含村镇)建设总体规划,构筑有利于城乡开通的环境,包括政策、法规、管理体制、基础设施等。"城乡一体化"的发展战略恰如其分地体现了这一要求。

可见,"城乡一体化"的提法是科学、合理的。它根本不会混淆城乡界限,也不必担忧由此会导致"均贫富"。

(《解放日报》1999 年 3 月 26 日)

市政协举行九届七次常委会议
为修编新一轮城市总体规划献计
王力平主持会议并讲话　陈良宇通报规划修编情况

本报讯　市政协昨天召开九届七次常委会议,市委副书记、市政协主席王力平主持会议并讲了话。市委副书记、常务副市长陈良宇就修编上海市城市总体规划问题通报了情况。

会上,陈良宇作了关于城市规划情况的报告,市规划局负责人采用多媒体展示了城镇体系、交通规划蓝图。

常委们进行了热烈讨论。大家认为,新一轮城市总体规划方案体现了服务全国,面向世界;以人为本,持续发展;城郊并进,增强实力;继承传统,别具特色等四个方面的特点,反映了可持续发展战略和国际化城市发展的思路,定位比较准确,布局也较合理。常委们希望市政府在制定、完善城市发展规划时,更全面地体现整个城市产业、科教文化、社会法制的协调发展,更进一步体现上海城市的特色,体现科学性、严密性,同时要提高城市规划的法律地位和权威性。

王力平说,城市建设规划既是城市发展的依据,也是城市发展的目标,对上海跨世纪发展至关重要,反映了上海在长江流域、华东地区、全国和东南亚乃至世界上的地位作用,政协应围绕规划的编制和修订,献计出力,发挥作用。

会议还听取了九届二次会议期间委员们对政协工作意见建议办理情况的汇报。

市政协副主席朱达人、王生洪、谢丽娟、郑励志、陈灏珠、刘恒椽、陈正兴、俞云波、黄关从,秘书长吴汉民出席会议,在沪全国政协委员、区县政协和民主党派负责人以及部分政协老领导列席了会议。(毕舒)

(《解放日报》1999年4月15日)

上海农村城市化需统筹规划

凌　岩

上海农村的小城镇建设和城市化程度正在飞速发展,这是令人鼓舞的。然而,笔者近两年在郊区走走看看问问,深感上海农村城市化需统筹规划,因地制宜,不能一乡一镇地搞。为什么这样说呢?

首先,上海的乡镇太小、太多、太密。上海农村目前尚剩约 5 200 平方公里国土面积,分布着 207 个乡镇,平均每 25 平方公里即有一座乡镇;每个乡镇的平均人口1.86 万人。这就是说,就算每个乡镇的农村人口都移居镇上,每座小城镇的规模也不到 2 万人。而一座不到 1 万人的微小城镇,要想建设得符合现代城市的文明水准,又使全镇人口都能安居乐业,一般是不大可能的。因为像自来水厂、污水处理、垃圾处理等设施,最小的经济规模都不能小于 5 万人。而商场、学校、医院、休闲场所、娱乐设施等,没有相当的人流量和人气,也不可能产生效应,形成气候。

第二,随着农村等级公路四通八达,加之农民自备的交通工具,现在上海村镇的间距显得更短了。上海农村微小而密集的小乡镇分布原状,是历史上单一农业经济的落后生产力水平和落后的交通条件下形成的。那时候,自然村落之间河网交错,路途大都是阡陌田埂,连自行车都无法通行,农户唯一的交通工具是摇橹或划桨的木船,上一次集镇,近的要花一、二小时,远的要花上半天时间。现在,交通条件大为改善。木兰车在一个小时内可穿越二三个乡镇,骑自行车穿越两个乡镇也不需要 1 个小时。在这样的条件下,乡镇的商场、旅馆、超市、酒家、学校、医院、影院、歌舞厅……势必在相互竞争中此消彼长,或此长彼消。

第三,上海农村一乡一镇地搞城市化,各种基础设施、社会设施都将各搞一套,势必造成严重的重复投资,低效设置。最明显的是每个乡镇兴建的中学,几乎普遍招生不足,卫生院也普遍病床多于病人,电影院则大多从营业之日起就没有坐满过观众。至于输变电站和自来水厂,多得堪称"林立",但都是低功能和小规模的,而线网和管网却不可少,走向迂徊,绕道重复,投资倍增。目前普遍"头痛"的环保工程中必须解决的污水处理、粪便垃圾治理,却又因设施复杂、投资浩大而兴办不起,如今几成空白。

由于乡镇太小太多,乡镇级的工业区和私营经济开发区也太多了。是乡镇,就不能不追求工业化,要工业化就不能不招商引资。于是大家来一个"优惠政策竞赛",你地价便宜,我比你更便宜;你房租低廉,我更低廉;你"一门式"服务,我"几天内全部解决问题"。已经发现,有的经济开发区招到的客商,其实是在别的经济开发区注册过的,只因为在那里享受的优惠政策已经或将要到期了。

第四,上海郊区乡镇太多、太小,行政干部和办公费用开支也无为地增加。目前一个乡镇享受公务员编制的 35—40 人;另有集体干部少则数十人,多则数百人。

办公楼规模不亚于五、六十年代的县级机关。汽车和移动电话也多得惊人。若以人均年开支5万元计,一年乡镇财政支出少则数百万,多则数千万。在这样沉重的负担之下,乡镇各项事业的发展往往受到很大的影响。

鉴于上述理由,笔者认为,上海在修订城市发展总体规划中对城镇体系有了明确的提法,而对乡镇的布局问题也应有所规划。根据国内外的经验,建设一座现代化的小城镇,人口规模以3—5万人左右,辖区范围50—80平方公里最为适宜。参照这个规模,上海农村小城镇布局大约相当于五十年代县下设区的范围较为适宜,或六十年代初期大公社的范围较为适宜。上海农村城市化亟需统筹规划,因地制宜,联合兴建;对尚未兴建的基础设施、社会设施暂缓进行,已经兴建的项目重新规划,或结合改造、扩容予以重新建设。这样,就可避免重复投资,或效果不好的状况。

事实上,上海农村有几处因乡镇实在太小太密,已经出现联合兴建的客观要求。如沪太路北头6—7公里的范围内,竟有刘行、罗南、罗店3个乡镇,各自都沿着公路大兴土木,沿路除工厂、住宅、商场等建筑物以外,几乎不剩多少空间。如果改变各搞一套的局面,作为一个小城镇统一建设,就有好多投资可以节省。西区松沪路上从九亭到花桥,跨九亭、泗泾、洞泾3个乡镇,重复投资和设施不合理的情况也大同小异,如能集中财力物力将泗泾作为中心镇大加建设,即可省下许多投资。还有周浦镇与周边的康桥、横沔两个乡镇,沪青平公路起点的吴家巷至徐泾镇的那一段,沿路已布满产业,但没有一个中心。如能打破建制、体制上的局限,一座活生生的带状城镇稍加修饰,即可形成。当然,乡镇布局和建设中心镇的目标确定之后,建设的投资、融资体制也必须改革,全要靠乡财政去负担总不是个办法,像洪庙、华新等乡镇那样,走多元化投资的道路,才会财源滚滚,永葆青春。

(《解放日报》1999年4月16日)

上海城市总体规划开始审批

部分市人大常委会委员听取汇报　陈铁迪等出席

本报讯　《上海市城市总体规划》正逐渐进入审批程序。昨天,部分市人大常委会委员听取了规划中有关城镇体系的专题汇报。

据悉,市人大城建环保委还将按规划的主要内容,组织4次专项报告会,为年内审议这个规划做准备。

据市城市规划局局长夏丽卿介绍,这个总体规划的内容共有 15 章 96 条。主要涉及:城市性质规模和发展目标,总体布局,产业发展,对外交通,市域交通,景观、环境发展,历史文化名城保护,住宅发展,科教与社会事业发展,市政基础设施,防灾和地下空间发展,以及规划实施对策等。

陈铁迪、孙贵璋、叶叔华、厉无畏、任文燕等常委会领导出席了报告会。(记者　陈秀爱)

(《解放日报》1999 年 5 月 20 日)

构筑"三圈"工业布局

90 年代,上海城市面貌发生翻天覆地的变化。到下世纪初,申城发展空间大变样中最令人瞩目的将是工业。

按照市委、市政府"市区体现上海的繁荣和繁华,郊区体现上海工业的实力与水平"的指导思想和建设工业新高地的总体规划,上海将围绕城市功能定位,继续推进工业布局调整,加快工业区建设,使全市工业分布形成"三个圈":内环线以内加快培育都市型工业,内外环线之间主要发展都市型工业、高科技产业及配套工业,外环线以外重点发展汽车、钢铁、石化等支柱工业。

为了构筑"三圈"工业布局,到下世纪初,上海将调整工业用地近 300 万平方米,进一步推动工农联手、市区联手、城郊联手,促进重大项目和合资大项目向"1+3+9"("1"就是浦东新区,"3"就是漕河泾、闵行和漕泾 3 个开发区,"9"就是松江、莘庄、康桥等 9 个市级工业区)集中,促进各工业集团把生产基地逐步转到工业区。

经过前几年的开发,上海的"1+3+9"在空间上为工业新一轮发展创造了良好的条件。在这些新建的工业区,企业相对集中,基础设施配套比较齐全,资源可以共用,工业污染可以共治,既有利于企业降低生产成本,又有利于各种生产要素在一定空间范围内产生明显的互补效应和集聚效应。随着大工业加快向新兴工业区转移,上海工业的布局将更加合理,变化将更加深刻。

(《解放日报》1999 年 5 月 28 日)

上海绘就跨世纪发展蓝图
《上海市土地利用总体规划》获国务院批准
到2010年中心城规模控制在585平方公里以内

本报讯 到2010年,上海城有多大?耕地有多少?这个有关上海跨世纪发展的蓝图——《上海市土地利用总体规划》(以下简称《规划》)已经绘就,日前获国务院批准。按照国务院关于土地资源"在保护中开发,在开发中保护"的精神,市政府已责成市房地局和有关部门抓紧落实有关配套措施。

国务院批复指出,上海是我国东部沿海经济发达、人口众多的特大城市,土地资源特别是耕地资源紧缺的问题比较突出,必须始终坚持"十分珍惜、合理利用土地和切实保护耕地"这一基本国策,正确处理经济发展和耕地保护的关系。在《规划》中,上海已确定向有利于产业结构合理化、高级化、现代化方向发展的项目供地;向重点发展高科技含量、高附加值的工业和城市型工业的项目供地;向以道路、交通、绿化为重点的城市基础设施建设的项目供地。

按照《规划》,到2010年,全市耕地保有量不低于31.51万公顷,基本农田保护面积达到27.47万公顷。中心城城市建设用地规模控制在585平方公里以内。《规划》确定,优先保证重点建设项目和城市基础设施项目用地,它们是:浦东国际机场和上海第二客站等标志性项目用地;"环、楔、廊、园"为主体的中心城绿地系统,其中"环"指外环线500米绿带,"楔"是内外环线之间的五条楔形绿带;对外交通、市域交通,包括郊区环线、外环线、射线、越江、交通枢纽等项目用地;市政基础设施,包括给水、电力、燃气、排水、污水、水利等30多个项目工程用地;上海六大支柱产业和三大培育支柱产业等近期建设的29个重点项目用地。

根据《规划》,到2010年上海城镇人均用地为93平方米。其中,浦东作为上海改革开放的窗口,在建设外向型、多功能、现代化的过程中,人均用地控制在104至105平方米;闵行、嘉定、宝山作为上海发展的工业走廊、中心城经济辐射和人口疏解的主要地区,人均用地控制在95至100平方米;6个郊县区是大农业、大工业、大旅游的经济发展地带,城镇人均用地控制在105至120平方米。为此,要通过农村居民点的归并、土地整理和存量土地挖潜达到用地占补平衡。到2010年,农村居民

点用地规模将从目前 800 多平方公里缩小至 611.55 平方公里。（记者　乐缨）

（《解放日报》1999 年 8 月 5 日）

关于加强本市环境保护和建设若干问题的决定

一九九九年九月十五日

上海市人民政府

　　环境保护是关系我国长远发展的战略问题。上海作为一个人口密集、产业集中、资源匮乏的特大城市，环境和资源对上海实现跨世纪宏伟发展目标的影响越来越大，加强环境保护和建设十分紧迫。为贯彻落实党中央、国务院关于进一步加强环境和资源工作的精神，根据中共上海市第七次代表大会关于加强城市环境建设的要求，现就加强本市环境保护和建设若干问题作如下决定：

　　一、坚持环境保护基本国策，实施可持续发展战略。从上海的实际出发，围绕能源结构、产业结构和城市布局的调整，以科技为先导，突出重点，远近结合，标本兼治，推动经济、社会、人口和资源、环境的协调发展，把上海的环境质量提高到一个新水平。

　　二、以改善城市生态环境、提高人民生活质量为目标，进一步加强环境保护和建设。针对本市环境保护的薄弱环节和市民关心的热点、难点问题，以水环境治理、大气环境治理、固体废物处置、绿化建设和重点工业区环境综合整治等五个方面为重点，加大环境保护和建设的力度，力争三年内取得明显成效。

　　三、继续以苏州河治理为重点，带动中小河道整治，明显改善水环境质量。通过加快截污、引清、疏浚、污水治理等工程建设和两岸环境整治，进一步加大苏州河整治力度；根据科学规划、合理布局、集中排放与分散治理相结合的原则，在充分利用现有污水处理和排水设施的同时，完善污水输送管网，加快建设石洞口、竹园等大型污水处理厂，提高污水处理率和污泥处置率；全面调整郊区禽畜牧场布点，加强农业污染源治理；采取切实措施，保护好饮用水水源。按照国务院对太湖流域水环境治理的要求，加强与兄弟省市的合作，完成太湖流域治理任务。到 2000 年，上海水环境功能区基本达标；苏州河基本消除黑臭；全市主要河道做到面清、岸洁、有绿。2002 年，苏州河水质进一步改善，长寿路桥以东两岸环境整治完成；全市一级加强以上的污水处理率提高 10 个百分点；主要河道基本完成底泥清捞，水体环境得到明显改善。

四、以优化能源结构和机动车、助动车尾气治理为重点,切实改善大气环境质量。在全市实现民用燃气化的基础上,进一步推广使用天然气,加快建成区内小型燃煤炉灶清洁能源替代步伐;加大机动车尾气治理力度,对在用机动车尾气排放加强管理和监控,积极推动公交、出租等车辆使用压缩天然气和液化石油气;控制助动车总量,禁止各种燃油助动车销售上牌、过户或更换新的燃油助动车,取缔无牌、假牌燃油助动车,逐步以清洁能源助动车替代燃油助动车;控制燃煤含硫率,加快电厂脱硫治理步伐;在部分农村地区实行秸秆禁烧,并不断扩大禁烧区域,同时通过秸秆粉碎还田、养畜过腹还田和开发新型建材等措施,提高秸秆综合利用率,逐步消灭秸秆焚烧现象。到 2000 年,全市二氧化硫、烟尘和工业粉尘排放总量控制在 1995 年底的排放水平;浦东新区和闵行区争创国家环保模范城区。2002 年,建成 100 平方公里"基本无燃煤区",各环境功能区全面达标。

五、运用填埋、焚烧、生化处理和综合利用等多种形式,推动固体废物处置的无害化、减量化和资源化进程。扩建老港垃圾填埋场,建设两座大型生活垃圾焚烧厂,提高生活垃圾无害化处理率;积极推进市区生活垃圾分类收集,逐步推广建设相对集中的小型压缩式垃圾收集站,新建若干座有机垃圾加工利用厂和生活垃圾分拣中心,实施垃圾综合利用和生化处理;加快建立农村地区生活垃圾收集处置系统;以治理一次性使用塑料制品为重点,逐步消减"白色污染"总量;对建筑垃圾实行全过程、全覆盖管理。到 2000 年,市区生活垃圾无害化处理率达到 85% 以上,20% 的区域实现生活垃圾分类收集。2002 年,市区生活垃圾无害化处理率达到 96%,50% 的区域实现生活垃圾分类收集,农村地区基本建成生活垃圾收集处置系统。

六、以大型绿地建设为重点,尽快提高城市绿化水平。在中心城区建设一批大型公共绿地,在郊区营造数片"人造森林",同时积极发展屋顶绿化、阳台绿化、墙体绿化等特色绿化,初步建成环境绿带、干道河岸绿化、大块绿地与郊区森林相配套,平面绿化与立体绿化相结合,具有上海特色的都市绿化系统,逐步做到点上绿化成景,线上绿化成荫,面上绿化成林,环上绿化成带。到 2000 年,人均公共绿地面积达到 4 平方米,绿化覆盖率达到 21% 以上;郊区形成总面积 1 330 公顷的"人造森林"。2002 年,中心城区建成总面积 530 公顷的大型公共绿地 23 块,人均公共绿地面积超过 6 平方米,绿化覆盖率达到 25% 以上;郊区"人造森林"总面积达到 2 660 公顷。

　　七、以治理烟尘、工业粉尘、工艺废气为重点,实施吴淞等重点工业区的环境综合整治。合理调整产品结构,改造落后工艺,推广集中供热,完善污水排放系统,实施固体废物无害化处置,加强环境管理和监督,逐步改善吴淞工业区环境。到 2002 年,吴淞工业区环境综合整治初见成效;到 2005 年,基本完成整治任务。

　　八、以节约用水为指导方针,遵循"保护与利用并重"的原则,加大水资源保护力度。严格控制地下水开采总量,2000 年,全市地下水净开采量在现有基础上减少300 万立方米;到 2002 年,在 2000 年开采量的基础上,全市地下水净开采量每年递减 100 万立方米,中心城区采灌比达到 1∶2,地面沉降得到有效控制。

　　九、实行"控制增量、盘活存量、平衡总量、集约利用、提高效益"的土地利用方针,建立适度开发与有效保护相协调的用地机制。2000 年,全市基本农田维持在27.5 万公顷左右,基本农田保护率达到 87%。2002 年,新增耕地 6 700 公顷以上,促淤 13 300 公顷,全市耕地总量维持在 30 万公顷左右。

　　十、开展噪声、电磁、光辐射等环境污染的治理。削减近海污染负荷,提高水环境的安全性。加强对农业生态环境、自然珍稀物种及各类自然资源的保护。

　　十一、增加环境投入,确保今后几年本市环境投资占国内生产总值 3% 以上。积极探索社会主义市场经济条件下的环保投融资机制,建立和完善垃圾、污水等污染物处理的收费制度,拓宽资金筹措渠道,形成多元化投入格局。

　　十二、按法定程序,制订和修改一批环境管理方面的法规、规章。环境保护立法要根据从末端治理向源头控制延伸的原则,在修改、完善已有环境管理法律规范的同时,进行环境管理体制和规范创新的探索,努力形成与上海经济社会发展相适应的长效管理机制。开展多种形式的宣传教育活动,增强市民环保意识,鼓励群众参与改善和保护环境,并加强社会舆论监督。

　　十三、依靠科学技术进步,促进环保事业发展。对环境保护和建设中的关键技术问题进行重点攻关,努力取得新的突破。加快环境保护专业技术和管理人才的培养,建立一支高素质的专业队伍。走产、学、研一体化道路,建立环保科技创新体系。实行倾斜政策,加快环保产业发展。

　　十四、深化体制改革。按照市场化、专业化、社会化的要求,实行政企、政事、事企、管养分开,转变政府管理职能,转换企业经营机制,完善行业管理,提高城市管理水平。

　　十五、切实加强领导。各级领导干部要着眼全局,从长远发展的战略高度,充分认识加强环境保护和建设的重要性和紧迫性,以强烈的使命感和责任感,做好各方面工作。要进一步明确任务、落实责任、加强协调,以更大的决心,更有力的措施,把本市环境保护和建设工作不断推向前进。

（《解放日报》1999年9月18日）

市政府召开市规划委员会全体会议审议
《上海市城市总体规划》
为新世纪的上海绘就蓝图
徐匡迪要求对规划方案进行深入细致研究,
使之更科学、更合理、更完善　陈良宇主持会议

本报讯　上海面向新世纪的新一轮城市总体规划正在抓紧制订。市政府昨天下午召开市规划委员会全体会议,审议《上海市城市总体规划》。市长徐匡迪指出,城市规划是城市发展的龙头,城市要实现可持续发展,必须要有科学合理、具有前瞻性的总体规划。他要求本市各有关部门对总体规划方案进行深入细致的研究,更科学、更合理地做好修改、补充和完善工作。

会议由常务副市长陈良宇主持。

会议听取了市规划局局长夏丽卿关于规划方案的介绍,并对方案进行了认真审议。会议认为,"规划"指导思想比较明确,目标也比较清晰,同时对上海市域6 340平方公里进行了统筹考虑。规划在对外交通通信、城市体系布局、环境保护、生态环境建设和保护历史文化传统特色等方面有新的突破。

徐匡迪在讲话中指出,历届市委、市政府对上海城市规划非常重视。80年代以来,城市规划对上海建设发挥了重要的导向作用。我们一定要增强规划意识,不仅要认真编制规划,而且还要认真实施好规划。他要求在编制好总体规划的基础上,开展近期和重点建设地区的详细规划调整工作;深化郊区城镇建设规划;细化保护中心区历史风貌和街区规划;吸取国内外城市规划好的经验,博采众长,加强规划的科学性和可操作性,不断提高城市规划编制水平,为上海的长远规划绘制好蓝图。

据了解,上一轮"上海城市总体规划方案"是80年代初编制的,对上海的社会经

济和城市建设发展起到了重要作用,其确定的目标目前已基本实现。新一轮的上海城市总体规划是根据中央对上海发展的新要求制订的,经过多个方案的比较及反复论证,于今年初基本编制完成。这一规划包括城市性质规模和发展目标、城市总体布局、产业布局、综合交通规划、环境建设规划、城市传统风貌和城市设计战略、住宅发展规划与旧区改造、科教与社会事业发展规划、市政基础设施规划和规划实施对策等 10 个部分。

副市长韩正、左焕琛、冯国勤、周禹鹏、周慕尧,以及市规划委员会成员和市政府各委办局负责人出席了会议。(记者 李树林)

(《解放日报》1999 年 10 月 10 日)

市人大常委会部分人员召开会议
听取城市总体规划情况介绍

本报讯 市人大常委会部分人员昨天在锦江小礼堂召开会议,听取市规划局局长夏丽卿关于上海市城市总体规划(草案)(2020 年)基本情况的介绍,并就规划方案进行了讨论。市人大常委会副主任孙贵璋主持会议。

上海市城市总体规划(草案)(2020 年)于今年初编制完成,规划主要包括城市性质规模和发展目标、城市总体布局、产业发展规划、对外及市域交通规划、景观环境发展规划、历史文化名城保护规划、住宅发展规划、科教与社会事业发展规划、市政基础设施规划和规划实施对策等内容。新一轮总体规划主要突出了服务全国,面向世界,城郊并进,增强综合竞争力等特点。

委员们在讨论时认为,上海城市总体规划要与社会经济发展计划相衔接,加大规划的辐射面,并要通过制订地区性的详细规划来保证总体规划目标的实现。规划要真正体现以人为本的指导思想,重视环境的协调发展,还要注意继承传统,体现出上海特色。

沙麟、叶叔华、漆世贵、包信宝、任文燕、张圣坤副主任等出席了会议。(魏斌)

(《解放日报》1999 年 11 月 5 日)

齐心协力，开拓进取，实现面向新世纪发展的宏伟目标
中共上海市委七届五次全会举行
全会通过《上海市城市总体规划(送审稿)的审议意见》
市委常委会主持，黄菊在会议期间作重要讲话，
徐匡迪王力平陈良宇孟建柱龚学平等出席

本报讯 中国共产党上海市委员会七届五次全会于 11 月 10 日至 11 日在上海展览中心举行。全会由市委常委会主持。全会听取了徐匡迪同志代表市政府党组作的关于编制上海市新一轮城市总体规划的说明，审议了 2000 年至 2020 年《上海市城市总体规划(送审稿)》，通过了《中共上海市委七届五次全会对〈上海市城市总体规划(送审稿)〉的审议意见》和《中共上海市委七届五次全会关于递补市委委员的决定》。黄菊同志在会议期间作了重要讲话。

王力平、陈良宇、孟建柱、龚学平、罗世谦、金炳华、张惠新、王文惠、蒋以任、韩正、刘云耕、宋仪侨等出席了会议。

全会指出，在世纪之交的重要历史时刻，在实施 80 年代初期编制的《上海市城市总体规划方案》并取得显著成绩的基础上，编制上海新一轮城市总体规划，对于指导上海城市面向新世纪发展具有特别重要的意义。

全会认为，《上海市城市总体规划(送审稿)》以党的十五大精神和党中央、国务院关于上海城市发展的要求为指导，根据上海城市发展面临的新形势，在更高的起点上，描绘了上海新世纪发展的新蓝图。《规划》立足于面向 21 世纪的长远发展，进一步明确了上海的城市性质，提出了未来 20 年上海城市发展的战略目标；立足于整个城市的协调发展，提出要在促进城乡同步发展的基础上发挥城市的整体功能；立足于城市总体规划与经济、社会发展纲要的有机统一，要求同步协调推进城市和经济、社会发展；立足于实施可持续发展战略，提出要增强经济、社会、人口资源和环境协调发展的能力；立足于坚持以人为本的思想，强调要创造有利于人的全面发展的环境等，较好地体现了规划的科学性、前瞻性和指导性。

全会原则同意《上海市城市总体规划(送审稿)》，并要求根据这次全会审议时提出的意见和建议作进一步修改完善，按规定程序提交市人大常委会审议后，上报

国务院审批。

全会强调，《上海市城市总体规划(送审稿)》经国务院批准后,将成为指导上海城市面向新世纪发展的纲领性文件。在《规划》实施过程中,要增强法制意识,依法进行管理和监督检查,进一步把城市管理工作纳入法制化、规范化的轨道;要着眼全局,统筹协调,形成全社会的整体合力;要积极做好《规划》的宣传工作,使广大群众知情、理解、支持、参与,充分调动与发挥全体党员和全市人民的积极性主动性和创造性。上海新一轮城市总体规划描绘了催人奋进的发展蓝图,我们要在以江泽民同志为核心的党中央领导下,高举邓小平理论伟大旗帜,齐心协力,开拓进取,为实现上海面向新世纪发展的宏伟目标而努力奋斗。

全会决定递补赵凯、周明伟同志为市委委员。

黄菊在全会结束时讲话对做好年内工作提出了要求。他说,今年以来,全市各部门、各地区按照市委七届三次全会《决定》提出的总体要求和工作目标,主动适应国际环境和国内经济、社会生活中出现的新情况、新变化,努力克服各种困难,扎实推进各项工作,经济发展、城市建设和管理、国有企业改革和发展、精神文明建设和党的建设等各项工作都取得了新的成绩。但要全面完成年初确定的各项工作目标,任务还很艰巨。我们要继续保持奋发有为的精神状态和积极进取的工作劲头。一是要抓住重点,把各项措施落实到位;互相配合,齐心协力地推进工作,确保完成今年的各项工作目标。二是要深入基层开展调查研究,集中全市人民智慧,理清明年工作思路,提出措施办法,为明年工作争取新的进展打下扎实基础。

出席本次全会的市委委员、候补委员共 49 人。市纪委委员和有关方面负责同志列席了会议。

（《解放日报》1999 年 11 月 12 日）

站在新起点　描绘新蓝图
——中共上海市委七届五次全会审议侧记

这是一次重要的审议:审议上海未来 20 年的发展蓝图——《上海市城市总体规划(送审稿)》。

规划是城市建设的蓝图。上海的城市面貌能有今天的"形象",离不开实施 80 年代初期编制的《上海市城市总体规划方案》。

面向21世纪,上海迫切需要一个新的蓝图。自1991年起编制的新一轮城市总体规划方案,前昨两天进入了市委全会审议的程序。出席的市委委员、市委候补委员和列席的市纪委委员以及有关方面的党政主要负责同志分成12个小组,进行了认真的审议,气氛热烈。

一

市委用全会的形式审议城市总体规划,这在上海是第一次。

迈入会场,代表们都以高度的政治责任感和强烈的历史使命感审议城市总体规划(送审稿),大家有一个共同的感觉:用全会的形式,充分发扬党内民主,集中全党的智慧,群策群力,畅所欲言,这标志着我们党对重大问题的决策方式已进入了决策科学化和民主化的轨道。

金山区区委书记刘国胜认为,这是一个重要的程序,几年来我们一再强调依法治市,党委要"总揽全局,协调各方"。这些思想都在这个重要程序中得到了体现。市城市规划管理局局长夏丽卿说:与会的代表都是上海各级领导,审议的过程也是一次很好的统一全党思想的过程,必将为今后实施这个规划打下坚实的基础。

二

世纪之交的审议,有一个用什么样眼光的问题。市委书记黄菊在参加第一小组讨论时提出,新一轮城市总体规划将是指导上海面向新世纪城市发展的纲领性文件,我们必须用发展的眼光来审视上海面临的新情况,既立足当前,认真研究已经和正在发生变化的各种现实条件;又着眼长远,准确把握未来影响城市发展变化的各类重大因素,使编制后的新一轮城市总体规划更加科学、规范、超前、合理。

黄菊还说,综合分析国内外形势及发展趋势,有三方面情况特别要引起我们的重视:亚太地区争创国际经济中心城市的竞争日趋激烈,长江三角洲城市群正在崛起,上海自身发展的条件不断变化。这就要求我们要立足于面向21世纪的长远发展,看远一步,看高一步,看快一步;立足于整个城市的协调发展;立足于城市总体规划与经济社会发展纲要的有机统一;立足于实施可持续发展战略;立足于坚持以人为本的思想。

旁听小组审议会场,记者注意到,不少区县领导在发言时都"跳"出了本区。南市区区长孙卫国说：这个规划回答了我们这代人为下一代做些什么，留下什么的问题。上海今后20年的发展应服务于兄弟省市，辐射周边地区。普陀区区长胡延照说，要将这个规划放到国际经济全球化中去审视。有了这个指导上海长远发展的规划，普陀区今后发展的定位才会更加准确，也才会有新的发展空间，有新的动力。

三

新一轮城市总体规划对上海未来20年的发展作了描绘。城市布局的调整、产业的总体布局、"三港二网"的交通通信规划的制定等等，一幅幅小蓝图都使代表们读得兴奋，议得热烈。前天下午3点45分，当记者来到第二小组会场，只见市农村工作党委书记、市农委主任范德官正在兴奋地说：这个规划，农民知道了肯定会很振奋。正在这个小组参加审议的市长徐匡迪插话：根据这个规划，今后到农村不是去做"乡下人"，而是到 "新城"去。将来，这些"新城"、"中心镇"居住人口的结构调整，会带动产业，提供更多的就业岗位。

"今后上海的水，也要做到自来水龙头一开，就能直接饮用。"徐匡迪关于提高水质的一番话，使小组会场的议论更欢快了。

上述这类议论的镜头，几乎在各个小组都能见到。许多代表都说：这个总体规划确实是一个鼓舞人心、催人奋进的规划。

四

审议中，代表们都注意到了这样一个事实：在上一轮的城市总体规划中，有关浦东开发、发展第三产业等的字眼都只有一句话，以后都做出了大文章。

那么，今天规划中的"几个字"，今后也完全可能做出一篇篇大文章。

因此，这次的审议，各小组的主持人都还会启发大家："想一想，还有什么新技术没有写上去？""放进几个字，以后就能拓展。"

金山区区委书记刘国胜提出了好几条建议，如"现在文中的上海石化总厂应改为上海石油化工股份有限公司"，"在上海化学工业区所在地应增建一个中心镇"。

孙卫国等代表提出，应开发黄浦江的黄金水道，利用好旅游资源；还要开发好上海的地下空间。

市人大常委会副主任沙麟提出，规划的权威性和严肃性，首先要强调法律性和公开性。今后依法实施这个规划时,一定要有公开性,要让老百姓都知道。

静安区区长姜亚新提出,这个规划今后要面向老百姓,因此,有关旧住房的改造等老城市历史遗留问题的解决也要有文字表达。

市科技党委书记、市科委主任朱寄萍还建议增加"信息交通"、"信息服务"的内容。

昨天下午,全会通过了《中共上海市委七届五次全会对〈上海市城市总体规划(送审稿)〉的审议意见》,全场响起热烈的掌声。

可以深信,提交市人大常委会审议后,上报国务院审批后的这个法规,定会使未来的 20 年中,上海进入一个崭新的发展阶段。(本报记者　谈小薇)

(《解放日报》1999 年 11 月 12 日)

索　引

说明：本索引按词目首字笔画排序，首字笔画相同的，按第二字笔画排序，以此类推。

八　画

九　画

十　画

后 记

2013年初,我们决定进行新中国卫星城建设课题的研究。时光如梭,两年转瞬而过,两卷本的《上海卫星城规划》资料集,数易其稿,终于付梓成书。

此书按编年体例,对《申报》、《民国日报》、《解放日报》、《文汇报》、《新民晚报》以及其他期刊杂志、地方志网站中有关上海卫星城规划的资料进行了详细整理,勾画和再现了上海卫星城的决策历程。

作为上海卫星城研究课题的阶段性成果,该资料集凝聚着研究团队集体的心血。忻平教授总揽全局,吴静老师具体负责,对资料集的编写进行了精心周密的部署与规划;在资料收集整理和校对过程中,包树芳、周升起、夏宣、许欢、王雪冰、李如璧、闫艺平等编者均做了大量的工作,付出了艰辛的努力;包树芳、张坤、鄢进波、潘婷等也提出了一系列建设性的意见,在此对他们表示衷心的感谢。这一研究是愉快的、令人难以忘记的,在合作过程中,我们积累了学识,增进了友谊,培养形成了良好的责任意识和团队意识。

上海市图书馆、上海市档案馆、解放日报社、上海大学宝山校区图书馆、上海大学嘉定校区联合图书馆、上海大学出版社等单位及其工作人员在本书的资料收集和出版方面提供了很大的帮助,谨此一并深表谢忱。

鉴于上海卫星城的资料卷帙浩繁,时间仓促,加之编者学识粗浅,能力有限,本资料集难免会有些许不足之处,烦请各位专家学者多多批评指正。

在今后的科研工作中,我们将继续秉承"不让历史湮没,不容青史成灰"、实事求是的史学研究态度,不懈努力,使卫星城的研究逐步走向深入,在这一过程中,真切的欢迎更多的专家学者参与进来,共同探讨,批评指正。